国家自然科学基金委员会管理科学部重点项目
"城市生态资产的评估方法与管理机制研究"(71734006)

城市生态资产评估与管理

■ 李　锋　杨建新　等　著

Urban Ecological Asset
Assessment and Management

科学出版社
北京

内 容 简 介

本书是作者团队在多年从事城市生态资产和区域生态管理研究的基础上完成的。本书提出城市生态资产的科学内涵，构建符合城市特点的生态资产评估指标体系，整合城市生态资产的物质量和价值量评估与核算方法，并在京津冀和珠三角两个快速城市化地区的典型城市（北京市和广州市），以及北方重要生态屏障区呼和浩特市开展实证研究，为我国城市及区域生态资产管理与政策制定提供了科学方法与决策支持。

本书可供城市生态学、环境经济学、国土空间规划、城乡建设管理等方面的科研人员、管理人员、社会实践者和高校师生阅读并为其提供参考。

审图号：京审字（2025）G 第 0723 号

图书在版编目（CIP）数据

城市生态资产评估与管理 / 李锋等著. -- 北京：科学出版社，2025.5.
ISBN 978-7-03-079380-5

Ⅰ．X321

中国国家版本馆 CIP 数据核字第 2024DF5722 号

责任编辑：杨婵娟 姚培培 / 责任校对：韩 杨
责任印制：师艳茹 / 封面设计：有道文化

科学出版社 出版
北京东黄城根北街 16 号
邮政编码：100717
http://www.sciencep.com

北京中科印刷有限公司印刷
科学出版社发行 各地新华书店经销
*
2025 年 5 月第 一 版 开本：720×1000 1/16
2025 年 5 月第一次印刷 印张：19 3/4
字数：355 000
定价：198.00 元
（如有印装质量问题，我社负责调换）

FOREWORD 序

  农耕时代，土地几乎是资产的全部。进入工业社会，大量物质财富的积累和地下无机矿物质的利用，使得资产的内涵和外延得到深化和拓展。以货币计量的社会财富的增加也伴随着一部分自然资产量的衰减和质的退化。即使是实物测度的分门别类的各种自然资产，也不是相互割裂的，而是互为关联，形成一个彼此依存的生态系统，服务于人类经济社会和自然系统。作为要素的自然资产和具有整体性服务功能的生态系统，是有价值的，需要科学度量，纳入经济社会的核算和决策管理体系。

  20 世纪 70 年代国际社会的环境意识觉醒和 80 年代对环境可持续发展的认知，催生了学术界对自然或生态资产的经济学研究。学者们纷纷探寻方法学的创新，构建研究的理论范式，使得生态资产成为综合评价社会经济发展与生态环境损益的前沿和热点。借鉴国际学术研究和评价方法的成果，我国学者开展了全国、典型区域、典型生态系统等生态资产和生态系统服务评估研究，为我国进行社会经济发展综合评估、构建生态补偿机制、建设生态文明等方面提供了参考依据。

  工业文明进程中的城市化和工业化，形成了人类密集聚居区和各类制造业产业园区。在这些经过人类重塑的空间范围内，形成了自然环境、生态系统和经济社会的各类产物。目前有关城市生态资产的研究还很缺乏，如城市生态资产的科学内涵不清晰、理论体系不足、评估与核算方法不统一、管理政策缺乏等，制约着生态资产研究成果在我国政策制定中的应用。特别是有关城市生态资产的相关评估和核算方法以及管理政策等还有待进一步研究和深入。

  清华大学李锋教授依托国家自然科学基金委员会管理科学部重点项目"城市生态资产的评估方法与管理机制研究"，以城市生态系统为研究对象，选择我国京津冀和珠三角两个快速城市化地区的典型城市（北京市、广州市）和北方重要生态屏障区呼和浩特市作为研究案例，集成符合城市生态系统特点的生态资产评估与核算方法，研究城市生态资产的管理机制和政策。这些具有原创性的研究成果，对建立和完善城市自然与人工生态资产评估方法、指标、模型和参数具有重要的理论意义，对科学认识与评估我国城市及区域生态资产价值、落实生态补偿制度、开展符合生态文明理念的新型城镇化建设都具有重要的应用价值。

近年来，我聚焦资源环境和可持续发展研究的经济学领域，对自然资产、生态资产、环境服务等基础理论性问题开展了一些探索，也十分关注李锋教授团队关于城市生态资产的评估研究，欣然应邀参加了 2021 年和 2023 年两届"生态资产清华论坛"，与参会嘉宾进行了深入交流和讨论，获益颇多。

我国生态文明建设中城市及区域生态资产管理、自然资产评估、生态系统总值核算等重大理论和实践问题，急需科学的理论体系和方法规范。显然，这些研究成果对国土空间规划、生态修复、生态产品价值实现和高质量发展等领域具有重要的实践意义。

中国社会科学院学部委员

2024 年 11 月

前 言

　　城市生态系统是一类以人类活动为中心的社会-经济-自然复合生态系统。城市生态资产研究对城市综合发展绩效评价、城市生态系统管理和区域可持续发展等都具有非常重要的意义。城市总体资产包括生态资产、经济资产和社会资产，其中生态资产是体现城市综合发展水平和竞争力的重要指标。城市生态资产可分为城市绿地、湿地、土壤、生物等自然资产，以及具有重要生态功能的污水处理厂、垃圾填埋场等人工资产或基础设施，城市自然和人工生态资产在保障城市生态系统服务和正常运转方面起到了重要的作用。在城市经济资产评估方面，国内生产总值（gross domestic product，GDP）被普遍用来衡量国民经济发展水平，人类发展指数（human development index，HDI）从健康、教育和生活水平三个方面评估一个国家或地区的社会发展综合状况。

　　城市生态资产研究是当前学术研究的前沿。目前，国内外学术界对生态资产进行了大量研究并取得了不少进展，但对城市生态资产的研究尚处于起步阶段，存在以下不足。①研究内容上，目前国内的研究多侧重于自然生态系统的资产核算与管理，缺乏系统的城市生态资产的概念、科学内涵、指标体系、评估方法以及管理政策研究。②研究角度上，大多数学者仅关注生态系统服务的价值核算及其权衡分析，未关注城市生态系统的特点，其研究也未体现人工生态资产的重要性。③研究方法上，目前生态资产的评估方法主要有生物量法、单位面积价值法、经验公式法、生态足迹法、能值分析法、生态系统服务和权衡的综合评估模型（InVEST 模型）等；生态资产的定价方法主要包括市场价值法、替代市场价值法、假想市场价值法等；不同的评估核算和定价方法各有优缺点，需要多种方法的综合和集成。

　　本书主要内容来自作者团队承担的国家自然科学基金委员会管理科学部重点项目"城市生态资产的评估方法与管理机制研究"（71734006）的研究成果。本书还得到了广州市、北京市和呼和浩特市有关规划研究项目的支持。

本书具体研究成果有：①厘清了城市生态资产以及人工生态资产的概念和科学内涵，从自然生态资产和人工生态资产两方面构建了城市生态资产评估指标体系；②集成了城市生态资产物质量和价值量的评估与核算方法体系，以广州市、北京市、亚特兰大大都市区为典型案例，开展了生态资产与生态系统服务动态演变的国内外对比分析；③以北京市和广州市为例，开展了森林生态资产的综合质量评价与管理对策研究；④建立了城市人工生态资产评估与核算的方法体系，以北京市为典型案例，进行了人工生态资产评估核算和生态基础设施修复应用研究；⑤建立了"城市矿产"资源潜力及价值评估方法，以北京市为例，阐明了城市矿产的矿产资源演变规律和驱动机制；⑥构建了基于供需关系的生态资产供需数量、供需质量及供需效益评估方法和模型，揭示了城市生态资产时空演变的驱动机制，为城市生态系统的可持续发展研究提供了新的视角，以呼和浩特市为例进行了实证研究；⑦建立了城市生态资产复合生态管理模型，研发了城市生态资产管理信息系统；⑧提出了城市生态资产管理的调控对策与政策建议。

李锋负责全书统筹并参与撰写。王子尧、贾举杰、李晓婷和黄端参加了本书的整理和校对工作。各章主要撰写人员列名如下：第1章和第5章为李锋和张益宾；第2章为李锋、马远和孙晓；第3章、第4章和第6章为李锋、杨建新、马远、刘海轩、马进和孙晓；第7章为李锋、刘海轩和孙晓；第8章为李锋和孙晓；第9章为张益宾；第10章为李锋、张益宾和马远。

感谢国家自然科学基金委员会管理科学部对本项目的大力支持，特别感谢杨列勋研究员和刘作仪研究员的大力支持与指导。

感谢清华大学建筑学院、中国科学院生态环境研究中心、广州市规划和自然资源局（原广州市城市规划局）、广州市城市规划勘测设计研究院、广州市规划和自然资源局增城区分局（原广州市增城区城市规划局）等单位的相关部门在研究工作期间给予的热情帮助。

感谢清华大学建筑学院景观学系主任杨锐教授、广州市规划和自然资源局黄鼎曦教授级高级工程师在项目研究及开展等方面给予的大力支持！

本书立足学科前沿，力求做到理论与实践并重。但由于时间、精力和专业知识水平有限以及数据来源的限制，本书可能还存在一些不足之处，衷心期望各界专家学者和同行们提出宝贵的建议；同时，也希望本书的出版能对我国生态资产核算与管理、生态产品价值实现发挥有益的作用。

李锋

2024年10月

CONTENTS 目　录

序 ⋯⋯⋯⋯⋯⋯⋯⋯⋯⋯⋯⋯⋯⋯⋯⋯⋯⋯⋯⋯⋯⋯⋯⋯⋯⋯⋯⋯⋯⋯⋯⋯ i

前言 ⋯⋯⋯⋯⋯⋯⋯⋯⋯⋯⋯⋯⋯⋯⋯⋯⋯⋯⋯⋯⋯⋯⋯⋯⋯⋯⋯⋯⋯⋯⋯ iii

第 1 章　生态资产研究进展 ⋯⋯⋯⋯⋯⋯⋯⋯⋯⋯⋯⋯⋯⋯⋯⋯⋯⋯⋯ 1

　　1.1　生态资产研究的文献分析 ⋯⋯⋯⋯⋯⋯⋯⋯⋯⋯⋯⋯⋯⋯⋯⋯ 1

　　1.2　生态资产研究热点及演化趋势 ⋯⋯⋯⋯⋯⋯⋯⋯⋯⋯⋯⋯⋯⋯ 5

　　1.3　生态资产研究综合评述 ⋯⋯⋯⋯⋯⋯⋯⋯⋯⋯⋯⋯⋯⋯⋯⋯⋯ 16

第 2 章　城市生态资产的科学内涵、类型划分与评估指标体系 ⋯⋯⋯ 21

　　2.1　城市生态资产的概念和科学内涵 ⋯⋯⋯⋯⋯⋯⋯⋯⋯⋯⋯⋯⋯ 21

　　2.2　城市生态资产的类型划分 ⋯⋯⋯⋯⋯⋯⋯⋯⋯⋯⋯⋯⋯⋯⋯⋯ 23

　　2.3　城市生态资产的评估指标体系 ⋯⋯⋯⋯⋯⋯⋯⋯⋯⋯⋯⋯⋯⋯ 28

第 3 章　城市生态资产的物质量评估与核算方法体系 ⋯⋯⋯⋯⋯⋯⋯ 30

　　3.1　城市生态资产物质量的评估指标体系 ⋯⋯⋯⋯⋯⋯⋯⋯⋯⋯⋯ 30

　　3.2　城市生态资产物质量核算方法 ⋯⋯⋯⋯⋯⋯⋯⋯⋯⋯⋯⋯⋯⋯ 31

　　3.3　"城市矿产"资源物质量的核算方法 ⋯⋯⋯⋯⋯⋯⋯⋯⋯⋯⋯ 40

第 4 章　城市生态资产的价值量评估与定价方法体系 ·················· 45

4.1　城市生态资产价值量的评估指标体系 ························· 45
4.2　城市生态资产价值量核算方法 ······························ 46
4.3　"城市矿产"资源生态资产的价值量核算方法 ················· 49

第 5 章　城市生态资产的管理方法与模型 ·························· 52

5.1　存量生态资产管理方法与模型 ······························ 52
5.2　流量生态资产管理方法与模型 ······························ 53
5.3　城市生态基础设施管理方法与模型 ·························· 54
5.4　城市矿产资源管理方法与模型 ······························ 56
5.5　城市生态资产综合管理方法 ································ 57

第 6 章　北京市生态资产评估、核算与管理 ························ 62

6.1　研究区域概况 ·· 62
6.2　北京市生态资产评估与管理 ································ 64
6.3　北京市延庆区人工生态资产的评估与核算 ···················· 79
6.4　北京市生态基础设施质量评估与修复管理 ···················· 89
6.5　北京市森林生态资产质量综合评价 ························· 108
6.6　北京市"城市矿产"资源评估与管理 ······················· 119

第 7 章　广州市生态资产评估、核算与管理 ······················· 131

7.1　研究区域概况 ··· 131
7.2　广州市增城区生态资产评估与管理 ························· 132
7.3　广州市增城区生态系统服务动态演变分析 ··················· 146
7.4　广州市森林生态资产综合质量评价 ························· 160

第 8 章　亚特兰大大都市区生态资产评估、核算与管理 170

8.1　研究区域概况 170
8.2　数据来源与研究方法 171
8.3　研究结果 178
8.4　结论与管理对策 187

第 9 章　呼和浩特市生态资产评估、核算与管理 191

9.1　区域概况与数据来源 191
9.2　基于供需关系的生态资产评估与管理 193
9.3　城市生态资产时空演变的动力学机制与生态效率管理 226

第 10 章　城市生态资产的管理信息系统、管理机制与政策建议 243

10.1　管理信息系统 243
10.2　管理机制 255
10.3　政策建议 260
10.4　未来展望 265

参考文献 268

第1章 生态资产研究进展

1.1 生态资产研究的文献分析

1.1.1 生态资产文献数量特征分析

国外生态资产研究始于 20 世纪 70 年代，国内于 1994 年出现相关研究。从科学网（Web of Science，WoS）和中国知网（CNKI）数据库发表的相关文献年度占比①分布来看，国内外生态资产研究均呈现整体稳步增长态势，2001 年后国内发表的生态资产相关的文献数量占比超过国外，但在 2015 年国内占比低于国外占比（图 1-1）。

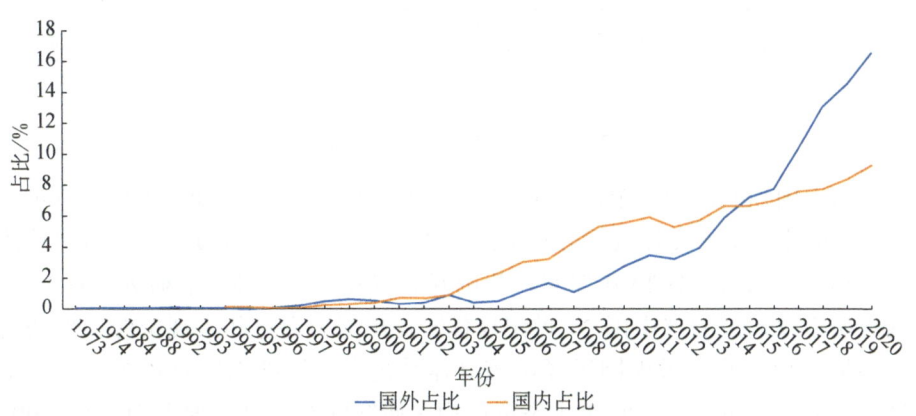

图 1-1 全球生态资产相关文献数量占比

生态资产最初发源于国外的自然资本（natural capital）概念，1973 年，国外出现了生态资产的相关研究。根据从 Web of Science 数据库通过检索关键词 nature capital（自然资本）和 ecosystem service value（生态系统服务价

---

① 年度占比为年度发文量占研究年度所有发文量之比。科学网 1973～2020 年生态资产相关研究（以 natural capital、ecosystem service value 为主题）所有发文量为 2114 篇，中国知网 1994～2020 年生态资产相关研究（以生态资产、生态资本、生态系统服务价值为主题）所有发文量为 4421 篇。

值）获取的生态资产相关文献数据可知，1973~1996 年文献数量总体增长较为缓慢（图 1-2）。1997 年，随着 Costanza 等（1997）的经典论文《世界生态系统服务和自然资本的价值》（"The Value of the World's Ecosystem Services and Natural Capital"）在《自然》（*Nature*）发表，生态系统服务价值研究受到学术界极大关注，相关研究发文量出现明显增长。尤其在 2008 年以后发文量出现急剧增长，2008~2022 年发文量占 1973~2020 年总发文量的 92.01%，是前 1973~2007 年总发文量的 11.5 倍，其中以生态系统服务价值的发文量增长最为显著，自然资本相关研究发文量呈缓慢的波动增长态势。

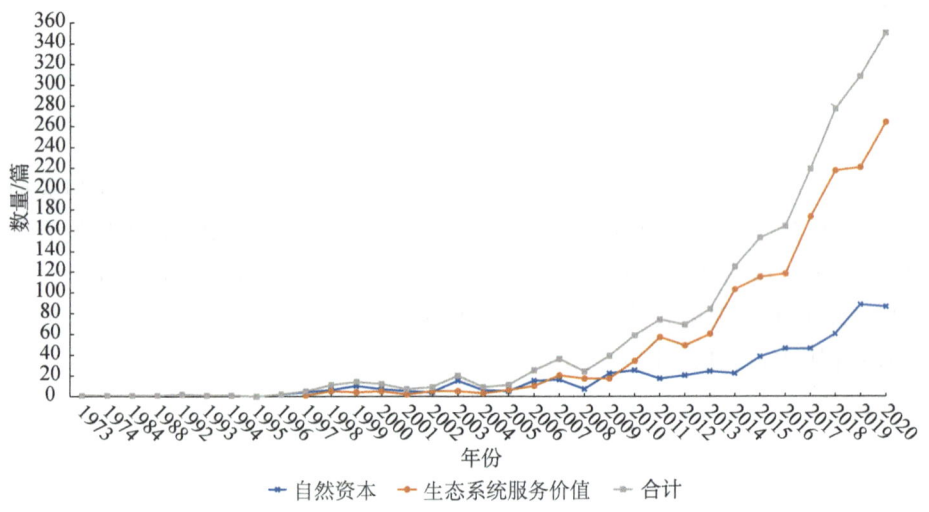

图 1-2　国外生态资产相关文献数量分布

由中国知网检索关键词"生态资产""生态系统服务价值""生态资本"所获取的生态资产文献数据分布可知（图 1-3），1994~2020 年文献数量总体呈波动上升态势。1980 年以来，我国开始重视对资源环境的研究；1994 年国务院审议通过的《中国 21 世纪议程》提出努力促进和实现资源合理利用与环境保护，开始考虑国民经济核算体系是否可以纳入生态系统要素（宋健，1994）。1994~2000 年生态资产相关研究的发文总量少于 20 篇。2000 年后，文献总量出现明显上升态势，尤其在 2004 年国家统计局和国家环境保护总局明确了生态资产价值量研究方向并共同开展了中国环境与经济绿色生态系统生产总值（gross ecosystem product，GEP）核算后（古小东和夏斌，2018），生态系统服务价值成为研究重点，仅 4 年时间（至 2008 年）发文量从 44 篇增长至 130 篇。2012 年，生态文明建设的提出推动了国内各学科领域对生态资产评估方法和模型的研究，如"自然资本项目"（The Natural

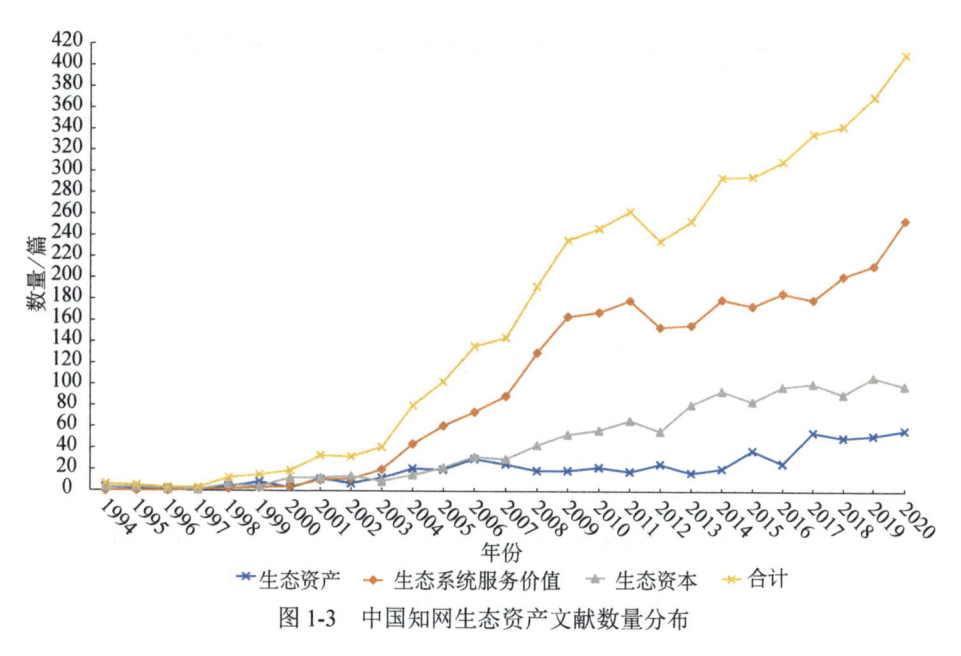

图 1-3 中国知网生态资产文献数量分布

Capital Project）研发的 InVEST 模型在生态系统服务评估中应用广泛（侯红艳等，2018）。截止到 2020 年，生态资产量化与核算研究已取得明显进展。

1.1.2 生态资产科研网络分析

采用引文空间分析软件（CiteSpace）对中国知网数据库和 Web of Science 数据库的生态资产文献进行科研网络分析，以"著者（author）""机构（institution）"或"国家（country）"为节点类型（node types）；设置"Years per slice=4"，从而提高知识图谱在时区上的区分度；选书标准（selection criteria）赋值为"Top$N^{①}$=50"，以简化网络；可视化知识图谱以寻径网络算法（pathfinder）和修剪切片网（pruning sliced networks）呈现。

1. 中国知网研究机构网络分析

1970~2020 年，发表生态资产相关文献的被引次数排名前五的机构分别为：中国科学院地理科学与资源研究所（42 次）、陕西师范大学旅游与环境学院（28 次）、西安科技大学测绘科学与技术学院（27 次）、西北师范大学地理与环境科学学院（20 次）和西北农林科技大学经济管理学院（15 次）（表 1-1）。

---

① 选取被引次数最多的 N 篇引文。

表 1-1　1970～2020 年生态资产研究机构及文献被引次数

排名	研究机构	被引次数/次	突现值
1	中国科学院地理科学与资源研究所	42	8.27
2	陕西师范大学旅游与环境学院	28	7.79
3	西安科技大学测绘科学与技术学院	27	5.51
4	西北师范大学地理与环境科学学院	20	6.19
5	西北农林科技大学经济管理学院	15	4.28
6	北京林业大学经济管理学院	14	—
7	云南财经大学城市与环境学院	11	—
8	上海交通大学马克思主义学院	10	4.91
9	中南财经政法大学工商管理学院	9	5.08
10	中国科学院东北地理与农业生态研究所	8	4.11

注：突现值（cocitation surprise）是 CiteSpace 中的一个重要指标，它用来衡量某个研究成果在文献引用网络中的出现对网络中其他研究成果的影响程度。突现值越高，表明该研究成果的影响力越大。在 CiteSpace 中计算突现值时，通常会使用一个统计模型来分析文献引用数据，这个模型可能包括对引用模式的分析，以及对研究成果的引用频率进行建模。

2. Web of Science 科研网络分析

对基于作者构建的生态资产科研网络进行聚类关系分析得到 17 个聚类，节点数和连线数分别为 216 个和 370 条（density[①]=0.016），标记节点值（nodes labeled）为 1%，模块 Q（modularity Q）为 0.779，平均轮廓值（mean silhouette）为 0.570，表明网络聚类分析较好。整体的知识图谱网络结构中各个网络聚类相互联系，也有分离聚类。最大的聚类群有 22 个成员，轮廓值为 0.961，通过局部线性重构（local linear reconstruction，LLR）聚类算法将其定义为生态系统服务聚类群，其中以罗伯特·科斯坦萨（Robert Costanza）为聚类中核心研究学者。从研究学者发表文献的被引次数来看，排名前五的学者从高到低依次为：诺拉·法格霍尔姆（Nora Fagerholm）、贾斯珀·O. 肯特尔（Jasper O. Kenter）、Costanza、G. 布朗（G. Brown）和克里斯托弗·马克·雷蒙德（Christopher Mark Raymond）。从突现值来看，排名前五的学者从高到低依次是 Fagerholm（5.61）、Kenter（4.90）、巴尔托什·巴特科夫斯基（Bartosz Bartkowski）（4.40）、Raymond（4.27）和 Brown（4.25）。从中心性看，排名前四的学者从高到低依次为科斯坦萨（25）、西德尼·法伯（Sidney Farber）（22）、格拉索（M. Grasso）（22）和格鲁特（R. D. Groot）（19）。

对基于机构构建的生态资产科研网络进行聚类关系分析可得，发表论文

[①] 密度值。

数量在 10 篇以上的机构共 29 家。其中，中国科学院和澳大利亚昆士兰大学发文量最高，具有较高的中心性，发文量分别为 119 篇和 37 篇；北京师范大学、瓦格宁根大学、哥本哈根大学和瑞典农业科学大学等机构的发文量也较高，这些机构在网络图谱中的字号和节点半径都较大，是生态资产研究的代表性机构。美国加州理工学院和明尼苏达大学中心性最高，说明美国科学研究创新价值最高。在时间序列上，生态资产研究主要集中在 1997 年后，1997 年 Costanza 等对全球生态资产评估方法的提出，使得该领域进入了全新的发展阶段；2001 年 6 月，联合国启动千年生态系统评估（The Millennium Ecosystem Assessment，MA）项目，开展对生态系统与人类福祉多尺度综合评估研究，同时期中国政府启动中国西部生态系统综合评估项目，对中国西部生态系统服务的现状、演变规律和未来情景进行全面评估（赵士洞和张永民，2006）；生态系统与生物多样性经济学（The Economics of Ecosystems and Biodiversity，TEEB）是生物多样性和生态系统服务价值评估、示范和政策应用的综合方法体系（杜乐山等，2016）；中国科学院欧阳志云等（2016）开展的生态系统生产总值评估，使生态资产研究受到全球学者和政府的极大关注。

通过对研究领域的合作关系进行分析可为该研究领域的研究前沿和成果积累提供方向。对基于国家构建的生态资产科研网络进行聚类关系分析得到，中国、美国、英国、德国、意大利和澳大利亚等经济及科学技术发展趋势良好的国家关于生态资产的研究存在较为紧密的合作关系，其中以大学和研究机构为主要研究力量。由此可见，稳定良好的社会发展状况以及先进的人才培养体系，是生态资产研究最坚实的支撑保障。

1.2 生态资产研究热点及演化趋势

由中国知网数据库 1994~2020 年生态资产研究突现关键词可以看出（图 1-4），进入 21 世纪以后，相关研究已从基础研究逐渐过渡到对生态价值、服务功能、生态文明等方面的研究。尤其在中国特色社会主义进入新时代后，生态资产与生态修复、生计策略以及乡村振兴等跨学科研究受到关注，表明对生态资产的研究趋向将自然资源和生态系统服务所产生的经济效益纳入社会发展评价体系当中，可为自然资源有偿使用制度的确立提供参考。

关键词	起始年份	强度	关键词突现起始年份	关键词突现结束年份	1994~2020年
生态价值	1994	6.67	2004	2009	
经济价值	1994	5.60	2004	2011	
遥感	1994	11.05	2006	2011	
湿地	1994	7.90	2006	2011	
服务功能	1994	7.52	2006	2013	
生态服务	1994	5.37	2006	2009	
服务价值	1994	4.97	2006	2013	
生态系统	1994	7.52	2008	2009	
生态文明	1994	10.34	2012	2020	
资本逻辑	1994	14.83	2014	2020	
生计资本	1994	10.25	2014	2020	
生态移民	1994	4.85	2014	2020	
生态补偿	1994	9.82	2016	2020	
绿色发展	1994	8.78	2016	2020	
景观格局	1994	7.29	2016	2020	
时空变化	1994	8.18	2018	2020	
时空演变	1994	7.10	2018	2020	
生态修复	1994	5.57	2018	2020	
生计策略	1994	5.14	2018	2020	
乡村振兴	1994	4.95	2018	2020	

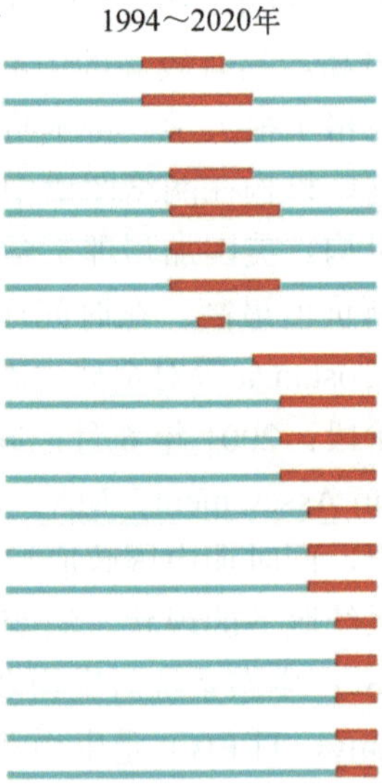

图 1-4 中国知网数据库 1994~2020 年生态资产研究突现关键词

注：蓝色线条表示关键词出现的时间线；红色线条表示关键词突现的起止时间线

由 Web of Science 数据库 1973~2020 年生态资产研究突现关键词可以看出（图 1-5），生态资产相关研究偏向于生态系统服务价值及政策理论研究。

关键词	起始年份	强度	关键词突变起始年份	关键词突变结束年份	1973~2020年
system	1973	6.42	2003	2009	
ecosystem service	1973	4.44	2005	2006	
valuation	1973	14.47	2006	2014	
economic value	1973	9.18	2006	2012	
benefit	1973	4.48	2008	2011	
economics	1973	4.33	2008	2011	
classification	1973	8.36	2009	2014	
conservation	1973	6.10	2009	2012	
good	1973	9.89	2010	2015	
policy	1973	5.00	2010	2012	
agriculture	1973	4.87	2010	2015	
total economic value	1973	4.34	2011	2013	
habitat	1973	4.84	2012	2014	
metaanalysis	1973	5.91	2013	2016	
cultural ecosystem service	1973	4.33	2018	2020	

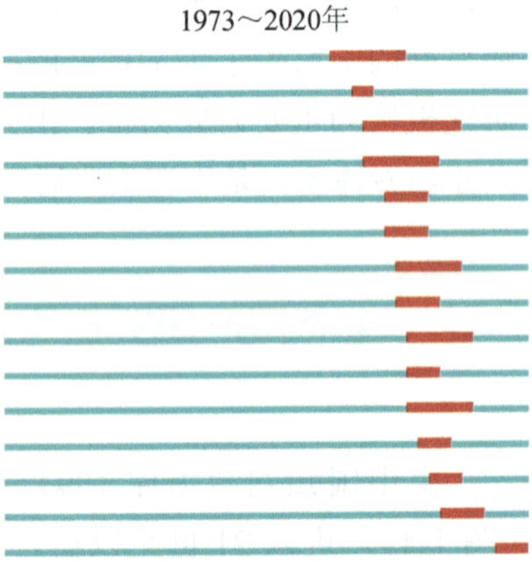

图 1-5 Web of Science 数据库 1973~2020 年生态资产研究突现关键词

注：system（系统）、ecosystem service（生态系统服务）、valuation（评估）、economic value（经济价值）、benefit（效益）、economics（经济）、classification（分类）、conservation（保护）、good（良好的）、policy（政策）、agriculture（农业）、total economic value（总的经济价值）、habitat（栖息地）、metaanalysis（元分析）、cultural ecosystem service（文化生态系统服务）

直至 21 世纪初，相关研究的关键词才呈现突现状态，其突现的顺序分别是 system（系统）、ecosystem service（生态系统服务）、valuation（评估）、economic value（经济价值）、benefit（效益）、economics（经济）、classification（分类）、conservation（保护）等。可见，进入 21 世纪后，随着全球城市化进程的加快，以生态资产评估和核算的方式对区域内的自然资源和生态系统服务价值用货币的形式进行定价，帮助人们以更直观的方式来认识生态环境保护以及区域可持续发展成为新的热点。

为深入探析生态资产研究热点及趋势，通过对文献数据的梳理将生态资产分为 3 个研究阶段，分别为波动增长阶段（1973~2003 年）、快速增长阶段（2004~2014 年）和剧烈增长阶段（2015~2020 年），并以知识图谱可视化对不同研究阶段的文献进行关键词共现分析。

1.2.1 波动增长阶段（1973~2003年）

从中国知网所获取的 1973~2003 年生态资产文献数据中，出现频率较高的关键词有土地利用、价值评估、时空演变、生态资本、价值共创等；人力资本、生态经济、生态价值、生态系统、商品价值、社会资本、物质资本、自然资本、经济学家、价值、环境、海岸带、服务功能、对策、生态系统服务等也是一些比较重要的关键词，具有较高的中心性。波动增长过程中各年份均有不同的研究主题，起初以生态资本、土地利用、价值评估为主；随后的研究过程中随着社会经济以及阶段性政策变化传承出多种多样的研究主题，如生态资源、社会资本、生态社区、供需关系、生态视角等。其中，1995 年研究主题最多，1996 年最少，其余年份较为均衡且各年份之间的传承性良好（图 1-6）。

从 Web of Science 所获取的 1973~2003 年生态资产文献数据中出现频率较高的关键词有 valuation、system、sustainable development（可持续发展）、biodiversity（生物多样性）、resource（资源）、management 等；此外，model、policy、ecosystem service、economics、subsitution（取代）、ecological economics 等也是一些比较重要的关键词，具有较高的中心性。由于 1973~1995 年发表文献数量较少，且研究主题突现性较差，因此主要以 1996~2003 年相关研究主题进行显示。从图 1-7 可以看出，本阶段生态资产的研究主题类型多样化，以 2003 年为最多，以 1996 年为最少，且各年份间研究主题的传承性良好。

从生态资产研究波动增长阶段可以看出，1973~2003 年是生态资产内涵及相关理论逐渐形成的探索阶段，且不同研究领域的学者对于生态资产定义差异较大。例如，1974 年，美国斯坦福大学教授保罗·埃利希（Paul Ehrlich）在对人类社会与自然环境问题关系的生态探讨中详细阐述了人类发展与生态

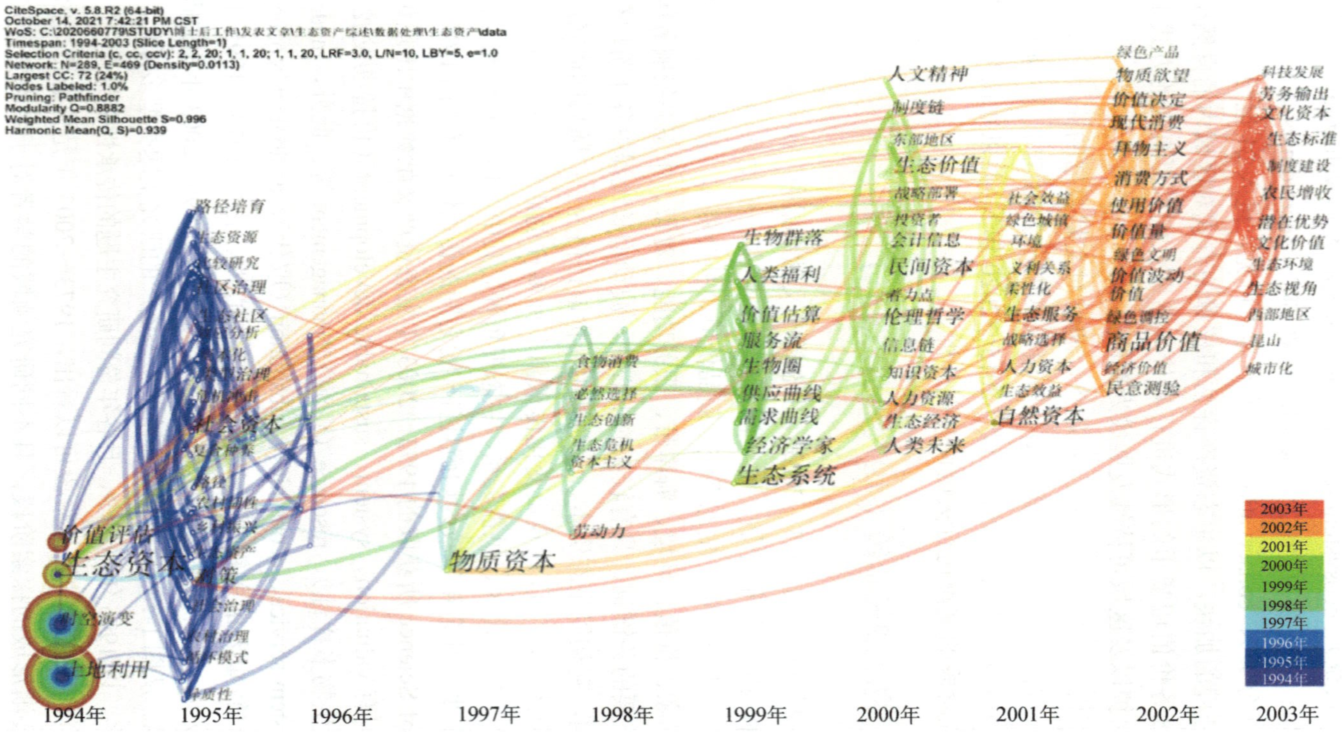

图1-6 中国知网数据库1994～2003年生态资产研究关键词共现时区

注：中国知网从1994年开始出现研究生态资产的文章

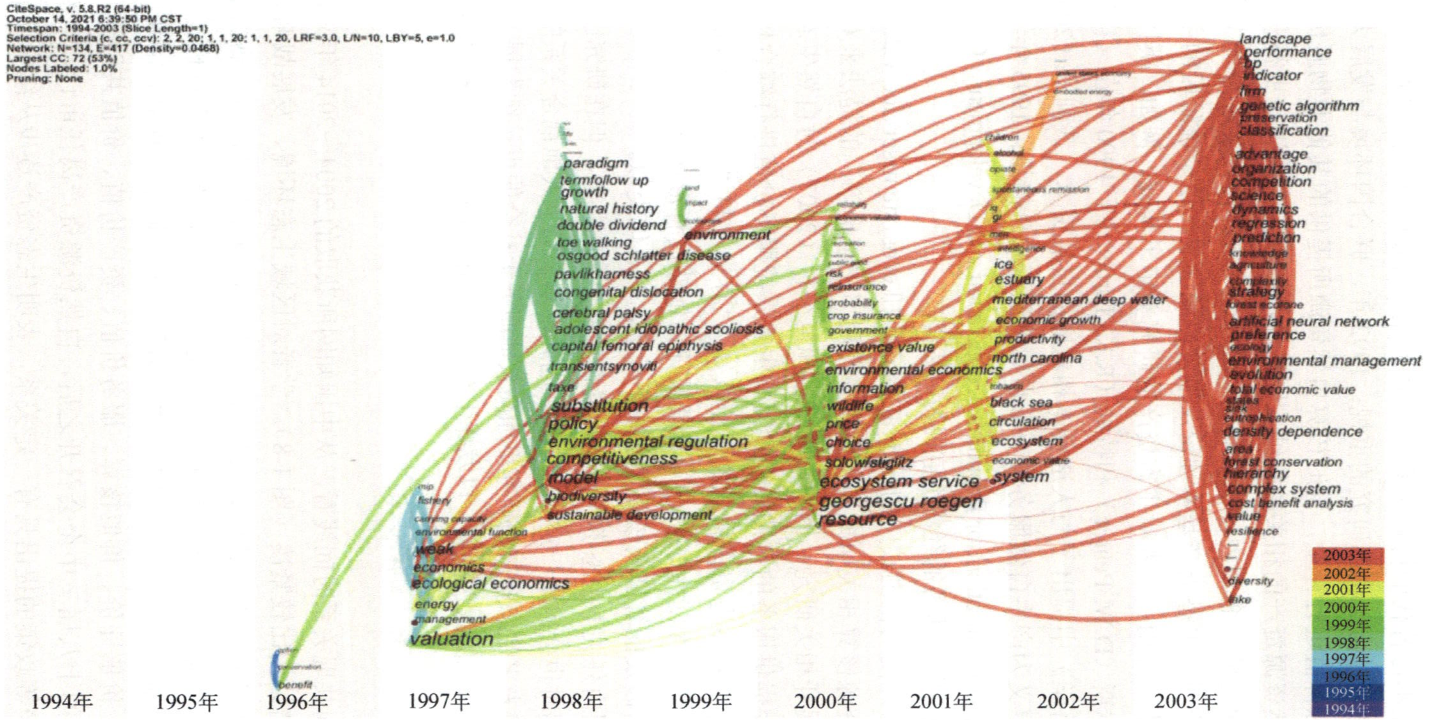

图 1-7 Web of Science 数据库 1994~2003 年生态资产研究关键词共现关系时区

注：1973~1995 年 Web of Science 检索的生态文献数量较少，为与中国知网文献图示保持一致，本图以 1994 年为起始年

系统之间存在不可替代的协调关系，产生了自然服务价值评估的概念，唤醒了各界相关学者对自然资源研究的重视；1992年，联合国环境与发展大会提出对自然资源价值进行计量，同时核算自然资源所提供的其他非物质价值，并建议将自然资源资产的相关核算纳入国民经济核算当中，进一步补充完善了生态资产研究的概念和内涵（徐再荣，2006）。通过相关学者对生态资产研究的初步梳理，生态资产基本理论及概念内涵形成，这是该阶段的主要突破，且为后续大批相关学者对生态资产的研究奠定了基础。例如，英国伦敦大学教授皮尔斯（D.W. Pearce）和特纳（R.K. Turner）于1990年在《自然资源和环境经济学》中提出了与人造资本相对应的自然资本，戴利等（2000）将自然资本定义为产生自然服务和有形自然资源流的总储量；1995年经济合作与发展组织（Organization for Economic Cooperation and Development，OECD）将自然所提供资源和服务的经济价值视为自然资本。

相较于国外使用范围较广的 natural capital 和 ecosystem service value，在我国的自然资源核算相关研究和工作中多使用"生态资产"的提法来对区域的生态价值展开相关研究。例如，高吉喜和范小杉（2007）对自然生态环境中能够为人类提供服务的自然资源价值和生态系统服务价值进行综合核算，同样符合国际上对生态资产概念的主流认知（"存量"与"流量"的综合）。但事实上，人们至今对生态资产的管理及评估依然没有形成共识，在具体的研究过程中所涉及的管理及核算要素并不确定，但总体类似。

可见，国内外关于生态资产核算的概念具有一定的共性，但在研究区域或研究目标不同时也会出现一定的差异性。因此，基于当下人地耦合关系的进一步深入，为使未来生态资产的研究更加高效地服务于社会的可持续发展，应加强对生态资产概念的深入探究，以发挥生态资产在相关决策中的支撑作用。

1.2.2 快速增长阶段（2004~2014年）

从关键词共现关系时间线看，从中国知网所获取的2004~2014年文献数据的知识图谱结构比较紧凑（图1-8）。学者对区域生态环境、发展战略、区域合作、景观格局、生态补偿、人类福祉等问题进行了探讨，研究热点集中在服务功能、生态价值、土地利用、生态足迹、生态补偿、生态危机、生态效应、生态用地等方面。关键词中与"价值"相关的词出现频率非常高，包括价值评估、价值评价、价值核算、服务价值、资产价值、价值共创等，这与2013年党的十八届三中全会召开之后，自然资源资产离任审计、自然资源资产负债表等政策的提出具有一定关系，表明生态资产逐步从综合评估走向兼容价值管理，反映出科学研究对政策制定的关联。

图1-8 中国知网数据库2004~2014年生态资产研究关键词共现关系时间线

注：LUCC（土地利用与土地覆盖变化）

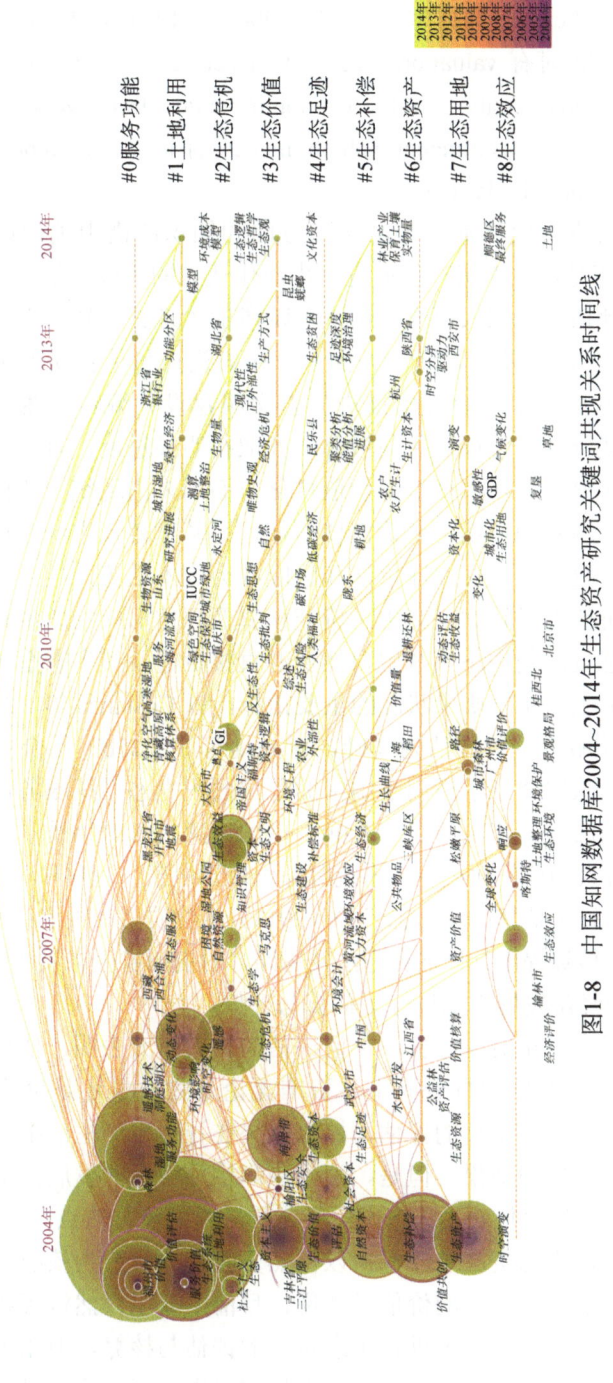

- 11 -

从 Web of Science 数据库所获取的 2004~2014 年文献数据中出现频率大于 20 次的关键词有 valuation、ecosystem service、conservation（保护）、management、biodiversity、value、economic value、framework、willingness to pay（支付意愿）、contingent valuation（或有价值）、impact、benefit、classification、model（图 1-9）。

通过分析本阶段高被引论文研究方向和知识图谱中关键词分布可知，2004~2014 年是对生态资产价值进一步深化认识的阶段，学者重点对生态资产的核算及评估展开深入研究，由上一阶段的"理论认知"上升为更加具体的"实践研究"，主要包括两个方面。①生态资产价值化研究工作逐步开展并完善。十八届三中全会提出推进生态文明建设并编制自然资源资产负债表，此后自然资源系统性量化与核算研究取得明显进展，有力推动了国内自然资源核算研究。但在自然资源价值量化方面尚未出现统一的自然资源价值化方法体系，现有的自然资源价值核算往往是基于替代方法进行估算的，如影子价格法、收益还原法、净价法和边际社会成本法等，导致不同方法量化的自然资源价值差异较大。②生态资产核算及评估形成物质量和价值量的有机统一。生态资产是生态系统中自然资源直接价值及其生态系统服务价值的总和，是表征生态系统质量状况的重要指标。以 Costanza 等（2014）完成的全球生态系统服务价值评估为基础，谢高地等（2015b）结合中国自然资源物质量的实际状况建立了适用于中国的单位面积生态系统服务价值当量表，并进行了不断改进；王玉梅等（2009）借助遥感技术对物质量进行辨识后，结合谢高地等人的单位面积生态系统服务价值当量表，对呼和浩特市的生态系统服务价值进行了估算；欧阳志云等（2013）从物质量和价值量的角度对生态系统生产总值核算提出具体估算方法及思路，对贵州省生态系统生产总值及生态系统对社会经济发展贡献进行了估算与评价。

国内外近十几年对生态资产价值评估的相关研究表明，估算方法、模型和目标等要素的差异均将造成生态资产无论是物质量还是价值量的结果偏差。因此，生态资产价值的评估与核算结果在社会生产生活中难以起到决定性的支撑作用和应用效果。但是，由于国际生态环境的发展需求，关于生态资产价值核算的研究依然是未来国际学术界关注的研究热点。

本节认为，生态资产主要包括以自然资源实体资产为核心的物质量体现和以生态系统服务为核心的价值量体现，目前主要以自然资源物质量及生态系统所提供服务的价值量来进行生态资产的评估与核算，但相关研究尚未形成对生态资产物质量的定量刻画，从而导致对生态资产价值量评估模型及方法的研究障碍。因此，关于生态系统支持服务和供给服务的数字建模是未来

第 1 章　生态资产研究进展

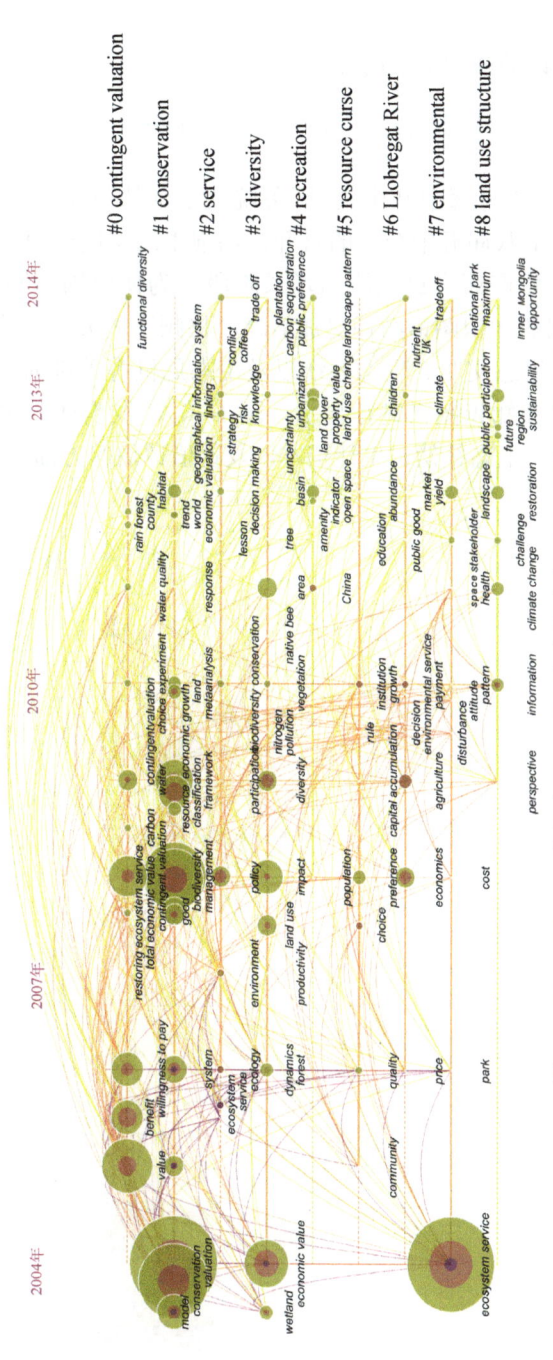

图1-9　Web of Science数据库2004~2014年生态资产研究关键词共现关系

- 13 -

生态资产核算应该关注的重点内容。

1.2.3 剧烈增长阶段（2015~2020年）

随着2015年5月《中共中央 国务院关于加快推进生态文明建设的意见》的发布以及十八届五中全会的召开，加强生态文明建设首度被写入国家五年规划，生态资产研究进入剧烈增长阶段。为使中国知网获取的2015~2020年文献数据的知识图谱结构更加清晰，将频次最大的土地利用、价值评估、生态补偿、生态文明、生态系统以及生态危机等关键词在图谱中略去，以关键词共现聚类知识图谱进行显示（图1-10），发现研究主题聚焦在生态资产的时空演变、生态补偿、生计资本以及价值评估等方面。

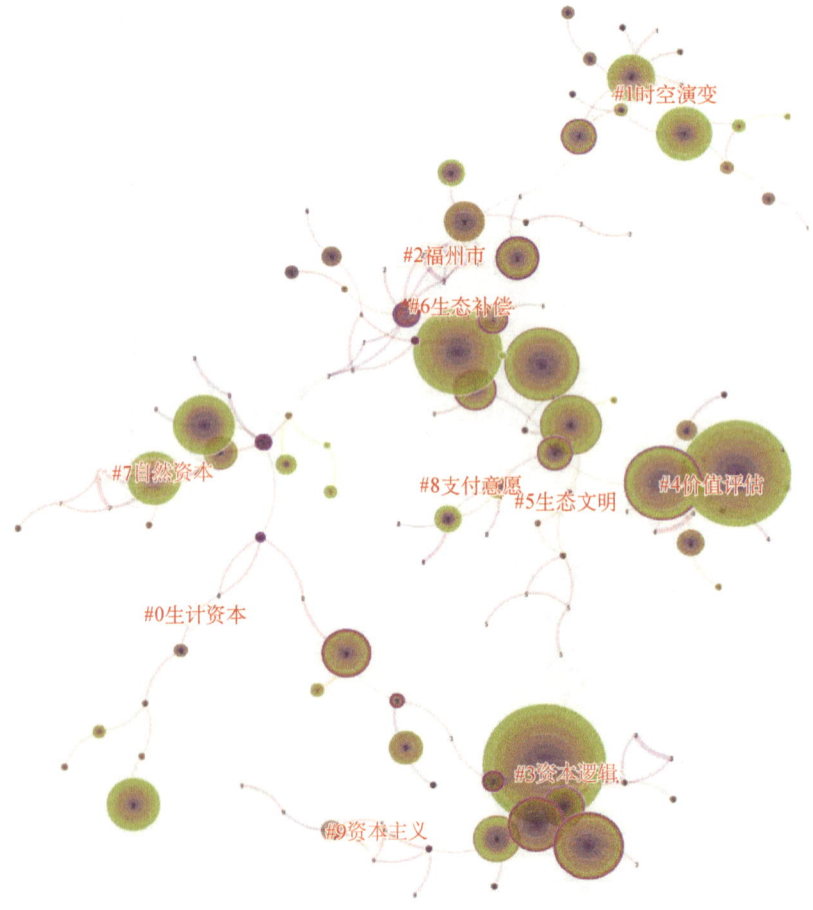

图1-10 中国知网数据库2015~2020年生态资产研究关键词共现关系

从 Web of Science 所获取的 2015~2020 年文献数据关键词共现关系图中可见，节点圆圈越大，表示其关键词词频越大，即为研究热点内容；节点圆圈位置越接近中心，表示其所代表的关键词重要性越强，即为该领域的重要概念；连接 2 个节点之间的线条越粗，也就说明二者同时出现的次数越多（图 1-11）。

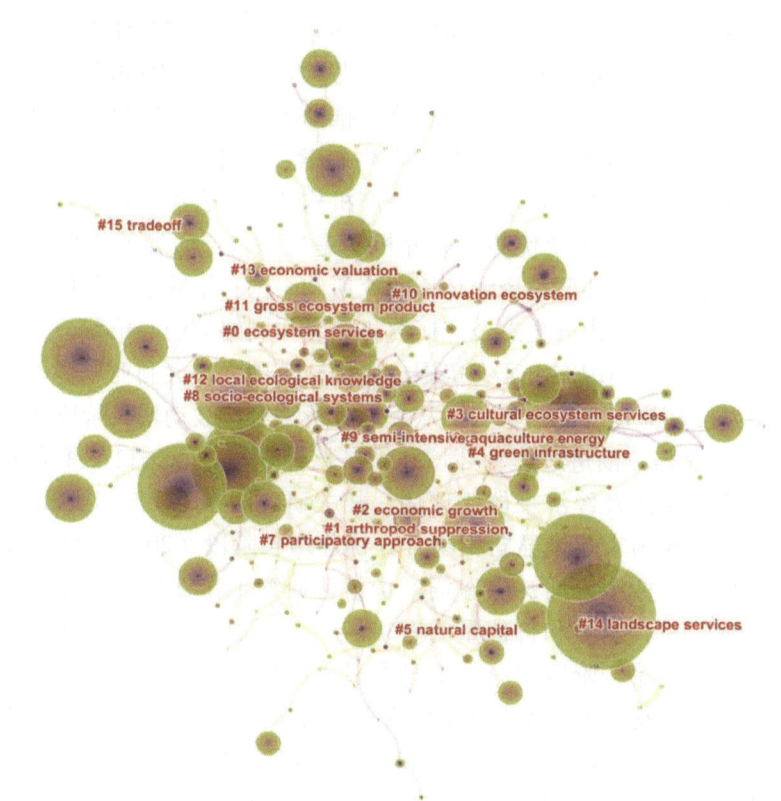

图 1-11　Web of Science 数据库 2015~2020 年生态资产研究关键词共现关系

注：tradeoff（权衡）、economic valuation（经济评估）、innovation ecosystem（创新性生态系统）、gross ecosystem product（生态系统总产值）、ecosystem services（生态系统服务）、socio-ecological systems（社会生态系统）、cultural ecosystem services（生态系统服务文化价值）、green infrastructure（绿色基础设施）、economic growth（经济增长）、participatory approach（公众参与）、natural capital（自然资本）、landscape services（景观服务）

剧烈增长阶段（2015~2020 年）与快速增长阶段（2004~2014 年）研究主题和方向基本相同，均围绕生态系统服务、价值评估和生态补偿等问题进行了广泛而深入的讨论，但 2015~2020 年对生态补偿问题的研究成为重点。随着我国生态文明发展理念的逐步建立，关于美丽中国的建设实践在不断深入发展，相关学者对生态资产的理论价值研究转向现实价值研究，围绕

"理论联系实际"的思想路线开展进一步促进生态资产发展的研究工作。

本节利用知识图谱可视化技术对生态资产研究的文献数量、学者、科研机构以及国家间的合作网络分布等进行了数据挖掘和统计分析，将生态资产研究划分为3个阶段，梳理各个时间段的总体情况和发展趋势，得出以下研究结论。①1973年以来，相关学者对生态资产研究的发文量越来越多，生态资产研究的受关注程度总体呈稳步增长态势。随着生态文明建设被写入国家"十三五"规划，中国知网生态资产文献数量呈现出"井喷式"增长，国家决策、现实需求、科学研究在一定程度上推动了生态资产研究的蓬勃发展。②生态资产研究的相关学者主要集中在生态学、地理学、经济学、社会学4个学科领域中。③从生态资产研究的高产机构及国际合作状况来看，具有生态学、经济学以及地理学优势的研究机构是生态资产研究的主要力量。其中，中国科学院地理科学与资源环境研究所和中国科学院生态环境研究中心刊文量最高，位于国内外生态资产研究机构合作网络的中心位置。生态资产研究合作较为紧密的国家主要有美国、中国、英国、澳大利亚、德国、意大利等经济发展趋势良好的国家。④从发展阶段来看，波动增长阶段（1973~2003年）研究热点演进过程为环境和经济核算理论体系—自然生态系统价值评估—生态系统及经济一体化评估，相关研究与全球生态文明建设进程以及生态需求和国家政策导向相吻合。快速增长阶段（2004~2014年）研究工作主要包括两个方面：生态资产价值化研究工作逐步开展并完善，生态资产研究形成物质量和价值量的有机统一。剧烈增长阶段（2015~2020年）研究方向与第一阶段和第二阶段有显著的传承关系，对价值评估、生态补偿、可持续发展等领域进行了更为深入的探讨，高被引论文Top50中有50%的文献关注生态资产的价值评估和生态补偿等问题。

通过对生态资产相关研究趋势和热点分析，可知生态资产研究总体呈现良好的发展趋势。相信在联合国《生物多样性公约》第十五次缔约方大会（COP15）发布"共建全球生态文明，保护全球生物多样性"倡议后，未来一定会有越来越多的学者投入生态资产研究中。

1.3 生态资产研究综合评述

生态系统在为人类的生产和生活提供所需物质资源的同时也提供了重要的生态系统服务。随着全球城市化进程的加快，人类活动导致生态系统遭到严重破坏，也使生态资产减少和生态系统服务降低，我们赖以生存的地球家园受到严重威胁。面对这些挑战，生态资产评估与管理已成为综合评价经济社会发展以及生态环境损益的前沿热点。目前，可以通过经济、社会和生态环境来衡量城市发展的综合实力，其中，国民经济的发展水平是通过 GDP 来衡量的；社会发展的综合状况可通过医疗、卫生、教育和文化等方面来衡量，而对生态环境的评估尚未形成与现行的国民经济核算体系接轨的衡量指标体系，因此关于生态资产的研究显得尤为重要。

以生态资产评估和核算的方式对区域内的自然资源和生态系统服务价值进行评估，用货币的形式进行定价，帮助人们以更直观的方式来认识生态环境保护以及区域可持续发展，这是以生态资产保护为前提和基础的。生态资产评估和核算将区域自然资源和生态系统服务所产生的经济效益纳入社会发展的评价体系当中。对生态资产的评估和核算需要确定详细的评价体系，该体系的构建可为社会发展过程中自然资源有偿使用制度的确立提供参考，从而使得对自然资源的管理更加高效。生态资产核算过程中会涉及绿色 GDP 核算、生态资产负债核算以及生态补偿机制等研究内容，可全面地把握社会发展过程中自然资源和生态系统服务的整体状况以及变化趋势，为自然资源管理、环境损害补偿、生态补偿等制度体系的建立和完善提供科学的理论和方法依据。

1.3.1 生态资产是物质量和价值量的有机统一

生态资产是生态系统中自然资源直接价值及其生态系统服务价值的总和，是表征生态系统质量状况的重要指标。生态资产评估是对生态资产总量、分布和特点等的总体评价与估测，其针对不同区域、不同尺度和不同生态系统，运用生态学和经济学等理论，结合地面调查、遥感和地理信息技术等一切手段，进行生态资产核算或综合评估，获得比较科学、客观的数据。生态资产评估不完全等同于经济学意义上的资产评估，经济学上的资产评估主要是经济实体的价值评估；生态资产评估是以自然资源和生态系统服务为主要对象的区域生态系统质量状况评估，是生态保护和生态系统管理的一部分。生态资产评估不能简单地认为是绿色 GDP 核算，绿色 GDP 核算包括资源核算和环境核算；生态资产评估可作为绿色 GDP 核算的一部分。

通过梳理现阶段生态资产的相关研究发现，国外主要是从自然生态系统本身出发，将生态资产理解为自然生态系统本身的各种存在之和；国内主要是从自然生态系统支撑人类社会可持续发展的角度，将生态资产理解为自然生态系统客观存在的一部分。随着生态系统生产总值概念的提出，国内对生态资产的理解逐渐与国际融合。笔者认为，生态资产主要包括以自然资源实体资产为核心的物质量体现和以生态系统服务为核心的价值量体现。因此，目前主要以自然资源物质量及生态系统提供的生态系统服务的价值量来进行生态资产的评估与核算。

1.3.2 生态资产是自然资产和人工资产的共同体现

科学分类是综合评估的基础，进行生态资产评估首先要解决生态资产的分类问题。生态资产类型划分因区域的研究尺度和研究目标的不同而具有一定的差异性，基于高分辨率遥感信息和实地调研材料开展生态资产定量化分类和评价，可更加全面地概括生态资产的构成，从而构建更加系统的生态资产评价指标体系。生态资产实际上是自然资产与人工资产的共同体现，在城市生态资产评估与核算过程中，应包含城市自然生态资产和城市人工生态资产两个层面的评价指标。

1.3.3 生态资产评估与核算需要多种方法的综合运用

生态资产评估与核算由物质量评估和价值量评估两部分构成。以城市生态系统为例，根据城市社会-经济-自然复合生态系统的特点，基于城市生产、生活、生态功能，我们构建了包括城市资源资产（物质量）和生态系统服务（价值量）在内的城市生态资产评估与核算指标体系。

目前常用的物质量评价方法主要包括生态足迹法、生物量法、单位面积价值法、经验公式法、决策模型法、能值分析法等。生态足迹法将人类要维持生存所消耗的自然界提供的各种产品以及服务，换算成生产该消耗所需的原始物质与能量的生物生产性土地面积；单位面积价值法则首先估算每个生物群落单位面积生态系统服务价值，然后乘以该生物群落的总面积，最后加和得到所有生态系统服务总价值；生物量法通过计算各类自然资源的生物量来算出生态资产的物质量；经验公式法主要基于遥感数据获得的植被覆盖度、净初级生产力、生物量等生物物理参数，综合考虑生态系统的类型、质量、空间分布或地理因素等的影响，通过建立模型来计算各类生态资产；决策模型法主要用来评估生态系统服务，如由美国自然资本项目研发的 InVEST 模型最早应用于美国自然资产评估计划，该模型可对多种生态系统服务进行空间直观的量化，结果有助于为规划者提供更高效的自然资源管理和决策；能值分析法主要是将生态系统内流动和储存的不同种类的能量和物质转化为统一标准的太阳能值，从而对不同生态资产进行统一核算。

以上关于生态资产物质量的各种评估方法各有优缺点。其中，生态足迹法无法体现不同区域之间的差异性；单位面积价值法可适用于核算多种生态资产类型，但是其标准化的计算无法体现区域之间的差异性；生物量法评估过程简单，但是仅能核算部分生态资产价值；经验公式法虽然计算比较准确，但是需要的参数很多，且参数往往不容易获得，尤其是在研究区域范围较大时；InVEST模型可以评估多种生态服务类型，但是对数据的要求比较高；能值分析法可以比较不同的生态资产类型，但是计算时容易出现信息重复。

对生态资产价值量评估的方法主要有直接市场价值法、假想市场价值法、替代市场价值法等。直接市场价值法将生态系统作为生产中的一个要素，生态系统的变化会影响预期收益的变化；该方法是以货币费用来表示自然资源以及生态环境的经济价值，但仅用费用支出来核算生态资产价值在理论上存在缺陷。假想市场价值法是通过问卷调查、访谈等方式直接调查人们愿意对生态环境的质量变化支付或补偿的价格，进而用来测评产品或服务的价值；但是，该方法获得的价值是假设性的，存在偏好的不确定性。替代市场价值法适合于没有费用支出但有市场价格的生态系统服务的价值评估；该方法理论上是合理的方法，但是由于生态系统服务种类繁多，而且往往很难定量，在实际评价时仍有许多困难。替代市场价值法主要包括替代工程法（影子工程法）、机会成本法、享乐价值法、旅行费用法、防护费用法、恢复费用法等。替代工程法，即为了估算某个不可能直接得到的结果的损失项目，假设采用某项实际效果相近但实际上并未进行的工程，以该工程建造成本替代待评估项目的经济损失的方法。机会成本法也称收入损失法，保护自然生态环境资源，有时会减少一些生产部门（如林业）的收益，这就是此项保护的机会成本。享乐价值法是依赖于生态系统服务本身拥有的属性，主要用于房地产市场评估环境适宜度对土地和房价的贡献，土地条件、土壤肥力、清洁空气等环境属性会增加土地的价格。旅行费用法是个体为获得对某种非市场物品的消费，愿意支付与之相应的旅行费用。防护费用法用来估算人们对提高环境质量（如大气、水源）、生态保护（如水土保持）的支付额度，从而得出最低防护费用。恢复费用法一般是因自然生态环境资源遭到破坏，将其恢复到原有状态所需的费用，可作为估计自然生态环境资源价格的依据。

总之，生态资产物质量和价值量的不同评估方法各有优缺点，没有一个方法是最好的，生态资产评估和核算应综合运用多种方法，最后得出一个物质量和价值量的数量区间，根据目标导向和管理需求等进行决策。例如，我们应用不同方法对 2013 年广州市增城区生态资产价值进行了综合评估，结果表明，增城区生态资产的总价值为 142.9 亿～312.1 亿元，相当于当年增城区生产总值的 14.4%～31.5%，说明不同的方法导致的评估结果差异很大。

1.3.4 生态补偿是生态资产保育和管理的有力保障

生态资产是社会经济健康可持续发展的基础，为保障生态文明的发展模式，在区域经济发展的同时更应注重生态资产的保育和管理，生态补偿制度是生态资产保育与管理的有力保障。党的十九大报告提出要"建立市场化、多元化生态补偿机制"，可见生态补偿是新时代生态资产价值实现和生态文明建设的重要途径。因此，针对生态资产的保育和管理，形成系统完善的生态补偿体制机制尤为重要。

首先，在生态资产保育和管理过程中应实现对自然资源与生态系统服务的同步管理。在具体的自然资源管理过程中，应全面掌握自然资源的基本数据与信息，建立多样化、多层次的自然资源所有权体系，并进行适应性管理。在生态系统服务管理过程中，须注重多种生态系统服务的权衡，并依据生态功能区的主导功能和保护目标来实施相应的规划和管理。

其次，为使生态补偿能够对生态资产保育和管理起到实际作用，应定期评估生态资产状况，及时、准确、动态地掌握区域的生态资产变化，每隔五年进行定期评估，为生态补偿的政策制定提供重要的参考。为确保区域生态资产的稳定和增值，应建立分级生态资产监管机构，其主要职能是建立生态资产核算账户及数据库，对生态资产的保护和利用情况进行全面统计；加强区域生态资产监管与审计，编制生态资产负债表；引入市场机制和第三方监管，创建生态物业管理制度；制定并实施区域生态资产相关的制度和政策，并统筹管理，确保各项措施得以有效落实。

再次，应提高生态补偿的标准和执行力度，切实让民众得到补偿和收益，应明确生态补偿的主客体、补偿途径和补偿方式等。具体的补偿途径包括资金补偿、政策补偿、项目补偿、基础设施补偿、技术服务补偿和人才培养补偿等。

最后，应完善生态补偿相关制度体系，对生态补偿的效果进行定期综合评估，建立生态补偿标准动态增长机制。

第2章　城市生态资产的科学内涵、类型划分与评估指标体系

2.1 城市生态资产的概念和科学内涵

对生态资产类型的划分是进行生态资产综合评估的必要前提。本节主要采用高吉喜和范小杉（2007）提出的概念，认为生态资产是生态系统提供的所有生态系统服务和自然资源的价值总和，它随时空动态变化而变化。也可以说，生态资产是在一定的时间和空间内，生态系统服务和自然资产能够提供的以货币计量的人类福利。自然环境中的事物，多数同时具有资源和环境属性。在生态资产评估过程中，不仅应考虑其资源属性，还应考虑环境属性。生态资产具有资产的特性，可以采用资产评估理论和方法来对生态资产物质量和价值量进行核算。面积、生物量、蓄积量等生物物理指标都可以用来描述生态资产的物质量，而取得生态资产所有权的一次性交易价值即为生态资产的价值（图2-1）。

2.1.1 城市自然资源（存量）

城市自然资源即城市存量生态资产，该部分生态资产主要分为城市自然生态资产和城市人工生态资产。城市自然生态资产主要包括森林资源、湿地资源、土壤资源、生物资源以及矿产资源等；城市人工生态资产主要包括城市园林绿地、农田景观资源、污水处理厂、废弃物处理厂以及"城市矿产"资源等。城市自然生态资产和城市人工生态资产均具有自然资源价值和生态系统服务价值双重价值属性，通过对城市生态资产的核算与评估开展时空演变和驱动机制分析，为城市生态资产的管理和政策梳理提供充分的科学保障。

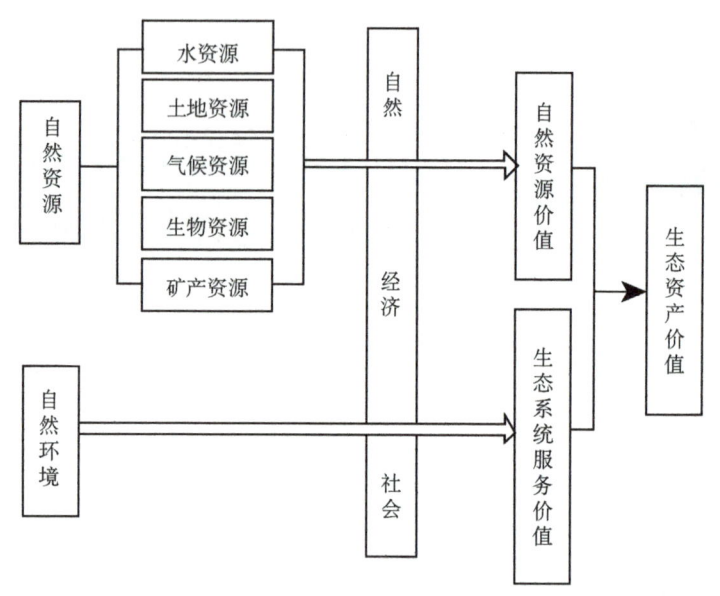

图2-1 生态资产的组成与概念

2.1.2 城市生态系统服务（流量）

随着生态系统服务研究的不断深入，生态系统服务分类方法不断发展，但到目前为止还没有形成统一的生态系统服务分类方案。Daily（1997）最早在《自然服务：社会对自然生态系统的依赖》（*Nature's Services：Societal Dependence on Natural Ecosystems*）中提出了生态系统服务的定义并列举了相关服务，同时 Costanza 等（1997）将生态系统服务划分为 17 类，并以此分类体系评估了全球生态系统服务的价值。此后，生态系统服务评估成为生态资产定价和环境影响评估的热点问题。但该阶段的生态系统服务分类缺乏对服务类型之间内在联系的思考。随后，研究者们认识到，生态系统产品或服务与生态系统结构、功能、过程之间存在联系，需在生态系统服务的分类中考虑这些联系。千年生态系统评估（MA）依据不同服务的功能差别，按使用功能把服务类型划分为四大类（供给服务、调节服务、文化服务、支持服务）。该分类方案对生态系统服务研究产生了深远影响，是目前广泛接受和使用的方案之一（世界资源研究所，2005）。同时，该分类方案具有里程碑意义，它标志着生态系统服务分类研究进入了新阶段，MA 服务分类方案虽然认可度高，应用广泛，但其也尚不全面。Burkhard 等（2010）在土地利用与生态系统服务关联的研究中使用了最常用的三种生态系统服务类别（调节服务、供给服务、文化服务），同时增加了生态系统功能及与生态系统自组织相关的结构和过程即生态完整性类别研究。

谢高地等（2003）基于 Costanza 等（1997）的工作，提出了一种更适用于中国的陆地生态系统服务价值的评估方法。随后，谢高地等（2008，2015a）对该方法进行了进一步的修正与改进，提出了基于单位面积价值当量因子的生态系统服务价值化方法。该方法中包括供给服务、调节服务、支持服务和文化服务 4 类一级指标。

该研究结果因其较强的权威性得到了许多学者的认可，并广泛运用在相关生态系统服务价值的研究之中。

2.2 城市生态资产的类型划分

城市生态资产可以分为城市自然生态资产和城市人工生态资产两大类，每一类城市生态资产都可以从自然资源和生态系统服务两方面进行物质量以及价值量的评估，并构建评估指标体系。

2.2.1 城市自然生态资产

城市自然生态资产主要包括森林资源、湿地资源、土壤资源、生物资源和矿产资源等。

1. 森林资源

森林资源是林地及其所生长的森林有机体的总称，以林木资源为主，还包括林中和林下植物、野生动物、土壤微生物及其他自然环境因子等资源。林地资源是用于生产和再生产森林资源的土地，是林业生产最基本的生产资料，包括乔木林地、疏林地、灌木林地、林中空地、采伐迹地、火烧迹地、苗圃地和国家规划宜林地。

2. 湿地资源

根据湿地的广义定义，河流、湖泊、沼泽、珊瑚礁都是湿地；此外，湿地还包括人工湿地，如水库、鱼（虾）塘、盐池、水稻田等。

3. 土壤资源

土壤资源是指具有农、林、牧业生产性能的土壤类型的总称，是人类生活和生产最基本、最广泛、最重要的自然资源，是陆地生态系统的重要组成部分。

4. 生物资源

生物资源是自然资源的有机组成部分，是指生物圈中对人类具有一定经济价值的动物、植物、微生物有机体，以及由它们所组成的生物群落。生物资源包括动物资源、植物资源和微生物资源三大类，其中：动物资源包括陆栖野生动物资源、内陆渔业资源、海洋动物资源；植物资源包括森林资源、草地资源、野生植物资源和海洋植物资源；微生物资源包括细菌资源、真菌资源等。生物资源分为基因、物种以及生态系统3个层次，它们是地球上生物多样性的物质体现。

5. 矿产资源

随着工业化和城镇化进程的加快，越来越多的资源从自然界被开采，流入社会经济系统中，进入各类产品和系统，以满足人类生产和生活的需求。随着时间的推移，这部分资源会随着产品或系统的报废而转移到固体废弃物中。如果任大量固体废弃物随意堆积，不加以管理，则会造成严重的环境污染和资源浪费。如果将其中的资源加以回收利用，则可以在一定程度上缓解资源短缺问题。

"城市矿产"这个概念应运而生。从广义的角度讲，"城市矿产"可以被定义为：在社会经济系统中，由物质代谢循环产生的，积蓄在报废产品、建筑、基础设施、填埋场中的可以回收利用的资源。这种规模化地从社会经济系统中提取再生资源（资源再生利用）的过程，被形象地比喻为"城市采矿"。

在学术界，对"城市矿产"的定义尚未统一。1969年，美国科学家简·雅各布斯（Jane Jacobs）在《城市经济》（"The Economy of Cities"）中提到，未来城市可以为我们提供大量种类丰富的原材料，因此可以将其看作未来矿山开采。1988年，日本学者Randolph Nanjo提出人类圈中可回收利用的金属的品位已经超过自然矿产，他把地球表面积蓄了物质的区域形容为城市矿山（Aldebei & Dombi，2021）。1985年，中国学者杨显万和黎锡辉（1985）首次在中国论述了"城市矿山"相关技术的研究应用情况，并对中国"城市矿山"的开发提出了政策建议。Krook和Baas（2013）从更狭隘的角度定义了"城市矿产"，即在城市的边界内，进行报废产品中二次资源的提取。Cossu和Williams（2015）等认为，开采"城市矿产"提供了对人为资源存量和废弃物（产品和建筑）的系统管理，以实现长期的环境保护、节约资源和经济收益。"城市矿产"并不局限于电子废弃物，虽然电子废弃物以其内含稀贵金属而具有高回收价值常作为关注焦点，但是一些其他废弃物也可纳入"城市矿产"的范畴，如报废汽车、报废轮胎、建筑和拆除垃圾、燃烧残渣、食品垃圾、道路清扫垃圾、水处理污泥、废油、旧填埋垃圾、食品工业残渣以及其他工业废弃物（Bonifazi & Cossu，2013；Brunner，2011）。在中国，国家发展和改革委员会、财政部在《关于开展城市矿产示范基地建设的通知》中将"城市矿产"定义为：工业化和城镇化过程产生和蕴藏在废旧机电设备、电线电缆、通信工具、汽车、家电、电子产品、金属和塑料包装物以及废料中的，可循环利用的钢铁、有色金属、稀贵金属、塑料、橡胶等资源。

相比于原生矿产，"城市矿产"有以下几个特点。①城市矿产是在工业化和城镇化中产生的，聚焦于城市。②城市矿产是离散型矿山，开采需要经历一个富集过程，需要依赖资源规模化开发的再生技术。③资源的价值主要体现在金属的价值上，尤其是稀贵金属。相比于生活垃圾和固体废弃物，"城市矿产"是可以进行回收利用的资源，可以带来经济价值、环境价值和社会价值。并非所有的固体废弃物在现有的技术条件下都能转变为"城市矿产"资源开发利用。

"城市矿产"的开发是缓解资源短缺的重要途径。我国是主要的金属消费国。2020年，我国36种金属的消费量居世界首位，并有22种金属的消费量超过全球消费量的50%（陈伟强等，2022）。但我国资源禀赋较差，部分原生矿山品位低，重要矿产资源对外依存度越来越高。我国进口依存度超过50%的金属多达12种，其中有6种超过90%（陈伟强等，2022）。这使得我国金属资源的供应安全受到严重威胁。此外，在"双碳"目标的带动下，我国对关键金属资源需求量持续增长：2020～2040年，预计新能源（包括风电、光伏、储能等技术）发展对锂、铬、锰、钴等20类金属的需求量将增长8.6倍（陈伟强等，2022），这将加剧金属资源的供应风险。"城市矿产"（如电子废弃物、报废汽车、报废动力电池、报废风机和光伏）中蕴藏着大量的可再生的金属资源（Zuo et al.，2019）。以报废光伏为例，其中所蕴含的铜、铝、银、铟和镓等金属，90%以上都可以进行再生利用（陈伟强等，2022）。

报废产品的激增为"城市矿产"的开发提供了可能。以电子废弃物为例，电子废弃物被视为增长速度最快的固体废弃物。2016年，全球产生44.7 Mt的电子废弃物，主要来源于亚洲（18.2 Mt）、欧洲（12.3 Mt）和美国（11.3 Mt）（Liu et al.，2022）；2019年，全球电子垃圾产量为59 Mt，平均每人产生7.3 kg（Hu & Yan，2023）；而中国在2020年的电子废弃物产生量达到15.5 Mt，有学者预计其将在2030年增长到28.4 Mt（Zeng et al.，2016）。

"城市矿产"的开发具有显著的经济效益和环境效益。一方面，再生金属具有一定的经济价值。以光伏为例，据相关研究估算，假设全部回收废弃光伏组件，到2025年，累计可从废弃光伏组件中得到价值约460亿元的铝、约2200亿元的硅、约37亿元的银、约2亿元的碲、约12亿元的镓和约60亿元的铟（陈伟强等，2022）。另一方面，"城市矿产"的开发比原生矿产开发的成本更低。有研究表明，从原生矿产中开采一定量铜、铅、钢、铝、金、银等金属的总成本是从阴极射线管（cathode ray tube，CRT）中回收等量金属的13倍，而从印制电路板（printed-circuit board，PCB）中回收铜、钢、铝、金、银的成本只有从原生矿产中开采等量金属的1/7（Zeng et al.，2018）。美国废弃物回收工业协会（Institute of Scrap Recycling Industries，ISRI）[①]于2019年发表的循环产业年报中表明，用再生材料进行产品制造相比于用原生矿产进行产品制造可以节省大量的能源，进而减少温室气体的排放。例如，使用再生铝、铜、塑料、钢，可以分别节能95%、85%、88%和74%（ISRI，2019）。

2010年5月，国家发展和改革委员会、财政部联合发布《关于开展城市矿产示范基地建设的通知》，首次正式提出"城市矿产"这一独立概念，并提出用5年的时间，建成30个左右"城市矿产"示范基地，后来又调整为50个。本节梳理了"十二五"至"十四五"期间对"城市矿产"的发展要求，主要包含《"十二五"国家战略性新兴产业发展规划》《中华人民共和国国民经济和社会发展第十三个五年规划纲要》《"十四五"循环经济发展规划》等文件中对"城市矿产"的发展要求，相关信息如表2-2所示。

表2-2 中国"城市矿产"的开发政策

政策	发布日期	主要内容
《中华人民共和国国民经济和社会发展第十二个五年规划纲要》	2011年3月16日	建设50个技术先进、环保达标、管理规范、利用规模化、辐射作用强的"城市矿产"示范基地，实现废旧金属、废弃电器电子产品、废纸、废塑料等资源再生利用、规模利用和高值利用
《"十二五"国家战略性新兴产业发展规划》	2012年7月9日	加快将"城市矿产"示范基地建设纳入重大行动中。实施"城市矿产"示范工程，建设一批"城市矿产"示范基地，提升废钢铁、废有色金属（稀贵金属）、废橡胶、废轮胎、废电池等再生资源利用技术和成套装备产业化水平
《中华人民共和国国民经济和社会发展第十三个五年规划纲要》	2016年3月17日	推进"城市矿产"开发利用，做好工业固体废弃物等大宗废弃物资源化利用，加快建设城市餐厨废弃物、建筑垃圾和废旧纺织品等资源化利用和无害化处理系统，规范发展再制造
《"十三五"国家战略性新兴产业发展规划》	2016年11月29日	深入推进资源循环利用，促进"城市矿产"开发和低值废弃物利用

---

① 现为再生材料协会（Recycled Materials Association，ReMA）。

续表

政策	发布日期	主要内容
《循环发展引领行动》	2017年4月21日	提升"城市矿产"开发利用水平。推动现有国家"城市矿产"示范基地提质增效，引导园区（基地）外的规范废弃电器电子拆解企业、报废汽车拆解企业入园发展，促进集聚化规模化发展。加强新兴"城市矿产"高值利用关键技术及产业化应用等的研究
《中华人民共和国国民经济和社会发展第十四个五年规划和2035年远景目标纲要》	2021年3月12日	全面推行循环经济理念，构建多层次资源高效循环利用体系。深入推进园区循环化改造，补齐和延伸产业链，推进能源资源梯级利用、废弃物循环利用和污染物集中处置。加强大宗固体废弃物综合利用，规范发展再制造产业。加强废旧物品回收设施规划建设，完善城市废旧物品回收分拣体系。推行生产企业"逆向回收"等模式，建立健全线上线下融合、流向可控的资源回收体系。拓展生产者责任延伸制度覆盖范围。推进快递包装减量化、标准化、循环化
《"十四五"循环经济发展规划》	2021年7月1日	提升再生资源加工利用水平。推动再生资源规模化、规范化、清洁化利用，促进再生资源产业集聚发展，高水平建设现代化"城市矿产"基地

我国在城市矿产开发方面开展了大量工作，取得了显著效果。2010~2015年，共建设六批49个"城市矿产"示范基地；截至2020年底，已有34家基地通过了终期验收；截至2019年底，废钢铁、废有色金属、废塑料、废轮胎、废纸、废弃电器电子产品、报废机动车、废旧纺织品、废玻璃、废电池十大品种的回收总量约3.54亿t（中国物资再生协会，2020）。

我国"城市矿产"的开发依然面临再生资源加工园区建设缺乏合理规划、实施方案落实不足等问题，导致"城市矿产"的开发面临巨大挑战。为了更有效地对我国的"城市矿产"进行开发利用，需要有效解决当前面临的问题，推动我国"城市矿产"资源的快速发展。

探究中国"城市矿产"的资源潜力，有助于完善"城市矿产"开发的基础数据，为"城市矿产"合理有序地开发提供科学依据。

2.2.2 城市人工生态资产

根据生态系统服务载体的自然属性，可将城市人工生态资产分为人工生态系统和环境基础设施两大类型。前者主要包括城市蓝绿基础设施，其主要形式有公园、防护绿地、近郊农田、果园、苗圃、经济林等；后者为城市环境基础设施，包括污水处理厂、垃圾填埋场等主要类型。此外，根据不同类型人工生态资产的主导功能，还可将其分为景观文化系统（公园）、生态防护系统（防护绿地）、农林生产系统（近郊农田、果园、苗圃、经济林等）、污水处理设施、垃圾处理设施等。城市人工生态资产的类型划分如表2-3所示。

表 2-3　城市人工生态资产的类型划分

大类	属性分类	功能分类	主要形式
城市人工生态资产	人工生态系统	景观文化系统	公园、风景名胜区等
		生态防护系统	防护绿地、附属绿地等
		农林生产系统	近郊农田、果园、苗圃、经济林等
	环境基础设施	污水处理设施	污水处理厂、处理设施、管网等
		垃圾处理设施	垃圾填埋场、分拣、清运设施等
		其他	"城市矿产"、固废、危废处理设施等

2.3 城市生态资产的评估指标体系

2.3.1 城市自然生态资产评估指标体系

城市自然生态资产物质量包括资源本身物质量和生态系统服务物质量，如碳储存、小气候调节、污染物截留、环境净化、生物多样性维持、休闲娱乐等多种生态系统服务物质量。生态系统服务包括：供给服务、调节服务、文化服务与支持服务。其中：供给服务包括食物、木材、遗传基因库、水电供给、淡水资源等；调节服务包括气候调节、土壤保持、水质净化、废弃物处理、授粉等；文化服务包括文化多样性、教育价值、美学价值、休闲旅游等；支持服务包括初级生产、土壤形成、水循环、生境质量等（图2-2）。值

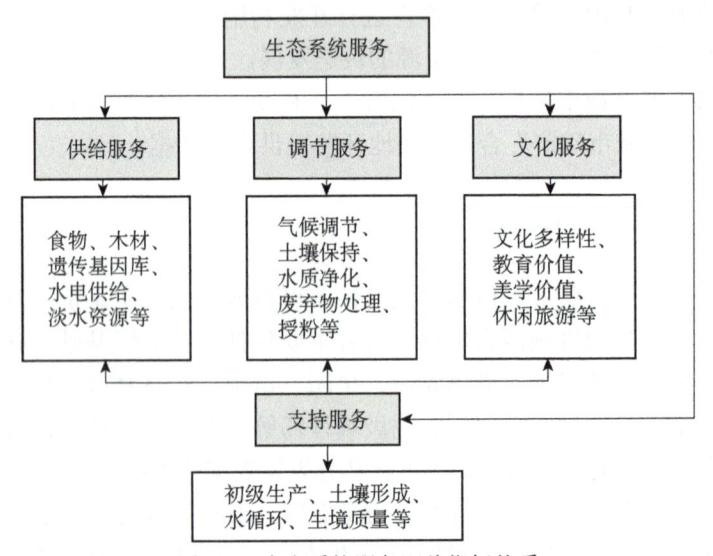

图 2-2　生态系统服务评估指标体系

得注意的是，该指标体系旨在构建一个城市自然生态资产评估的基础框架，并非一成不变。在实际应用中，还应根据研究区具体条件和研究需求，对指标体系进行适当调整，以确保评估结果的科学性和适用性。

2.3.2 城市人工生态资产评估指标体系

在结合现有研究以及上文关于城市生态资产核算指标的基础上，充分考虑人工生态资产的特征，构建城市人工生态资产核算和评价的指标体系（表2-4）。从人工生态资产的存在形态上来看，评价体系可分为存量、流量和质量三个方面。其中，存量指实体的自然资源，流量指实体资源持续不断为人类提供的生态系统服务，质量指生态系统提供生态系统服务的效率、稳定性、可持续性等生态质量指标[1]。自然资源（存量）包含占地面积、处理能力和生物量3个二级指标。占地面积指农田、园林绿地、环境基础设施等的占地面积指标；处理能力指污水处理厂、垃圾填埋场等的处理规模指标；生物量指农田、公园绿地、防护绿地等的生物量指标。人工生态资产所产生的生态系统服务（流量）可区分为正服务和负服务。正服务有碳储存、小气候调节、污染物截留、环境净化、生物多样性维持、休闲娱乐等的物质量和价值量；负服务包括农业面源污染、挥发性有机物（volatile organic compound，VOC）排放、碳排放、洪水、花粉过敏等的物质量和价值量。

表 2-4　城市人工生态资产评估指标体系

一级指标	二级指标	指标说明
自然资源（存量）	占地面积	农田、园林绿地、环境基础设施等的占地面积
	处理能力	污水处理厂、垃圾填埋场等的处理规模
	生物量	农田、公园绿地、防护绿地等的生物量
生态系统服务（流量）	正服务	碳储存、小气候调节、污染物截留、环境净化、生物多样性维持、休闲娱乐等
	负服务	农业面源污染、VOC 排放、碳排放、洪水、花粉过敏等
生态质量（质量）	生态系统质量	生态系统的安全性、生态网络结构和格局的稳定性、生产力、健康度等质量指标

---

[1] 限于数据可得性，本书对城市人工生态资产质量进行评估。

第3章　城市生态资产的物质量评估与核算方法体系

3.1 城市生态资产物质量的评估指标体系

3.1.1 城市生态资产物质量的基本指标

基于城市社会-经济-自然复合生态系统的特点，以及城市具备的生态、生产和生活功能，本节研究构建了包括城市自然资源（存量）和城市生态系统服务（流量）在内的城市生态资产评估指标体系（图3-1）。

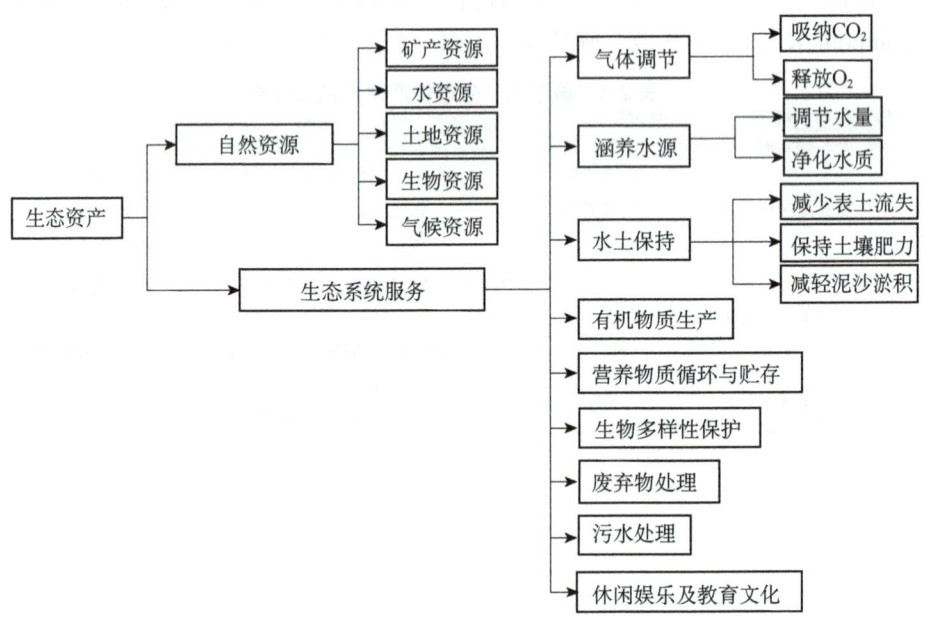

图3-1　城市生态资产指标体系

3.2 城市生态资产物质量核算方法

目前，生态资产物质量评价方法主要有生物量法、单位面积价值法、经验公式法、生态足迹法、能值分析法、决策模型（以 InVEST 模型为例）等几类。

3.2.1 生物量法

生物量法主要是计算各类生态资产的生物量，并将其折算成平均有机物质价值，换算求得城市生态系统自然资源价值。生物量法的核算方法和过程简单，而且容易被人理解和掌握；但是仅适用于核算部分自然资源的价值。

3.2.2 单位面积价值法

单位面积价值法是首先估算每种类型生态系统或每个生物群落单位面积所具有的生态系统服务价值，然后乘以该生态系统或群落的总面积，最后相加得到所有生态系统服务的总价值。单位面积价值法的优点是可以核算多种生态系统服务价值，计算简便；缺点是该方法的价值体系标准是针对全国或大范围区域的统一标准，无法准确反映具体地区的真实价值。目前，大多数研究是专家依据 Costanza 价值体系（Costanza et al.，2017）优化建立的基于专家知识的价值体系标准。

3.2.3 经验公式法

首先利用遥感数据来反演植被覆盖度、净初级生产力（net primary productivity，NPP）和生物量等参数，综合考虑生态系统的类型、空间分布和地理因素等的影响，通过相应的公式模型来度量生态系统的生态资产价值。该方法的优点是计算比较准确，科学性较强；缺点是计算过程对数据的要求较高。

NPP 可通过卡内基–艾姆斯–斯坦福（Carnegie-Ames-Stanford Approach，CASA）模型反演得到（图 3-2）。CASA 模型的特点：①在估算 NPP 时考虑了植被覆盖的分类精度对计算结果的影响；②结合气象数据，运用蒸散模型来估算水分胁迫因子，不仅可以保证数据来源的可获得性和可靠性，同时也使模型中的参数得到简化，对于不同地区的模拟计算具有一定普适性。

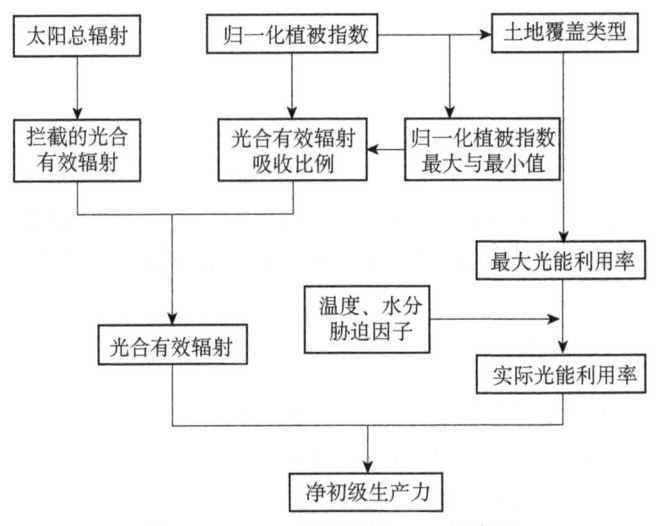

图 3-2 CASA 模型估算 NPP 的流程

模型中 NPP 可以由植物吸收的光合有效辐射（absorbed photosynthetic active radiation，APAR）和实际光能利用率（ε）两个因子来表示。估算公式如下：

$$NPP(x,t) = APAR(x,t) \times \varepsilon(x,t) \tag{3-1}$$

式中，APAR(x,t) 表示像元 x 在 t 月份吸收的单位面积光合有效辐射（gC/m²），$\varepsilon(x,t)$ 表示像元 x 在 t 月份的实际光能利用率（gC/MJ）。

植被吸收的光合有效辐射取决于太阳总辐射和植物本身的特征，可通过如下公式计算：

$$APAR(x,t) = SOL(x,t) \times FPAR(x,t) \times 0.5 \tag{3-2}$$

式中，SOL(x,t) 表示像元 x 在 t 月份的太阳总辐射量（MJ/m²），FPAR(x,t) 表示植被对入射光合有效辐射的吸收比例。

各类生态系统服务价值计算公式如下。

1. 生产有机物质价值

可以通过 NPP 来反映有机物质生产，它表示植物在某个阶段所生产的有机物质总量。有机物质生产价值计算式如下：

$$V_n = \sum V_n(x) \tag{3-3}$$

$$V_n(x) = NPP(x) \times M \tag{3-4}$$

式中，V_n 为一个地区每年生产的有机物质价值（元），$V_n(x)$ 为栅格 x 处每年生产的有机物质价值（元），NPP(x) 为栅格 x 处每年生产的有机物质的量

(t),M 为有机物质的平均价格（元/t）。

2. 积累营养物质价值

生态系统可以通过光合作用将无机环境中的物质氮（N）、磷（P）、钾（K）等营养元素固定在有机体内，从而产生有机物质。各个生态系统积累营养物质的价值也是以 NPP 为基础的，可以通过各个营养元素的质量分配率来计算生态系统积累营养物质的价值（王红岩等，2012）。

$$V_{ni} = \sum V_{ni}(x) \tag{3-5}$$

$$V_{ni}(x) = \sum \text{NPP}(x) \times r_1 \times M / r_2 \tag{3-6}$$

式中，V_{ni} 为一个地区每年吸收的 i 元素价值（元），$V_{ni}(x)$ 为生态系统在栅格 x 处每年吸收的 i 元素价值（元），$\text{NPP}(x)$ 为栅格 x 处每年生产有机物质的量（t），r_1 是各个生态系统 i 元素在有机物质中的质量分配率（g/gC），r_2 为纯 i 元素在化肥中的含量（%），M 为化肥的平均价格（元/t）。

3. 气体调节价值

气体调节价值仍以 NPP 为基础，各生态系统固定 CO_2 和释放 O_2 的物质量可以通过光合作用和呼吸作用的反应方程式来进行推算，每生产 1g 干物质，需要 1.63g CO_2，释放 1.19g O_2。本书根据国际上公认的碳税率以及工业制氧价格来计算生态系统的气体调节价值。

$$V_r = \sum V_r(x) \tag{3-7}$$

$$V_r(x) = \frac{\text{NPP}(x)}{0.614} \times C_{碳} \tag{3-8}$$

$$V = \sum V(x) \tag{3-9}$$

$$V(x) = \frac{\text{NPP}(x)}{0.614} \times \frac{32}{44} \times R_{氧} \tag{3-10}$$

式中，V_r 为一个地区每年吸收 CO_2 的价值（元），$V_r(x)$ 为栅格 x 处每年生态系统吸收 CO_2 的价值（元），V 为一个地区每年释放 O_2 的价值（元），$V(x)$ 为栅格 x 处每年生态系统释放 O_2 的价值（元），$\text{NPP}(x)$ 为栅格 x 处每年生态系统生产的有机物质的量（t），$C_{碳}$ 为碳税率价格，$R_{氧}$ 为工业制氧价格。

4. 水源涵养价值

水源涵养价值主要包括水量调节以及净化水质两个方面。对于水量调节，本书采用替代工程法，即用水库工程的蓄水成本来反映生态系统水量调节的价值。对于水质净化的部分，其价值可以用自来水净化来反映，用居民的平均用水价格乘以同等体积需要处理的水量，计算得到生态系统水质净化的价值。

$$V_{调} = Q(x) \times C_{库} \times S \qquad (3\text{-}11)$$

$$V_{水质} = \sum Q(x) \times K \times S \qquad (3\text{-}12)$$

式中，$V_{调}$ 为一个地区每年水量调节的价值（元），$V_{水质}$ 为一个地区每年水质净化的价值（元），$Q(x)$ 为像元 x 处单位面积每年的降水贮水量（m³/m²），$C_{库}$ 为水库建设单位库容的投资费用（占地拆迁补偿、工程造价、维修费用等），K 为单位体积自来水的净化费用，S 表示像元面积（m²）。

对于降水贮水量，可采用土壤蓄水能力法进行计算：

$$Q(x) = H(x) \times P(x) \qquad (3\text{-}13)$$

式中，$H(x)$ 为栅格 x 处的土壤深度（m），$P(x)$ 为栅格 x 处的土壤粗孔隙率。

5. 保育土壤价值

对于保育土壤价值，可以分别采用替代工程法和市场价值法从固定土壤和保持肥力两个方面来进行评估：

$$V_{固} = \sum A_c(x) \times C_{土} / \rho \times S \qquad (3\text{-}14)$$

$$V_{肥} = \sum A_c(x) \times \left(\frac{M_i P_i}{R_i} + N \times O \right) \times S \ (i = \text{N, P, K}) \qquad (3\text{-}15)$$

式中，$V_{固}$ 为一个地区每年固定土壤价值（元）；$V_{肥}$ 为一个地区每年保持土壤肥力的价值（元）；$A_c(x)$ 为栅格 x 处单位面积每年的土壤保持量（t/m²）；$C_{土}$ 表示挖取和运输单位体积的土壤所花的费用，为土壤容重；M_i 为土壤中 N、P、K 的含量；P_i 为氮肥、磷肥、钾肥的价格（元/t）；R_i 为化肥中纯 N、P、K 的含量；N 为土壤中有机物质含量；O 为有机物质价格；S 为像元面积。

土壤保持量主要反映了绿地植被以及土壤保持措施对防止土壤流失所起的作用。土壤保持量是指土壤的潜在侵蚀量减去土壤的实际侵蚀量：

$$A_c = A_p - A_r \qquad (3\text{-}16)$$

式中，A_c 为土壤保持量，A_p 为土壤的潜在侵蚀量，A_r 为土壤的实际侵蚀量，单位均为 t/hm²。

研究区域的土壤实际侵蚀量可以采用通用土壤流失方程（universal soil loss equation，USLE）进行计算，一个地区的土壤侵蚀量主要与地表植被、土壤类型、降水量、地形和管理措施这 5 个因素有关，模型表达式为

$$A_r = R \times K \times \text{LS} \times C \times P \qquad (3\text{-}17)$$

式中，R 为降雨侵蚀力指标，K 为土壤可侵蚀因子，LS 为坡长坡度因子，C 为地表覆盖因子，P 为土壤保持措施因子。

土壤的潜在侵蚀量即为不考虑地表植被覆盖以及土壤保持措施因子时的土壤侵蚀量，可通过如下公式计算：

$$A_p = R \times K \times LS \tag{3-18}$$

6. 生物多样性保护价值

对于生物多样性保护，可参考之前研究中的不同生态系统类型的单位面积生物多样性价值量，然后乘以相应生态系统类型的面积，从而计算整个地区的生物多样性价值。

7. 废弃物处理价值

生态系统的废弃物处理功能是指生物通过代谢作用（同化作用和异化作用）使环境中的污染物浓度下降、毒性减轻，直至消失的过程。处理废气要考虑植被吸收二氧化硫和粉尘等以及水体净化氨氮与化学需氧量等服务功能，以计算其服务价值，计算公式为

$$V = B \times A \times C \tag{3-19}$$

式中，V 为一个地区废弃物处理的价值，B 为单位面积生态系统废弃物处理能力，A 为面积，C 为单位治污成本。

8. 休闲娱乐及文化价值

休闲娱乐及文化价值可通过单位面积价值法进行核算，主要参考之前研究中不同生态系统类型的单位面积生态系统服务价值，通过将不同生态系统类型单位面积的休闲娱乐文化价值乘以相应的面积，得到生态系统总的休闲娱乐及文化价值。

9. 自然资源价值

自然资源价值主要包含各项自然资源及产品的经济价值，可分别计算林地、草地、农用地、水体等不同生态系统的自然资源价值，相加得到一个地区总的自然资源价值。对于林地生态系统，首先计算各个树种的蓄积量，通过出材率和立木价格来计算得到森林生态系统的自然资源价值。对于灌丛或草地生态系统，可通过生物量参数来计算，将其折算为有机物质价值，从而获得其自然资源价值。对于农田生态系统，其自然资源价值主要包括生产的食物价值以及秸秆处理的价值，通过各类作物产量、面积等参数，计算得到

农田自然资源价值。水体价值根据库容采用市场价值法计算水体资源价值。

3.2.4 生态足迹法

生态足迹法的基础是人类要维持生存必须消耗自然界提供的各种产品和服务，而这些最终消耗量都可以换算成提供生产该消耗所需的原始物质和能量的生物生产性土地面积。生态足迹法的优点是数据容易获取；缺点是不同生态系统的生物生产当量因子是针对全国的统一标准，无法体现不同区域的差异性。

生态产品供给可以采用某个时间段、某个地区提供的生物生产性土地面积来表征，其物质量的计算公式为

$$\text{PRO}_{ij} = A_j \times R_j \times Y_{ij} \tag{3-20}$$

式中，i 表示各个地区，j 表示各类土地利用类型，PRO_{ij} 表示地区 i 的土地利用类型 j 的生态产品供给能力（hm²），A_j 表示第 j 类土地利用生物生产性土地面积，R_j 表示第 j 类土地利用的当量（均衡）因子，Y_{ij} 表示地区 i 第 j 类土地利用的产量因子。

生态产品供给的价值计算：

$$\text{EP}_{ij} = \text{PRO}_{ij} \times v_j \tag{3-21}$$

式中，EP_{ij} 表示地区 i 土地利用类型 j 的产品价值量，v_j 表示生态产品的单价。

3.2.5 能值分析法

能值分析法以自然价值为基础，通过使用能值转换率将生态系统中流动或储存的各种物质和能量都转化为统一标准的太阳能值，从而进行生态资产的统一核算研究（图3-3）。应用能值作为统一标准，可以评价任何系统（包括整个自然界和人类社会经济系统）的一切财富。能值分析法可以比较不同类别或者不同等级层次的物质或能量；但是生态经济系统活动相当复杂，在计算和统计时往往会出现重复或遗漏数据。

以能值分析法估算各类生态系统资产价值的计算公式如下。

1. 生产有机物质价值

以 NPP 为物质量来估算生产有机物质的经济价值：

$$E_{\text{value}} = E_{\text{organic}} / \text{EMR} \tag{3-22}$$

$$E_{\text{organic}} = \text{NPP} \times \mu \times T \tag{3-23}$$

式中，E_{value} 为生产有机物质的宏观经济价值，E_{organic} 为像元 x 处生产有机物

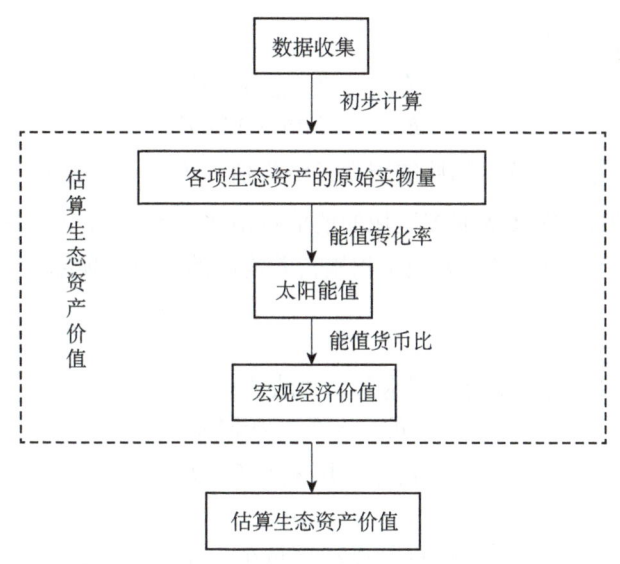

第 3 章　城市生态资产的物质量评估与核算方法体系

图 3-3　能值分析法估算生态资产价值流程框架

质的太阳能值，EMR 为研究区域的能值货币比，μ 为 NPP 的热值，T 为 NPP 的能值转换率。

2. 气体调节价值

物质量的估算与经验公式法类似，均以 NPP 为基础，以光合作用和呼吸作用为基础计算固定 CO_2 和释放 O_2 的量，之后结合能值转换率和能值货币比得到经济价值：

$$E_{\text{value}} = (E_{CO_2} + E_{O_2})/\text{EMR} \tag{3-24}$$

$$E_{CO_2} = \frac{\text{NPP}}{0.614} \times T \tag{3-25}$$

$$E_{O_2} = \frac{\text{NPP}}{0.614} \times \frac{32}{44} \times T \tag{3-26}$$

式中，E_{value} 为气体调节的宏观经济价值，E_{CO_2} 和 E_{O_2} 分别表示固定 CO_2 和释放 O_2 的太阳能值，EMR 为研究区域的能值货币比，0.614 为 CO_2 变为 NPP 的转化系数，$\frac{32}{44}$ 为将 CO_2 质量转化为 O_2 质量的比例因子，T 表示气体调节的能值转换率。

3. 积累营养物质价值

各个生态系统的积累营养物质元素主要有 N、P、K，其宏观经济价值可由以下公式计算得到：

$$E_{\text{value}} = E_{\text{nutrient}}/\text{EMR} \tag{3-27}$$

$$E_{\text{nutrient}} = \text{NPP} \times M \times T \tag{3-28}$$

式中，E_{value} 为积累营养物质的宏观经济价值，E_{nutrient} 为像元 x 处积累营养物质的太阳能值，EMR 为研究区域的能值货币比，M 是各个生态系统 i 元素在有机物质中的平均含量，T 表示积累营养物质的能值转换率。

4. 涵养水源价值

涵养水源的物质量可依据水量平衡法计算：

$$E_{\text{value}} = E_{\text{water}}/\text{EMR} \tag{3-29}$$

$$E_{\text{water}} = W \times \rho \times G \times T \tag{3-30}$$

$$W = P - E \tag{3-31}$$

式中，E_{value} 表示涵养水源的宏观经济价值，E_{water} 表示涵养水源的太阳能值，EMR 表示研究区域的能值货币比，W 表示涵养水源量，ρ 表示雨水密度，G 表示雨水的吉布斯自由能，T 表示涵养水源的能值转换率，P 表示年均降水量，E 表示平均蒸散量。

5. 保育土壤价值

保育土壤价值包括两部分，固定土壤价值和保肥价值。

固定土壤价值主要是指各用地类型减少的土地侵蚀损失的经济价值。采用潜在土壤侵蚀量和实际土壤侵蚀量的差值进行计算：

$$E_{\text{value}} = E_{\text{soil}}/\text{EMR} \tag{3-32}$$

$$E_{\text{soil}} = Q \times \mu \times T \tag{3-33}$$

$$Q = Q_p - Q_r \tag{3-34}$$

式中，E_{value} 表示固定土壤的宏观经济价值，E_{soil} 表示固定土壤的太阳能值，EMR 表示研究区域的能值货币比，Q 表示每年固定土壤总量，μ 表示土壤的能量折算比率，T 表示能值转换率，Q_p 表示土壤潜在侵蚀总量，Q_r 表示土壤实际侵蚀总量。

保肥价值主要是土地利用类型在减少土壤侵蚀量时减少的养分流失，主要考虑 N、P、K 三种元素：

$$E_{\text{value}} = E_i/\text{EMR} \tag{3-35}$$

$$E_i = N_i \times T_i \tag{3-36}$$

$$N_i = Q \times P_i \tag{3-37}$$

式中，E_{value} 表示不同土地利用类型保肥的宏观经济价值，E_i 表示元素 i（N、P 或 K）的太阳能值，EMR 表示研究区域的能值货币比，N_i 表示减少的元素 i（N、P 或 K）的物质量，Q 表示每年固定土壤总量，T_i 表示元素 i（N、P 或 K）的能值转换率，P_i 表示元素 i（N、P 或 K）在土壤中所占的百分比含量。

6. 废弃物处理价值

废弃物处理价值主要包括对重金属的吸收和净化空气的价值。其中，净化空气主要是指生态系统净化的二氧化硫和粉尘，计算公式如下：

$$E_{value} = E_{waste}/\text{EMR} \tag{3-38}$$

$$E_{waste} = A \times B \times T \tag{3-39}$$

式中，E_{value} 表示废弃物处理的宏观经济价值，E_{waste} 表示废弃物处理的太阳能值，EMR 表示研究区域的能值货币比，A 表示不同用地类型单位面积的平均废弃物处理量，B 表示不同用地类型的面积，T 表示各类废弃物处理的能量转换率。

7. 生物多样性价值

生物多样性主要以栖息地物种数表示，其价值可由以下公式计算：

$$E_{value} = E_H/\text{EMR} \tag{3-40}$$

$$E_H = N_{species} \times T \tag{3-41}$$

式中，E_{value} 表示生物多样性保护的宏观经济价值，E_H 表示栖息地物种的太阳能值，EMR 表示研究区域的能值货币比，$N_{species}$ 表示栖息地的物种数量，T 表示物种的能值转换率。

3.2.6 InVEST 模型

InVEST 模型最早应用于美国自然资产评估计划，旨在量化和评估生态系统服务的价值，以期更好地利用经济手段保育自然生态系统，为自然资产的管理提供决策支持。该模型可对多种生态系统服务进行空间直观量化，并可在不同种生态系统服务之间权衡，帮助实现更高效的自然资源管理和决策。分析内容包括碳储存与吸收、水力发电/产水量、营养盐截留/水体净化、淤积物截留、生境质量指数等常用模块。InVEST 模型工作原理与步骤如图 3-4 所示。InVEST 模型的优点是可以全面系统地评价不同种类的生态系统服务；缺点是所需数据要求较高，不容易获取。

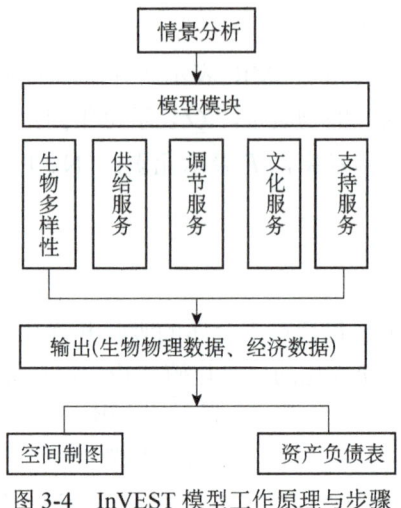

```
                    ┌─────────┐
                    │ 情景分析 │
                    └────┬────┘
                    ┌────┴────┐
                    │ 模型模块 │
                    └────┬────┘
        ┌────┬────┬─────┼─────┬────┐
     生物 供给 调节 文化 支持
     多样 服务 服务 服务 服务
       性
        └────┴────┬────┴────┘
         ┌───────┴────────┐
         │输出(生物物理数据、经济数据)│
         └───────┬────────┘
         ┌──────┴──────┐
      ┌──┴──┐       ┌──┴──┐
      │空间制图│      │资产负债表│
      └─────┘       └─────┘
```

图 3-4 InVEST 模型工作原理与步骤

3.3 "城市矿产"资源物质量的核算方法

"城市矿产"资源物质量的核算主要包含产品报废量核算和可回收资源量核算两部分内容，其中的重难点是产品报废量核算。当前，产品报废量核算的方法主要有以下几类：①输入输出模型，基于物质流的思想，通过产品的输入量核算产品的输出量，包含市场供应模型、市场供给 A 模型、斯坦福模型、消费与使用模型和物质流分析（material flow analysis，MFA）模型，其中动态 MFA 模型被广为应用；②时间序列法，基于历史报废量数据，以时间为自变量，预测未来的报废量；③因子模型，通过识别报废量产生的影响因素，建立因子外推模型计算报废量（Kosai et al., 2020；Xia et al., 2023；Li et al., 2015）。综上所述，报废量的核算极大地依赖产品流入量、存量等数据，而这两个指标历史数据的缺乏和不完整性制约了城市尺度报废量的核算。本书旨在建立城市尺度的报废量核算模型，进而建立一套"城市矿产"资源潜力的核算方法体系（Wang F et al., 2013；Liu et al., 2022）。

鉴于机器学习在不稳定的非线性数据样本和大特征尺寸建模方面的优越性（Xia et al., 2023），本书以电子废弃物、报废汽车、拆除住宅建筑为研究对象，构建了基于长短期记忆网络的物质流分析（long short term memory neural network-material flow analysis，LSTM-MFA）资源代谢模型，实现了对各类产品资源代谢趋势的动态模拟，较为全面地核算了"城市矿产"资源潜力。

LSTM-MFA"城市矿产"资源潜力核算体系如图 3-5 所示，该模型包含以下五部分内容：①动态 MFA 模型构建；②产品存量计算；③LSTM 预测模型构建；④寿命分布模型构建；⑤资源潜力核算。

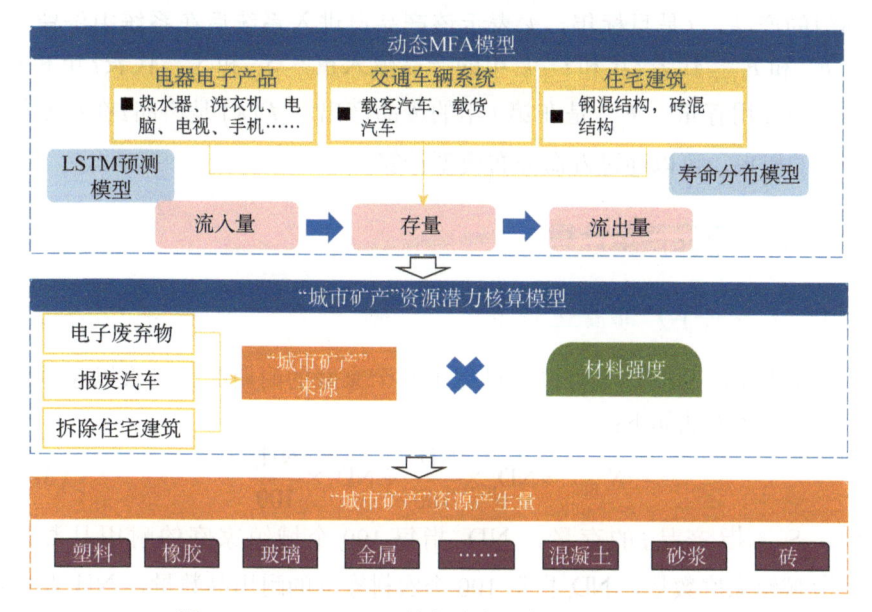

图 3-5　LSTM-MFA"城市矿产"资源潜力核算体系

3.3.1　动态 MFA 模型构建

MFA 是产业生态重要的分析方法之一，它包含了静态 MFA 和动态 MFA。静态 MFA 侧重于对物质流的静态描述和分析，可以提供一年的物质流量和存量的分析，但由于未考虑寿命信息而无法展现流量和存量在很长一段时间内的动态转化关系（Deng et al.，2022）；而动态 MFA 可以刻画物质流量和存量之间的动态转化关系（Müller et al.，2014）。进入 21 世纪以来，动态 MFA 已成为核算物质流量和存量的主要方法，它可以明确物质流量和存量之间的关系，为研究物质流的时空演化规律提供方法支持（Zhang et al.，2011）。

动态 MFA 通常包含 3 个参数：流入量、存量和流出量。其中流出量即报废量。当仅已知存量，计算报废量的时候，可以借助寿命分布参数，利用以下公式计算：

$$F_{i,t}^{\text{in}} = S_{i,t} - S_{i,t-1} + F_{i,t}^{\text{out}} \quad (3\text{-}42)$$

$$F_{i,t}^{\text{out}} = \sum_{k=1}^{M} F_{i,t-k}^{\text{in}} \times f_i(k) \tag{3-43}$$

式中，i 代表来自报废电器电子产品、报废汽车和拆除住宅建筑 3 个终端使用部门的产品，t 是目标年，k 表示该产品自进入系统后在系统中停留了 k 年。$F_{i,t}^{\text{in}}$ 和 $F_{i,t-k}^{\text{in}}$ 代表 t 年和 $t-k$ 年的产品流入量。$S_{i,t}$ 和 $S_{i,t-1}$ 代表 t 年和 $t-1$ 年的产品在用存量。$F_{i,t}^{\text{out}}$ 是在第 t 年的废品产出。$f_i(k)$ 是产品 i 在第 k 年成为废品的概率，可以通过寿命分布模型计算。

3.3.2 产品存量计算

1. 电器电子产品存量计算

电器电子产品的存量可以通过每 100 个家庭的耐用品数量乘以家庭数量来计算，具体方法如下：

$$S_{i,\text{EEE}} = \text{ND}_u \times \frac{\text{NH}_u}{100} + \text{ND}_r \times \frac{\text{NH}_r}{100} \tag{3-44}$$

式中，$S_{i,\text{EEE}}$ 指产品 i 的存量，ND_u 指每 100 个城镇家庭的耐用品数量，NH_u 指城镇家庭数量，ND_r 指每 100 个农村家庭的耐用品数量，NH_r 指农村家庭数量。

2. 汽车存量计算

各类车辆的存量（保有量）可以直接从统计年鉴中获得。

3. 住宅建筑存量计算

住宅建筑的存量，通常由人均住宅面积与人数的乘积表征，公式如下所示：

$$S_{u,\text{RB}} = \text{PFA}_u \times \text{NH}_u \tag{3-45}$$

$$S_{r,\text{RB}} = \text{PFA}_r \times \text{NH}_r \tag{3-46}$$

式中，$S_{u,\text{RB}}$ 为城镇住宅建筑的存量，$S_{r,\text{RB}}$ 为农村住宅建筑的存量，PFA_u 为城镇居民的人均住宅面积，PFA_r 为农村居民人均住宅面积，NH_u 为城镇居民人数，NH_r 为农村居民人数。

3.3.3 LSTM 预测模型构建

长短期记忆（long short-term memory，LSTM）神经网络是循环神经网络（recurrent neural network，RNN）的一个变种（Cubillos，2020），LSTM 的优

势在于捕捉和概括数据的长期依赖性。它有效地避免了 RNN 中梯度消失和梯度爆炸的现象，并增强了时间序列的预测结果（Qi et al.，2019；Liu et al.，2021）。LSTM 模型已经成功地应用于废弃物估计（Vu et al.，2021；Lin et al.，20；Huang et al.，2020）。LSTM 模型中引入了三种类型的门：输入门、遗忘门和输出门。输入门决定输入单元的信息，遗忘门控制需要从存储单元丢弃的数据，而输出门计算将被转移到下一个门的信息量（Liu et al.，2021）。模型的表达式如下：

$$\text{Input}_t = \partial(W_i \times [H_{t-1}, X_t] + b_i) \quad (3\text{-}47)$$

$$\text{forget}_t = \partial(W_f \times [H_{t-1}, X_t] + b_f) \quad (3\text{-}48)$$

$$\text{output}_t = \partial(W_o \times [H_{t-1}, X_t] + b_o) \quad (3\text{-}49)$$

式中，∂ 是逻辑曲线，W_i、W_f、W_o 是输入门、遗忘门和输出门的权重矩阵，H_{t-1} 是隐藏层在 $t-1$ 年的输出结果，b_i、b_f、b_o 是 t 时间的输入数据分别在输入门、遗忘门和输出门的偏置矢量。

使用 LSTM 进行初始库存预测有两个主要步骤：确定每个产品的 LSTM 模型的参数和预测初始库存。

首先，LSTM 模型由 LSTM 神经元层和一个全连接层组成，在各层间增加随机失活（dropout）层以防止模型的过拟合，我们选择了自适应矩估计算法（adaptive moment estimation，Adam）作为训练优化器。

此外，为了达到最佳的预测效果，我们根据实验确定了以下 4 个参数：①Lag，代表预测时参考的年份；②Seq，代表以年为单位的预测长度；③Neu，代表 LSTM 层的神经元数量；④Epo，代表训练纪元长度。预测结果由相关系数（R^2）来评估，相关系数由如下公式计算。

$$R^2 = 1 - \frac{\sum_{i=1}^{n}(y_i - \hat{y}_i)^2}{\sum_{i=1}^{n}(y_i - \overline{y}_i)^2} \quad (3\text{-}50)$$

式中 y_i、$\hat{y}_i$ 和 $\overline{y}_i$ 分别代表产品库存的真实值、预测值和平均值。

其次，最初的存量预测是基于以下步骤进行的：①将存量数据归一化，按 9∶1 的比例分为训练数据集和测试数据集；②用训练数据 Epo 次训练模型；③测试训练后的模型，找出第一个数值不为零的存量。

3.3.4 寿命分布模型构建

电器电子产品和汽车并非在达到报废年限的时候全部报废，而是根据平均寿命，逐渐退出使用状态。产品的实际寿命呈现围绕平均寿命波动的趋势，这种趋势可以用各类寿命分布曲线拟合，比如威布尔分布（Weibull distribution）、正态分布、Γ分布、β分布（Müller et al.，2014；Melo，1999）。其中威布尔分布被广泛地应用于报废概率密度的模拟。因此本书采用威布尔分布预测电器电子设备和汽车的报废概率。概率密度公式如下：

$$f(x)=\frac{\beta}{\alpha}\left(\frac{x}{\alpha}\right)^{\beta-1}\mathrm{e}^{-(x/\alpha)^{\beta}} \tag{3-51}$$

式中，β是形状参数，α是位置参数。

当前并没有真实的数据能够反映建筑的报废规律，大量的寿命分布模型被用来模拟建筑的寿命分布（Hu et al.，2010b）。正态分布、对数正态分布、威布尔分布都曾被用来预测建筑物在某一年被拆除的概率（Huang et al.，2017；Han & Xiang，2013；Müller，2006）。其中，正态分布的简单性和合理性，使其被广泛使用（Huang et al.，2013；Hu et al.，2010a）。本书也使用正态分布预测拆除住宅建筑的报废概率，公式如下所示：

$$f(x)=\frac{1}{\sigma\sqrt{2\pi}}\mathrm{e}^{\frac{-(x-\mu)^2}{2\sigma^2}} \tag{3-52}$$

式中，σ是标准差，μ是均值。

3.3.5 资源潜力核算

资源潜力被认为是报废产品中所蕴含的可回收的资源的量，用报废产品的数量与单位产品的资源含量的乘积表征。本书共核算了13种金属和6种非金属的资源潜力。金属资源包括：铜、铝、铁、金、银、钯、铟、钴、锌、镁、铅、铈和钇。非金属材料包括塑料、橡胶、玻璃、混凝土、砂浆和砖块。资源潜力的计算公式如下所示：

$$\mathrm{GP}_j = \sum F_{\mathrm{out}}^i \times \mathrm{Mc}_{j,i} \tag{3-53}$$

式中，GP_j是材料j的产出量，F_{out}^i表示i产品的数量，$\mathrm{Mc}_{j,i}$是材料j在产品i中的含量。

第4章 城市生态资产的价值量评估与定价方法体系

4.1 城市生态资产价值量的评估指标体系

4.1.1 自然生态资产价值量评估指标

城市自然生态资产可以从自然资源和生态系统服务两方面进行价值量的评估。城市自然生态资产主要包括城市森林、城市湿地、城市土壤、城市生物和"城市矿产"资源等，自然资源指标体系包括种类、生物量、质量、面积、结构等。

生态系统服务主要包含供给服务、调节服务、文化服务和支持服务这四大类型。对于不同城市研究区域，应依据当地的实际情况来确定具体的生态系统服务指标体系。构建指标体系时，应尽量选择具有代表性、重要性和数据可得性的生态系统服务指标。

4.1.2 城市人工生态资产价值量评估指标

本书以城市公园、防护及附属绿地、农田、垃圾填埋场、污水处理厂5类重要人工生态资产的生态系统服务价值作为核算对象，选取最能反映人工生态资产特色，即与城市和城市生活密切相关的生态系统服务类型作为核算内容，包括生物多样性保护、水土保持、水源涵养、气候调节、农产品供给、文化游憩、污染物消纳（污水处理、垃圾处理）。其中，对于生物多样性保护、水土保持、水源涵养、气候调节、农产品供给、文化游憩等服务类型，采用单位面积价值法进行核算；对于污水处理、垃圾处理等有真实市场的生态系统服务类型，采用市场定价法进行价值核算。

4.2 城市生态资产价值量核算方法

4.2.1 自然生态资产价值量核算方法

目前，城市自然生态资产的定价主要有直接市场价值法、替代市场价值法、假想市场价值法、能值分析法等方法。

1. 直接市场价值法

直接市场价值法以货币费用的方法来衡量自然资源价值，但仅通过费用支出来核算生态资产价值在理论上是有缺陷的。

2. 替代市场价值法

替代市场价值法主要适合于不能用费用支出衡量，但是又有市场价格的无形生态系统服务的价值估算，但是生态系统服务种类很多，目前很多功能仍旧很难找到合适的替代技术进行核算。

替代工程法又称影子工程法，它是一种工程替代的方法，通过假设采用某项实际效果类似但现实中并未进行的工程来估算一些无法得到直接结果的项目，用替代的工程建造成本来代替所需要估算的项目经济损失。

机会成本法也称收入损失法，主要是指各个地区在保护自然资源及生态环境时，往往会减少某些生产部门或者利益者的收益，减少的这部分收益就代表了保护自然资源或生态环境的机会成本。

享乐价值法考虑到生态系统服务的属性、土地环境条件、土壤质地、空气质量等生态环境因素都会影响土地的价格，可用于评估环境适宜度对土地和房价的贡献。

旅行费用法是指个体或者团体为了消费无法用市场价值衡量的物质或资源，而愿意支出与之相当的旅行费用。

防护费用法通过估算人们对改善大气、土壤等环境治理，或者保护生态可持续而愿意支付的最低修复或防护费用。

恢复费用法主要是指当自然资源或生态环境遭到破坏时，通过估算恢复到原始状态所需要的费用，来代表自然资源或生态环境的价值。

3. 假想市场价值法

假想市场价值法是一种模拟市场技术，也称为条件价值法或调查法，主要是调查人们对于环境质量变化的支付意愿。该方法主要是从消费者的角度出发，对于假设问题成立时，通过调查、问卷投票等方式来得到消费者的支付意愿数据，从而估测产品或服务的价值。假想市场价值法的不足之处在于估算的价值都是假设前提条件下的，因此存在偏好和不确定性。

4. 能值分析法

能值分析法主要是将生态系统内流动和储存的不同种类的能量和物质转化为统一标准的太阳能值，从而对不同生态资产进行统一核算。

4.2.2 城市人工生态资产价值量核算方法

1. 单位面积价值法

目前应用较为广泛的有 Costanza 等（1997）和谢高地等（2015a）基于土地利用类型得出的单位面积价值参数。单位面积价值法可同时核算多种生态系统服务价值，具有简便快捷的优点，缺点是该方法的价值参数多是针对大范围的统一标准，无法反映地区差异。为降低研究区域差异，本书参考北京地区针对城市绿地、农田等的相关研究参数，利用单位面积价值法核算公园、绿地、农田的生物多样性保护、水土保持、水源涵养、气候调节、农产品供应、文化游憩生态系统服务价值。

2. 市场定价法

市场定价法是针对有市场价格的生态系统服务或产品进行估价的一种方法，适用于可通过市场进行交易的产品和服务的价值核算。本书采用市场定价法核算污染物消纳价值，包括污水处理和垃圾处理机制，计算公式如下：

$$V = H \times P \tag{4-1}$$

式中，V 为污水处理厂或垃圾填埋场的年生态系统服务价值，H 为污水处理厂或垃圾填埋场的年设计处理量，P 为污水和垃圾处理市场价格。

4.2.3 城市人工生态资产成本–效益核算方法

4.2.3.1 城市人工生态资产的成本核算方法

1. 建设成本和运维成本核算

城市人工生态资产的总成本包括建设成本和运维成本两部分。为便于进行成本与价值关系的探讨，本书中的各项成本均用等值年成本来表示。城市人工生态资产的年成本核算公式如下：

$$S_{total}=C+O \tag{4-2}$$

式中，S_{total} 是年度总成本，C 是等值年建设成本，O 为年均运维成本。

1）建设成本

建设成本为一次性投入，等值年建设成本为一次性建设投入除以使用年限或土地出让期限。计算方法为

$$C=I/n \tag{4-3}$$

式中，I 为一次性建设投入，数据来源为统计资料和部门调查；n 为垃圾场、污水处理厂的使用年限或土地出让期限。

经调查，延庆区目前垃圾场的使用年限为10年，污水处理厂的使用年限为30年。此外，根据《中华人民共和国城镇国有土地使用权出让和转让暂行条例》，公园和绿地属于其他用地，土地出让期限为50年。农田不属于城镇建设用地，其使用年限按照集体农田承包期限计算为30年。

2）运维成本

运维成本是保障系统正常运行所需成本，运维成本数据通过文献资料、部门收集等途径获取。其中根据《北京市公园维护管理费用指导标准》，公园的运维成本为15.4元/（m²·a）[包括设施维护费4.2元/（m²·a）、水体保洁费2.4元/（m²·a）、绿地的养护费9元/（m²·a）]，绿地的运维成本为6元/（m²·a），农田为135 211元/（hm²·a），污水处理厂污水处理成本为0.8元/t，垃圾填埋场垃圾处理成本为287元/t。

2. 城市人工生态资产的机会成本核算

城市人工生态资产是城市中重要的生态基础设施，占据了大量的城市用地，因此形成了潜在的机会成本。该机会成本与生态资产的管理关系密切。最大化用途土地出让价格与实际用途土地出让价格之差即为土地的用地机会成本，即

$$L=S\times[P_{max}\times s/n_{max}-P_{actual}/n_{actual}] \tag{4-4}$$

式中，L 为年用地机会成本，S 为城市人工生态资产的占地面积，P 为土地出让收益。P_{max} 为最大化用途土地出让收益。例如，根据《北京市出让国有建设用地使用权基准地价更新成果》，延庆中心城区属于8~10级区域，该区域出让价值最高的土地利用类型是商服用地，商服用地基准地价的最大值即 P_{max} 为11 720元/m²。P_{actual} 为实际用途土地出让收益，公园和绿地、污水处理厂和垃圾填埋场分别属于公共管理与公共服务用地大类中的公园与绿地类

别和公用设施用地类别。对于 P_{actual}，公园、绿地为 1212 元/m²，污水处理厂、垃圾填埋场为 879 元/m²。s 为空间调整系数。根据竞租理论，城市建成区—近郊—远郊的地价往往呈现明显的降低趋势。城市人工生态资产在城市中的分布也具有空间分层的特性。其中，公园和绿地往往主要分布于城市建成区，农田、污水厂往往位于城市近郊，垃圾填埋场往往位于远郊。根据此原理，公园和绿地为商服用地取 0.6 倍系数，农田、污水处理厂取 0.4 倍系数，垃圾填埋场取 0.2 倍系数。n_{max} 和 n_{actual} 为最大化用途土地的出让年限和实际用途土地的出让年限。商服用地的出让年限为 40 年，公园、绿地、污水处理厂、垃圾填埋场均属于公共服务用地，出让年限为 50 年。

此外，农田为非建设用地，不适用国有建设用地基准地价标准，其每年实际用地成本 P_{actual}/n_{actual} 可用土地流转价格表示。

4.2.3.2 成本-效益分析方法

成本-效益分析是通过比较项目的全部成本和效益来评估项目价值的一种方法。成本-效益分析作为一种经济决策方法，其目的是在投资决策上寻求以最小的成本获得最大的收益。本书中选取净收益、单位面积净收益和成本效益率 3 个指标定量反映人工生态资产的成本-效益关系。

净收益是人工生态资产的生态系统服务价值与其成本的差值，可反映人工生态资产的投入产出关系：

$$P_{total} = ESV_{total} - C_{total} \tag{4-5}$$

式中，P_{total} 为净收益，ESV_{total} 为总生态系统服务价值，C_{total} 为总成本。

单位面积净收益反映生态资产在单位面积上的净收益，计算公式为

$$P_{area} = P_{total}/S \tag{4-6}$$

式中，P_{area} 为单位面积净收益，P_{total} 为净收益，S 为占地面积。

成本效益率是投入单位成本所获得的净收益，反映了人工生态资产总投入产生生态系统服务价值的效率，计算公式为

$$YOC = P_{total}/C_{total} \tag{4-7}$$

式中，YOC 为成本效益率，P_{total} 为净收益，C_{total} 为总成本。

4.3 "城市矿产"资源生态资产的价值量核算方法

"城市矿产"资源经过回收、拆解、破碎、分离等不同资源化路径之后

得到再生资源。电子废弃物的回收利用流程如图 4-1 所示，电子废弃物经过收集分类后，挑选出可再使用的产品进行再使用。其余的部分则进行拆解，拆解出的零部件可进行再使用，拆解出的其他部分则进行资源化处理。资源化处理的流程一般包含粉碎、磁力分选和金属冶炼等几个主要的环节。最终可以得到再生玻璃、再生塑料和再生金属等。报废汽车的回收利用流程如图 4-2 所示，报废汽车经过拆解，得到包含发动机、方向盘、变速器、前后桥和车架在内的五大总成，车身及其余部分。五大总成可进行产品的再制造，而车身则主要进行资源化处理，其余部分可以进行产品的再利用。车身的资源化处理主要包含粉碎、磁力分选、再生利用等步骤，可以得到再生金属、再生塑料、再生玻璃和再生橡胶等材料。拆除住宅建筑的回收利用流程如图 4-3 所示，建筑垃圾经过分类和预处理之后，得到混凝土、砂浆、金属和砖块等主要物质。混凝土和砂浆进行粉碎、振动和清洗等主要步骤之后，可制成再生骨料；金属进行回收利用得到再生金属；砖块经过资源化处理后可以制成填充材料。

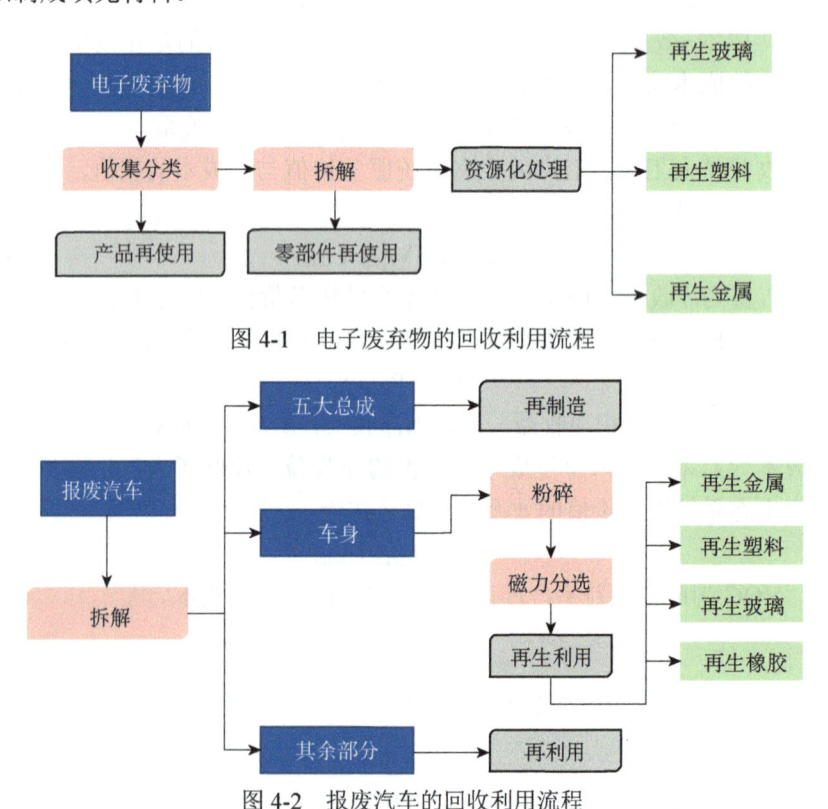

图 4-1　电子废弃物的回收利用流程

图 4-2　报废汽车的回收利用流程

第 4 章 城市生态资产的价值量评估与定价方法体系

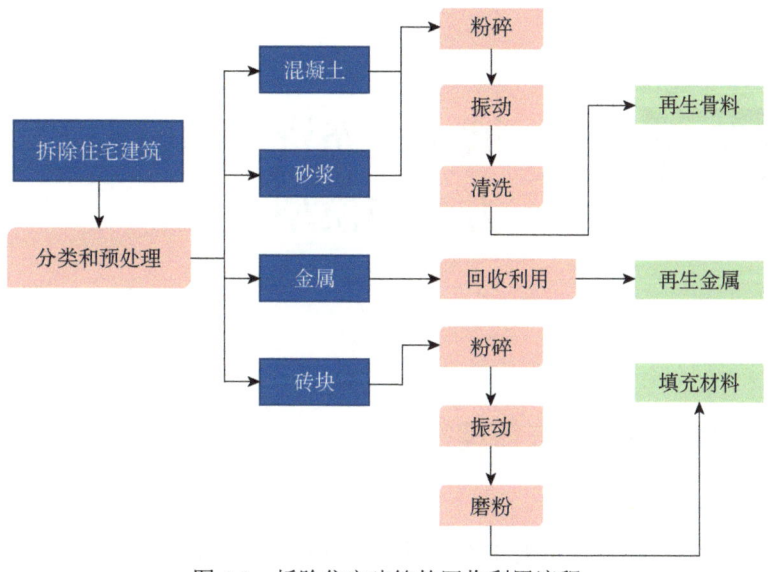

图 4-3 拆除住宅建筑的回收利用流程

"城市矿产"资源的价值主要来源于再生资源的销售,因此可用再生资源的价值衡量"城市矿产"资源的价值,即用各类再生资源数量("城市矿产"资源潜力)与再生资源价格的乘积表征,如式(4-8)所示。

$$RP = \sum GP_j \times P_j \tag{4-8}$$

其中,RP 为城市矿产资源价值总量,GP_j 为再生材料 j 的资源量,P_j 为再生材料 j 的价格。

"城市矿产"资源价值量核算框架如图 4-4 所示。

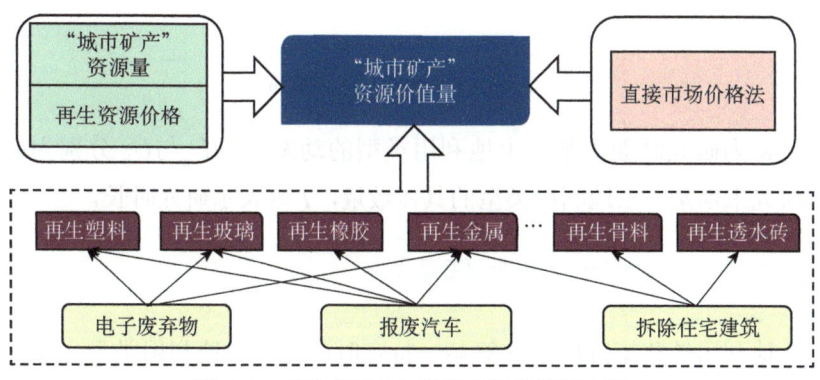

图 4-4 "城市矿产"资源价值量核算框架

- 51 -

第 5 章　城市生态资产的管理方法与模型

5.1 存量生态资产管理方法与模型

存量生态系统是人类生存的主要场所，土地是存量生态资产的提供者，土地利用变化对存量生态系统的完整性有直接的影响。监测土地利用变化是城市存量生态资产管理的核心内容。本书提出利用单一土地利用动态度模型以及土地利用转移矩阵模型评估生态资产供给的类型、数量和质量变化趋势。

5.1.1 单一土地利用动态度模型

单一土地利用动态度是指某一地区在特定时间段内某一土地利用类型的变化状况，能够表示不同土地利用类型在同一时期内的变化速率和变化程度。

$$K = \frac{U_b - U_a}{U_a} \times \frac{1}{T} \times 100\% \tag{5-1}$$

式中，K 为研究时期内某一土地利用类型的动态度，U_a 与 U_b 分别为研究初期与研究末期某一土地利用类型的具体数量，T 则表示研究时长。

5.1.2 土地利用转移矩阵模型

土地利用转移矩阵用于计算某一特定时段内各土地利用类型之间面积相互转化的数量，以此反映不同土地利用类型间的转化趋势与转化密度。具体计算方法如下：

$$S_{ij} = \begin{vmatrix} S_{11} & S_{12} & \cdots & S_{1n} \\ S_{21} & S_{22} & \cdots & S_{2n} \\ \vdots & \vdots & & \vdots \\ S_{m1} & S_{n2} & \cdots & S_{nm} \end{vmatrix} \qquad (5\text{-}2)$$

式中，S 为某土地利用类型的面积，n 为土地利用类型的数量，i 与 j 分别为研究初期与研究末期的土地利用类型。

5.2 流量生态资产管理方法与模型

中国地域广阔，不同区域的资源禀赋和社会经济发展水平差异较大，生态系统空间格局具有多样性和非均衡性特征。虽然我国自然资源绝对量大，但人均占有量少，地域分布不均。随着社会进步，人类的生产方式和生活方式不断变化，人口规模和人均的生态系统服务消费量呈现非线性增加的发展态势，这不仅造成了自然资源的过度消耗，而且快速增长的社会发展需求与生态系统服务供给能力不足的矛盾导致生态系统失衡。在此背景下，本书基于生态资产供需均衡的视角，根据人地关系理论、空间均衡理论、供需平衡理论以及生态资产相关研究，通过对城市生态资产供需关系的"要素-结构-功能"结构分析，梳理生态资产供需均衡的逻辑关系，构建城市流量生态资产供需管理模型（图 5-1）。从生态资产供需数量、质量、效益 3 个维度构建城市流量生态资产供需评价指标体系，为实现基于供需关系的流量生态资产管理决策奠定基础。

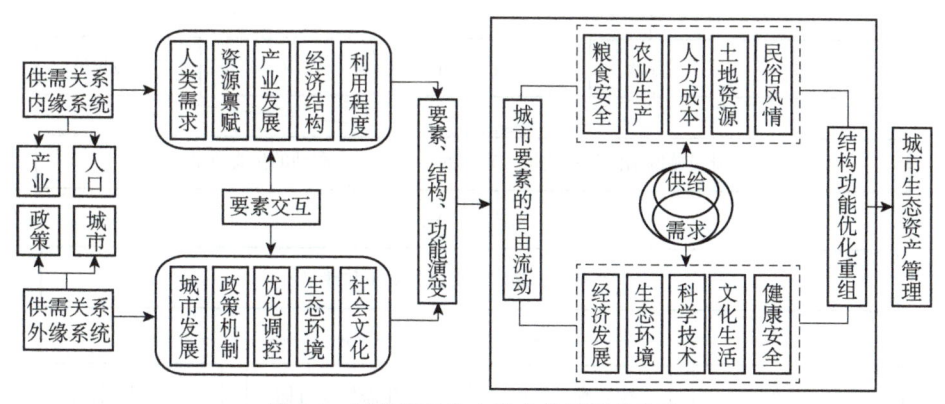

图 5-1 城市流量生态资产供需管理模型

5.3 城市生态基础设施管理方法与模型

　　城市生态基础设施管理以城市可持续发展为总体目标，通过对现有生态基础设施重要性进行评估，对综合质量进行评价，进而找出问题，设定相应目标。综合国内外有关生态基础设施的研究可知，识别生态基础设施核心区域、核算生态基础设施合理面积、构建与优化生态基础设施布局是城市生态基础设施管理研究的关键。本章以北京为例，提出基于认知的生态基础设施网络识别方法以及基于层次分析法的生态基础设施质量评价模型（图5-2），为城市生态基础设施管理提供科学依据和参考。

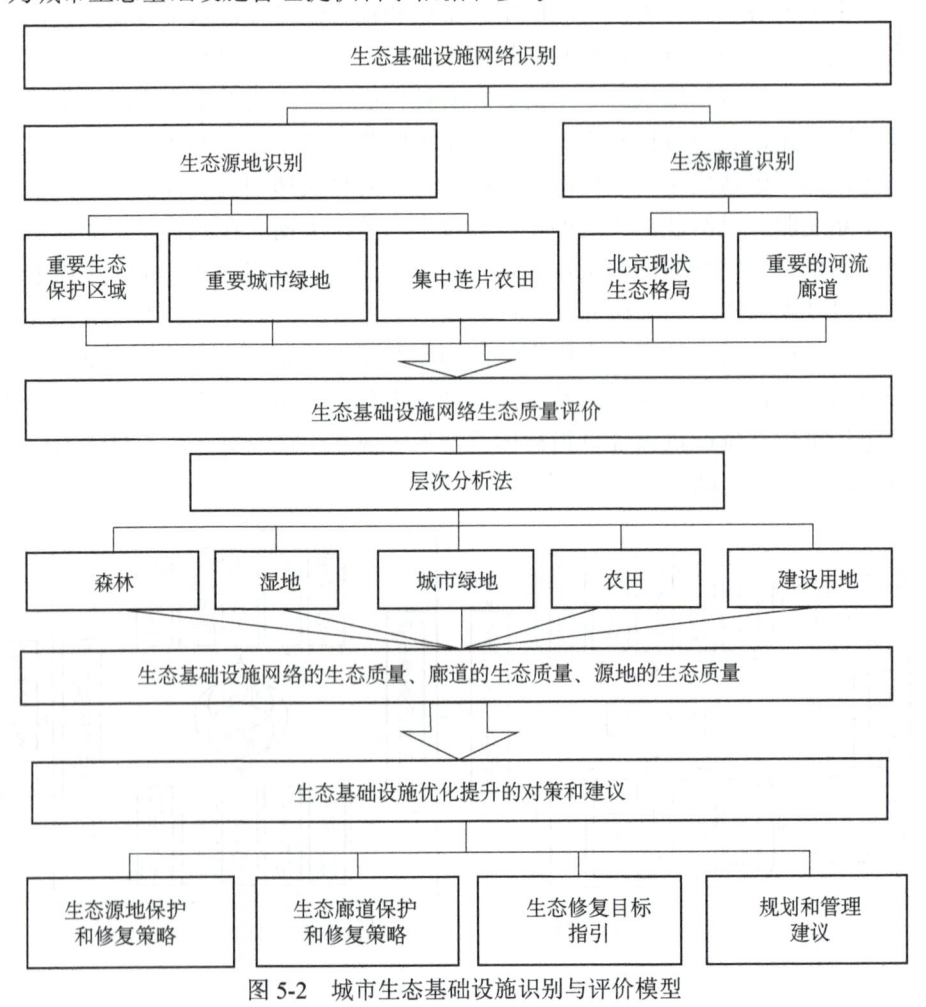

图 5-2　城市生态基础设施识别与评价模型

5.3.1 基于认知的生态基础设施网络识别方法

以往研究通常通过最小累积阻力模型等方法识别生态基础设施网络，然后进行相关评价。关于北京市的生态基础设施网络已有大量研究，并且相关研究成果在许多规划中得到广泛的认可和实施。因此，可以说北京的生态基础设施网络是"已知"的。本书基于现状和公众认知，提取"已知"的生态基础设施网络，通过生态质量评价对生态基础设施的质量状况进行诊断，可为特大型城市生态基础设施的评价、诊断和规划建设提供新的思路。生态源地的选择方面，以重要生态保护区为核心提取北京市自然源地，以重要城市绿地和集中连片农田为补充。重要生态保护区，主要包括自然保护区和饮用水源保护区，是最重要的生态区。大面积的农田是重要的自然资源，具有重要的生态价值。城市绿地具有重要的生态功能，是最接近人们生活的生态空间。3类生态源地的选择反映了北京市山区-平原-中心城区的生态空间特征。结合《北京城市总体规划（2016年—2035年）》等重要规划中的生态结构，提取北京市生态功能最重要的线性生态空间作为生态廊道。

5.3.2 基于层次分析法的生态基础设施质量评价模型

以土地利用类型为基础，将生态基础设施的用地类型划分为森林、湿地、农用地、城市绿地、其他用地五种类型，并通过专家打分法确定不同用地类型生态质量权重。根据北京市森林和湿地质量评价结果，结合具体土地利用类型、斑块面积等因素，确定森林、湿地、农用地、城市绿地、其他用地的质量分级和分数体系。评价指标见表5-1。

表 5-1 生态基础设施质量综合评价体系

分类	权重	分级/得分			
		1	2	3	4
森林	0.39	优	良	中	差
湿地	0.39	优	良	中	差
农用地	0.08	果园、其他园地	水浇地、水田、旱地		农用设施用地
城市绿地	0.10	面积>100hm²	20hm²<面积≤100hm²	4hm²<面积≤20hm²	面积≤4hm²
其他用地	0.04	—	广场用地、人工牧草地、其他草地、特殊用地	公路用地、农村道路、城镇村道路用地、采矿用地、养殖坑塘、裸岩石砾地、裸土地、铁路用地	交通服务场站用地、公用设施用地、农村宅基地、城镇住宅用地、工业用地、机场用地、物流仓储用地、交通运输用地、高教用地、商业服务业设施用地、机关团体新闻出版用地、科教文卫用地、管道运输用地

5.4 城市矿产资源管理方法与模型

本书从生命周期角度出发，建立"城市矿产"资源多维评价模型，从资源、环境和经济3个维度对"城市矿产"的可开发性进行评估，旨在甄别各类"城市矿产"开采潜力，确立开发的优先级排序。"城市矿产"资源多维评价模型如图 5-3 所示。建立一个综合性的评估模型需要以下几个步骤：首先是指标的确定和量化，然后是权重的确立，最后是综合指标的合成。

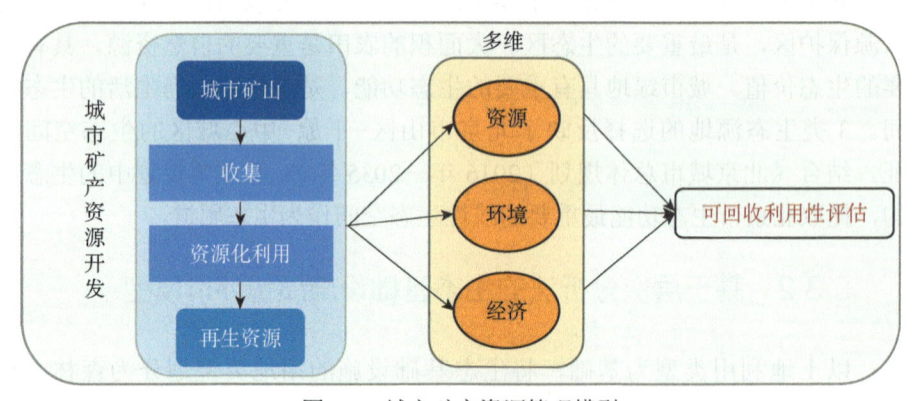

图 5-3　城市矿产资源管理模型

"城市矿产"资源可回收性评价选择的指标如表 5-2 所示，资源指数用再生资源满足度来表征，这代表了"城市矿产"资源在多大程度上可以满足发展对资源的需求，包括资源需求量和再生资源总量。资源需求量是由未来产品的销售量和产品材料组成决定的；再生资源总量则由产品报废量、报废产品收集率和资源化技术材料回收率决定。经济指数用净经济收益表征，对资源化利用的企业来说，由资源化利用的成本和收益共同决定。成本主要来源于报废产品购买和资源化利用过程中设备、运营、人力、管理和研发，收益来源于资源化利用所得到的再生资源的销售盈利。环境指数用净环境收益表征，由负荷和收益决定。环境影响是资源化利用过程中原料和能源的消耗所带来的环境负荷，利用生命周期评价法（Life Cycle Assessment，LCA）核算，涵盖了气候变化、酸化、生态毒性和人体毒性等几类环境影响；环境收益是避免原生资源开发所带来的环境影响。对各个维度选取或开发的指标进行计算并进行标准化处理，采用层次分析法进行赋权，并根据多准则决策方法计算综合可开发性指数。

表 5-2 "城市矿产"可回收性评价指标体系

一级指标	二级指标	三级指标
再生资源满足度	资源需求量	产品销售量
		产品材料组成
	再生资源总量	产品报废量
		报废产品收集率
		资源化技术材料回收率
净经济收益	成本	报废产品购买
		资源化处理（设备、运营、人力、管理、研发）
	收益	各类二次资源销售盈利
净环境收益	负荷	资源化利用技术带来的环境负荷
	收益	避免原生资源开发带来的环境影响

5.5 城市生态资产综合管理方法

本书基于城市社会-经济-自然复合生态系统的特点，以及城市具备的生态、生产和生活功能，在生态资产物质量和价值量评估与核算的基础上，基于生态资产供需数量、质量及效益的视角，构建生态资产综合利用效率模型，解析生态资产系统内部及其与社会经济系统的各类关系，形成城市生态资产综合管理方法与模型（图 5-4）。从城市复合生态适应性管理角度，对生态资产配置进行模拟和优化，达到系统各组分与功能的协同，实现生态资产综合利用效率的提升。

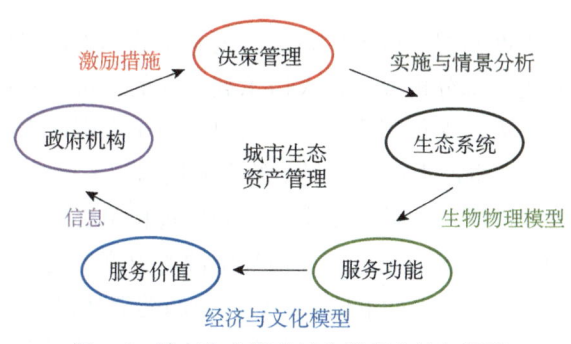

图 5-4 城市生态资产综合管理方法与模型

5.5.1 城市生态资产综合利用效率评价模型

1. 评价指标分析及选择

城市生态资产利用效率中的"效率"是指区域内全要素的利用效率而不只是生态资产要素的利用效率,是从投入角度来反映人类活动对区域城市生态资产的利用状况。基于要素视角,城市生态资产利用效率的内生动力主要来自自然、人口和经济要素,它们相互制约、共同影响,其逻辑关系如图5-5所示。以城市生态资产内涵及内生动力为目标导向,基于城市生态资产核心要素层构建评价体系,即:人口、自然和经济作为评价指标的3个准则层,同时分别选取具有代表性的评价因子,反映出全要素的综合利用效率状态。

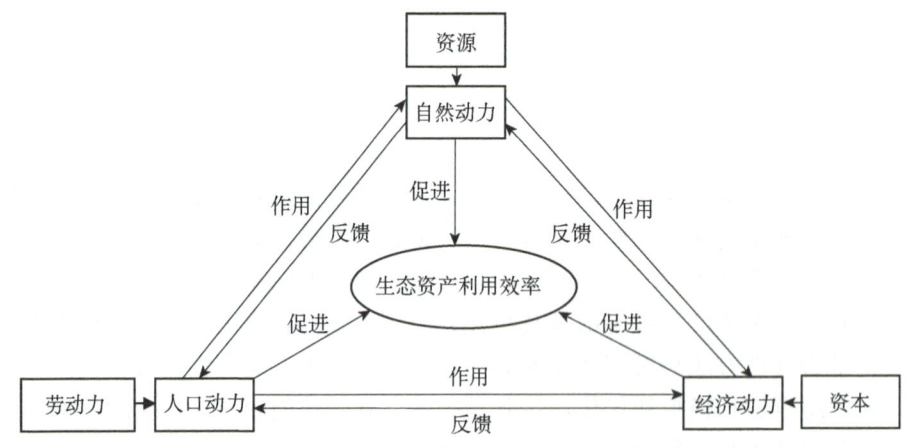

图 5-5 城市生态资产利用效率内生动力逻辑关系

(1)人口要素准则层:城市生态资产为其承载的人口提供所需的生产和生活需要,其利用效率分析离不开人口承载状况的分析,其承载人口水平以及单位生态资产的人口聚集程度充分反映出城市生态资产人口要素的集聚状态,是计算城市生态资产人口承载强度的重要依据。

(2)自然要素准则层:城市生态资产利用过程中必然会消耗自然要素中的各种资源;因此,从城市生态资产消耗资源的角度出发,选取单位时间的生态用地面积的消耗量,表征单位生态资产资源的消耗程度。

(3)经济要素准则层:为反映单位生态资产利用过程中经济要素的利用状况和集聚程度,通过表征城市生态资产中资本的投入程度体现城市生态资产的经济效益。

在投入上，选取城市生态用地面积、城市固定资产投资总额、城市非农从业人员共三项指标，分别表征城市资源、资本和劳动力投入；在数据包络分析（data envelopment analysis，DEA）产出上，选取城市非农产业（第二、第三产业）产值、城市财政收入、城市生态资产价值指标，分别表征经济效益和环境效益产出。

2. 基于数据的 SBM 模型

DEA 是一种基于被评价对象间相互比较的非参数技术效率分析方法，以相对效率概念为基础，运用数学线性规划评价多投入多产出模式下决策单元（decision making units，DMU）间的相对有效性。DEA 方法以决策单元的输入输出权重作为变量，模型采用最优化方法来内定权重，避免了确定各指标权重时所产生的主观性；通过使用线性规划的方法，避开了对随机变量分布假设选择的问题，并且在技术描述形式为多投入和多产出时能以实物的形式表示，避开价格体系不合理等非技术因素对距离函数的影响，DEA 是分析输入输出效率的有效方法。此外，该方法无须权重假设及对数据无量纲化处理，评价结果较客观。DEA 方法主要包括查恩斯–库珀–罗德斯（Chamnes-Cooper-Rhodes，CCR）模型、班克–查恩斯–库珀（Banker-Chames-Cooper，BCC）模型和超效率模型（Stochastic Block Mode，SBM）等。CCR 和 BCC 模型通常以径向测算作为前提，假定投入与产出呈同比例变化，而在现实条件中，这类状况较少，因此在传统 DEA 模型的基础上，Tone（2001）提出非径向 DEA 模型，即 SBM，它消除了因径向和角度选择差异所带来的偏差和影响，能反映投入剩余及产出不足的松弛变量。超效率 SBM 则是 SBM 的演化，它能进一步评价效率值大于 1 的决策单位，从而得到更准确的效率结果。假设将对 j 个地区城市生态资产效率进行评价，X_0 和 Y_0 分别为决策单元的投入与产出，将各行政区视为一个决策单元（j=1, 2, ⋯, n），每个决策单元都有 m 种投入变量和 r 种产出变量；X_{jm} 表示第 j 个地区的第 m 种投入总量；Y_{jr} 表示 j 个地区的第 r 种产出总量；λ_j 为权重变量，使各个有效点连接起来形成有效前沿面，用以判断各地区的规模收益状况。具体模型如下：

$$\min \rho = \frac{1 + \frac{1}{m}\sum_{i=1}^{m} s_i^- / x_{ik}}{1 - \frac{1}{s}\sum_{r=1}^{s} s_i^+ / y_{rk}} \tag{5-3}$$

$$\text{s.t.} \sum_{j=1, j\neq k}^{n} x_{ij}\lambda_j - s_i^- \leqslant x_{ik} \tag{5-4}$$

$$\sum_{j=1, j\neq k}^{n} y_{rj}\lambda_j + s_r^+ \geqslant y_{rk} \tag{5-5}$$

$$\begin{cases} \lambda, \ s^-, s^+ \geqslant 0 \\ i=1,2,\cdots,m \\ r=1,2,\cdots,q \\ j=1,2,\cdots,n(j\neq k) \end{cases} \tag{5-6}$$

其中，ρ 为模型计算出来的城市生态效率，当 $\rho > 1$ 或者当 $\rho = 1$ 且 $s^+ = s^- = 0$ 时，该城市的生态效率达到强有效状态；当 $\rho = 1$，$s^+ \neq s^- \neq 0$ 时，该城市的生态效率达到弱有效状态；当 $\rho < 1$ 时，该城市的生态效率处于无效状态。其中城市生态效率 ρ 等于纯技术效率（pure technological efficiency，PTE）和规模效率（scale efficiency，SE）的乘积：

$$\rho = \text{PTE} \times \text{SE} \tag{5-7}$$

5.5.2 城市生态资产综合利用效率驱动机制分析模型

1. 探索性空间分析

全局空间自相关莫兰 I 数（Moran's I）不仅能反映出空间邻接单元的相似性，还能体现邻近地域单元属性值的相似程度，其计算公式如下：

$$I = \frac{n\sum_{i=1}^{n}\sum_{j=1}^{n}w_{ij}(x_i-\bar{x})(x_j-\bar{x})}{S^2\sum_{i=1}^{n}\sum_{j=1}^{n}w_{ij}} \tag{5-8}$$

式中，n 是研究区域内空间单元的个数，x_i 和 x_j 分别表示空间单元 i 和 j 区域的观测值，W_{ij} 是空间权重矩阵的元素值（空间相邻为 1，不相邻为 0），S^2 为观测值的方差，$\bar{x}$ 为观测值的平均值。

热点分析 G_i^* 指数用于分析不同空间区域的热点区和冷点区，从而测度局部空间自相关特征，其公式为

$$G_i^*(d) = \sum_{j=1}^{n}W_{ij}(d)X_j / \sum_{j=1}^{n}X_j \tag{5-9}$$

式中，$G_i^*(d)$ 表示空间单元 i 的统计量，表示在距离权重的基础上，空间单元 i 与相邻空间单元的相关程度；$W_{ij}(d)$ 是基于距离 d 的空间相邻权重矩阵

（空间相邻为 1，不相邻为 0）。若 G_i^* 为正显著（正值，具有 95%的显著性），表明 i 周围值相对较高，属于热点区；反之，i 周围值相对较低，属于冷点区。

2. 灰色关联分析模型

灰色关联分析是一种建立在灰色系统理论上，对系统发展变化态势作定量描述的方法。它根据评价因素间的几何接近程度来确定评价因素的关联程度，且不限制样本量的多少，计算较方便。计算步骤如下。

（1）确定比较数列和参考数列，分别记为 X_{ij} 和 X_{0j}（i=1，2，3，…，m；j=1，2，3，…，n）。

（2）运用初始化方法，对参考数列和比较数列进行无量纲化处理，公式如下：

$$X'_{ij} = \frac{X_{ij}}{X_{i1}} \tag{5-10}$$

（3）计算灰色关联度：

$$\delta = \frac{1}{n}\sum_{j=1}^{n}\frac{\min_i \min_j \left|X'_{0j} - X'_{ij}\right| + \mu \max_i \max_j \left|X'_{0j} - X'_{ij}\right|}{\left|X'_{0j} - X'_{ij}\right| + \mu \max_i \max_j \left|X'_{0j} - X'_{ij}\right|} \tag{5-11}$$

式中，δ 为灰色关联度；$\min_i \min_j \left|X'_{0j} - X'_{ij}\right|$、$\max_i \max_j \left|X'_{0j} - X'_{ij}\right|$ 分别为极差最小值和极差最大值；μ 为分辨率取值，为 0.5。

第6章 北京市生态资产评估、核算与管理

6.1 研究区域概况

北京市是中国的政治、文化、国际交往和科技创新中心，同时也是历史悠久、人口密集的特大城市。地势西北高、东南低，西部和北部系太行山脉和燕山山脉，东南部缓缓向渤海倾斜。北京市的行政区总面积为 16 410 km^2，其中 62% 的地区属于山区。北京年平均气温是 12℃，年均降水量为 640mm（He et al., 2016）。

根据《北京城市总体规划（2004 年—2020 年）》，北京被分为 4 个区域：①首都功能核心区（PCR）；②城市功能拓展区（UFR）；③城市发展新区（UER）；④生态涵养发展区（ECR）。其中，首都功能核心区是北京的政治、文化中心，这个区域主要包括北京市的两个中心区——西城区（XC）和东城区（DC）。2015 年，首都功能核心区拥有整个北京市 10.1% 的人口和 0.6% 的面积。城市功能拓展区包括海淀区（HD）、朝阳区（CY）、丰台区（FT）和石景山区（SJS）。该功能区在北京市居民的经济、文化和日常生活中发挥着重要作用。根据《北京城市总体规划（2004 年—2020 年）》，城市功能拓展区位于首都功能核心区的周围，占整个北京市面积的 7.8%，但 2015 年的总人口却占北京市的 44.8%。该功能区的 GDP 为 10 854 亿元，占整个北京市的 47.2%。北京市的市中心通常指的是首都功能核心区和城市功能拓展区这两个功能区。城市发展新区作为北京市城市化扩张的重点区域，包括昌平区（CP）、顺义区（SY）、通州区（TZ）、大兴区（DX）、房山区（FS）5 个区。2015 年，该功能区拥有北京市总人口的 32.3%、北京市总面积的 38.4%。生态涵养发展区包括延庆区（YQ）、怀柔区（HR）、密云区（MY）、平谷区（PG）和门头沟区（MTG），这些区主要位于北京的北部和

西部多山区域。该功能区面积占整个城市面积的 53.2%，但 2015 年总人口仅占北京市的 8.8%（图 6-1）。

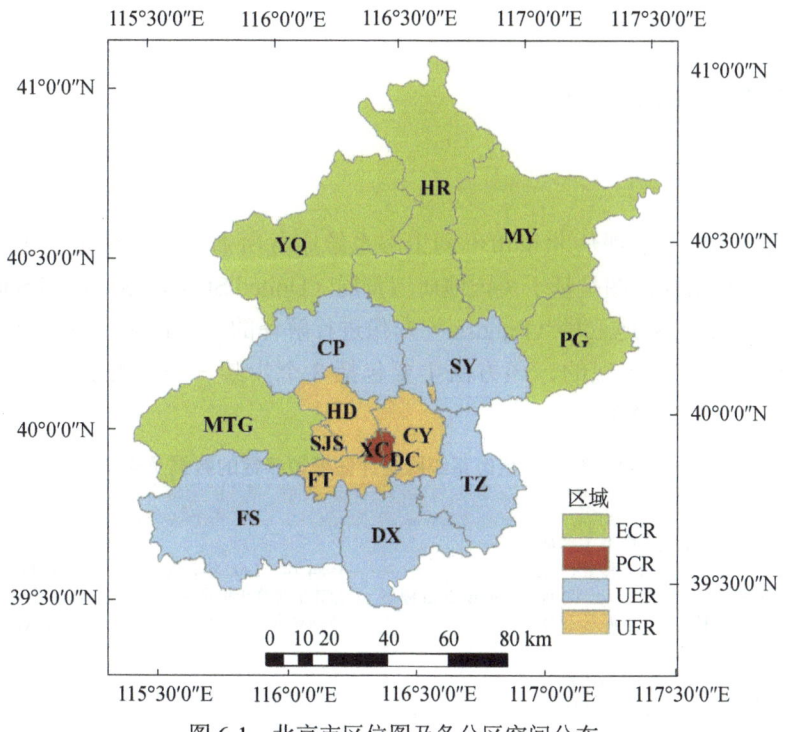

图 6-1 北京市区位图及各分区空间分布

多年来，北京市注重生态环境保护和建设，开展了一系列重要工作，如两道绿化隔离带建设，百万亩①平原造林，森林城市建设等。北京市重视生态结构的构建，在历次城市总体规划、城市绿地系统规划等重要规划中对城市的生态空间结构均做了科学梳理，根据《北京城市总体规划（2016 年—2035 年）》，北京市市域绿色空间结构为"一屏、三环、五河、九楔"。该结构强化了西北部山区重要生态源地和生态屏障功能，以三类环形公园、九条放射状楔形绿地为主体，通过河流水系、道路廊道、城市绿道等绿廊绿带相连接，共同构建"一屏、三环、五河、九楔"的网络化市域绿色空间结构。目前北京市生态空间结构已逐渐成形和明确。

---

① 1 亩≈666.67m²。

6.2 北京市生态资产评估与管理

6.2.1 研究方法

1. 数据来源

表 6-1 显示了评估北京市不同生态系统服务所需参数的数据及来源。本章的土地利用栅格图是基于美国地质调查局（United States Geological Survey，USGS）下载的陆地卫星（Landsat）影像进行解译的。土地利用分类是通过基于对象的回溯法实现的，该方法主要包括 3 个步骤——图像分割、变化检测、变化分析与分类。

表 6-1 北京市生态系统服务评估模型参数的数据及来源

数据类型	运用的模型	数据格式	数据来源和描述
土地利用图	InVEST 模型中的碳储存、产水量、水质净化、土壤保持、生境质量和娱乐机会模块	30m×30m 栅格	1984 年、1990 年、2000 年、2010 年和 2015 年北京市的栅格土地利用数据来源于国家地球系统科学数据共享服务平台（http://www.geodata.cn）
数字高程模型	InVEST 模型中的水质净化和土壤保持模块	30m×30m 栅格	数据来源于地理空间数据云网站（http://www.gscloud.cn）
气象数据	InVEST 模型中的碳储存、产水量和水质净化模块	shape 文件格式	所有气象数据，如各个站点的年均降水量、气温主要来源于国家气象科学数据共享服务平台（http://data.cma.cn）。潜在蒸散量数据主要来源于全球干旱和蒸散量数据库（Global Aridity and PET Database，www.cgiar-csi.org/data/global-aridity-and-pet-database）
土壤属性	InVEST 模型中的产水量、水质净化和土壤保持模块	shape 文件格式	地理土壤属性数据，包括土壤深度、黏粒含量、粉粒含量、砂粒含量、有机物质碳含量和土壤容重均来源于世界土壤信息数据库（World Soil Information database，www.soilgrids.org）
降雨侵蚀力	InVEST 模型中的土壤保持模块	30m×30m 栅格	数据主要来源于国家地球系统科学数据共享服务平台（http://www.geodata.cn）
作物生产	食物供给模型	30m×30m 栅格	各类作物单位面积产量主要来源于《北京统计年鉴》以及各个区县统计年鉴

注：娱乐机会模型即游憩机会谱（recreation opportunity spectrum，ROS）

2. 土地利用分类

在 30 m×30 m 的栅格尺度上,本章主要将北京市的土地利用分为六大类:①林地,主要包括常绿叶林地、阔叶林地、落叶林地;②草地,主要是指典型草地与灌木草地;③地表水体,主要包括湖泊、水库、河流、坑塘以及水产养殖用地等;④农用地,主要包括果园地、旱地农田、灌溉农田等;⑤建设用地,主要包括城市建设用地、农村住宅、交通用地等;⑥未利用土地,主要包括裸地等未开发用地。

3. 生态系统服务评估方法

1)碳储存

采用 InVEST 模型中的碳储存模块进行北京市碳储存评估,其空间栅格分辨率为 30 m×30 m。不同土地利用类型单位面积的碳储存主要来源于之前的本地研究结果或相似地区的研究结果(表 6-2)。

表 6-2　北京市不同土地利用类型单位面积碳储存　(单位:t/hm²)

土地利用类型	地上	地下	土壤有机碳	死亡有机物质	总计
林地	26.9	59.2	122.3	17.6	226.0
草地	17.7	44.2	49.9	1.0	112.8
地表水体	8.2	39.5	40.6	0.0	88.3
农用地	15.8	40.3	54.2	5.0	115.3
建设用地	1.2	27.6	43.2	0.0	72.0
未利用土地	11.3	32.4	53.8	0.0	97.5

资料来源:Fang 等(2010)、Guo 等(2013)、He 等(2016)

2)产水量

产水量服务采用 InVEST 产水量模块进行计算,30 m×30 m 栅格尺度上的降水量空间数据是通过对相应年份各个气象站点的降水量进行反距离权重插值得到的。土壤限制层深度主要通过参考类似地区的文献资料以及专家咨询来修正全球干旱和蒸散量数据库下载结果得到。

3)水质净化

在 InVEST 模型的水质净化模块中,主要通过相关文献资料与专家咨询确定北京市水质净化模块中的生物物理参数,包含氮输出和磷输出两项指标(表 6-3)。

表 6-3　北京市水质净化模块中的生物物理参数

土地利用类型	Lucode	Kc	root_depth/mm	load_n	eff_n	load_p	eff_p	LULC_veg
林地	1	1.000	7000.000	1.800	0.800	0.011	0.800	1
草地	2	0.650	2600.000	11.000	0.400	1.500	0.400	1
地表水体	3	1.200	1000.000	1.000	0.050	0.001	0.050	0
农用地	4	0.650	2100.000	11.000	0.250	3.000	0.250	1
建设用地	5	0.300	300.000	7.500	0.050	1.200	0.050	0
未利用土地	6	0.500	500.000	4.000	0.050	0.050	0.050	1

注：Lucode 为土地类型的唯一整数值；Kc 为每种土地利用类型的植被蒸散系数；root_depth 为土地利用植被类型的最大根系深度；load_n 和 load_p 为每种土地利用类型的营养盐载荷，其中_n 表示氮元素，_p 表示磷元素；eff_n 和 eff_p 为每种土地利用类型对营养盐的最大净化能力；LULC_veg 中具有植被的土地利用类型为 1（湿地除外），其他的土地类型为 0，包括建设用地、地表水体等。

4）土壤保持

对于 InVEST 模型中的土壤保持模块，通过查阅类似地区的相关文献对植被覆盖管理因子和土壤保持因子进行了修正（Hamel et al.，2015；Pacheco et al.，2014；Yao et al.，2016）。土壤可蚀性因子通过侵蚀-生产力影响估算模型（erosion-productivity impact calculator，EPIC）计算得到（Williams et al.，1983）（表 6-4）。

表 6-4　北京市土壤保持模块的生物物理参数

土地利用类型	Lucode	usle_c	usle_p
林地	1	0.003	0.200
草地	2	0.010	0.200
地表水体	3	0.001	0.001
农用地	4	0.300	0.400
建设用地	5	0.001	0.001
未利用土地	6	0.010	0.200

注：Lucode 是代表土地类型的唯一整数值；usle_c 表示 USLE 中的植被覆盖和管理因子；usle_p 表示 USLE 中的土壤保持因子。

5）生境质量

对于 InVEST 中的生境质量模块，将北京市农用地和建设用地对自然生境的威胁方式设置为指数型规律递减。土地覆被对于不同威胁的敏感性是依据之前的相关研究设置的。

6）娱乐机会

北京市 ROS 中不同土地利用类型设置的参数值分别是有林地为 7，灌木林地为6，其他林地为7，风景名胜区为6，草地为5，河流水面为4，水库水面为4，沟渠为3，坑塘水面为3，茶园为3，果园为3，旱地为2，其他园地为2，村庄为2，乡镇为1，城市建设用地为1，机场用地为1，铁路为1，公路为1，农村道路为1，裸地为1，采矿用地为1。

7）食物供给

采用单位面积产量法对北京市的谷物、蔬菜和水果产量进行核算。其中，表6-5显示了2015年北京市各区县谷物、蔬菜和水果所占的田地面积比例。表6-6汇总了1984~2015年北京市各区县单位面积谷物、蔬菜和水果产量。

表6-5　2015年北京市各区县谷物、蔬菜和水果所占的田地面积比例（%）

类别	YQ	HR	MY	PG	MTG	CP	SY	TZ	DX	FS	HD	CY	SJS	FT	XC	DC
谷物	75.2	63.3	42.4	15.4	56.5	21.5	52.4	37.4	39.8	49.5	26.9	5.2	20.8	18.7	—	—
蔬菜	9.3	7.9	13.4	7.7	5.5	11.9	26.8	43.5	33.6	19.8	40.9	75.4	29.4	28.0	—	—
水果	15.5	28.7	44.2	76.9	38.0	66.6	20.8	19.1	26.6	30.7	32.2	19.5	49.8	53.3	—	—

注：—表示该地区没有谷物、蔬菜和水果生产；因四舍五入原因，计算所得数值有时与实际数值有些微出入，特此说明

8）综合生态系统服务

本节利用层次分析法来确定北京市不同生态系统服务指标的权重值（表6-7）。结果显示，北京市的产水量、生境质量、娱乐机会所占权重值最高。在城市化进程中，由于人口快速增长，北京市的用水需求急剧增加。然而，近几十年来，北京市的人均拥有供水量少于200 m^3/a，远低于国际公认的标准阈值。水资源稀缺已成为北京市实现可持续发展过程中面临的最大问题之一。随着生活水平的提高，人们往往追求更高质量生活，选择更加自然的栖息地进行休闲娱乐，但通常在城市中心地区无法扩大现有自然栖息地的面积，因此提高栖息地质量对北京至关重要。因此，生境质量和娱乐机会在北京市的所有生态系统服务中均占较大的比重。此外，北京市的水质净化和碳储存服务所占比重也较高。近年来，北京市的不透水地表面积增加，植被也相应受到威胁，因此碳储存面临着严重的损失。碳储存的减少对北京市的气候调节和城市可持续发展都有着重大的影响。已有研究表明，北京市的水体污染给社会经济以及人体健康造成了多种负面影响（Gao et al., 2017），因此，水质净化对北京市的健康和可持续发展起着重要的作用。

表 6-6　1984~2015 年北京市各区县单位面积谷物、蔬菜和水果产量

（单位：kg/hm²）

	年份	YQ	HR	MY	PG	MTG	CP	SY	TZ	DX	FS	HD	CY	SJS	FT	XC	DC
谷物	1984	4 119	4 076	4 298	4 988	2 605	3 054	4 077	4 056	4 247	3 243	4 979	3 948	3 200	3 743	—	—
	1990	4 719	5 076	4 898	5 049	3 605	3 254	4 977	4 456	4 947	4 243	5 379	4 648	2 200	3 543	—	—
	2000	6 833	5 551	4 630	5 656	2 303	3 329	5 794	5 860	5 044	4 759	5 333	4 731	—	3 317	—	—
	2010	4 676	4 949	5 208	5 709	2 906	3 247	5 583	5 548	5 830	4 496	5 478	5 255	—	2 550	—	—
	2015	7 119	5 791	4 029	5 797	3 240	3 976	6 103	6 155	6 486	5 050	6 089	4 658	—	4 480	—	—
蔬菜	1984	30 229	19 085	37 774	32 854	22 466	22 746	34 665	32 922	32 276	32 589	16 792	13 245	14 483	19 085	—	—
	1990	34 229	20 085	40 774	42 855	23 466	28 746	37 665	38 922	34 276	36 775	18 792	16 245	16 834	20 085	—	—
	2000	36 440	26 397	42 839	48 705	21 670	23 818	36 633	46 073	35 678	38 503	10 702	18 874	—	29 727	—	—
	2010	39 579	27 596	59 074	50 284	18 511	29 095	44 945	47 048	44 777	41 606	29 736	24 214	—	23 174	—	—
	2015	34 464	27 188	47 120	43 532	39 935	32 585	38 097	40 034	35 539	33 993	30 054	22 523	—	22 228	—	—
水果	1984	3 253	4 842	3 687	5 289	4 292	4 941	5 862	6 854	4 339	4 899	4 062	3 283	3 924	3 775	—	—
	1990	3 997	5 042	3 824	6 089	4 692	5 041	5 762	7 254	4 639	5 899	4 962	3 883	4 005	4 275	—	—
	2000	4 043	5 125	3 539	6 697	4 892	6 049	5 702	8 169	4 229	6 599	5 076	3 985	4 443	5 478	—	—
	2010	3 118	5 185	4 862	6 977	3 347	5 211	7 330	8 850	4 937	6 084	7 264	5 315	—	4 257	—	—
	2015	5 259	7 856	5 283	7 564	4 562	5 288	8 631	8 925	6 835	6 082	7 254	5 238	—	4 896	—	—

注：YQ（延庆区），HR（怀柔区），MY（密云区），PG（平谷区），MTG（门头沟区），CP（昌平区），SY（顺义区），TZ（通州区），DX（大兴区），FS（房山区），HD（海淀区），CY（朝阳区），SJS（石景山区），FT（丰台区），XC（西城区），DC（东城区）；一代表该地区没有谷物、蔬菜和水果生产

表 6-7 北京市不同生态系统服务指标的权重值

指标	碳储存	产水量	氮输出	磷输出	土壤保持	生境质量	娱乐机会	谷物产量	蔬菜产量	水果产量
权重值	0.1297	0.1767	0.0731	0.0659	0.1163	0.1692	0.1431	0.0502	0.0392	0.0366

6.2.2 研究结果

1. 1984~2020 年①北京市土地利用变化

1984~2020 年，北部和西部地区主要土地利用类型为林地，南部和东部地区主要土地利用类型为农用地，建设用地则主要分布在中南部地区。地表水体主要分布在密云，草地主要分布在怀柔和密云（图 6-2）。

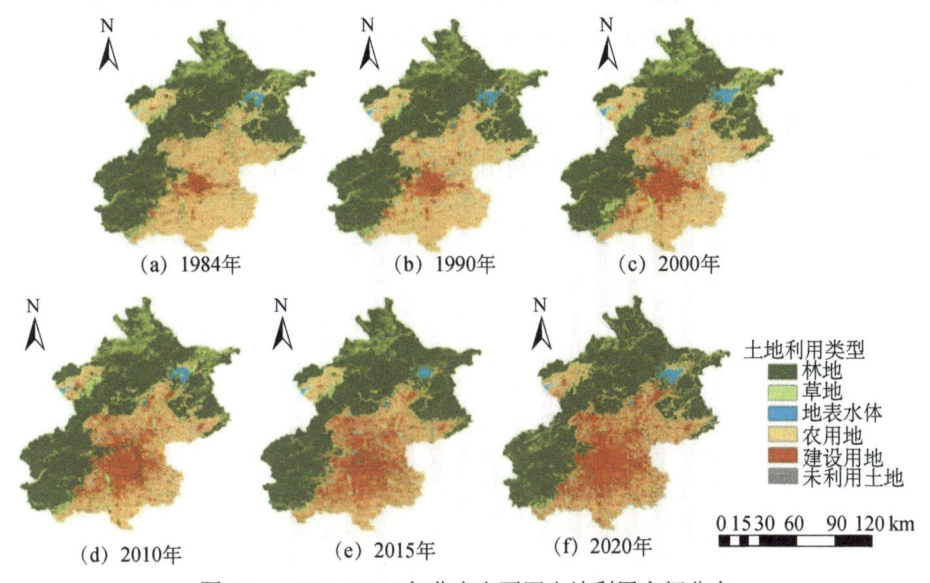

图 6-2 1984~2020 年北京市不同土地利用空间分布

林地和农用地是北京市面积最大的两种土地利用类型，而地表水体和未利用土地面积最小（图 6-3）。1984~2015 年，林地、地表水体和建设用地的面积都在增加，其中，建设用地面积增幅最大；草地、农用地、未利用土地面积均有所下降，其中，农用地面积减少得最多。

---

① 由于数据可得性，本章土地利用变化年份为 1984 年、1990 年、2000 年、2010 年、2015 年、2020 年这 6 个年份。

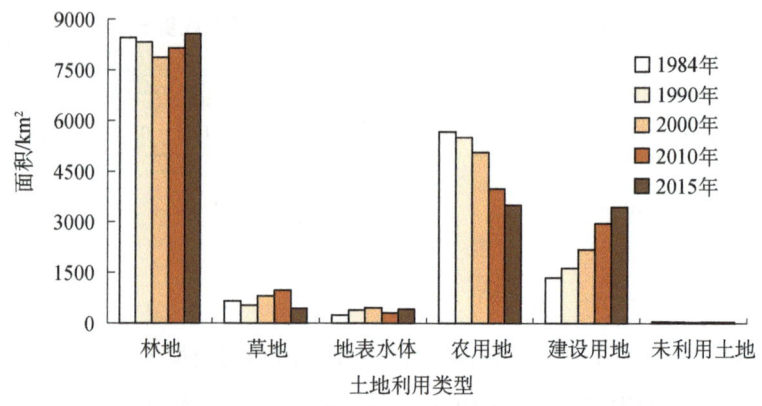

图 6-3　1984~2015 年北京市不同土地利用类型面积分布

图 6-4 显示了 2015 年北京市各个区县不同土地利用类型所占面积比例。北部和西部地区的生态涵养发展区主要土地利用类型为林地。在城市发展新区中，顺义、通州和大兴的主要土地利用类型为农用地和建设用地，而昌平和房山的林地占比则高于农用地和建设用地。对于城市功能拓展区和首都功能核心区，建设用地在所有土地利用类型中所占比例最大。

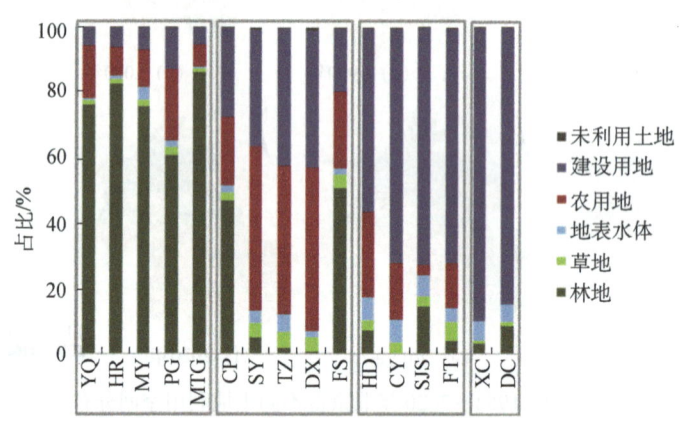

图 6-4　2015 年北京市各个区县不同土地利用类型所占面积比例

2. 1984~2015 年北京市不同生态系统服务时空变化

北京市 2015 年碳储存 $2.67×10^8$ t，比 1984 年减少了 3.26%。2015 年的产水量为 $7.60×10^9$ m^3，相比于 1984 年下降了 4.04%。1984~2015 年，北京市氮输出和磷输出均减少，分别减少了 10.47% 和 21.54%。泥沙输出在这 30 年间减少了 15.46%，表明水土流失也有所改善，土壤保持服务有所提升。对于生物多样性保护，北京市的生境质量指数在 30 年间下降了 10.65%。1984~2015 年，北京市的娱乐机会下降了 7.82%。对于食物供给，2015 年北京市的谷物、蔬菜和水果产量分别为 $0.61×10^6$ t、$2.05×10^6$ t 和 $7.14×10^5$ t。其中，蔬菜和水果产量分别增加了 79.82% 和 305.68%，而谷物产量在 1984~2015 年减少了 78.97%（表 6-8）。

表 6-8　1984~2015 年北京市各个生态系统服务供给量

年份	碳储存 /10^8t	产水量 /10^9m³	氮输出 /10^6kg	磷输出 /10^6kg	泥沙输出 /10^5t	生境质量 /10^7	娱乐机会 /10^6	谷物产量 /10^6t	蔬菜产量 /10^6t	水果产量 /10^5t
1984	2.76	7.92	9.46	1.95	3.88	1.41	6.27	2.90	1.14	1.76
1990	2.73	10.82	9.33	1.91	3.91	1.39	6.21	2.67	3.10	2.52
2000	2.65	6.46	9.49	1.89	2.87	1.33	6.02	1.45	3.88	6.29
2010	2.65	8.77	9.12	1.69	2.73	1.27	5.89	1.16	3.03	8.54
2015	2.67	7.60	8.47	1.53	3.28	1.26	5.78	0.61	2.05	7.14

　　图 6-5 显示了 1984~2015 年北京市不同功能区单位面积各类生态系统服务供给量。在此期间，城市发展新区和城市功能拓展区的单位面积碳储存、生境质量指数以及娱乐机会指数均有所下降。首都功能核心区的生境质量和娱乐机会指数均有所提升，说明城市中心区在保护自然环境方面取得了一定成效。在生态涵养发展区，单位面积碳储存、生境质量指数以及娱乐机会指数均先降低后又有所提升，且这三项生态系统服务单位面积值在该地区均最高。因此，生态涵养发展区是碳储存、生境质量和娱乐机会的热点区域。同时，三项生态系统服务的空间分布规律也很相似，从郊区到市中心依次递减（生态涵养发展区>城市发展新区>城市功能拓展区>首都功能核心区），这主要是由于周边郊区的生态用地比例高于市中心区域。

　　对于单位面积产水量，各个功能区并没有显著差异，但不同年份的产水量呈波动状态，这主要是由降水量年际差异造成的。与其他地区相比，位于生态涵养发展区的平谷和密云，以及位于城市发展新区的房山产水量最高。虽然这几个地区的植被覆盖度较高，蒸散比较大，但是这几个县区的降水量明显高于其他地区。

　　单位面积氮输出与单位面积磷输出的时空分布变化规律相似。1984~2015 年，北京市所有县区的水质净化都有所改善。其中，生态涵养发展区的水质净化服务表现得最好，主要是由于这个地区的林地所占比例高，有助于去除更多的氮和磷。另外，由于农业活动的增加，位于城市发展新区的顺义、通州和大兴比其他地区的水质更差。高度城市化的地区，如首都功能核心区以及位于城市功能拓展区的丰台在水质净化服务方面表现得最差，主要是由于这些地区高比例的建设用地增加了营养物质的输出。

　　对于土壤保持服务，首都功能核心区相比于其他功能区表现最好，郊区的生态涵养发展区和城市发展新区则表现相对较差。其中，位于生态涵养发展区的平谷和门头沟以及位于城市发展新区的房山土壤侵蚀最严重，这是由这些地区的陡坡和强降水造成的。整体来说，北京市生态涵养发展区、城市发展新区和首都功能核心区的泥沙输出在1984～2015年均有所减少，即土壤保持服务有所改善。但在2010～2015年，由于城市发展新区降水量增加，其泥沙输出明显增多，土壤流失变得严重；城市功能拓展区和首都功能核心区的建设用地和未利用土地均增加，其泥沙输出明显增多，土壤流失也变得更加严重。

1984～2015年，首都功能核心区没有食物生产，城市发展新区是食物生产的热点地区。受城市化扩张的影响，城市功能拓展区的食物产量相对较少。位于城市发展新区的顺义区、通州区和大兴区的单位面积谷物、蔬菜和水果产量均最高，这些地区的农用地破碎化程度较低，因此促进了农作物的生产。位于生态涵养发展区的平谷区降水量较大，且地形平坦，因此单位面积的食物产量最高。生态涵养发展区的蔬菜和水果等农产品的高销售量也会增加农民收入，同时促进现代农业技术的使用，从而反过来促进食物产量的提升。

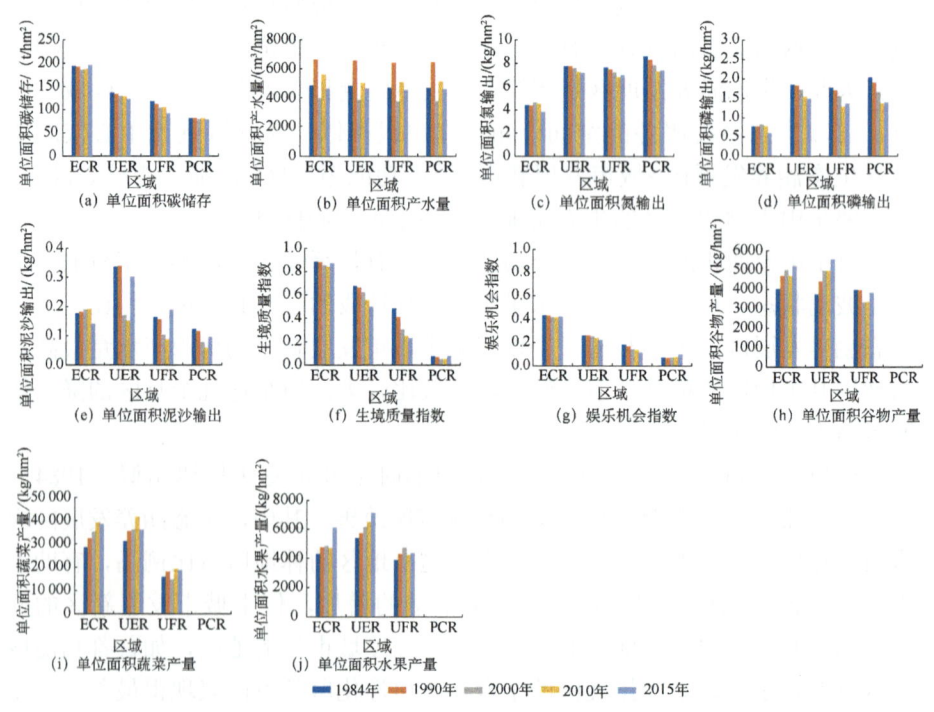

图 6-5　1984～2015年北京市不同功能区单位面积各类生态系统服务供给量

注：ECR（生态涵养发展区），UER（城市发展新区），UFR（城市功能拓展区），PCR（首都功能核心区）

3. 1984~2015 年北京市综合生态系统服务变化

经计算，1984~2015 年北京市综合生态系统服务指数呈下降趋势。1984年、1990 年、2000 年、2010 年和 2015 年北京市的综合生态系统服务指数分别为 0.50、0.58、0.45、0.51、0.48。1984~2015 年，首都功能核心区、城市功能拓展区、城市发展新区和生态涵养发展区的平均综合生态系统服务指数分别为 0.27、0.36、0.48 和 0.57。北部生态涵养发展区的综合生态系统服务表现得最好，主要是由于其水质净化、碳储存、生物质量和娱乐机会这几项生态系统服务指数均比较高。相反地，首都功能核心区域城市功能拓展区的综合生态系统服务表现较差，主要是由这些地区的建设用地所占比例较高造成的。图 6-6 显示了 1984~2015 年北京市综合生态系统服务空间分布变化。结果表明，1984~2015 年，生态涵养发展区北部的综合生态系统服务指数有所提高，首都功能核心区的综合生态系统服务指数也略有增加。但城市功能拓展区和城市发展新区的大部分县区，即靠近市中心的地区，综合生态系统服务指数均有所下降。值得注意的是，位于生态涵养发展区的门头沟区综合生态系统服务指数下降，主要是因为这个地区的土壤流失在此期间变得更加严重。

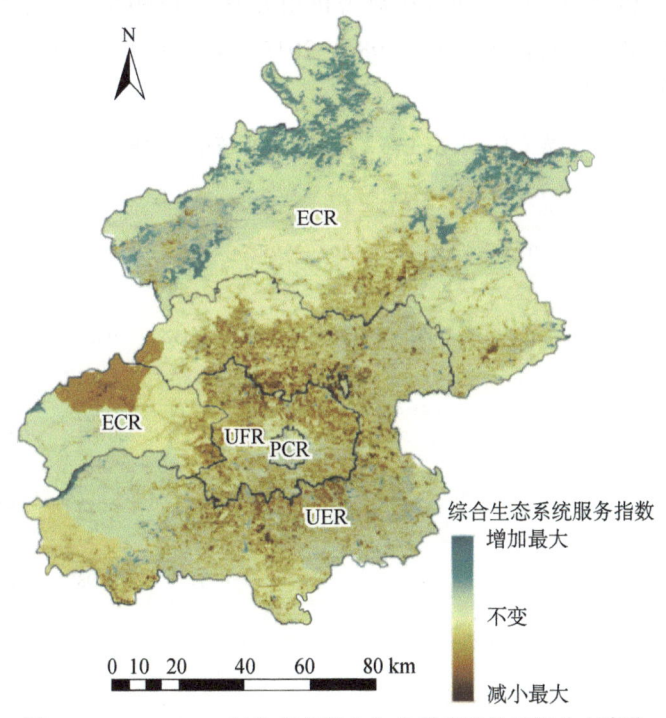

图 6-6 1984~2015 年北京市综合生态系统服务空间分布变化

注：ECR（生态涵养发展区），UER（城市发展新区），UFR（城市功能拓展区），PCR（首都功能核心区）

4. 北京市不同生态系统服务情景模拟与权衡分析

1）北京市不同生态系统服务的权衡分析

本小节在栅格尺度上对 1984~2015 年每两个生态系统服务之间进行空间相关分析，表6-9 显示了对应的相关系数（r 值）和显著值（p 值）。碳储存与生境质量、娱乐机会有显著的正相关性（$r>0.9$），但碳储存、生境质量和娱乐机会均与污染物输出、食物生产存在显著的负相关关系。这说明碳储存、生境质量和娱乐机会均与水质净化服务存在协同关系，但与食物生产存在权衡关系。产水量由于主要受降水影响，因此与大多数生态系统服务无显著相关性。北京地区的泥沙输出与所有生态系统服务没有显著相关性。本章使用了一种基于土地利用代理的方法来计算生态系统服务，北部的生态涵养发展区在碳储存、水质净化、生境质量和娱乐机会方面表现最好，因为该地区的林地所占比例最大。虽然林地在控制土壤流失方面起着重要作用，但北部地区的土壤保持服务并没有像其他生态系服务一样表现良好。这个地区的水土流失仍比较严重，主要是由其坡度很陡、降水强度较大造成的。此外，污染物输出和食物生产之间存在显著正相关关系（$r>0.8$），这表明水质净化服务与食物生产之间存在权衡。1984~2015 年，北京城市发展新区的这种权衡表现得最为明显。

表 6-9 北京生态系统服务指标值相关性分析

项目	碳储存	产水量	氮输出	磷输出	泥沙输出	生境质量	娱乐机会	谷物产量	蔬菜产量	水果产量
碳储存	1	−0.219	−0.968**	−0.944**	0.109	0.955**	0.926**	−0.818**	−0.907**	−0.756**
产水量		1	0.227	0.228	0.174	−0.205	−0.201	0.191	0.250	0.471**
氮输出			1	0.992**	−0.160	−0.870**	−0.882**	0.931**	0.969**	0.882**
磷输出				1	−0.149	−0.818**	−0.879**	0.934**	0.969**	0.883**
泥沙输出					1	0.158	0.151	−0.099	−0.101	−0.004
生境质量						1	0.928**	−0.784**	−0.859**	−0.730**
娱乐机会							1	−0.798**	−0.882**	−0.697**
谷物产量								1	—	—
蔬菜产量									1	—

续表

项目	碳储存	产水量	氮输出	磷输出	泥沙输出	生境质量	娱乐机会	谷物产量	蔬菜产量	水果产量
水果产量										1

**p < 0.01

2）北京市不同替代情景生态系统服务权衡分析

根据相关性分析，调节服务（碳储存、水质净化）、支持服务（生境质量）以及文化服务（娱乐机会）之间存在协同关系。以 2015 年的土地利用现状为基础情景，研究设计了河岸林地缓冲带情景、河岸草地缓冲带情景、退耕还林情景、退耕还草情景来提升调节服务、支持服务和文化服务水平。相关性分析结果还表明，碳储存、泥沙输出、生境质量和娱乐机会都与食物生产存在负相关关系，即权衡关系。因此，研究设计了农业扩张情景来提升食物生产服务（表 6-10）。

表 6-10 北京市不同替代情景及其土地利用变化

替代情景	细节描述	主要土地利用变化
河岸林地缓冲带情景	在 2015 年的土地利用基础上，将河岸周边 50m 的农用地和未利用土地转化为林地（Zheng et al.，2016）。缓冲带的宽度是基于其他地区的河岸保护实践设置的（Lee et al., 2004；Lowrance et al., 2000；Lowrance & Sheridan, 2005；饶良懿和崔建国，2008）	与 2015 年的基础情景相比，林地面积增加了 5.2%，农用地面积减少了 12.4%
河岸草地缓冲带情景	将河岸周边 50m 内的农用地和未利用土地转化为林地	与 2015 年的基础情景相比，草地面积增加了 88.4%，农用地面积减少了 12.4%
退耕还林情景	将坡度大于 6°的农用地和未利用土地均转化为林地。中国实施的退耕还林政策尝试将陡坡地区的农用地转化为林地或草地（http://www.forestry.gov.cn/）	与 2015 年的基础情景相比，林地面积增加了 6.9%，农用地面积减少了 16.2%
退耕还草情景	将坡度大于 6°的农用地和未利用土地均转化为草地	与 2015 年的基础情景相比，草地面积增加了 130.8%，农用地面积减少了 16.2%
农业扩张情景	将坡度小于 6°的林地、草地和未利用土地均转化为农用地。相关研究表明，坡度较小的平地更适宜农业种植（Gao et al., 2017）	与 2015 年的基础情景相比，农用地面积增加了 36.2%，林地和草地面积分别减少了 10.9% 和 75.1%

通过对不同替代情景进行生态系统服务评估，结果显示河岸林地缓冲带情景、河岸草地缓冲带情景、退耕还林情景和退耕还草情景的综合生态系统服务指数分别为 0.54、0.51、0.56 和 0.52，相对于基础情景（0.48）均有所

改进。但农业扩张情景的综合生态系统服务指数为 0.46，相对于基础情景表现更糟。图 6-7 展示了北京市不同替代情景中多种生态系统服务指标值，结果表明：①河岸林地缓冲带情景和河岸草地缓冲带情景在碳储存、水质净化（水量供给）、生境质量和娱乐机会方面的表现均优于其他替代情景；②退耕还林情景在土壤保持（土壤侵蚀控制）服务方面表现得最好；③在所有替代情景中，只有农业扩张情景相比于基础情景提高了谷物、蔬菜和水果产量，且分别增加了 42%、28%、18%；④除食物供给服务外，河岸草地缓冲带情景在其他生态系统服务方面均比河岸林地缓冲带表现更差；⑤除了食物供给服务，退耕还草情景在其他生态系统服务中表现更差；⑥在农业扩张情景中，碳储存、水质净化、土壤保持、生境质量和娱乐机会均有所下降，但食物生产却大幅增加。

(a) 河岸林地缓冲带情景　(b) 河岸草地缓冲带情景　(c) 退耕还林情景　(d) 退耕还草情景　(e) 农业扩张情景

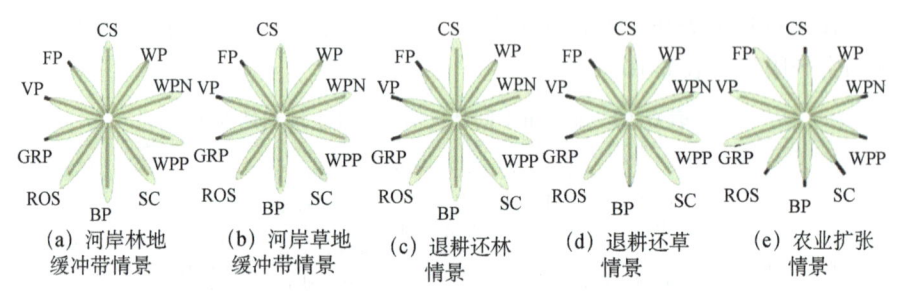

图 6-7　北京市不同替代情景下多种生态系统服务供给

注：黑条的长度代表了基础情景的生态系统服务指标值，而浅灰色花瓣的长度代表了不同情景的生态系统服务供给。CS 表示碳储存，WP 表示水量供给，WPN 表示氮输出，WPP 表示磷输出，SC 表示土壤侵蚀控制，BP 表示生境质量，ROS 表示娱乐机会，GRP 表示谷物产量，VP 表示蔬菜产量，FP 表示水果产量

6.2.3　研究结论

本章评估了 1984~2015 年北京市城市化对多种生态系统服务以及综合生态系统服务的影响。通过五种替代模拟场景的生态系统服务权衡分析，试图探索优化土地利用策略以提供较高的综合生态系统服务，同时又可以削弱不同生态系统服务之间的权衡。结果表明，1984~2015 年北京市综合生态系统服务指数呈下降趋势，尤其是在城市中心地区。在这期间，北京市水质净化、土壤保持、蔬菜产量和水果产量这几项服务都有所增加，但碳储存、产水量、生境质量、娱乐机会和谷物产量这几项服务却有所减少。为了改善生态系统服务，北京市应加强建设用地的集约化利用，同时应注重保护单位面积具有更高生态系统服务的生态用地类型，主要包括林地、草地和地表水

体。此外，北京市也应该实施相应的生态工程措施，特别是应该改善首都功能核心区和城市功能拓展区的碳储存、水质净化、生境质量和娱乐机会，减少生态涵养发展区和城市发展新区的水土流失。仅增加林地面积虽然可以提高北京市的碳储存、水质净化、生境质量和娱乐机会，但对控制水土流失却没有明显作用，在陡峭的斜坡上进行植树造林则可以更有效地控制土壤流失。替代情景的分析结果表明，在河岸带地区进行植树造林以及在陡峭坡度地区进行退耕还林均可以有效改善北京市的综合生态系统服务。因此，应继续实施"退耕还林""生态廊道工程""建立自然保护区"等可持续发展政策。但是，这些政策虽然改善了北京市的调节、支持和文化服务，但却以减少食物生产为代价。农业扩张会导致调节、支持和文化服务的下降，因此并不是增加食物产量的最优途径。目前北京市应首先提高单位面积食物产量，可以通过种植高产种子作物、发展更高效的种植和灌溉技术、发展城市垂直农业来实现。这样不仅可以减少不同的生态系统服务之间的权衡，同时也可以提高北京市综合生态系统服务。

6.2.4 提升北京市生态系统服务的生态管理对策

1984~2015 年，由于建设用地的扩张，北京市的碳储存、生境质量和娱乐机会均有所下降。在这 30 多年间，北京市的建设用地比例从 8%上升到 21%。尽管土地资源日益稀缺，但北京市人均建设用地面积仍然从 138m^2 增加到 159m^2。在首都功能核心区和城市功能拓展区，由于其高度的城镇化水平，单位面积的碳储存、生境质量和娱乐机会均低于其他两个功能区。与其他土地利用类型相比，林地是北京主要的碳汇和生物栖息地，也是娱乐机会分布较高的自然用地类型。2015 年林地分别占整个北京市碳储存、生境质量和娱乐机会的 72%、75%和 65%。由于林地比例增加，河岸林地缓冲带和退耕还林情况相比于基础情形在碳储存、生境质量和娱乐机会方面均有所改善。此外，由于建设用地的扩张，北京市碳排放量增加，已有研究表明北京市建设用地的碳排放量占整个区域的 85%以上（Wang Z H et al.，2016）。但截至 2015 年，北京市建设用地区域的碳储存仅占整个北京市的 9%。因此，为了平衡北京市的碳储存与碳排放，提出以下建议：①未来土地利用规划应将粗放型土地利用模式转化为集约型土地利用模式；②绘制"城市增长边界"来控制建设用地的扩张是一种有效的规划措施，城市的新开发区也应保持一定面积比例的林地；③北京市应继续实施现有的森林保护项目，如"三北防护林项目"；④应加强清洁能源的开发，提高能源利用效率，如使用天然气、太阳能、风能等，以减少碳排放。对于生境质量，政府提出了"生态功能分区"，即在植树造林的基础上建立自然保护区，例如在北京市设立特定的湿地和森林生态涵养发展区（http://www.beijing.gov.cn/）。此外，丰富植物种类、减少景观破碎度、提高生境斑块的景观连通性也是保护生物多样性的有效措施。对于娱乐机会，水体对人们有天然的吸引力，在其周围建设绿道以及其他休闲设施，可以更有效地提高北京市的娱乐机会。

不同土地利用类型的产水量和土壤保持服务与自然条件（如气候、土壤和地质等）密切相关。由于客观物理自然条件很难改变，因此应采取一些人为措施来改善这两种服务。为解决水资源短缺的问题，政府实施了"南水北调工程"的工程措施。目前，北京市的水资源来源主要包括地表水、地下水、应急用水、"南水北调工程"和再生水。但截止到 2015 年，北京市的总用水量已经增加到约 $4×10^{10}$ m^3，即使在实施"南水北调工程"项目后，北京市的水资源供应增长仍然低于每年的用水需求增量，水资源短缺的程度仍将持续加重。因此，应该实施全面的节水措施，例如：①发展节水农业，包括节水灌溉和农艺节水技术；②实施雨水收集工程；③提高灰水回收利用效率；④发展先进的工业废水处理技术。生态涵养发展区和城市发展新区地形陡峭，雨量充沛，且景观格局单一，因此这两个功能区水土流失比较严重。之前的研究表明，植被可以拦截降水，增加水分渗透并固定土壤，因而植被在控制土壤流失的过程中起着重要的作用（Wei et al., 2009; Bochet et al., 2006）。但本章的权衡结果表明，泥沙输出与北京市其他生态系统服务没有显著的相关性。在生态涵养发展区，高比例的林地仅仅增加了碳储存、水质净化和生境质量，但对减少泥沙输出没有明显影响。在陡峭的坡度上植树造林可以更有效地控制水土流失，本章退耕还林情景中通过将陡坡地区的农用地和未利用土地转化为林地使土壤流失减少了 81%。此外，本章证实种植林木比种植草地对改善生态系统服务更有效。目前，政府已经实施了"退耕还林"政策将陡坡地区的农用地和未利用土地转化为林地。此外，一些管理实践措施也有助于减少土壤流失，例如：①丰富植被的空间结构和多样性；②提高景观斑块的聚集程度；③种植生长快速的树种；④减少土地复垦，如减少河床或湖床转化为建设土地的情况发生；⑤使用枯枝落叶等植被残留物来覆盖农作物。

1984~2015 年，由于生态涵养发展区距离工业化和城市化中心地区较远，因此在水净化方面表现最好。由于植被是水体的重要生态屏障，因此植被恢复可以有效地改善水质，特别是在河岸带地区。北京市政府已经投资了 100 多亿元开展"永定河生态廊道工程"来进行河岸带植被恢复。与基础情景相比，研究中的河岸林地缓冲带情景和退耕还林场景在氮和磷输出方面均有所减少。且替代情景的分析结果表明，种植树木比种植草地对水净化更有效。除了植被恢复，其他一些措施也可以用来减少水体污染，如增加控制水污染的投资、采用新的水污染物减排技术、提高污水处理率、运用人工湿地技术来去除农业污染、使用产生污染更少的杀虫剂等。

城市发展新区是北京市食物供给服务的热点地区，因为这个功能区的农用地比例很高。但大范围的农用地扩张并不是增加食物产量的最佳途径，因为农用地会引起水体污染加剧以及其他衍生环境问题。本章中所有替代情景的食物供给均不能满足北京市当地居民的需求，2015年北京市消耗的粮食、蔬菜和水果分别为 3.0×10^6 t、2.1×10^6 t 和 1.1×10^6 t（http://tongji.cnki.net/kns55/）。即使在农业扩张情景下，粮食、蔬菜和水果的产量供给也仅能满足24%、95%和66%的需求。此外，食物供给与其他调节和支持服务存在权衡关系。虽然退耕还林情景和河岸林地缓冲带情景的综合生态系统服务指数均高于其他情景，但这两种情景改善调节和支持服务均以减少食物供给为代价。为了维持较高的综合生态系统服务，同时尽量减少不同生态系统服务的权衡，应采用创新农业技术来提升食物产量。种植高产类种子作物，发展有效的种植和灌溉技术，使用更先进的农业机械技术，发展城市垂直农业，包括屋顶或立面种植农业，这些都是提高当地食物产量的有效途径。

6.3 北京市延庆区人工生态资产的评估与核算

6.3.1 研究地概况

延庆区地处北京市西北部，距离北京市中心城区约 80 km，总面积 1995 km^2。延庆区生态环境优良，是首都的生态涵养区、绿色屏障和后花园。2021年，延庆区森林覆盖率达61.6%，城市绿化覆盖率达52.91%，人均公园绿地面积达 46.8 m^2，公园绿地为 500 m，其服务半径覆盖率达97.72%，全区污水处理率约为92.3%，新城地区污水处理率达98.92%，生活饮用水水质合格率达100%，生活垃圾无害化处理率达100%。

根据《延庆分区规划（国土空间规划）（2017年—2035年）》，延庆区分为延庆新城、小城镇、新型农村社区三级城乡体系。延庆新城即延庆区中心城区，总面积为 68.9 km^2，常住人口达15万人。本节研究范围为延庆新城区域，如图6-8所示。

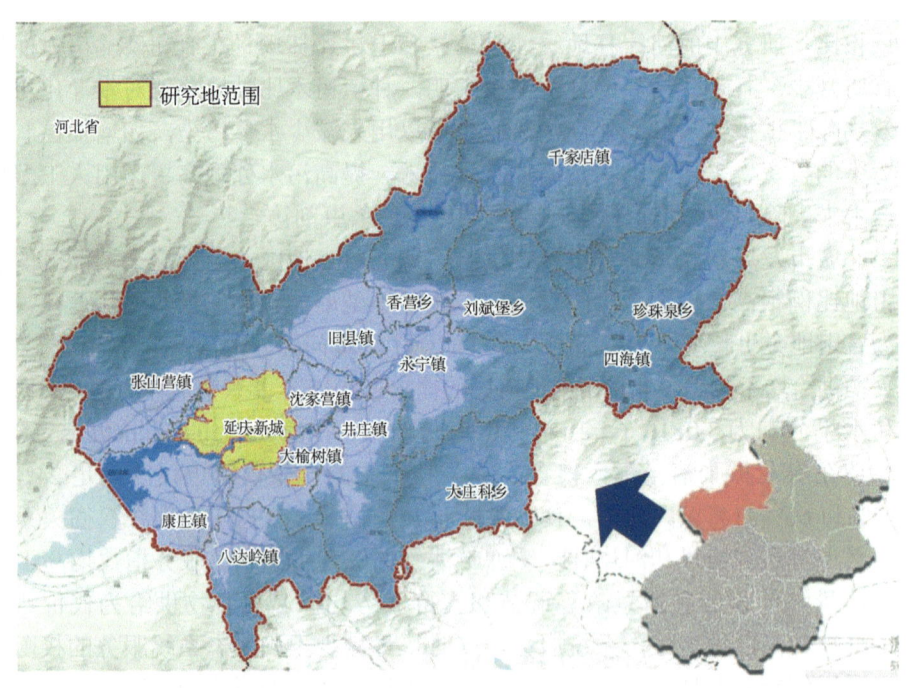

图 6-8　研究地区位

6.3.2　研究方法

1. 城市人工生态资产的核算范围

1）核算的城市人工生态资产类型

本节选取五种主要的城市人工生态资产类型作为研究对象开展核算和评价，包括人工生态系统类的城市公园（以下简称公园）、防护及附属绿地（以下简称绿地）、农田，以及环境基础设施类的垃圾填埋场、污水处理厂。延庆区新城人工生态资产概况见表 6-11。

表 6-11　2020 年北京市延庆新城人工生态资产概况

人工生态资产资源大类	类型	面积/km²[处理能力（t/d）]
人工生态系统	公园	609
	绿地	1 158
	农田	480
环境基础设施	垃圾填埋场	2.2（210）
	污水处理厂	6（60 000）

资料来源：延庆区 2021 年统计年鉴和延庆区人民政府网站

2）核算的生态系统服务类型

参考 Costanza（1997）的生态系统服务体系，本书重点突出与城市环境和城市生活关系密切的生态系统服务类型作为核算的生态系统服务，结合专家访谈，确定本小节核算的生态系统服务类型包括支持服务、调节服务、供给服务、文化服务、分解服务五大类型，其中，分解服务是针对城市生态系统特点的创新性拓展，主要体现城市人工生态资产在污染物消纳等方面的独特功能。具体包括生物多样性保护、水土保持、水源涵养、气候调节、农产品供给、文化游憩、污染物消纳（表6-12）。并进一步确定了参与核算的生态系统服务与延庆区城市人工生态资产类型之间的对应关系（表6-13）。

表6-12 核算的生态系统服务类型

生态系统服务大类	生态系统服务类型
支持服务	生物多样性保护、水土保持
调节服务	水源涵养、气候调节
供给服务	农产品供给
文化服务	文化游憩
分解服务	污染物消纳

表6-13 人工生态资产类型与生态系统服务的对应关系

人工生态资产类型	生物多样性保护	水土保持	污染物消纳		水源涵养	气候调节	农产品供给	文化游憩
			污水处理	垃圾处理				
公园	√	√	—	—	√	√	—	√
绿地	√	√	—	—	√	√	—	√
农田	√	√	—	—	√	√	√	√
污水处理厂	—	—	√	—	—	—	—	—
垃圾填埋场	—	—	—	√	—	—	—	—

注：√表示存在对应关系，—表示不存在对应关系

2. 城市人工生态资产的社会调查

采用问卷调查的方法，面向在延庆区工作和生活的居民，发放并回收问卷178份，其中有效问卷163份。问卷重点针对居民对不同类型生态资产的支持程度开展调研，通过调查居民对五种类型生态资产提升和建设的支付意愿（0~500元）来反映居民对于不同类型生态资产的相对支持程度。调查结果显示，居民对公园的支付意愿为102元/a，其他依次为绿地88元/a、农田65元/a、垃圾填埋场265元/a、污水处理厂280元/a。此外，笔者还对五类人工生态资产的数量和质量满意度进行了调查。其中，认为延庆区公园、绿

地、农田面积"供应充足"和"基本满足"的比例分别为85.32%、89.91%、77.06%；对于生态资产质量，满意度达到"很满意"和"满意"的比例分别为公园81.66%、绿地74.90%、农田66.05%。

6.3.3 研究结果

1. 城市人工生态资产的生态系统服务价值及组成

1）生态系统服务价值及组成

通过分别计算延庆区各类人工生态资产的生态系统服务价值并进行汇总，得出延庆区人工生态资产的生态系统服务总价值为$1.93×10^8$元/a（表6-14）。从生态系统服务大类来看，价值最高的为分解服务，共$8.87×10^7$元/a，占比达46.02%，远高于其他服务类型；其次为文化服务，为$5.07×10^7$元/a，占比达26.30%；支持服务为$2.41×10^7$元/a，占比为12.51%；调节服务为$1.96×10^7$元/a，占比为10.18%；供给服务为$9.62×10^6$元/a，占比为4.99%。

具体的各类生态系统服务价值中，污水处理价值最高，为$6.57×10^7$元/a，占比为34.09%；其次是文化游憩，价值为$5.07×10^7$元/a，占比为26.30%；垃圾处理价值为$2.30×10^7$元/a，占比为11.93%，排名第三；其余依次是水土保持、生物多样性保护、水源涵养、农产品供给、气候调节，该五项生态系统服务价值相对较低，总占比仅为27.68%（表6-14）。

表6-14 北京市延庆区人工生态资产的生态系统服务

生态系统服务大类	生态系统服务类型	生态系统服务总价值/（元/a）	占比/%	排序
支持服务	生物多样性保护	$1.07×10^7$	5.57	5
	水土保持	$1.34×10^7$	6.94	4
调节服务	水源涵养	$1.05×10^7$	5.43	6
	气候调节	$9.15×10^6$	4.75	8
供给服务	农产品供给	$9.62×10^6$	4.99	7
文化服务	文化游憩	$5.07×10^7$	26.30	2
分解服务	污水处理	$6.57×10^7$	34.09	1
	垃圾处理	$2.30×10^7$	11.93	3
合计		$1.93×10^8$	100.00	

2）不同类型人工生态资产的生态系统服务价值

延庆区不同类型人工生态资产的生态系统服务价值如表6-15所示。在延庆区五种人工生态资产类型中，生态系统服务价值最高的是污水处理厂，为$6.57×10^7$元/a，占比为34.09%；其次是绿地（$4.99×10^7$元/a）、公园（4.14×

10^7元/a），分别占 25.89%和 21.49%；垃圾填埋场为 2.30×10^7元/a，农田为 1.27×10^7元/a，分别占 11.93%和 6.59%。

不同类型人工生态资产单位面积生态系统服务价值具有较大差异（表6-15）。环境基础设施类单位面积生态系统服务价值远远高于人工生态系统类。环境基础设施类分别为污水处理厂 1.10×10^7元/（$hm^2·a$）、垃圾填埋场 1.05×10^7元/（$hm^2·a$），二者平均为 1.07×10^7元/（$hm^2·a$）。人工生态系统类的公园、绿地、农田三类人工生态资产的单位面积生态系统服务价值均较低，分别为 6.80×10^4元/（$hm^2·a$）、4.31×10^4元/（$hm^2·a$）、2.65×10^4元/（$hm^2·a$），平均为 4.59×10^4元/（$hm^2·a$）。经计算，环境基础设施单位面积生态系统服务价值是人工生态系统的 233.12 倍。

表 6-15　不同类型人工生态资产的生态系统服务价值

人工生态资产大类	人工生态资产类型	总价值/（元/a）	占比/%	单位面积生态系统服务价值[元/（$hm^2·a$）]
人工生态系统	公园	4.14×10^7	21.49	6.80×10^4
	绿地	4.99×10^7	25.89	4.31×10^4
	农田	1.27×10^7	6.59	2.65×10^4
环境基础设施	垃圾填埋场	2.30×10^7	11.93	1.05×10^7
	污水处理厂	6.57×10^7	34.09	1.10×10^7

2. 北京市延庆区人工生态资产的成本核算

1）北京市延庆区人工生态资产的总成本

延庆区人工生态资产的总成本包括建设成本和运维成本（未包括机会成本）。经计算，延庆区人工生态资产的总成本为 3.00×10^8元/a。五种人工生态资产的总成本从高到低依次是公园 1.30×10^8元/a、绿地 1.04×10^8元/a、污水处理厂 3.28×10^7元/a、垃圾填埋场 2.53×10^7元/a、农田 7.20×10^6元/a（表 6-16）。

从成本结构来看，延庆区人工生态资产的总成本中运维成本远高于建设成本，分别为建设成本 30.20%、运维成本 69.80%。单独来看，各类人工生态资产的运维成本占比均明显高于建设成本，如图 6-9 所示。

表 6-16　人工生态资产的总成本和单位面积成本

人工生态资产大类	人工生态资产类型	总成本/（元/a）	单位面积成本/[元/（$hm^2·a$）]
人工生态系统	公园	1.30×10^8	2.14×10^5
	绿地	1.04×10^8	9.00×10^4
	农田	7.20×10^6	1.50×10^4

续表

人工生态资产大类	人工生态资产类型	总成本/（元/a）	单位面积成本/[元/（hm²·a）]
环境基础设施	垃圾填埋场	$2.53×10^7$	$1.15×10^7$
	污水处理厂	$3.28×10^7$	$5.46×10^6$

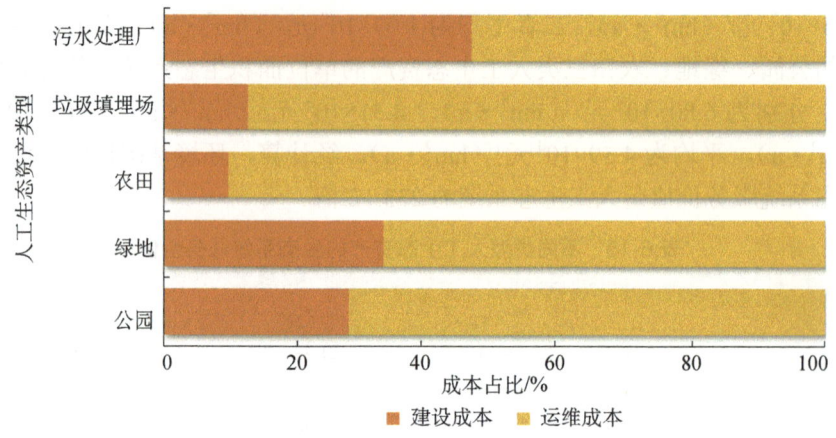

图 6-9　不同类型人工生态资产的成本组成

2）北京市延庆区人工生态资产的单位面积成本

延庆区五类人工生态资产的单位面积成本是总成本和占地面积的比值。经计算，延庆区人工生态资产单位面积成本为 $1.33×10^5$ 元/（hm²·a）。各类人工生态资产的单位面积成本从高到低依次为垃圾填埋场 $1.15×10^7$ 元/（hm²·a）、污水处理厂 $5.46×10^6$ 元/（hm²·a）、公园 $2.14×10^5$ 元/（hm²·a）、绿地 $9.00×10^4$ 元/（hm²·a）、农田 $1.50×10^4$ 元/（hm²·a）（表 6-16）。人工生态资产的两个大类中，环境基础设施的平均单位面积成本为 $7.08×10^6$ 元/（hm²·a），人工生态系统的平均单位面积成本为 $1.08×10^5$（hm²·a），环境基础设施的平均单位面积成本是人工生态系统的 65.83 倍。

3）北京市延庆区人工生态资产的机会成本

机会成本未计入总成本中，原因是机会成本是一种具有较强主观性的隐性成本，其核算导向是为获取最高价值，而城市生态资产是城市必需的基础设施，具有公益性和不可替代性，管理中不能以机会成本的高低为导向来削减城市人工生态资产的数量和投入。即便如此，统计人工生态资产的机会成本也可以体现管理部门在城市生态管理中对于城市人工生态资产的重视程度。

本节以用地成本作为城市人工生态资产的机会成本。经核算，延庆区的人工生态资产的用地成本高达 $3.24×10^9$ 元/a，是总成本（建设成本和运维成本之和）的 10.79 倍。不同类型人工生态资产的用地成本分别为公园 9.23×10^8 元/a、绿地 1.76×10^9 元/a、农田 5.51×10^8 元/a、垃圾填埋场 9.02×10^5 元/a、污水处理厂 5.98×10^6 元/a。

3. 北京市延庆区人工生态资产的成本-效益分析

本节城市人工生态资产的成本-效益分析可用于描述城市人工生态资产的投入与其所产生的生态系统服务价值之间的定量关系，也可衡量和表征人工生态资产的经济投入和生态有效性。

本章选取净收益、单位面积净收益和成本效益率 3 个指标来定量反映延庆区人工生态资产的成本-效益关系。其中，净收益是人工生态资产的生态系统服务价值与其成本的差值，可反映人工生态资产投入产出的盈亏关系；单位面积净收益是以土地利用效率为导向，反映人工生态资产在单位面积上的净收益；成本效益率是单位成本所获得的净收益，反映了人工生态资产总投入产生生态系统服务价值的效率。延庆区人工生态资产的成本-效益分析结果如表 6-17 所示。

表 6-17　北京市延庆区人工生态资产成本-效益分析

人工生态资产大类	人工生态资产类型	净收益/（元/a）	单位面积净收益/[元/（hm²·a）]	成本效益率
人工生态系统	公园	-8.89×10^7	-1.46×10^5	-0.68
	绿地	-5.43×10^7	-4.69×10^4	-0.52
	农田	5.51×10^6	1.15×10^4	0.77
环境基础设施	垃圾填埋场	-2.29×10^6	-1.04×10^6	-0.09
	污水处理厂	3.29×10^7	5.49×10^6	1.00

经计算，延庆区人工生态资产的净收益是 -1.07×10^8 元/a，总体处于明显的亏损状态。各类人工生态资产的净收益中，仅有农田和污水处理厂的净收益为正值，反映了这两类人工生态资产的生态系统服务价值大于其成本，其余人工生态资产类型（包括公园、绿地、垃圾填埋场）的产出价值均低于投入，处于不同程度的亏损状态。其中，净收益最高的是污水处理厂，为 3.29×10^7 元/a；最低的是公园，为 -8.89×10^7 元/a。

单位面积净收益相当于人工生态资产每公顷用地所产生的年净收益。经计算，延庆区人工生态资产总体单位面积净收益为 -4.75×10^4 元/（hm²·a）。单位面积净收益可反映不同类型人工生态资产的投入产出关系，在各类人工生态资产中，单位面积净收益最高为污水处理厂，为 5.49×10^6 元/（hm²·a）；最低为垃圾填埋场，为 -1.04×10^6 元/（hm²·a）。

延庆区人工生态资产总体成本效益率为-0.36，相当于每1元成本的亏损值为0.36元。各类人工生态资产的成本效益率由高到低依次为污水处理厂1.00、农田0.77、垃圾填埋场-0.09、绿地-0.52、公园-0.68，反映了污水处理厂和农田的成本效益率较高，垃圾填埋场投入和收益基本持平略有亏损，公园和绿地处于较高的亏损状态。

4. 基于成本-效益-偏好模型的生态资产优化配置综合评价和情景模拟分析

1）北京市延庆区人工生态资产优化配置现状的综合评价

不同类型城市人工生态资产所产生的效益、付出的成本以及居民支持度等方面均存在很大差异，不同人工生态资产类型数量的组合也有多种可能性，这些变量的组合和调控对城市人工生态资产的可持续管理具有重要的实践指导意义。

为探索不同类型人工生态资产的不同数量组合优化配置程度，本节从成本、效益、意愿3个维度构建人工生态资产的成本-效益-意愿优化配置模型（表6-18）。

表6-18 延庆区人工生态资产优化配置模型

目标层	指标层	指标解释	权重	计算方式
成本	廉价性	表示成本的廉价性水平，包括建设和运维成本，单位面积成本越低，表示经济性指标越高	0.3	1/单位面积成本
效益	供应力	单位面积生态服务的供应能力	0.5	单位面积生态系统服务价值量
意愿	支持度	居民对于某种类型人工生态资产建设的支持度	0.2	根据问卷调查的支付意愿定量计算

该模型的构建基于研究区域不同类型人工生态资产单位面积的成本、效益以及居民支持度，通过层次分析法开展成本-效益-意愿优化配置情况评价，从而为城市人工生态资产的配置和管理提供定量和科学的决策依据。该模型在成本、效益、意愿3个维度的目标下，对应选择了廉价性、供应力、支持度3个指标，采用专家打分法将各指标的权重依次确定为0.3、0.5、0.2。在模型中代入数据，计算出延庆区人工生态资产的廉价性、供应力和支持度水平，通过极差变化法进行数据归一化处理和加权求和，最终得出延庆区人工生态资产的优化配置指数。该指数范围在0~1，可综合、定量反映延庆区不同类型人工生态资产数量配置的优化程度，可为政策和管理的制定提供量化依据。

根据上述模型，最终得出延庆区人工生态资产优化配置指数为0.40，表示研究期延庆区人工生态资产的优化配置尚有一定的提升空间（最高为1）。其中，廉价性得分为0.20（满分为0.3）、供应力得分为0.11（满分为0.5）、支持度得分为0.10（满分为0.2）。相比之下，廉价性指标占比较高（66.67%），支持度次之（50%），供应力较低（22%）。该结果表明，延庆区人工生态资产的现状配置情况在供应力方面较薄弱，说明其单位面积生态系统服务价值相对不足，优化配置综合水平的提升需要着重提高单位面积生态服务的供应能力。

2）北京市延庆区人工生态资产优化配置情景分析

在定量得出延庆区人工生态资产优化配置指数的基础上，以土地利用情况的变化作为驱动因素，探讨不同的土地用途改变情景对人工生态资产优化配置水平的影响。根据土地利用的变化情况，设计三个模拟情景集，分别为用地总量不变、用地增加、用地减少（表6-19），分别代表生态用地之间的相互转换、新增生态用地以及以开发建设等行为侵占生态用地的不同情景。由于延庆区目前的城市开发建设和生态建设情况整体已处于较为成熟的状态，公园、绿地、农田等人工生态资产已难以产生较大幅度的面积变化，故在情景设计中将三类人工生态资产的面积变化幅度设计为20%；另外，垃圾填埋场和污水处理厂往往以单个数量进行统计，在情景中设计为增加一个相同规格的垃圾填埋场或污水处理厂[①]。

具体的情景设计遵循两方面原则，一方面，以我国城镇化过程中常见的土地类型转换方式作为参考，如由农田向绿地、公园等其他类型用地的转换；另一方面，遵循从低成本到高成本用地的单向转换，以避免资源的浪费，如绿地向公园的转换。在以上原则的基础上，本节设计了10个不同情景分别隶属于3类不同的情景集（表6-19）。

表6-19 北京市延庆区人工生态资产优化配置的情景模拟

情景集	情景	情景描述	廉价性	供应力	支持度	优化配置指数	排序
现状	现状	对照组	0.20	0.11	0.10	0.40	6
情景集1：用地总量不变	情景1	20%农田转化为公园	0.05	0.13	0.14	0.31	9
	情景2	20%农田转化为绿地	0.05	0.11	0.12	0.28	11
	情景3	20%绿地转化为公园	0.19	0.13	0.15	0.48	4

① 现实中，垃圾填埋场和污水处理厂的建设须与区域的垃圾和污水产生量进行有效匹配，目前延庆中心城区的垃圾和污水设施已基本满足处理需求。本章为开展不同类型人工生态资产的综合比较，基于研究角度，将新增污水处理厂和垃圾填埋场纳入情景分析，目的是探究垃圾填埋场和污水处理厂对城市人工生态资产优化配置的重要程度，其结果也可为环境基础设施建设未饱和地区的城市人工生态资产管理提供参考。

续表

情景集	情景	情景描述	廉价性	供应力	支持度	优化配置指数	排序
情景集2：用地增加	情景4	公园面积新增20%	0.16	0.10	0.09	0.34	7
	情景5	绿地面积新增20%	0.14	0.07	0.08	0.29	10
情景集2：用地增加	情景6	新增1座同规模污水处理厂	0.20	0.43	0.16	0.79	1
	情景7	新增1处同规模垃圾填埋场	0.20	0.22	0.18	0.60	2
情景集3：用地减少	情景8	公园面积减少20%	0.24	0.12	0.09	0.45	5
	情景9	绿地面积减少20%	0.28	0.16	0.09	0.53	3
	情景10	农田面积减少20%	0.07	0.13	0.13	0.33	8

注：现状为研究期状况

根据表6-19情景模拟结果，与延庆区现状优化配置指数进行对比，3类情景集中均有指数提升和指数降低的情况。在具体的10个情景中，5个情景下优化配置指数会得到提升，从高到低分别为"新增1座同规模污水处理厂""新增1处同规模垃圾填埋场""绿地面积减少20%""20%绿地转化为公园""公园面积减少20%"；其余情景下优化配置指数均有不同程度降低。

延庆区不同人工生态资产类型数量的变化对优化配置指数的影响存在规律性的差异。其中，涉及污水处理厂和垃圾填埋场的情景分别是情景6和情景7，2个情景下指数上升幅度最大，说明了在不考虑环境基础设施供需关系的前提下，环境基础设施的增加或扩建会带来优化配置指数的明显提升，通过3项指标的变化情况可以看出指数的提升主要来源于供应力和支持度两个方面，尤其是供应力的增加幅度最大。公园和绿地两种类型生态资产面积的增减与指数的变化呈现明显的负相关性，情景4和情景5为公园和绿地面积增加、指数降低，情景8和情景9为公园和绿地面积减少、指数增加，主要体现在廉价性和供应力两个指标的变化方面。农田面积的减少和转化均会导致优化配置指数的明显降低（情景1、情景2、情景10），主要原因是廉价性指标的大幅度降低。此外，绿地向公园的转化导致优化配置指数的增加（情景3），主要原因是供应力和支持度的增加。

6.4 北京市生态基础设施质量评估与修复管理

6.4.1 北京市生态基础设施网络的识别和构建

1. 生态源地识别

本节以生态红线核心区范围（自然保护地和重要水源区）作为全市最重要的生态源地，以平原区重要城市绿地（面积>1 km²）和集中连片农田作为重要补充，筛选出生态源地 50 个，其中 18 个自然保护地和重要水源区组团，总面积为 2903 km²；29 个重要城市绿地组团，总面积为 489 km²；3 个集中连片农田区域，总面积为 598 km²，如图 6-10 和表 6-20 所示。

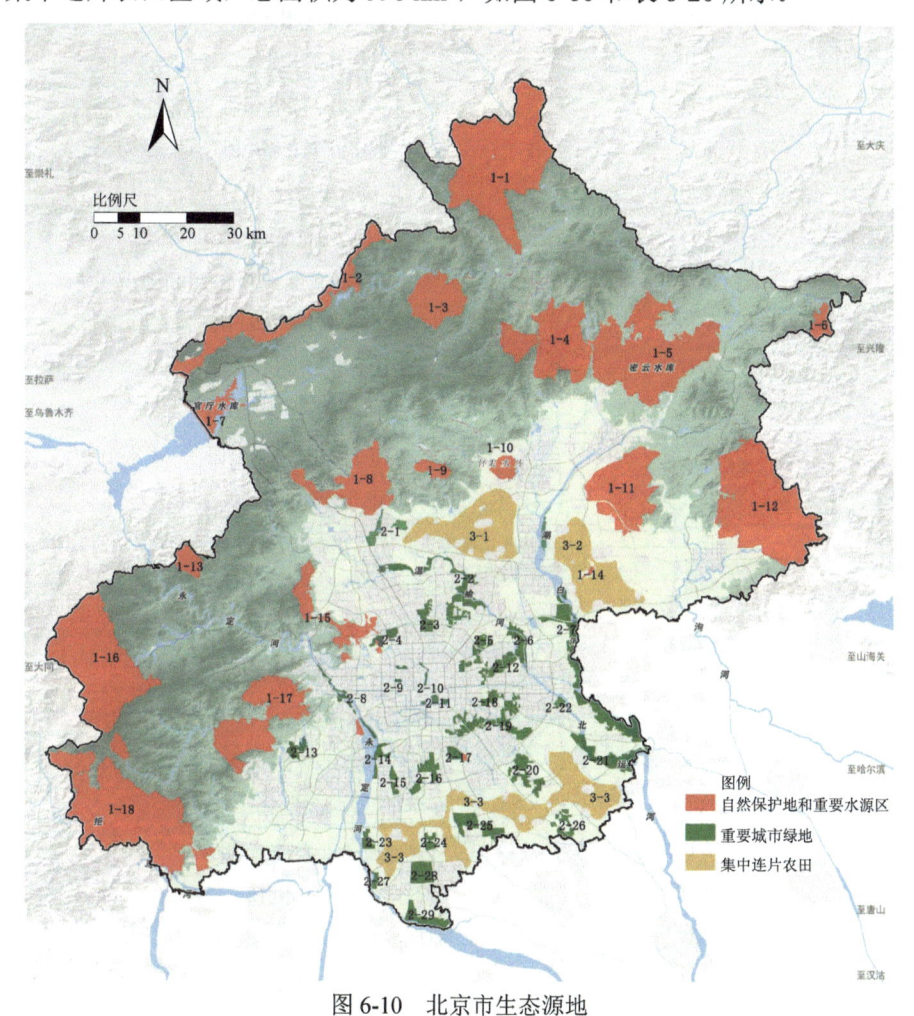

图 6-10 北京市生态源地

表 6-20 北京市生态源地

类型	编号	名称
自然保护地和重要水源区	1-1	喇叭沟门-龙门店-银河谷组团
	1-2	松山-玉渡山-水头组团
	1-3	大滩
	1-4	云蒙山-崎峰山组团
	1-5	密云水库-云峰山组团
	1-6	雾灵山
	1-7	官厅水库
	1-8	蟒山森林公园
	1-9	大杨山森林公园
	1-10	怀柔水库
	1-11	丫髻山-唐指山组团
	1-12	四座楼-黄松峪组团
	1-13	南石洋大峡谷森林公园
	1-14	汉石桥湿地
	1-15	白虎涧-凤凰岭-阳台山-鹫峰-南山-百望山-香山组团
	1-16	百花山-二帝山-小龙门组团
	1-17	天门山-千灵山组团
	1-18	蒲洼-十渡-拒马河组团
重要城市绿地	2-1	昌平新城滨河森林公园
	2-2	沙河湿地公园-温榆河湿地公园组团
	2-3	奥林匹克森林公园-东升八家郊野公园-东小口森林公园组团
	2-4	颐和园-清华大学-北京大学-圆明园组团
	2-5	朝阳公园-将府公园-黑桥公园组团
	2-6	温榆河公园-东郊森林公园组团
	2-7	顺义新城滨河森林公园-通燕公园-潮白河公园组团
	2-8	永定河休闲森林公园湿地组团
	2-9	玉渊潭公园
	2-10	北海公园-景山公园-什刹海组团
	2-11	天坛公园组团
	2-12	京城森林公园-金盏森林公园组团
	2-13	青龙湖公园

续表

类型	编号	名称
重要城市绿地	2-14	永定河滨河郊野公园组团
	2-15	清源公园-念坛公园组团
	2-16	南中轴森林公园组团
	2-17	南海子公园
	2-18	金田公园
	2-19	朝南万亩森林公园组团
	2-20	马驹桥湿地公园组团
	2-21	运河公园组团
	2-22	大运河森林公园
	2-23	永定河滨河郊野公园-农耕文化公园
	2-24	农业博览园
	2-25	杨各庄湿地公园-安定御林古桑园组团
	2-26	东南郊湿地公园
	2-27	西麻运动森林公园
	2-28	新机场风景森林公园
	2-29	永定河滨河湿地公园
集中连片农田	3-1	集中连片农田1
	3-2	集中连片农田2
	3-3	集中连片农田3

2. 生态廊道的识别

重要生态廊道（七组）总长1415 km，包括永定河生态廊道232 km，官厅水库-清河-温榆河-北运河生态廊道202 km，四座楼-丫髻山-沟河生态廊道93 km，密云水库-潮白河生态廊道161 km，京密引水渠-永定河引水渠生态廊道190 km，燕山生态廊道（松山-玉渡山-喇叭沟门-大滩-密云水库-雾灵山）184 km，城区绿化隔离带353 km，如图6-11所示。

(a) 永定河生态廊道

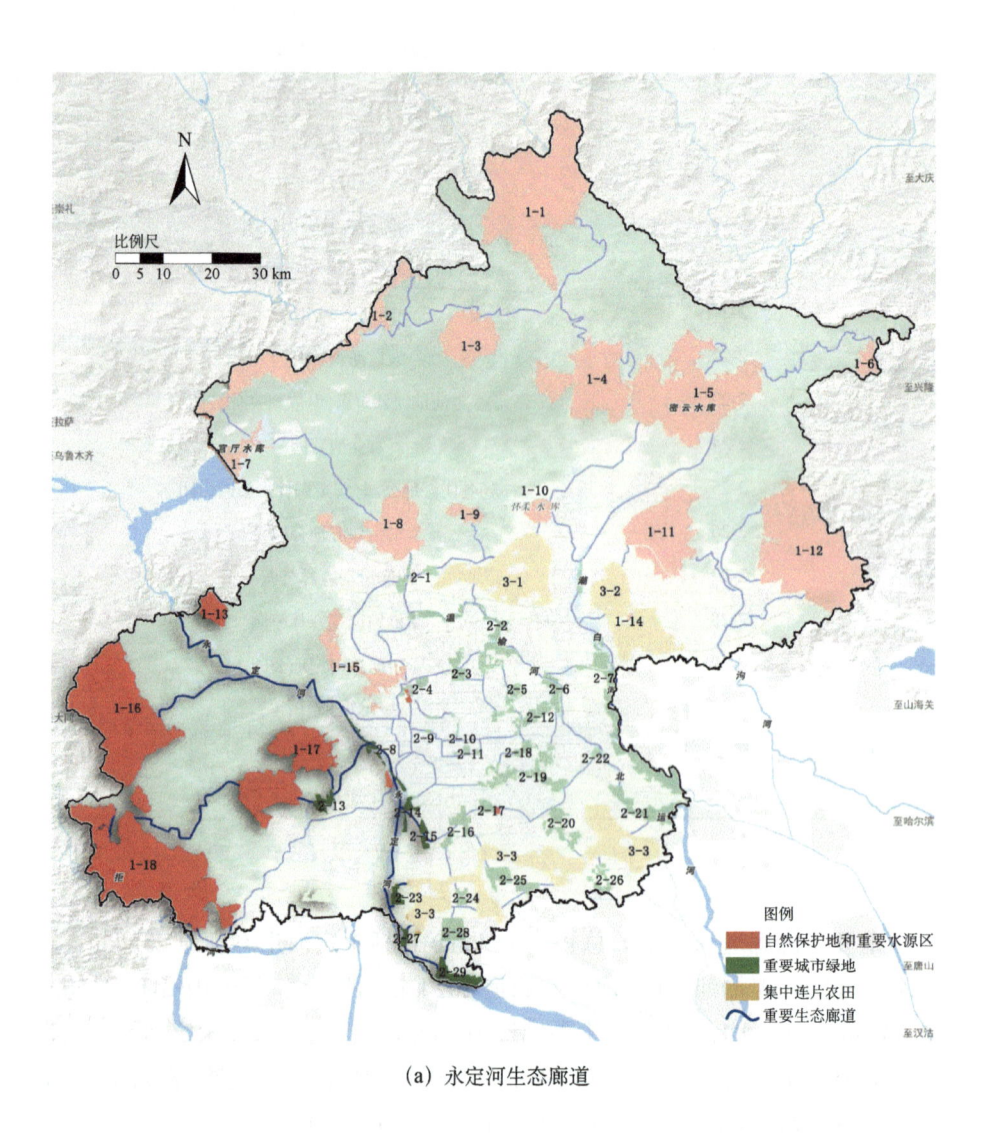

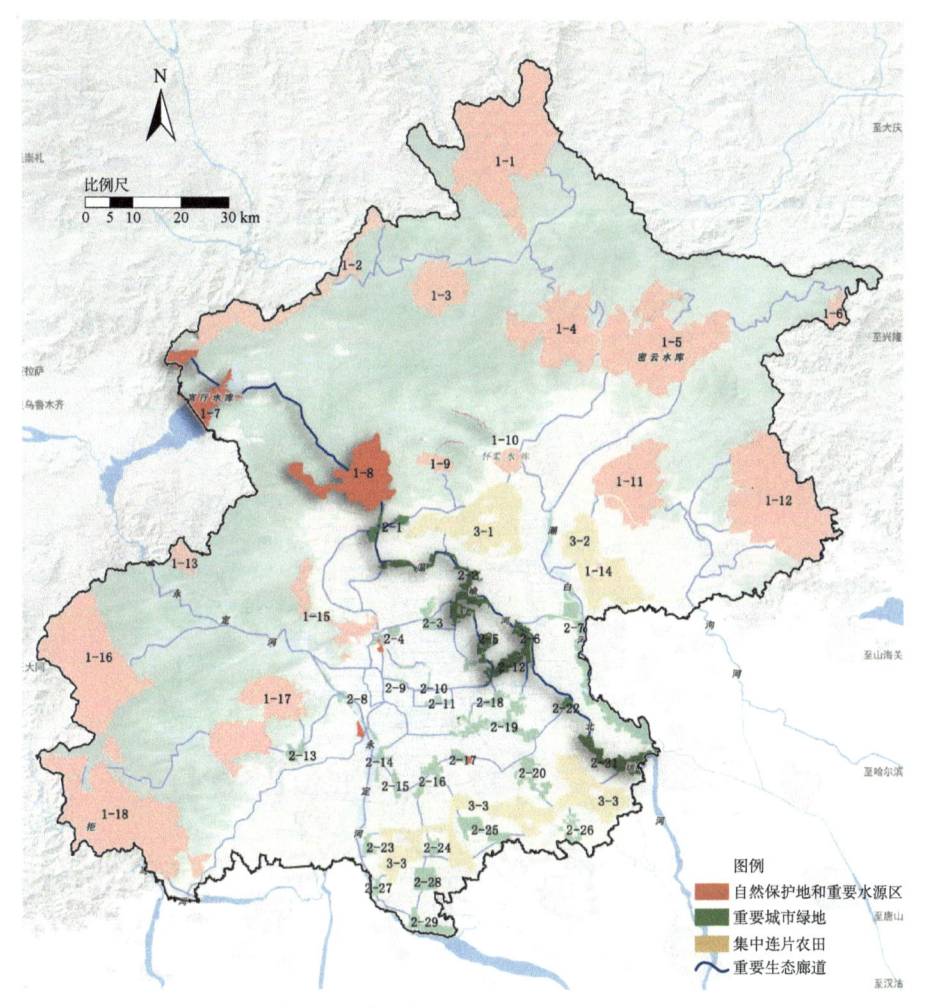

第6章 北京市生态资产评估、核算与管理

(b) 官厅水库-清河-温榆河-北运河生态廊道

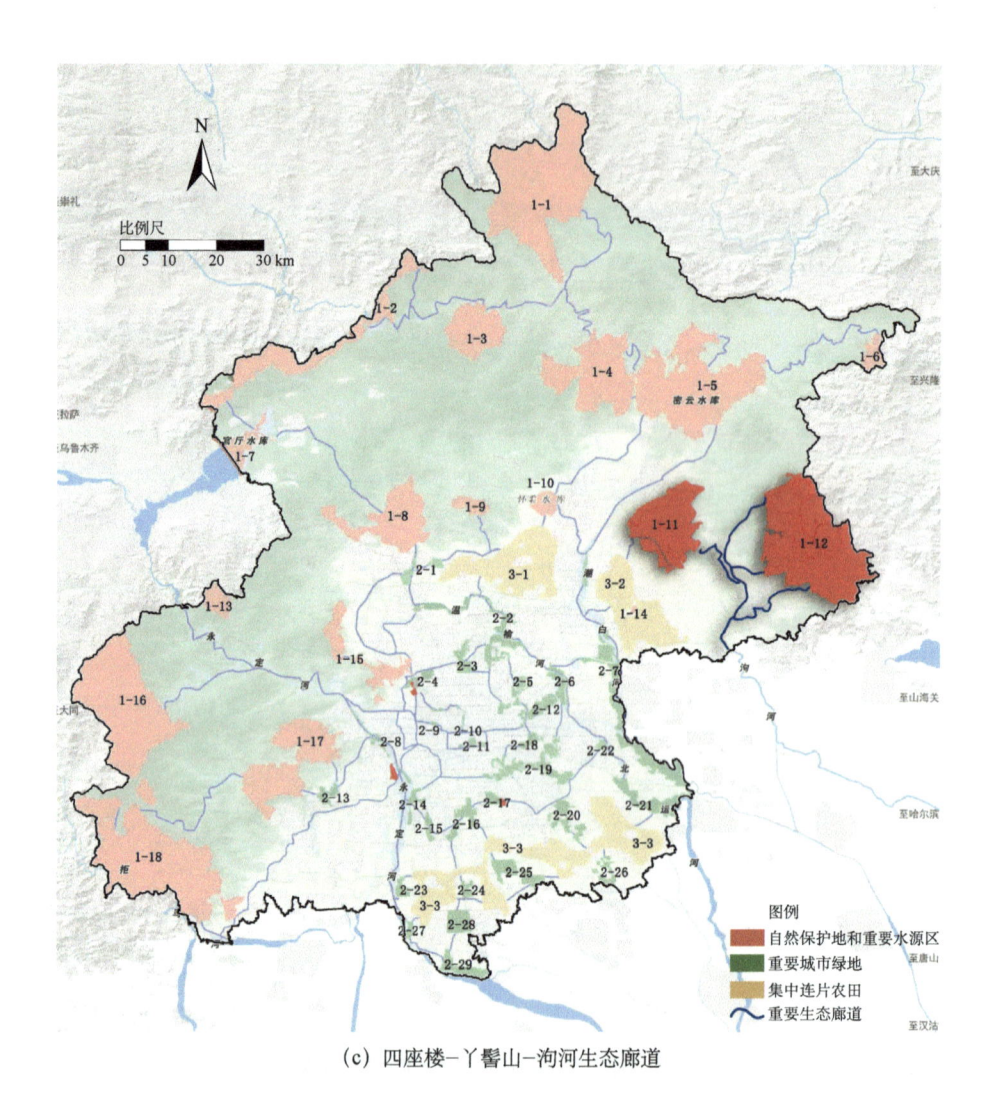

(c) 四座楼-丫髻山-泃河生态廊道

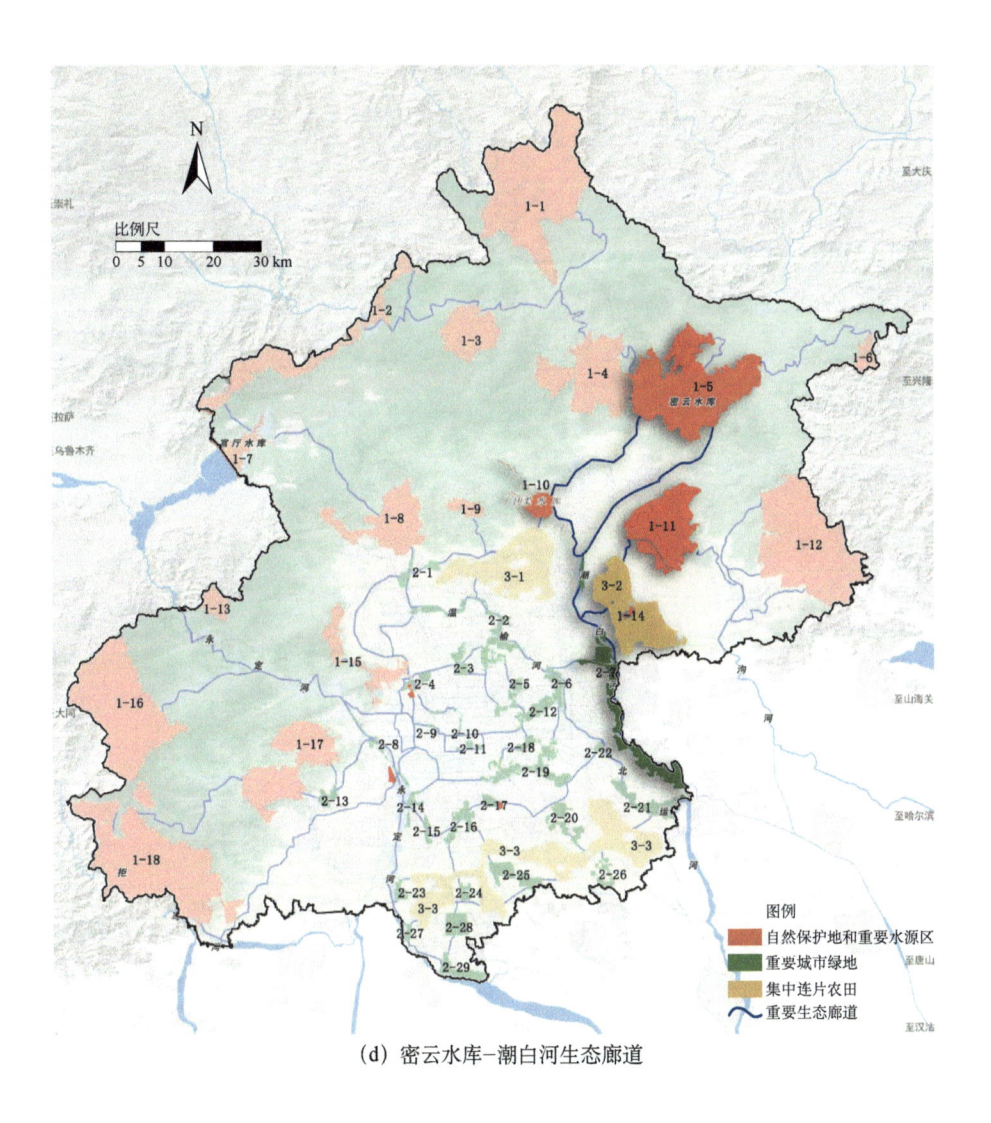

第6章 北京市生态资产评估、核算与管理

(d) 密云水库-潮白河生态廊道

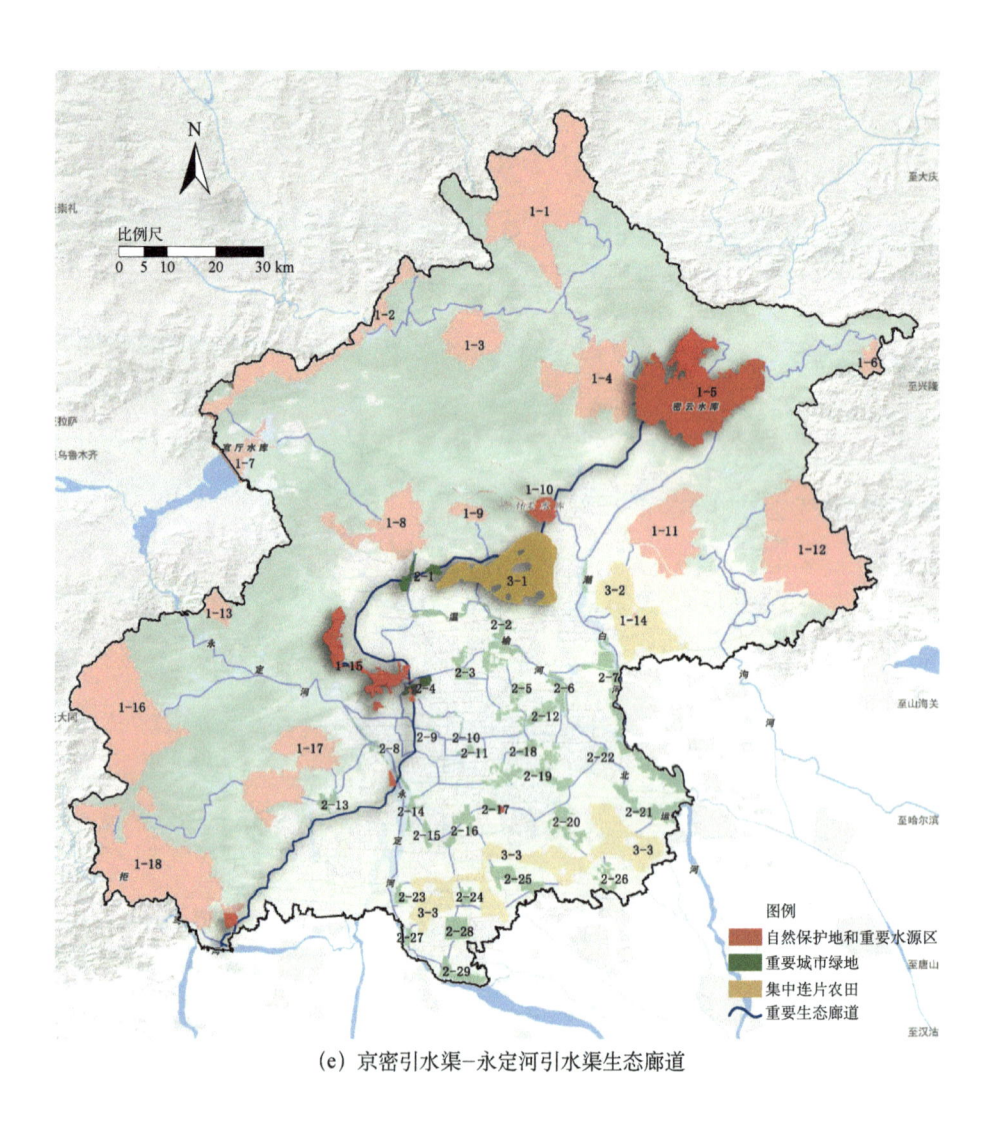

(e) 京密引水渠-永定河引水渠生态廊道

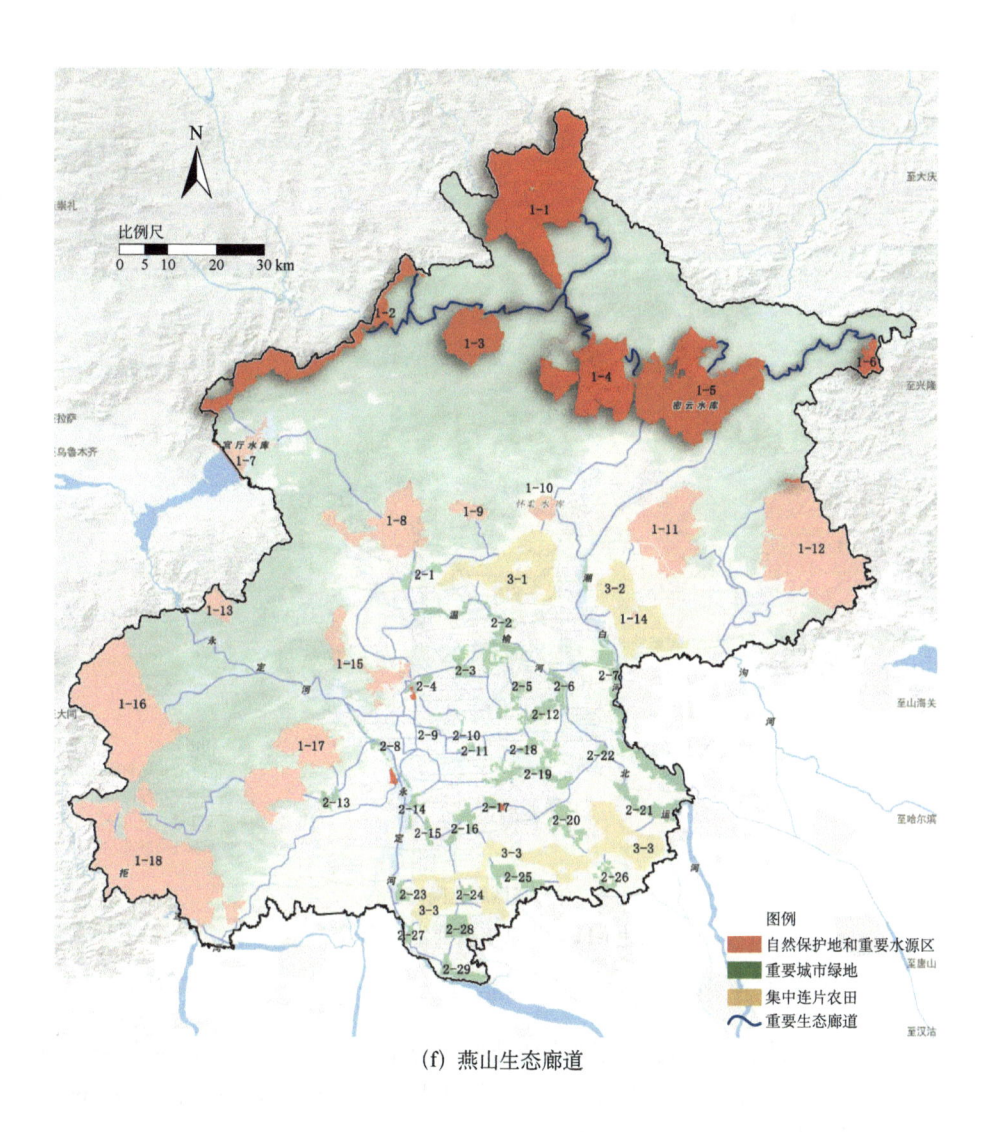

第6章 北京市生态资产评估、核算与管理

(f) 燕山生态廊道

(g) 城区绿化隔离带

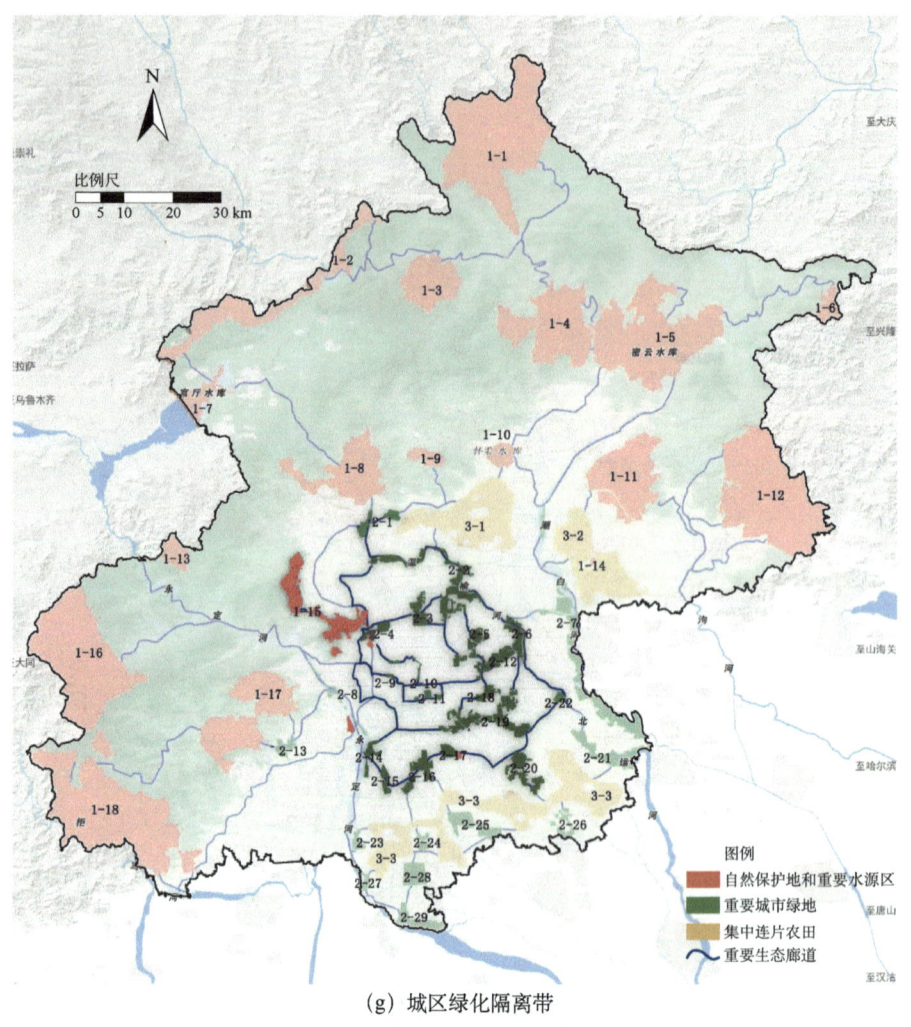

图 6-11　北京市重要生态廊道

3. 北京市生态基础设施网络构建

在生态源地和生态廊道识别的基础上，构建北京市生态基础设施网络，如图 6-12 所示。北京市生态基础设施网络包括生态源地 50 个，总面积 3990km^2，还有重要生态廊道 7 组，总长 1415km。

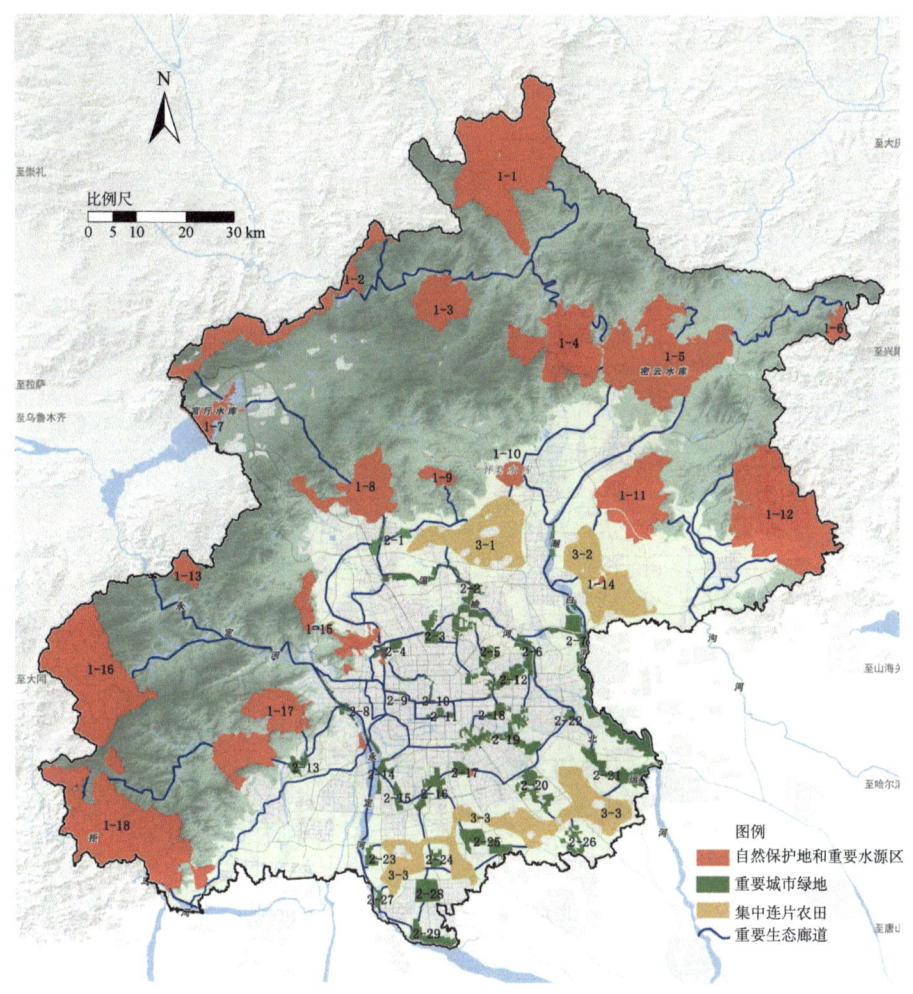

图 6-12 北京市生态基础设施网络体系

6.4.2 北京市生态基础设施质量评价

1. 北京市生态质量总体情况

根据以上指标体系进行评价,得出北京市生态系统质量综合评价结果,如图 6-13 所示。由图可见:①低质量地区主要位于中心城区;②高质量地区与生态源地选择范围基本吻合;③潮白河、温榆河、永定河等大型河流廊道评级均较高,符合实际情况。

城市生态资产评估与管理

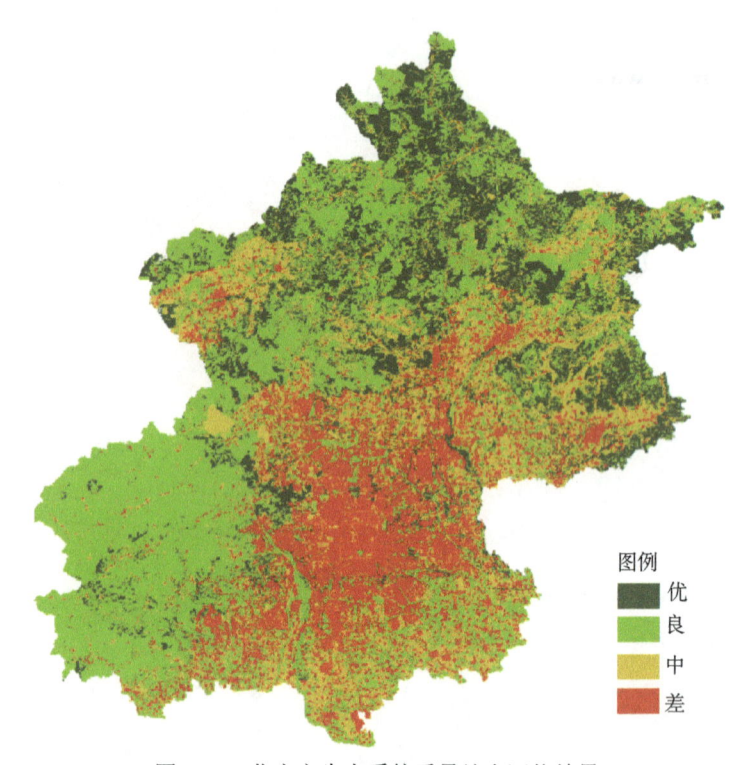

图6-13　北京市生态系统质量综合评价结果

2. 生态基础设施网络总体生态质量

根据北京市生态质量综合评价结果，与生态基础设施网络叠加分析，得出生态廊道、生态源地和整个生态网络的生态质量等级情况，参见图6-14、表6-21。如表6-21所示，生态源地总面积3834 km^2，其生态质量等级优、良、中、差分别占26%、45%、20%、9%。

由图表可见：①生态廊道质量总体低于生态源地质量；②生态网络质量评级为良的占比最大；③生态网络质量为优的区域主要分布于北部燕山廊道区域；④生态网络质量为良的区域集中分布于西南门头沟、房山一带；⑤生态网络质量为中和差的区域主要分布于平原区和中心城区。

- 100 -

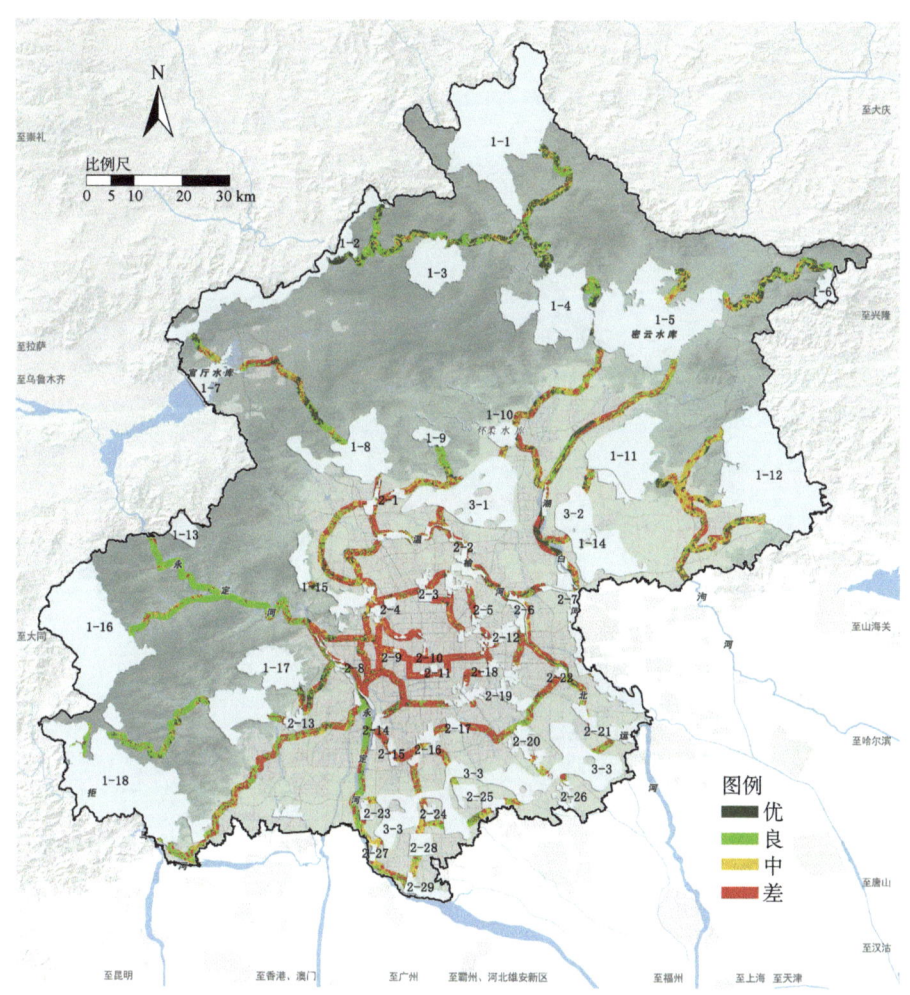

第6章 北京市生态资产评估、核算与管理

图 6-14 北京市生态基础设施网络生态质量等级情况

表 6-21 北京市生态基础设施网络生态质量等级情况

项目	生态质量等级面积/km²				生态质量等级占比/%			
	优	良	中	差	优	良	中	差
生态廊道	154	407	347	390	12	31	27	30
生态源地	983	1708	783	360	26	45	20	9
生态网络	1138	2115	1131	750	22	41	22	15

3. 生态源地生态质量状况

北京市生态源地生态质量状况如图 6-15 所示，自然保护地和重要水源区以优和良为主；重要城市绿地中优占比较低；集中连片农田中优占比也

- 101 -

较低。

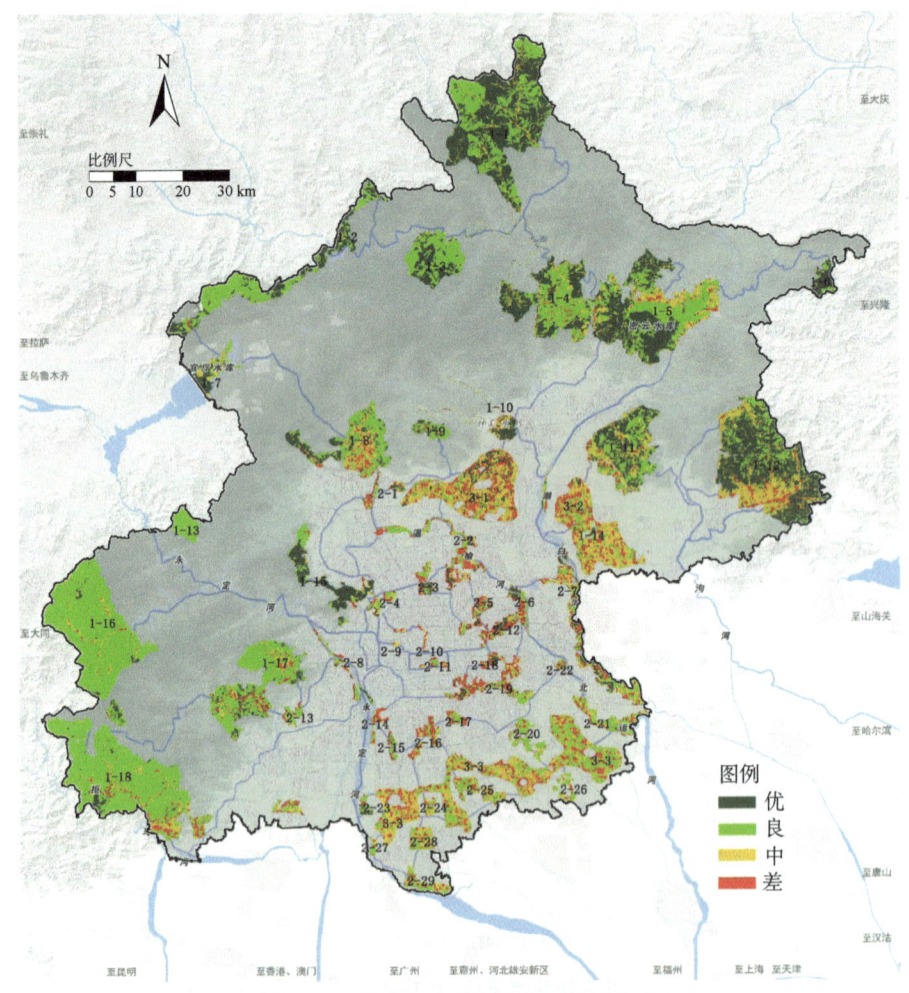

图 6-15　北京市生态源地生态质量状况

表 6-22　北京市生态源地生态质量状况

项目	生态质量等级面积/km²				生态质量等级占比/%			
	优	良	中	差	优	良	中	差
自然保护地和重要水源区	922	1431	373	101	33	51	13	4
重要城市绿地	46	174	126	126	10	37	27	27
集中连片农田	31	138	289	136	5	23	49	23

4. 生态廊道质量状况

生态廊道总长度为 1415 km。廊道生态质量等级中优、良、中、差分别占 12%、31%、27%、30%，见图 6-16、表 6-23。

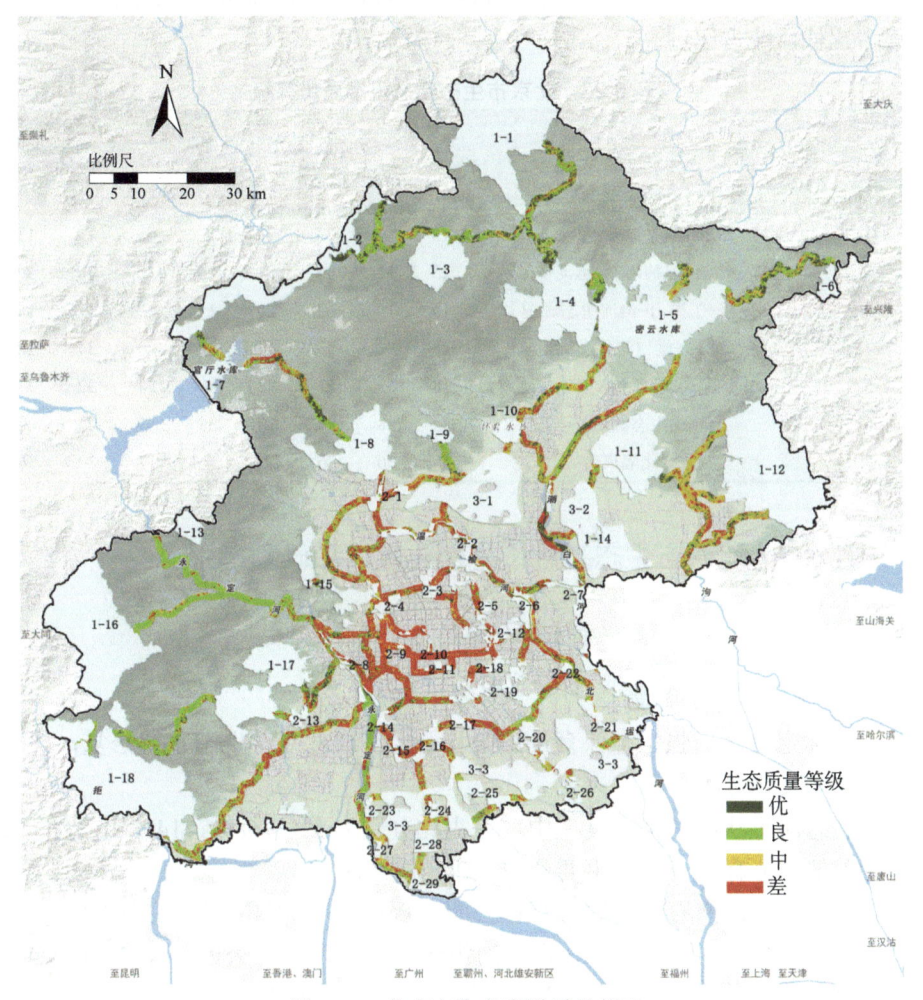

图 6-16 北京市生态廊道质量状况

生态廊道质量在空间上有明显的差异分布，主要表现为西山和燕山山区生态质量较高，平原区和中心城区质量较差。

对于不同生态廊道的生态质量等级：①永定河生态廊道——以良为主，优、中、差均较少，其中差主要分布于平原区；②官厅水库-清河-温榆河-北运河生态廊道——中和差占比较高，主要分布在城区清河、温榆河、北运河区域；③四座楼-丫髻山-沟河生态廊道——中和差占比较高，总体质量差，主要分布于平谷城区；④密云水库-潮白河生态廊道——中和差占比较高，主要分布于平原区潮白河沿线；⑤京密引水渠-永定河引水渠生态廊道——总体质量不佳，优占比较低，其中中心城区段质量最低；⑥燕山生态廊道——总体质量较高，差占比低；⑦城区绿化隔离带——总体质量低，优占比低，差占比过高。

表 6-23 北京市生态廊道生态质量等级

编号	廊道	生态质量等级面积/km² 优	良	中	差	生态质量等级占比/% 优	良	中	差
1	永定河生态廊道	13	164	33	33	5	68	14	13
2	官厅水库-清河-温榆河-北运河生态廊道	23	52	45	51	14	30	26	30
3	四座楼-丫髻山-泃河生态廊道	16	10	62	20	15	9	57	18
4	密云水库-潮白河生态廊道	28	32	53	44	18	20	34	28
5	京密引水渠-永定河引水渠生态廊道	18	53	71	82	8	24	32	37
6	燕山生态廊道	75	88	54	10	33	39	24	5
7	城区绿化隔离带	25	66	76	211	7	17	20	56

6.4.3 北京市生态基础设施优化建议和修复指引

1. 不同生态廊道保护修复指引

1）永定河生态廊道

目标定位：加强生态保育，加强社会经济自然复合生态系统修复，提升重要生态文化走廊品质。

生态质量状况：优、良、中、差占比分别为5%、68%、14%、13%，等级为差的部分有 33 km²，主要分布在永定河城区段。

重要节点：南石洋大峡谷森林公园、百花山-二帝山-小龙门组团、天门山-千灵山组团、蒲洼-十渡-拒马河组团、永定河湿地公园、青龙湖公园、永定河滨河郊野公园组团、清源公园-念坛公园组团、永定河滨河郊野公园、农耕文化公园、西麻运动森林公园、永定河滨河湿地公园。

问题：水土流失、森林质量不高、人为干扰强烈。

对策：加强山地森林保育，恢复高质量森林群落；强化小流域综合治理，加强水土流失和矿山治理，加强河谷生态环境管控，减少人为干扰；加强永定河平原区段管理，增强滨河绿地的连续性和提高质量。

2）官厅水库-清河-温榆河-北运河生态廊道

目标定位：提升河流廊道生态质量，贯通滨水绿色空间，构建城区蓝绿交织的廊道空间。

生态质量状况：优、良、中、差占比分别为 14%、30%、26%、30%，等级为差的部分有 51 km²，主要分布在延庆城区、清河、温榆河城区段。

重要节点：官厅水库、蟒山森林公园、滨河森林公园、沙河湿地公园-温榆河湿地公园组团、朝阳公园-将府公园-黑桥公园组团、温榆河公园-东郊森林公园组团、京城森林公园-金盏森林公园组团、运河公园组团、大运河森林公园。

问题：廊道贯穿人口密集区域，人为干扰强烈，生境人工化严重。

对策：提升河流和绿地自然度，改善水质。

3）四座楼-丫髻山-洵河生态廊道

目标定位：提升洵河上游水源涵养和水质净化能力，提升平原河流的生态功能。

生态质量状况：优、良、中、差占比分别为 15%、9%、57%、18%，等级为差的部分有 20 km²，主要分布在平谷城区。

重要节点：丫髻山-唐指山组团、四座楼-黄松峪组团。

问题：生态廊道周边多为居民点和农田，人为干扰和农业影响强烈。

对策：加强农业面源污染防控，增加河道两侧的绿化缓冲带宽度。

4）密云水库-潮白河生态廊道

目标定位：提升上游水源涵养能力；提升城市副中心生态环境质量，构建蓝绿交织、人与自然和谐共生的生态廊道。

生态质量状况：优、良、中、差占比分别为 18%、20%、34%、28%，等级为差的部分有 44 km²，主要分布在顺义城区和农田区域。

重要节点：密云水库-云峰山组团、怀柔水库、丫髻山-唐指山组团、汉石桥湿地、顺义新城滨河森林公园-通燕公园-潮白河公园组团，以及顺义集中连片农田区域。

问题：生态廊道周边多为居民点和农田，潮白河下游为人口密集区域，整体人工化程度较高，人为干扰和农业影响强烈。

对策：加强河道和绿地自然化提升，加强高标准农田建设，减少面源污染。

5）京密引水渠-永定河引水渠生态廊道

目标定位：严格加强水源地和输水渠道生态保护，为首都饮用水安全构建生态基础。

生态质量状况：优、良、中、差占比分别为 8%、24%、32%、37%，等级为差的部分有 82 km²，主要分布在顺义、怀柔农田区域以及中心城区输水线路沿线。

重要节点：密云水库-云峰山组团、怀柔水库、白虎涧-凤凰岭-阳台山-鹫峰-南山-百望山-香山组团、昌平新城滨河森林公园、颐和园-清华大学-北京大学-圆明园组团、青龙湖公园，以及顺义、怀柔集中连片农田区域。

问题：输水廊道穿越城区人口密集区域及农田区域，具有一定的农业面源污染、生活污染风险。

对策：加强密云水库、怀柔水库等重要水源地的保护；加强输水线路周边农田生态提升，增加沿线绿化隔离带建设，减少面源污染。

6）燕山生态廊道

目标定位：首都最重要的生态屏障区、水源涵养区以及生物多样性保护区。

生态质量状况：优、良、中、差占比分别为33%、39%、24%、5%，等级为差的部分有 10 km^2，主要分布在河谷型生态廊道区域。

问题：生态质量整体较好，但仍需加强保护和管理。

对策：加强森林保育，以自然修复为主；加大自然保护地保护力度；保护重要生态廊道，减少人为干扰。

7）城区绿化隔离带

目标定位：主城区最重要的生态网络和城市开放空间。

生态质量状况：优良中差占比分别为7%、17%、20%、56%，等级为差的部分有 211 km^2，主要分布在中心城区。

重要节点：昌平新城滨河森林公园、沙河湿地公园-温榆河湿地公园组团、奥林匹克森林公园-东升八家郊野公园-东小口森林公园组团、颐和园-清华大学-北京大学-圆明园组团、朝阳公园-将府公园-黑桥公园组团、温榆河公园-东郊森林公园组团、顺义新城滨河森林公园-通燕公园-潮白河公园组团、永定河休闲森林公园湿地组团、玉渊潭公园、北海公园-景山公园-什刹海组团、天坛公园组团、京城森林公园-金盏森林公园组团、青龙湖公园、永定河滨河郊野公园组团、清源公园-念坛公园组团、南中轴森林公园组团、南海子公园、金田公园、朝南万亩森林公园组团、马驹桥湿地公园组团、运河公园组团、大运河森林公园、永定河滨河郊野公园-农耕文化公园、农业博览园、杨各庄湿地公园-安定御林古桑园组团、东南郊湿地公园、西麻运动森林公园、新机场风景森林公园、永定河滨河湿地公园。

问题：人工化十分严重，周边环境为人口最密集的城市中心区域，人为干扰强烈、绿地连续性差。

对策：提升城市绿地的综合生态功能，加强小微绿地和踏脚石系统建设，增强各级廊道联通。

2. 不同生态源地保护修复与管理指引

1）自然保护地和重要水源区

目标定位：全市最重要的生态系统源地、生物多样性源地、水源地。

生态质量状况：优、良、中、差占比分别为33%、51%、13%、4%，等级为差的部分有4 km^2。

问题：整体质量非常高，但存在质量分布不均的问题，西南部分永定河流域生态环境质量以良为主；此外，密云水库、莽山森林公园、怀柔水库、官厅水库、丫髻山-唐指山组团、四座楼-黄松峪组团、天门山-千灵山组团等区域存在人为干扰较大的情况。

对策：加强生物多样性保护；促进森林生态系统的自然恢复；加强管控，减少人类生产生活对生态系统带来的干扰。

2）重要城市绿地

目标定位：城市生态环境的重要保障、城市重要的物种栖息地，承担生态、社会、经济等多重复合目标和价值。

生态质量状况：优、良、中、差占比分别为10%、37%、27%、27%，等级为差的部分有126 km^2。

问题：面积整体较小，且分布零碎；人为干扰强烈，人工化严重。

对策：加强绿地的自然化营造和管理，提升城市绿地生态质量和生物多样性支撑能力；利用城市腾退用地构建更多的小微绿地和踏脚石系统。

3）集中连片农田

目标定位：山区和平原区过渡地带异质化程度较高的地区，边缘效应较为明显，可望成为重要的生物多样性源地。

生态质量状况：优、良、中、差占比分别为5%、23%、49%、23%，等级为差的部分有136 km^2。

问题：整体质量不高且连片分布；区域内部异质性强，农田、林地、村镇、道路等多种元素交错分布。

对策：加强农田的管理，减少面源污染；重视农田的生物多样性支撑功能，通过构建农田林网、林带等方式串联割裂的斑块。

6.5 北京市森林生态资产质量综合评价

6.5.1 数据获取

本节数据来源于 2004 年、2009 年、2014 年、2019 年北京市森林实地调查数据（林业部门森林资源连续清查数据）及森林遥感图（含森林结构及生境数据的矢量图）。本节构建了主要体现森林景观结构和功能的指标，包括自然度、群落结构、林层结构、生态脆弱性、郁闭度、健康等级等。

自然度：按照森林斑块与顶极森林类型的差异程度，或次生林位于演替中的阶段，分为 5 级，详见表 6-24。自然度数据为实地测得。

表 6-24 自然度划分标准

等级	划分标准
I	原始或受人为影响很小而处于基本原始状态的森林类型
II	有明显人为干扰的天然森林类型或处于演替后期的次生森林类型，以地带性顶极适应值较高的树种为主，顶极树种明显可见
III	人为干扰很大的次生森林类型，处于次生演替的后期阶段，除先锋树种外，也可见顶极树种出现
IV	人为干扰很大，演替逆行，处于极为残次的次生林阶段
V	人为干扰强度极大且持续，地带性森林类型几乎破坏殆尽，处于难以恢复的逆行演替后期，包括各种人工森林类型

群落结构：分为完整结构、较完整结构、简单结构 3 个等级。完整结构的群落具有乔木层、灌木层、地被物层（含草本、苔藓、地衣）3 个层次；较完整结构的群落具有乔木层和其他 1 个植被层；简单结构的群落只有乔木 1 个植被层。群落结构数据为实地调查测得。

林层结构：专指乔木层的结构特征，分为单层林和复层林。复层林的划分条件是：主林层、次林层平均高相差 20% 以上；各林层平均胸径在 8cm 以上；主林层郁闭度不少于 0.30，次林层郁闭度不少于 0.20。

生态脆弱性：参考张丽谦等（2021）的评价体系，根据坡度、坡位、土壤质地、土壤厚度等森林生境指标综合判定，分为一般脆弱、比较脆弱、非常脆弱和极端脆弱 4 个等级，详见表 6-25。

表 6-25　生态脆弱性评定标准

指标	极端脆弱	非常脆弱	比较脆弱	一般脆弱
坡度/°	>35	(25,35]	(15,25]	≤15
坡位	上坡	中坡	下坡	平地和全坡
土壤质地	砂土~砂粒	砂壤~砂土	重壤~砂壤	轻壤~重壤
土壤厚度/cm	≤15	(15,30]	(30,45]	>45

郁闭度：林地中林冠垂直投影面积与林地面积之比，其值为 0~1.00，实地调查一般以目测估计。

健康等级：根据林木的生长发育、外观表象特征及受灾情况来综合评定林木健康状况，分为健康、亚健康、中健康和不健康，详见表 6-26。森林健康用森林灾害、树冠脱叶、树叶褪色 3 项指标来综合评价。健康等级数据为实地调查获得。

表 6-26　森林健康等级评定标准

健康等级	评定标准
健康	林木生长发育良好，枝干发达，树叶大小和色泽正常，能正常结实和繁殖，未受任何灾害
亚健康	林木生长发育较好，树叶偶见发黄、褪色或非正常脱落（发生率在 10%以下），结实和繁殖受到一定程度的影响，未受灾或轻度受灾
中健康	林木生长发育一般，树叶存在发黄、褪色或非正常脱落现象（发生率为 10%~30%），结实和繁殖受到抑制，或受到中度灾害
不健康	林木生长发育达不到正常状态，树叶多见发黄、褪色或非正常脱落（发生率在 30%以上），生长明显受到抑制，不能结实和繁殖，或受到重度灾害

6.5.2　评价方法

传统的森林景观多样性评价主要基于森林空间格局及其空间变化规律进行，仅能反映森林景观的整体结构和空间特征。本节从森林结构和生态系统服务的角度进行更全面的评价，选取森林斑块结构和功能相关指标，反映森林景观综合质量状况，为提高森林景观多样性提供理论依据。本节以 2019 年北京市森林调查数据为基础，采用层次分析法，参考黄硕磊等（2022）人的做法，由 21 位具有林学、生态学、风景园林学等专业背景的老师和研究生，筛选评价指标并赋予权重，对北京市森林综合质量进行评价，用自然间断点分级法，将森林综合质量评价结果进行分级，并对森林景观现状及改善对策开展进一步的分析研究。

结合前人对北方（主要为华北地区）森林生态系统评价的研究成果，提出本节的森林综合质量评价指标体系，从生态系统状况和林木生长状况两个方面评估森林的综合质量。其中生态系统状况包括自然度、群落结构、林层结构、生态脆弱性 4 个指标；林木生长状况包括郁闭度和健康等级两个指标。本指标体系数据获取方便，可操作性强，且能更加全面客观地评价森林综合质量，详见表 6-27。

表 6-27　北京市森林综合质量评价指标

准则层	指标层	权重	评分 1	评分 2	评分 3	评分 4	评分 5
生态系统状况	自然度	0.24	五级	四级	三级	二级	一级
	群落结构	0.12	简单	—	较完整	—	完整
	林层结构	0.12	单层	—	—	—	复层
	生态脆弱性	0.12	极端	非常	比较	一般	—
林木生长状况	郁闭度	0.18	—	0～0.4	0.4～0.7	大于 0.7	—
	健康等级	0.22	不健康	中健康	亚健康	—	健康

采用自然间断点法对评价结果进行分级，北京市森林综合质量共分为优、良、中、差 4 个等级，其中等级为优的森林综合评分为 3.5～4.0；等级为良的森林综合评分为 3.1～3.4；等级为中的森林综合评分为 2.2～3.0；等级为差的森林综合评分为 1.0～2.1。不同等级的森林具有不同的生长特点，结合评价指标对北京市各等级森林特征进行描述，详见表 6-28。

表 6-28　北京市森林综合质量等级描述

等级	取值范围	特点描述
差	1.0～2.1	生态环境脆弱，林分群落结构简单、林分自然度低，林木长势较弱；或生态环境较好，但分布了较多的幼龄林及过熟林
中	2.2～3.0	生态环境比较脆弱，林分自然度中等，林木健康程度中等；或生态环境良好，但分布了较多的幼龄林及过熟林
良	3.1～3.4	生态环境较好，林分自然度较高，林木长势良好
优	3.5～4.0	生态环境非常好，林分群落结构完整，林分自然度高

本节采用 Arcgis 10.2 提取森林实地调查数据，赋予指标权重，计算综合评分并绘图；采用 Excel 2016 分析 2004～2019 年北京市森林景观规模和结构的变化情况。

6.5.3　北京市森林规模与结构的动态变化

2004～2019 年，森林景观覆盖面积由 3529.91km^2 增长到 8540.22km^2，增加了 141.94%，森林景观覆盖程度逐年增大（图 6-17）。可见，这 15 年来北京市造林规模成效显著，实现了从局部覆盖到区域覆盖再到全面覆盖的巨大变化。同时，宜林荒山荒地面积也在不断减少，2019年仅剩164.54km²，这说明从规模上北京市森林景观已无较大增长空间。

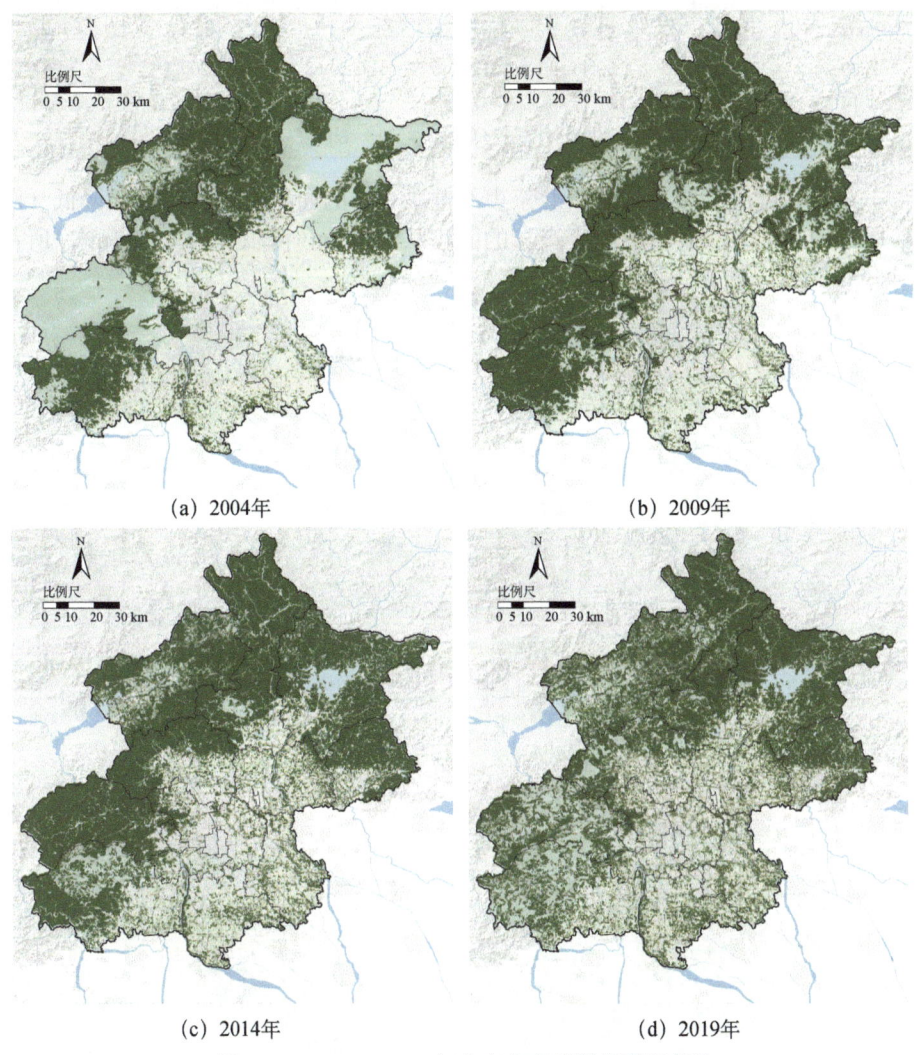

(a) 2004年　　(b) 2009年

(c) 2014年　　(d) 2019年

图6-17　2004~2019年北京市森林覆盖面积变化

2004~2019年，具有简单结构（单层林、乔木或乔草结构）的森林景观面积在减少，具有完整结构（复层林、乔灌草结构）的森林景观面积大幅增加（表6-29）。简单结构森林景观面积比例由2004年的82.57%降低为2019年的6.36%；完整结构森林景观面积比例由2004年的2.16%增加到2019年的32.92%。这说明北京市的森林修复工程不仅注重规模的增加，而且注重优化森林结构，且成效显著。

表 6-29 2004～2019 年北京市不同群落结构森林景观面积比例

年份	简单结构 面积/km²	简单结构 比例/%	较完整结构 面积/km²	较完整结构 比例/%	完整结构 面积/km²	完整结构 比例/%
2004	3594.68	82.57	664.58	15.27	94.35	2.16
2009	2954.28	60.44	1206.47	24.68	726.85	14.87
2014	1032.75	17.27	3734.93	62.45	1212.52	20.28
2019	469.77	6.36	4481.82	60.72	2429.5	32.92

从森林健康等级上来看，北京市不健康森林的面积及比例均逐渐降低（图 6-18）。2004 年以来，不健康森林的面积从 3.87km² 降低到了 1.74km²，所占

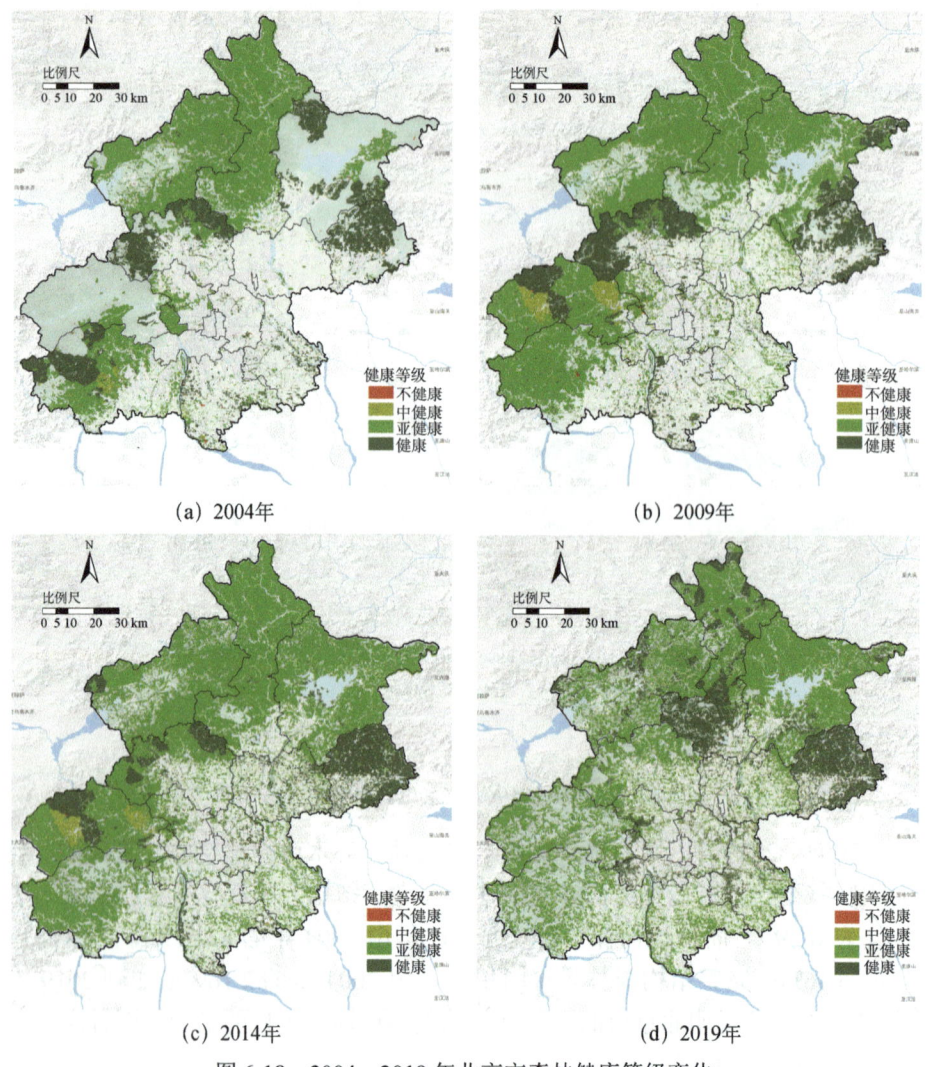

(a) 2004年　　(b) 2009年

(c) 2014年　　(d) 2019年

图 6-18 2004～2019 年北京市森林健康等级变化

比例从 0.11%降低到了 0.02%。整体上看，森林景观的健康等级有所提升，但是中健康和亚健康的森林仍占据很大比例（2019 年的比例为 74.83%）。

6.5.4　北京市森林生态资产综合质量评价

根据北京市森林综合质量等级评价结果（图 6-19），北京市森林景观分为优、良、中、差 4 个等级。其中等级为优的森林景观面积为 635.35km^2，占总面积的 7.45%，主要分布在北部和西部山区；等级为良的森林景观面积为 4896.78km^2，占总面积的 57.41%，主要分布在山区；等级为中的森林景观面积为 2224.38km^2，占总面积的 26.08%，广泛分布于山区和城区；等级为差的森林景观面积为 772.44km^2，占总面积的 9.06%，主要分布在浅山区和平原区交界处以及南部平原区。

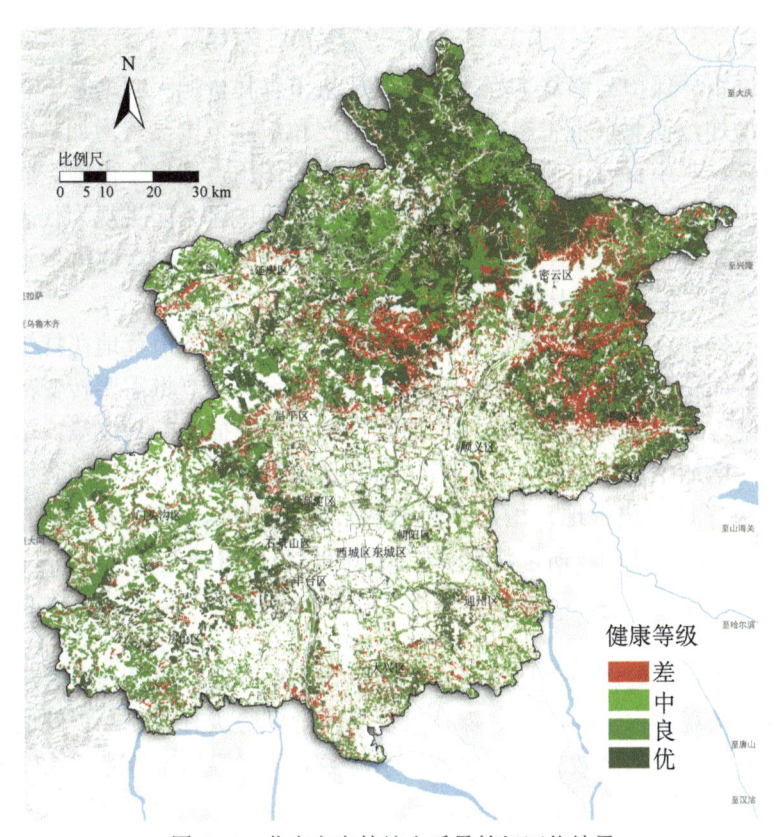

图 6-19　北京市森林综合质量等级评价结果

低质量森林主要指的是综合质量等级评价为差的林分，主要分布在大兴、通州和延庆的平原区及部分浅山和平原的交界区，包括大面积的新造林和过熟林。这些低质量林分缺乏抚育，树种相对单一、结构简单、林木长势衰弱、抗逆性差、生物多样性不够丰富、碳汇能力差，存在严重的火灾、虫害隐患。低质量森林的生态系统服务不能得到有效发挥，将是保护修复的重点区域。

一般情况下，低质量的森林所处的生态环境非常脆弱，林分群落结构简单、自然度低、林木长势较弱；又或者，在生态环境较好的区域分布了较多的幼龄林及过熟林，也会导致森林景观整体质量变差。低质量森林斑块严重影响森林景观空间、功能及时间动态上的多样性和变异性，最终导致森林景观多样性的降低。

6.5.5 结论与管理建议

1. 北京市森林规模已无较大的增长空间

通过森林保护与修复工程的实施，北京市森林资源大幅增长。森林景观规模的增加，使北京市生态空间分布均匀度和覆盖范围显著增加，促进了空间的融合，其中百万亩造林工程发挥了显著的作用，连接了山地、农田和建成区，促使以山区森林景观、平原区田园景观和城区公园景观为代表的生态网络逐步完善，加快了生态、生产、生活空间的交融发展；同时增加了森林的边缘效应，保障了森林生态系统的健康成长。

关于提高森林景观规模的对策，首先，鉴于宜林荒山荒地在持续减少，以及森林面积已经无较大的增长空间，森林建设的重点将需要转变；其次，充分利用现有荒山荒地及腾退地，继续推动"见缝插绿"等政策，增加森林覆盖度，增加生态系统服务；最后，高质量地做好城市设计，加强城市森林建设，用好每一块土地，增加口袋公园和小微绿地，拓展城市绿色生态空间，为百姓提供活动场所，让更多居民有"绿色获得感"。

2. 北京城市森林健康等级有待进一步提升

虽然北京不健康的森林景观面积比例在不断降低，但是其中健康和亚健康的森林景观仍占主要比例，森林景观整体健康等级有待提升。健康的森林生态系统可以保障高效的水土保持、水源涵养、降温增湿等生态系统服务，促进森林生态资产价值正向增长。

关于提升森林景观健康等级的对策，首先，针对中健康森林整体长势一般，不能高效发挥水土保持、水源涵养等功能的情况，需优化森林的垂直结构、植被群落结构等，提升森林生态系统稳定性；坚持适地适树，将人工种

第6章 北京市生态资产评估、核算与管理

植和自然生长相结合，培育乔、灌、藤、草相结合的森林生物群落。

其次，针对新造林及不健康的中幼林，要注重提高苗木成活率，降低造林成本；加强种质资源保护，注重优良乡土树种使用，建设林木种质资源库，提高乡土树种使用比例；正确使用本土植物配置，种植本土植被是维系天然动植物栖息地的最好方式；培育鸟和昆虫，建立生物循环系统。

最后，对亚健康及健康的森林，仍需重点提高生物多样性，维持生态系统稳定性，充分发挥生态系统服务，尽可能使用有机养护方法，避免使用化学肥料和杀虫剂。

3. 森林质量评价方法与提升技术

由于森林具有面积大、分布广、地势复杂等特点，对森林进行全面的调查和客观定量的评价极其困难。森林质量的评价方法尚无统一的标准，专家咨询法等虽然具有明显的主观性，但仍然是评价森林质量较为常用的方法。森林质量的评价指标具有尺度性和目标相关性，包括单木、林分、景观等多个层次。这是由森林涉及的空间尺度的复杂性所决定的。针对不同的经营目标，人们关注的森林质量并不相同，如对水源林和景观林的评价指标主要体现在功能指标上。从多功能的角度来看，森林质量评价指标应关注森林生态系统本身，而功能指标可以作为附加部分。评价过程中要综合考虑指标的可操作性和科学性等原则，在生物多样性保护、生态修复等迫切需求下，本节结合森林的垂直结构以及生境因子信息综合评价森林质量，评价结果可以为管理者提供更全面更精准的决策依据。

森林质量精准提升就是在精准化森林经营技术的支持下，实现森林经营全过程的精细化、差异化管理。加速森林的生长和正向演替，提高森林的生产力，增强森林的供给、调节、文化和支持功能。目前，我国林业已经进入提高森林资源质量和转变发展方式的关键阶段，在未来，结合新技术，开展森林经营优化决策、森林经营监测与评价、森林经营可视化模拟等，实现多维多元数据可视化模拟，应用于不同经营环境，指导经营方式是研究的重点。

根据北京市森林的综合评价结果，综合质量等级为差的森林将是未来保护和修复的重点。低质量森林分布区域与百万亩造林区域及成熟林、过熟林分布区域重合度较高。低质量森林存在的原因主要包括两方面，一是近几年百万亩造林工程造林速度快，导致中幼林、单层林面积迅速增长，林分人工痕迹明显，基本处在自然演替的初级阶段；二是成熟林、过熟林缺乏抚育管理，导致过熟林面积增加，森林生态系统综合质量降低。

对于新营造的森林景观密度高、结构单一，靠林分自然演替到顶极群落耗时较长，光靠自然恢复无法满足人们对森林生态系统服务的需求；低效的过熟林，生态效益差，自然更新缓慢，因此需人工促进生态修复。未来，补植补造、修枝整形、移植间伐、林业有害生物防治等基础管护工作仍是重点；对于进入营林期的森林，要逐步将工作重点从管护转向经营。根据区位和功能需求坚持科学规划引领、因地制宜，大力推进平原森林养护经营产业，助力经济社会发展。

4. 提升森林质量的生态规划与修复管理

面对城市森林规模增长空间有限、森林健康等级有待提升的现实困境，生态建设工作者需要发挥自身优势，探索最佳的路径，解决居民对森林生态系统服务需求增加与城市生态空间不足的矛盾。在区域层面，在生态规划与修复实践中注重前期评估、生态系统保护与修复、生态网络构建、规划绩效测算及多领域协同等内容，优化具体技术方法，保护、修复和提升品质；同时，鼓励公众参与规划建设，以便动态调整生态规划策略。在场地层面，通过"梳理褶皱、刻画表面"，充分利用每一寸土地，根据原生地貌和气候特征进行种植设计，模拟自然生态环境，在提升生态功能的同时，注重结合当地文化特色，有效传达场地历史及生态与社会进程的紧密关系。此外，要注重施工与设计相协调，通过参照地带性植物群落及模拟自然群落的方法，落实群落的生态设计工作，既要有效改善居住环境，又要保障原本生态平衡，实现生态环境的可持续发展。

5. 保护森林景观多样性有利于生态资产正向增长

改善森林景观的多样性，促使森林景观规模增长、结构丰富，使得森林生态系统健康良性发展，保障生态系统服务的正常供给。由此，森林资源本身价值量和生态系统服务价值量均正向增加，从而促进森林生态资产的良性发展和增值。

结构决定功能，北京市森林景观结构的改善，一方面，优化了野生动物的栖息地，维持了较高的生物多样性；另一方面，有利于增加碳汇，为实现碳中和目标作出巨大贡献。因此，持续实施碳汇造林、营林工程，维持较高的森林景观多样性，是森林保护、修复与管理工作的重点。此外，还要注重森林全生命周期的管理，创造绿色就业机会，充分发挥森林生态系统服务功能，如此才能全面高效地提升人类福祉。

6.5.6　北京市森林质量提升策略建议

1. 重保护

加强天然林的保护，采取更高级别的保护措施，实行最严格的管制，实施更全面的修复，落实更严密的监管。依据国土空间规划划定的生态保护红线以及生态区位重要性等指标，确定天然林保护的重点区域，实行分区施策。建立天然林保护行政首长负责制和目标责任考核制，全面推行林长制，明确地方党政领导干部保护发展森林草原资源的目标责任，构建党政同责、属地负责、部门协同、源头治理、全域覆盖的长效机制，加快推进生态文明和美丽中国建设。

遵循自然演替规律，全面减少人类干扰，使天然林自然恢复到顶极群落状态；结合自然保护地整合优化工作持续构建完整、健康的自然保护地体系。针对幼龄林，适度开展天然林林相改造工程，开展抚育作业的，必须编制作业设计。本着尊重自然规律，根据天然林演替和发育阶段，科学实施修复措施，遏制天然林退化，提高天然林质量。

2. 增绿量

高质量做好城市设计，珍惜用好每一块土地，丰富和扮靓城市空间，充分利用腾退用地、宜林荒山荒地等区域，继续开展见缝插绿工作，加强城市森林建设，增加口袋公园和小微绿地，拓展城市绿色生态空间，为百姓提供活动场所，让市民能"推窗见绿、出门进园"，让更多居民有"绿色获得感"。

口袋公园是对较小地块进行绿化种植，再配置座椅等便民服务设施，虽然占地面积小，但小巧精致、设施齐全。北京市城市生态空间有限，随着疏解非首都功能有序推进，充分利用城市拆迁腾退地留白增绿。为周边居民亲近自然、享受绿色提供便利。突出街区文化内涵与历史底蕴，见缝插绿，将森林、公园和绿地引入城市。充分利用零散地块、道路两旁、第五立面等绿化空间，宜绿则绿、见缝插绿或垂直绿化，重塑街区生态，提高公园绿地以500m为服务半径的覆盖率，不断增强人民群众获得感。

3. 提功能

提高森林生态系统复杂性，增加物种数量，避免由不受约束的物种（无天敌的生产者和初级消费者）导致的物种单一化和系统生产能力退化。

优化森林的树种结构、垂直结构、植被群落结构等，提升森林生态系统稳定性，提高森林的碳汇能力。坚持适地适树，将人工种植和自然生长相结合，培育乔、灌、藤、草相结合的森林生物群落。注重林下土壤腐殖质层的保护，也是提高森林碳汇能力的重要手段。提高成活率，降低造林成本，加强种质资源保护，注重优良乡土树种使用，建设林木种质资源库，提高乡土树种使用比例。

通过增加食源和蜜源植物、构建本杰士堆（即人造灌木丛）等，提高生物多样性。在绿色空间中加入生物走廊，为野生动植物提供旅行和寻找新的食物来源、水源和伙伴的路线，并注重连接现有的森林、湿地、蓄水池等。使用有机养护方法，避免使用化学肥料和杀虫剂，并削减草坪面积。正确使用本土植物配置，种植本土植被是维系天然动植物栖息地的最好方式，培育鸟和昆虫，建立生物循环系统。注意防范外来物种入侵。

4. 惠民生

适当增加生态林的美观度，注重森林生态系统休闲游憩功能的提升。挖掘和提升独特的自然、历史文化景观，配置道路系统、交通工具和休憩节点等，要与原生风景及人文景观高度协调。构建生态基础好、景观环境优美、特色休闲项目丰富的休闲游憩空间。

创新游憩方式，立体开发森林资源，结合生态环境、地形地貌设计全新的森林休憩方式，打造生态休闲大本营，升级森林旅游，营造"超级氧吧"。深度挖掘本土文化，凝练主题，形成吸引核心。合理配置森林生态空间、观光空间、休闲度假空间的比例。让百姓有更多机会充分享受森林生态效益，并寓教于乐。进一步提升森林城市魅力，借鉴纽约、伦敦等著名的国际大都市的中央公园、海德公园经验，把北京这座千年古都建设成为享誉全球的绿色地标。

5. 强管理

针对密度过高的林分，采取开林窗等方式，加强边缘效应，为野生动物提供生境；针对平原区及浅山区的过熟林，采取皆伐或择伐的方式促进森林更新，提高区域森林的质量；优化森林经营模式，逐步将工作重点从管护转向经营。

平原区率先开展生态林的全生命周期管护工作。从规划初期开始，组织国内知名的林业专家，集中研讨植树造林的主导树种，形成常绿针叶树、落叶阔叶树、灌木等主要树种名录，从主导树种选择上确保造林质量。因地制宜并合理配置长寿、珍贵、乡土树种，着力打造异龄、复层、混交的近自然森林。造林尽量采用原生冠苗，所用苗木不截干，遵循自然森林群落成长演替规律，采取随机式散点种植，避免传统的成排成行栽植。在景观林建设中，造林设计采用曲线种植方式，后续通过有序疏移、补植，形成散点栽植的近自然林，同时又便于机械作业。坚持建管一体，专业造林企业在完成苗木栽植工作后，负责管护所造森林不低于 3 年，确保森林成长初期质量。期满后，继续选用专业造林企业或组建专业管护公司，对所造森林持续进行企业化管护。开发森林大数据系统，为苗木发放专属的二维码"身份证"，详细记录苗木各类信息，实行苗木全生命周期管理，同时，建立数字监管平台，打造数字森林。基于区块链技术，搭建资金管理平台，准确、实时掌握每一笔造林资金的流向，透明并监管造林资金动态，有效防范层层分包、非法转包等风险。

6.6 北京市"城市矿产"资源评估与管理

6.6.1 1978~2018 年北京市"城市矿产"资源潜力研究

1. 电子废弃物

1978~2018 年，电子废弃物产生量如图 6-20 所示，电子废弃物从 1988 年的 10.36 万台增长到 2018 年的 535.24 万台，增长幅度为 50.66 倍。1988~2018 年，电子废弃物的种类分布也在不断变化：1994 年及以前，电子废弃物以报废洗衣机为主，1995~2004 年，电子废弃物以报废电视机为主，2005~2018 年，电子废弃物以报废手机为主。2018 年，报废数量最多的 4 种电子产品是：手机（32.31%）、空调（14.42%）、电脑（11.56%）和电视（11.70%）。电子废弃物的重量也呈现持续增长的趋势，2018 年报废产品的总重量是 1988 年报废产品总重量的 41 倍。2018 年电子废弃物的总重量达到 10.26 万 t，主要来源于以下 4 类：空调（33.77%），电视（16.98%）、冰箱（13.86%）、热水器（11.15%）。

对 1978~2018 年电子废弃物资源潜力（图 6-21）分析如下：2018 年的资源总量是 1988 年资源总量的 37.40 倍。2018 年，资源重量达到 8.43 万 t，其中金属、塑料和玻璃分别占 64.00%、25.92%和 10.08%。在金属资源中，铁、铜和铝是资源量最多的三种类型，其总量占 99.98%以上。铁、铜和铝的比例分别为 42.21%~60.92%、3.31%~11.32%、2.76%~6.42%，而贵金属和稀土的含量则低于 0.1%。

2. 报废汽车

1978～2018 年，报废汽车产生量如图 6-22 所示，报废汽车数量在 1978 年不足 1 万辆，从 1988 年的 1.2 万辆增长到 2018 年的 35.94 万辆，增长了 28.95

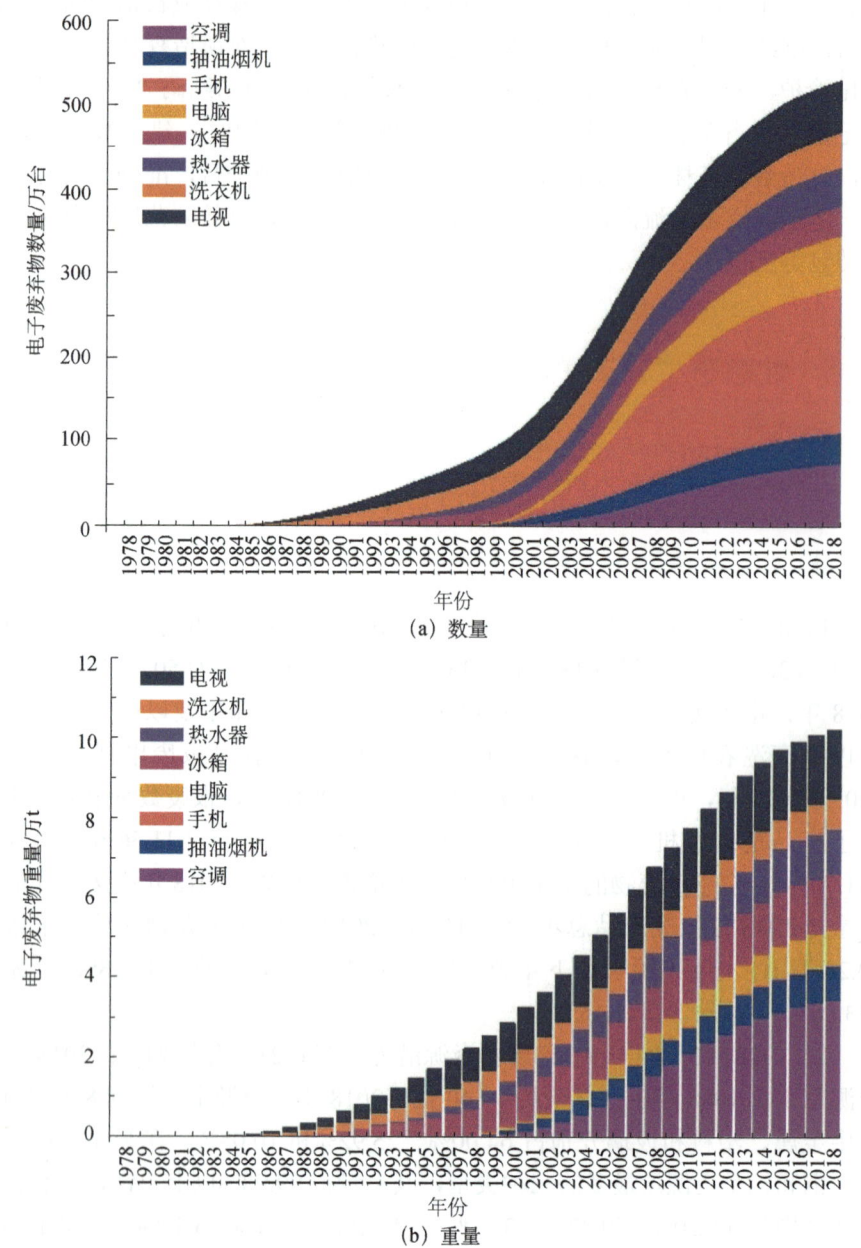

(a) 数量

(b) 重量

图 6-20 1978～2018 年电子废弃物产生量

(a) 大宗金属和非金属

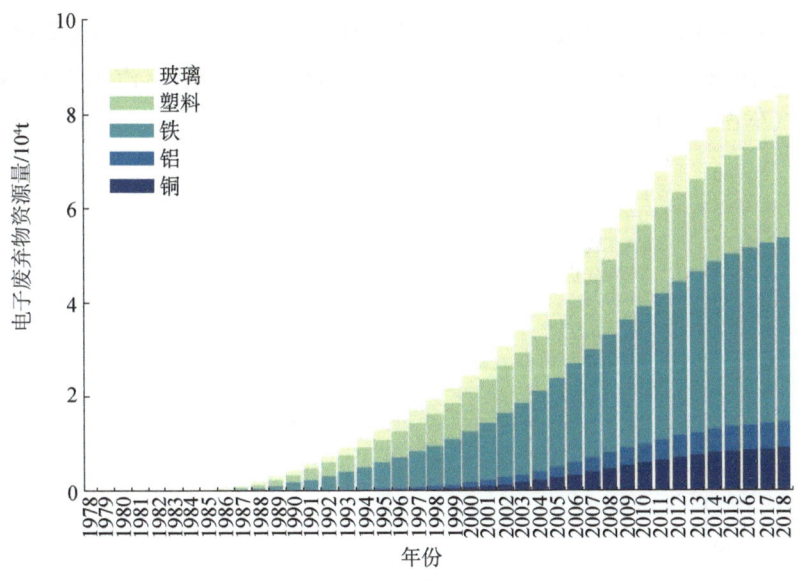

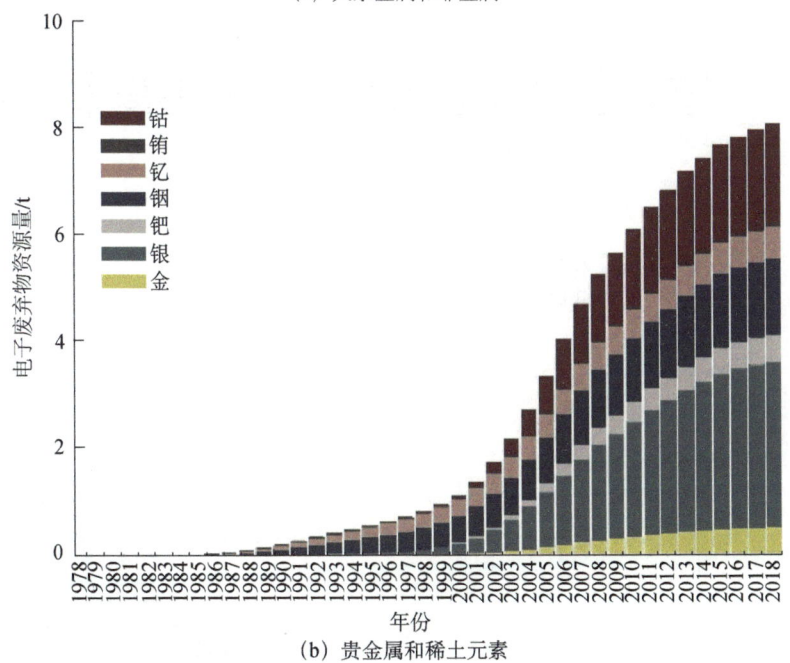

(b) 贵金属和稀土元素

图 6-21 1978~2018 年电子废弃物资源潜力

倍，年均增长率为 12.00%。2002 年及以前，报废载货汽车的数量占据主导（62.56%~86.40%），2002 年之后报废载客汽车的数量占据主导（52.57%~89.61%）。2018 年，报废的载客汽车和载货汽车的数量分别占总数量的

89.84%和10.16%。从重量角度而言，在2018年报废汽车的重量达109.3万t，分别是1978年和1988年的92.69倍和27.44倍，其中载客汽车占88.63%，载货汽车占11.36%。

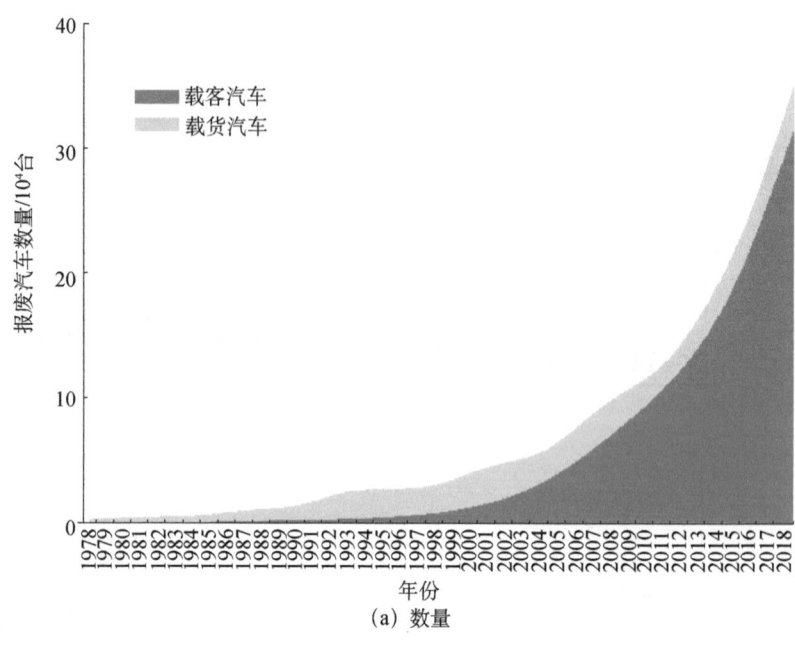

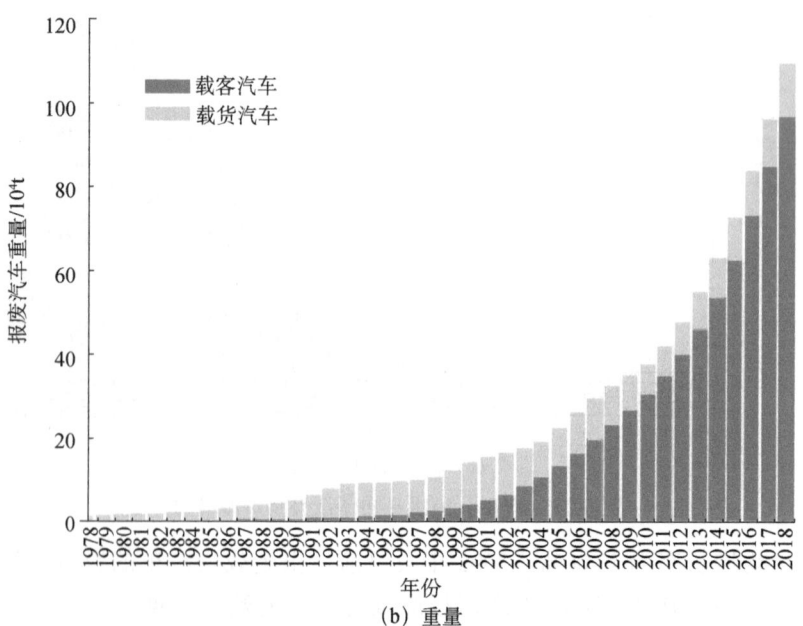

图6-22 1978～2018年报废汽车产生量

如图 6-23 所示，报废汽车中的资源量从 1978 年的 1.08 万 t 增长到 2018 年的 100.71 万 t，增长了 92.24 倍。从各类资源的分布来看，金属资源占 83.50%，非金属资源占 16.50%。在所有金属资源中，铁的占比最大，为 74.60%，然后是铝（5.46%）和铜（1.97%）。在所有非金属资源中，塑料、橡胶和玻璃的比例分别为 7.65%、5.57% 和 3.27%。

3. 拆除住宅建筑

如图 6-24 所示，拆除住宅建筑的总面积从 1978 年的 7.21 万 m² 增长到 2018 年的 1396.47 万 m²。尽管总体上呈现增长的趋势，但在 1998~2000 年下降了 0.69%。这是由于农村砖混结构住宅建筑的拆除面积在 1995~2002 年减少了 8.59%。从拆除住宅建筑的结构角度进行分析，1978~2018 年农村砖混结构拆除面积占总拆除面积的 58.86%~95.29%，城镇砖混结构占 3.31%~20.83%，城镇钢混结构占 1.40%~20.31%。拆除住宅建筑面积在 2018 年之后还会继续增加，报废高峰不在 2018 年。2018 年，农村砖混结构、城镇钢混结构、城镇砖混结构的拆除面积分别占总拆除面积的 58.86%、20.31% 和 20.83%。

1978~2018 年拆除住宅建筑资源潜力呈上升趋势（图 6-25）。2018 年的资源量分别是 1978 年和 1988 年资源量的 193.22 倍和 4.10 倍。2018 年资源量达 2076.66 万 t，其中混凝土资源量最多，占 53.27%，其他类型的拆除住宅建筑资源量排序依次为砖（21.02%）、砂浆（14.65%）、其他（9.06%）、金属（1.79%）。1997~2000 年，总资源量下降了 1.18%，砖的资源量在 1997~2001 年下降了 4.63%。这主要是由农村地区的建筑流入量减少导致的。

4. "城市矿产"

"城市矿产"资源（含电子废弃物、报废汽车、拆除住宅建筑）总量如图 6-26 所示，从 1978 年的 11.83 万 t 攀升到了 2018 年的 2185.80 万 t，增长超过了 183 倍。这一增长趋势与拆除住宅建筑的资源的增长趋势类似，这是由于拆除住宅建筑的资源量占总资源量的 90.88%~99.28%。因此，1997~2000 年资源总量的减少也是由来自拆除住宅建筑的资源量的减少所致。通过将电器电子设备系统、建筑系统、交通车辆系统的"城市矿产"资源与其存量资源对比可知，每年"城市矿产"资源的产生量约占存量中资源量的 2.13%，印证了"城市矿产"资源的巨大潜力。从资源潜力的增长趋势不难预测出，城市采矿将在资源供应方面发挥越来越重要的作用。因此，做好"城市矿产"资源的回收利用，加强"城市矿产"资源的监管，提高资源利用效率是下一步工作的重点。

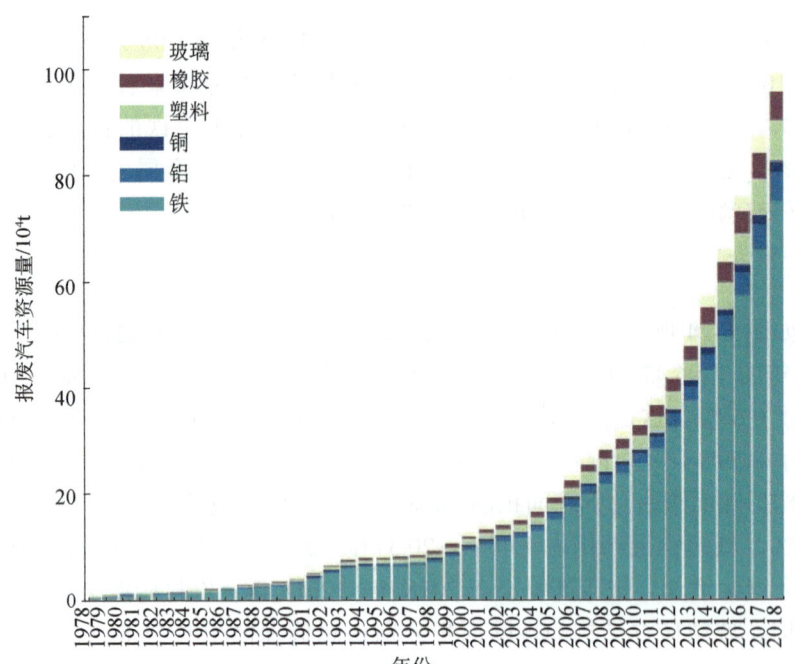

(a) 大宗金属和非金属

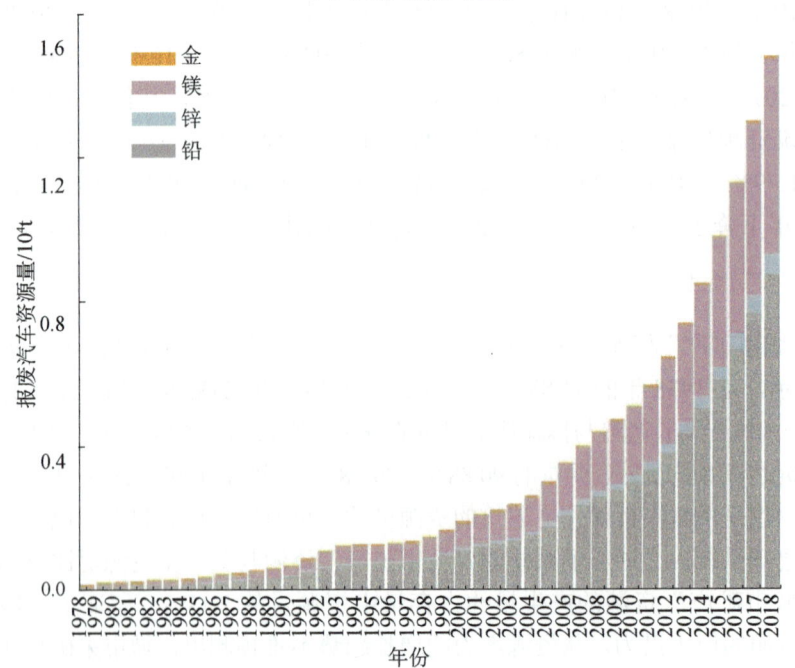

(b) 金、镁、锌、铅

图 6-23 1978～2018 年报废汽车资源潜力

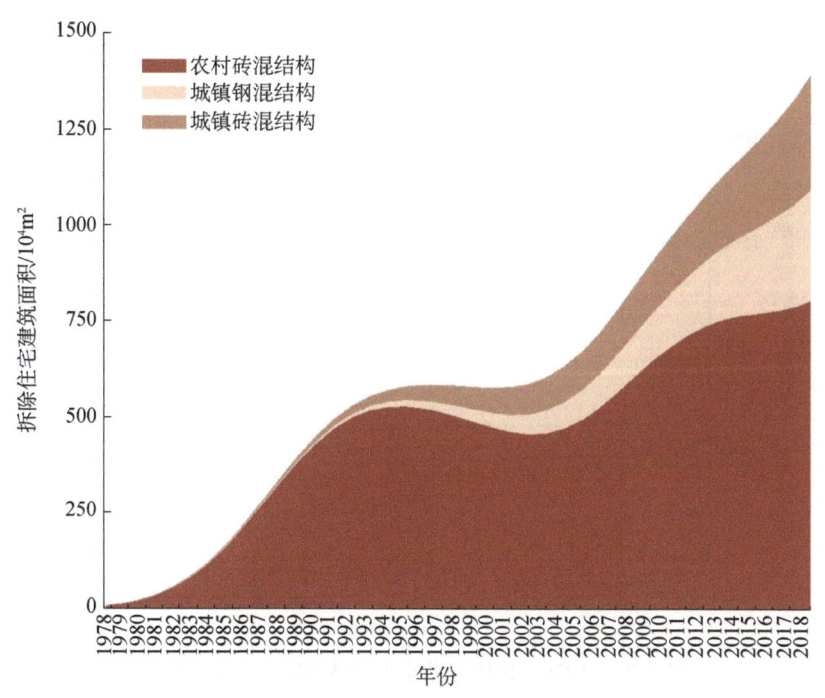

图 6-24　1978～2018 年拆除住宅建筑面积

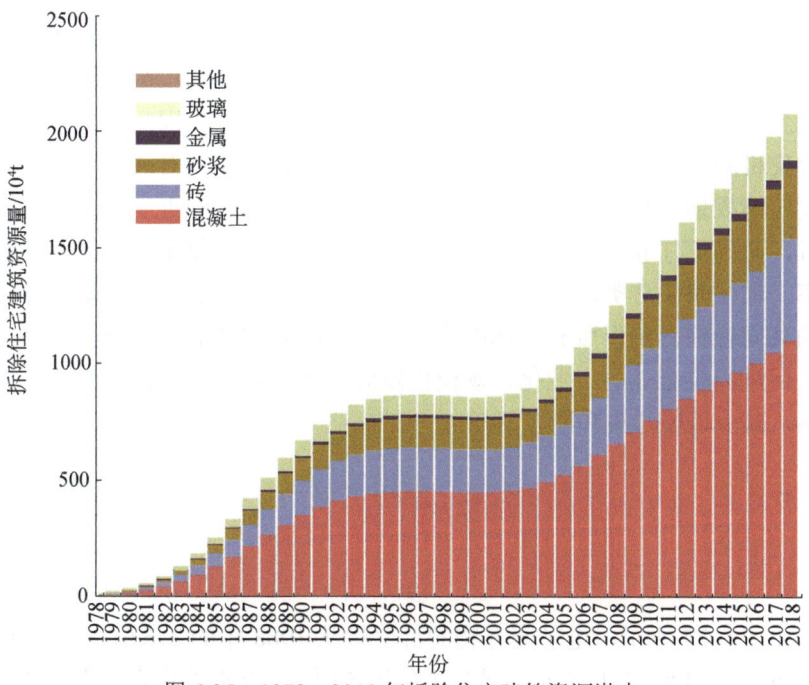

图 6-25　1978～2018 年拆除住宅建筑资源潜力

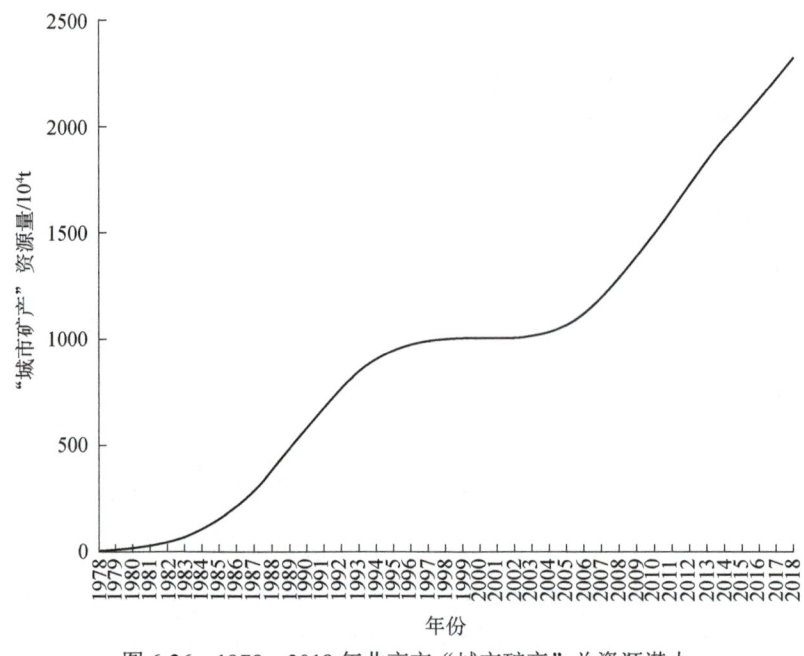

图 6-26　1978~2018 年北京市"城市矿产"总资源潜力

鉴于"城市矿产"存在巨大的资源潜力，应加强对它们的管理。我们从以下几个方面提出建议，包括产生、收集、回收和全过程管理。从废弃物产生的角度来看，建议延长产品的使用寿命，推迟产品的报废。这将有助于从源头上减少废弃物的产生。有效的收集是非常重要的，因此有必要建立适当的收集机制，如规划设施、优化收集网络和运输程序。对政策制定者而言，需要统筹规划废物回收企业、废物处理处置企业、资源再生企业等各利益相关者，明确责任和义务，强化配合与协调，切实提高整个回收产业链的运行效率。加强源头分类，为各种类型的废弃物定制不同的收集策略，并促进它们的共同管理。确保废弃物都能流入正规回收处理企业。政府应提高补贴力度，促进回收企业的专业化、规模化发展。此外，应加强技术创新，提高回收率，减少环境污染和能源消耗。

6.6.2　1978~2018 年北京市"城市矿产"资源价值研究

1. 电子废弃物

如图 6-27 所示，电子废弃物的价值量从 1988 年的 276.61 万美元增长到 2018 年的 14896.42 万美元，增长了超过 52 倍。金属资源的价值量最高，占总价值的 62.64%~86.73%。在金属资源中，铜的价值量最高，占 17.22%~

41.03%，其次是铟（23.09%～46.08%）和铝（5.16%～11.12%）；在非金属资源中，塑料的价值量最高，占 13.09%～37.30%。

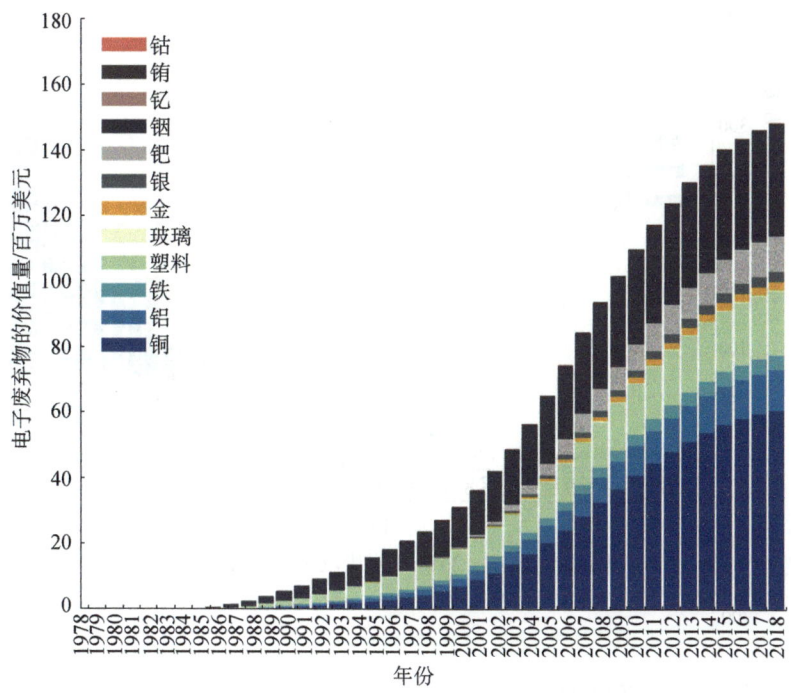

图 6-27　1978～2018 年电子废弃物资源经济价值

2. 报废汽车

报废汽车的价值量呈现持续增长的趋势（图 6-28）。1988 年，价值量为 1749.72 万美元，而 2018 年达到 4.81 亿美元，增长超过了 26 倍。从价值量的组成结构来看，铜和铝的价值量最高，分别占 26.23% 和 26.18%，其次是铁（18.62%）、镁（5.69%）、铅（4.02%）和金（2.14%）。在非金属材料中，塑料的占比最高，达 14.18%%，橡胶占比为 2.44%。

3. 拆除住宅建筑

拆除住宅建筑中的混凝土和砂浆可以制成再生骨料，砖可以制成再生透水砖，其他资源如玻璃和金属也可以资源化利用。如图 6-29 所示，拆除住宅建筑的价值量从 1988 年的 1.47 亿美元增长到了 2018 年的 6.32 亿美元，增长了 329.74%。各类再生产品的价值量从高到低依次为再生透水砖（36.73%）、再生金属（33.16%）、再生骨料（27.48%）和再生玻璃（2.63%）。

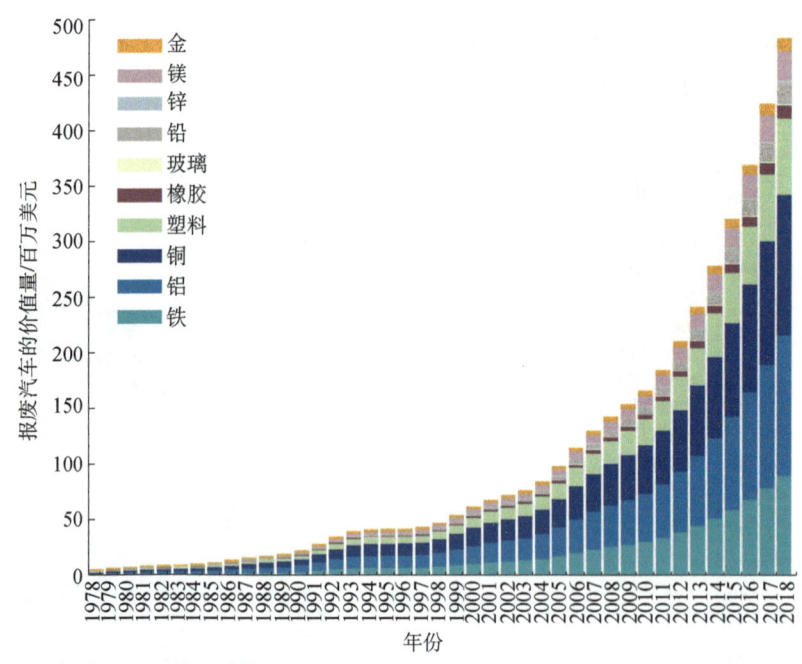

图 6-28　1978～2018 年报废汽车资源经济价值

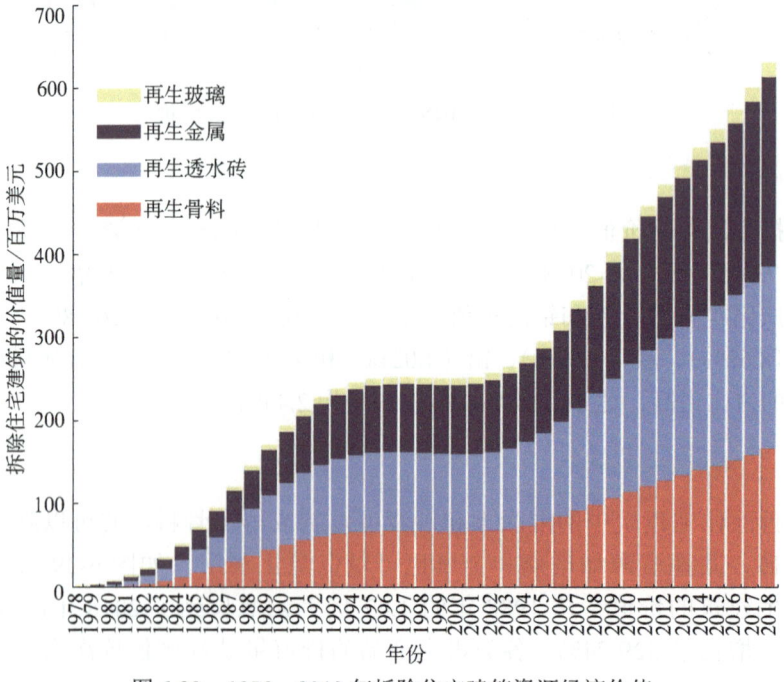

图 6-29　1978～2018 年拆除住宅建筑资源经济价值

4. "城市矿产"

对上述 3 类"城市矿产"资源的价值量进行汇总，选择 1988 年、1998 年、2008 年和 2018 年这 4 个年份的价值量进行分析，结果如图 6-30 所示。其中拆除住宅建筑的价值量最大，其次是报废汽车，最后是电子废弃物。然而，拆除住宅建筑的价值量份额不断下降，从 1988 年的 87.89%下降到了 2018 年的 50.08%。相应地，报废汽车和电子废弃物的份额不断增加。其中，电子废弃物资源价值量的份额从 1988 年的 1.65%增长到了 2018 年的 11.80%，报废汽车资源价值量从 1988 年的 10.46%增加到 2018 年的 38.12%。

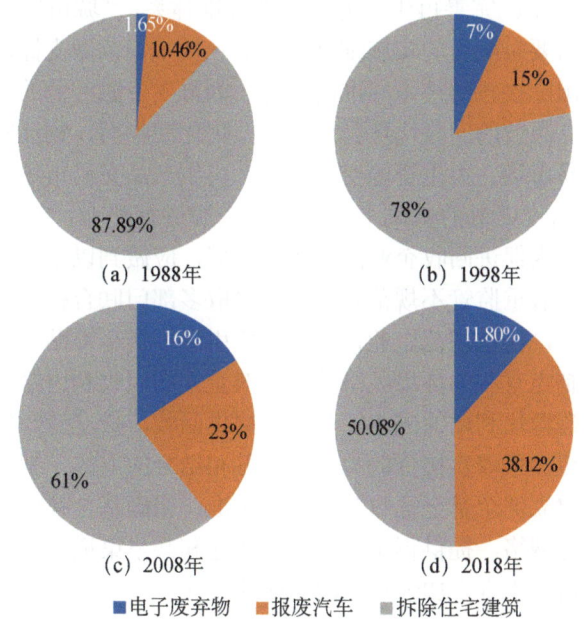

图 6-30 1988～2018 年各类"城市矿产"资源经济价值占比

6.6.3 "城市矿产"的调控对策与管理建议

基于北京市"城市矿产"资源物质量和价值量的核算结果，本节从废弃物产生、收集和资源化处理 3 个生命周期阶段出发，为提升"城市矿产"开发可持续管理水平提出以下针对性的优化建议。

1. 废弃物产生阶段

延长产品使用寿命，促进废旧产品源头减量。一方面，加强落实生产者延伸责任制，明确生产企业在产品全生命周期，特别是产品废弃后回收和处理处置过程中，需要承担的责任，引导企业提高技术水平，进而提高产品质量，降低废旧产品产生量。另一方面，要加大宣传力度，引导消费者树立正确的消费观，减少对产品的更换频次；做好定期检查和维护，延长产品使用寿命；将已报废的产品及时送入正规回收渠道，避免堆积在家或是流入非正规拆解渠道带来的不良影响。

2. 废弃物收集阶段

以法律法规的形式明确各利益相关者的责任与义务，使每个环节都有法可依。使国家、地方政府、生产商、销售商、消费者、处理企业等利益相关方形成协助与合作关系。完善再生资源产业的标准体系，"城市矿产"资源的回收处理相关立法需要有配套的实施细则、标准、技术规范做支撑，使之具有可操作性。加快与国际接轨的技术标准的制定，为再生资源产业的发展提供统一的交流平台。建立高效的回收循环利用体系。优化回收网、物流网和信息网。保障废弃产品交易市场、再生资源交易市场、再生产品交易市场的顺利运营。在充分利用现有回收渠道的基础上，对现有资源进行整合，统一规划，合理布局，规范建设。为促进回收企业的规模化发展，应做到以下几点。第一，加强对企业的管理，着重监管不规范企业，可采取多部门联合执法的方式，清理不规范企业。第二，扶植规范企业，通过政策引导、资金补贴等方式促进企业的发展。首先，制定有利的环境经济政策，对企业的回收利用给予补贴，降低企业进行废弃物资源化利用的成本。其次，提供回收信贷支持，促进再生企业规模化发展。最后，采取直接资助与间接补贴相结合的方式，制定科学合理的财政扶持政策，建立健全基金征收与发放的标准，明确基金补贴的目的与对象。第三，搭建信息网络，提供再生资源信息传递和共享渠道。第四，提高物流效率，降低物流运营成本，加强对物流流向的监管。

3. 废弃物资源化处理阶段

推动"城市矿产"资源化技术的发展，为提高资源再生利用水平提供强有力的保障。例如，对于电子废弃物的资源化，虽然我国近年来电子废弃物的处理处置已取得显著成效，但是关键部件的深度资源化技术和贵金属的提取适用技术仍比较欠缺。应加强技术创新来提高产品的回收率与金属回收物的纯度。由于资源化过程会有多个环节会对环境造成污染，因此要加强污染控制，大力发展绿色环保的资源化技术。推进部门之间的合作，促进"产学研用"联合攻关，建立科技成果转化应用的商业化模式，加快科技成果的转化。加强对回收利用企业的监管，建立"城市矿产"资源回收利用的绩效评价与考核机制，全面评估资源化利用技术的经济效益和环境效益。

第7章 广州市生态资产评估、核算与管理

7.1 研究区域概况

本章选择广州市增城区作为城市生态资产案例研究的典型区域。增城区位于广州市的东部，主要包括9个城镇：派潭镇（PT）、正果镇（ZG）、小楼镇（XL）、中新镇（ZX）、朱村街（ZC）、荔城街（LC）、增江街（ZJ）、石滩镇（ST）以及新塘镇（XT）。它是广州通往东莞、深圳、香港和粤东各地的重要交通枢纽，其总面积为 1616 km²。

增城区整体地势北高南低（图7-1），属于亚热带海洋性季风气候，年平均降水量 2039.5 mm[①]，自然条件优越、生态资源丰富，是广州市的天然生态屏障。北部地区主要为山区林地，重点发展都市农业和生态旅游；中部地区为丘陵地貌，主要是居民生活区；南部地区工业比较集中。增城区是广州市同时具备生态条件以及产业辐射能力的重要开发区域。受快速城市化的影响，增城区的中南部用地布局非常紧凑，尤其是南部地区工业用地的迅速扩张使人口密度急剧增加，给环境带来了很大的压力。北部地区的旅游产业近年来快速发展，河流水质不断下降，也不断出现其他衍生环境问题。

---

① 自然地理, https://www.zc.gov.cn/gl/zcgk/zrdl/[2024-01-18]。

图 7-1　增城区高程图

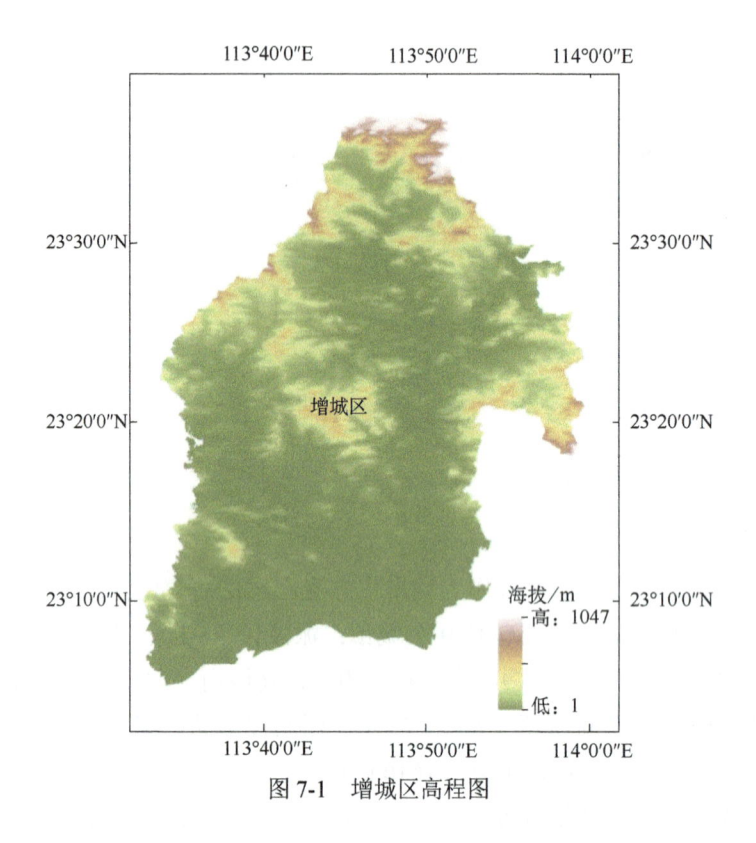

7.2　广州市增城区生态资产评估与管理

7.2.1　研究方法

7.2.1.1　城市生态资产评估指标体系[①]

本章构建了城市生态资产评估指标体系，主要包括有形的自然资源价值和无形的生态系统服务价值。其中自然资源是载体，而生态系统服务则是依托于自然资源载体为人类提供的福利（表 7-1）。

表 7-1　城市生态资产评估指标体系

体系	一级指标	二级指标	功能及价值
生态资产	自然资源价值	林地资源价值	林木、林地和经济林产品的价值

[①] 本节中的指标体系是综合考虑研究区实际条件、研究需求和数据可获得性确定的，二级指标可能与前文所述的指标体系基础框架有所区别。

续表

体系	一级指标	二级指标	功能及价值
生态资产	自然资源价值	水体资源价值	水产品、水资源的价值
		农用地资源价值	农作物产品、秸秆资源价值
		草地资源价值	草地资源本身的价值
生态资产	生态系统服务价值	气体调节价值	吸纳 CO_2、释放 O_2
		生产有机物质价值	能量与养分的吸收、积累
		积累营养物质价值	营养物质循环与贮存
		涵养水源价值	调节水量、净化水质
		保育土壤价值	固定土壤、保持肥力
生态资产	生态系统服务价值	生物多样性保护价值	物种多样性
		废弃物处理价值	对各类废气、固体废弃物的处理
		休闲娱乐及文化价值	提供休闲旅游、文化教育机会

7.2.1.2 数据来源与处理

1. 土地利用类型图

本章为合理估算增城区生态资产价值，采用 2012 年开始实施的《城市用地分类与规划建设用地标准》对实地调查绘制的矢量图进行重新分类汇总，考虑到增城区近年来城镇化速度较快，交通用地扩张明显，为了更精确地评估增城区生态资产的动态变化，本章将土地利用类型重新划分为 7 个大类（表 7-2），分别为林地、水体、农用地、草地、裸地、建设用地、交通用地。

表 7-2 增城区土地利用再分类

实地调查的土地利用类型	土地利用类型再分类
有林地、灌木林地、其他林地	林地
河流、滩涂、坑塘、水库、沟渠	水体
旱地、果园、田坎、茶园、水浇地、水田、设施农用地、其他园地	农用地
草地	草地
裸地	裸地
城市建设用地、镇建设用地、村建设用地、特殊用地、采矿用地	建设用地
公路用地、乡道、铁路用地、机场用地、港口码头用地	交通用地

2. 归一化植被指数

从美国地质调查局网站（http://www.usgs.gov/）下载研究区域 2003 年、2008 年、2013 年、2018 年各个月份的 Landsat TM 影像，以云量小于 5 为原则，数据空间分辨率为30m。通过去云、辐射校正及大气校正等处理，利用近红外区与红光区的波段值计算得到各年份的归一化植被指数平均值。

3. 其他专题数据的获取

其他专题数据主要包括数字高程模型（digital elevation model，DEM）数据、气象数据、土壤数据、林地、水体、农田等自然资源数据。其中，DEM数据来源于地理空间数据云网站（www.gscloud.cn），空间分辨率为30m；气象数据来源于增城区气象站实地监测数据以及国家气象科学数据中心官网（www.data.cma.cn），主要包括月太阳总辐射、月太阳净辐射数据、月气温、月实际蒸散量、月平均水汽压、平均风速、相对湿度数据；土壤数据来源于增城区林业和园林局调查数据，主要包括土壤类型、土壤理化性质等；林地的优势树种、小斑面积、空间位置、树龄、胸径以及蓄积量等数据来源于增城区林业和园林局的森林资源数据库；水库和河流的库容、面积、水资源量等水体数据来源于增城区水务局提供的2003年、2008年、2013年、2018年水资源公报数据；经济林产品、农作物和水产品的产量、价格等农田数据来源于实地调研以及增城区林业和园林局、农业农村局。为了便于比较分析，本章中所有的价值均折算成2013年的可比价。

4. 生态资产价值核算方法

1）自然资源价值核算

（1）林地资源价值。林地的自然资源价值包括林木价值、林木用地价值和经济林产品价值。其中，林木价值通过收益方式的估价方法（林木通过采伐、森林经营等方式产生的年均收益）、立木价值法（立木蓄积量和立木价格的乘积）进行计算；林木用地价值和经济林产品价值采用市场价值法进行计算，其中增城区的林木用地包括有林地（用材林、防护林、特用林、经济林）、疏林地、灌木林地、未成林地和苗圃地五大类。

（2）水体资源价值。水体的自然资源价值包括水资源本身的价值和水产品的价值。水资源本身的价值主要采用能值分析法进行计算，能值货币比参考前人对于广州地区的相关研究进行设置，取 2.89×10^{12} sej/美元（吴玉琴和杨春林，2009）。人民币汇率取2013年平均汇率6.19元/美元；水产品的价值则通过市场价值法进行计算。

（3）农用地资源价值。农用地自然资源主要包括农作物产品和秸秆两部分。其中，农作物产品的价值采用市场价值法来计算，而增城区秸秆价值主要包括秸秆肥料化和秸秆饲料化两种价值。其中，秸秆肥料化占70%，其利用率为 90%，秸秆肥料化的价值包括节约的化肥购置费用以及秸秆还田带来的作物增产收益。剩余 30%秸秆用于饲料化，秸秆饲料化的价值主要包括节约的饲料资源和由此带来的牲畜增产，其中秸秆转化为牲畜肉重的效率为 7%。本章中各类作物的秸秆系数主要参考相近地区以及全国的平均数据得出（表 7-3）。

表 7-3　增城区各类农作物秸秆系数

作物种类	稻谷	小麦	玉米	其他谷类	豆类	薯类	棉花	甘蔗	花生	油菜籽	芝麻	其他油料作物	黄麻	其他麻类	烟叶	甜菜
秸秆系数	1.00	1.17	1.04	1.60	1.60	0.57	3.00	0.43	1.14	2.87	2.01	2.00	1.90	1.70	0.71	0.43

注：由于不同年份秸秆系数相对稳定，因此本章各个年份采用相同的秸秆系数

（4）草地资源价值。草地自然资源价值主要以归一化植被指数为基础数据，通过遥感预测模型估算出生物量，从而获得其价值。

2）生态系统服务价值核算

（1）气体调节价值。以 NPP 为基础计算气体调节价值，植被的最大光能利用率参考朱文泉等（2007b）提出的参数；碳税率价格采用瑞典碳税率价格为 1200 元/t；工业制氧价格取 1000 元/t。

（2）生产有机物质价值。NPP 表示植物在某一时间段所生产的有机物质总量，其价值即为生产有机物质的价值。结合实际调研，有机物质价格取值为 600 元/t。

（3）积累营养物质价值。不同生态系统中营养元素在有机物质中的分配率参考 1998 年的《中国生物多样性国情研究报告》；结合本书项目组实际调研，N、P、K 化肥的价格分别为 800 元/t、700 元/t、700 元/t。

（4）涵养水源价值。依据水库工程的蓄水成本来计算每年的调节水量价值。净化水质的价值则依据自来水净化原理，参考居民用水价格来计算。结合本书项目组实地调研，增城区单位库容投资取值为 6.11 元/m³；水的净化费用取值为 1.98 元/t。

（5）保育土壤价值。固定土壤价值通过土壤保持量作为物质量进行核算，保持肥力则包含 N、P、K 的保持。增城区挖取和运输单位体积土方所需费用为 12.6 元/m³；土壤中 N、P、K 元素的含量分别为 1.19 mg/kg，55.83 mg/kg 和 82.36 mg/kg；土壤中有机物质含量取值为 23.69 g/kg；潜在土壤侵蚀和现实土壤侵蚀量采用 USLE 来进行计算。

（6）其他生态系统服务类型价值。通过不同土地利用类型单位面积价值乘以相应的土地利用类型面积，来计算各生态系统服务类型的价值。参考全国以及增城区邻近地区已有研究，结合实际调研，最终确定不同土地利用类型单位面积价值（表 7-4）。

表 7-4 增城区不同土地利用类型单位面积生态系统服务价值

[单位：元/（hm² · a）]

二级指标	林地	水体	农用地	草地	裸地	建设用地	交通用地
生物多样性保护价值	4 182.7	2 872.3	1 256.4	1 398.5	300.8	0.0	0.0
废弃物处理价值	1 680.8	20 971.1	2 902.9	1 511.2	8.8	0.0	0.0
休闲娱乐及文化价值	25 258.1	85 639.9	196.2	789.5	107.8	5 400.5	0.0

7.2.2 研究结果

1. 广州市增城区土地利用变化

从空间分布来看，2003～2018 年增城区北部以林地和农用地为主，中东部主要是增城区中心城区的建设用地，中部其他区域以农用地为主。西南部与广州市中心城区临近，城镇化水平较高，土地利用类型以建设用地和交通用地为主（图 7-2）。表 7-5 显示了 2003～2018 年增城区不同土地利用类型的面积变化情况。

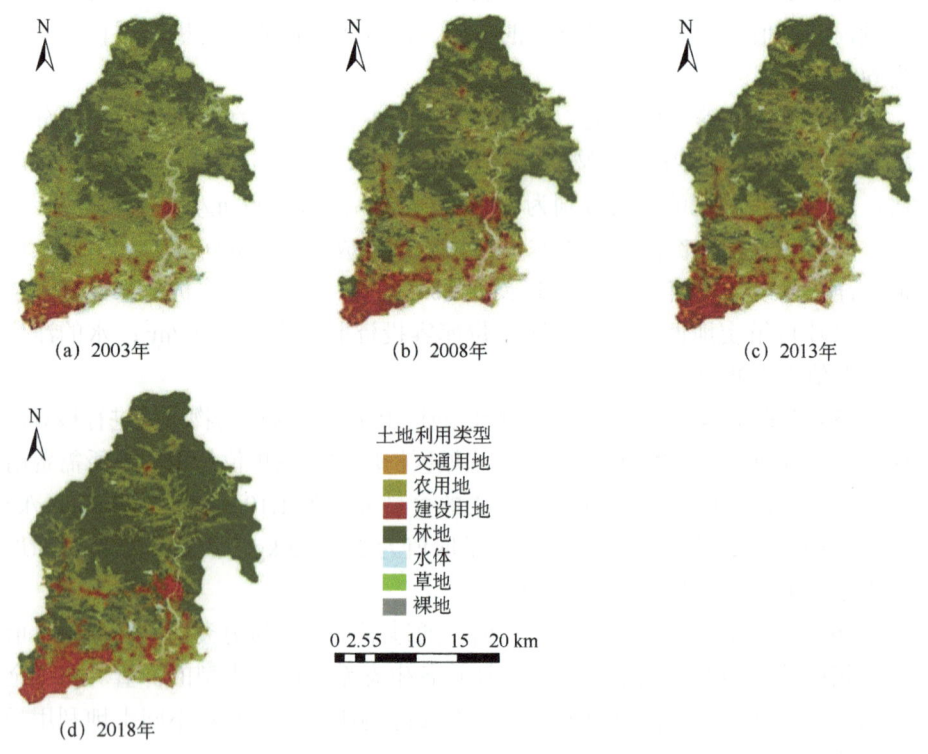

(a) 2003年　　(b) 2008年　　(c) 2013年

(d) 2018年

图 7-2　2003～2018 年增城区土地利用图

表 7-5　2003~2018 年增城区不同土地利用类型面积和占比

土地利用类型	2003年 面积/km²	占整个区域的比例/%	2008年 面积/km²	占整个区域的比例/%	2013年 面积/km²	占整个区域的比例/%	2018年 面积/km²	占整个区域的比例/%	2003~2018年变化 新增面积/km²	增长率/%
林地	651.1	40.3	654.1	40.5	657.3	40.7	659.7	40.9	8.6	1.3
水体	147.4	9.1	127.7	7.9	140.3	8.7	147.3	9.1	-0.1	-0.1
农用地	692.5	42.9	601.9	37.3	570.2	35.3	534.7	33.1	-157.8	-22.8
草地	4.1	0.3	2.2	0.1	6.3	0.4	7.1	0.4	3.0	73.2
裸地	2.6	0.2	1.8	0.1	0.2	0.02	0.0	0.0	-2.6	-100.0
建设用地	95.4	5.9	189.0	11.7	190.5	11.8	209.2	13.0	113.8	119.3
交通用地	21.7	1.4	38.3	2.4	51.2	3.2	56.9	3.5	35.2	162.2

截止到 2018 年，增城区林地和农用地占整个区域的面积比例最大，分别占总面积的 40.9%和 33.1%；其次为建设用地、水体和交通用地，分别占总面积的 13.0%、9.1%、3.5%；草地和裸地所占面积比例最小，分别占总面积的 0.4%和 0.0%。从动态变化角度来看，2003~2018 年增城区林地、草地、建设用地和交通用地均增加，其中建设用地和交通用地面积增加得最多，变化幅度也最大，分别增长了 119.3%和 162.2%；而水体、农用地和裸地三种土地利用类型的面积均减小，其中，农用地面积增长率为-22.8%。

综上可知，由于城市化的影响，增城区这 15 年间建设用地和交通用地面积增加，主要是由农用地转化而来。截止到 2018 年，林地和农用地仍是增城区最主要的用地类型。

2. 广州市增城区自然资源价值动态评估

1）林地资源价值

2003 年、2008 年、2013 年和 2018 年增城区林地资源价值分别为 101.93 亿元、104.68 亿元、104.32 亿元、105.22 亿元，这 15 年间增加了 3.2%。其中，林木价值从 3.72 亿元增加到 6.51 亿元，增加了 75.0%；林木用地方面，虽然 15 年间不同林地类型所占比例有所变化，但其林木用地总价值几乎不变；经济林产品价值 15 年间变化幅度较小，增加了 1.5%。

2）水体资源价值

2003 年、2008 年、2013 年和 2018 年增城区水体的总价值分别为 16.98 亿元、18.06 亿元、17.48 亿元和 18.10 亿元，这 15 年间增加了 6.6%。其中，水产品的价值从 3.12 亿元增加到 8.34 亿元。水资源本身价值从 13.86 亿元减少至 9.76 亿元（表 7-6）。

表 7-6 增城区水资源量及其价值分析

年份	地表水量/万 m³	地表水价值/亿元	地下水量/万 m³	地下水价值/亿元	水资源价值/亿元
2003	214 988	6.23	53 747	7.63	13.86
2008	228 595	6.63	41 147	5.84	12.47
2013	205 600	5.96	38 800	5.51	11.47
2018	174 299	5.05	33 108	4.71	9.76

3）农用地资源价值

2003 年、2008 年、2013 年和 2018 年增城区农用地资源价值分别为 30.52 亿元、38.31 亿元、51.05 亿元和 56.09 亿元，增加了 83.8%。其中，农作物产品的价值从 29.22 亿元增加到 54.74 亿元，这 15 年间增加了 87.3%；秸秆总价值则增加了 3.8%（表 7-7）。

表 7-7 增城区农作物秸秆价值分析　　　　　　　　（单位：亿元）

年份	秸秆肥料化价值	秸秆饲料化价值	秸秆总价值
2003	0.44	0.86	1.30
2008	0.34	0.66	1.01
2013	0.37	0.73	1.10
2018	0.42	0.93	1.35

4）草地资源价值

2003 年、2008 年、2013 年、2018 年增城区草地资源价值分别为 18.82 亿元、9.06 亿元、45.22 亿元、53.46 亿元，增加了 184.1%。城市化过程中，居住小区及公园等公共场所数量增加，相应的草地面积也随之增加。

3. 广州市增城区生态系统服务价值动态评估

1）气体调节价值

2003 年、2008 年、2013 年和 2018 年增城区气体调节价值分别为 13.64 亿元、10.78 亿元、12.91 亿元和 13.02 亿元，这 15 年间减少了 4.55%，单位面积最高价值分别为 21 453 元/hm²、19 808 元/hm²、19 862 元/hm² 和 19 923 元/hm²。北部和东西部地区单位面积气体调节价值较高，这些区域的土地覆被类型多为森林、草地和农田，其净初级生产力高于其他几种生态系统类型。中东部和南部地区单位面积气体调节价值偏低，主要土地利用类型为水体、交通用地和建设用地，净初级生产力较低（图 7-3）。

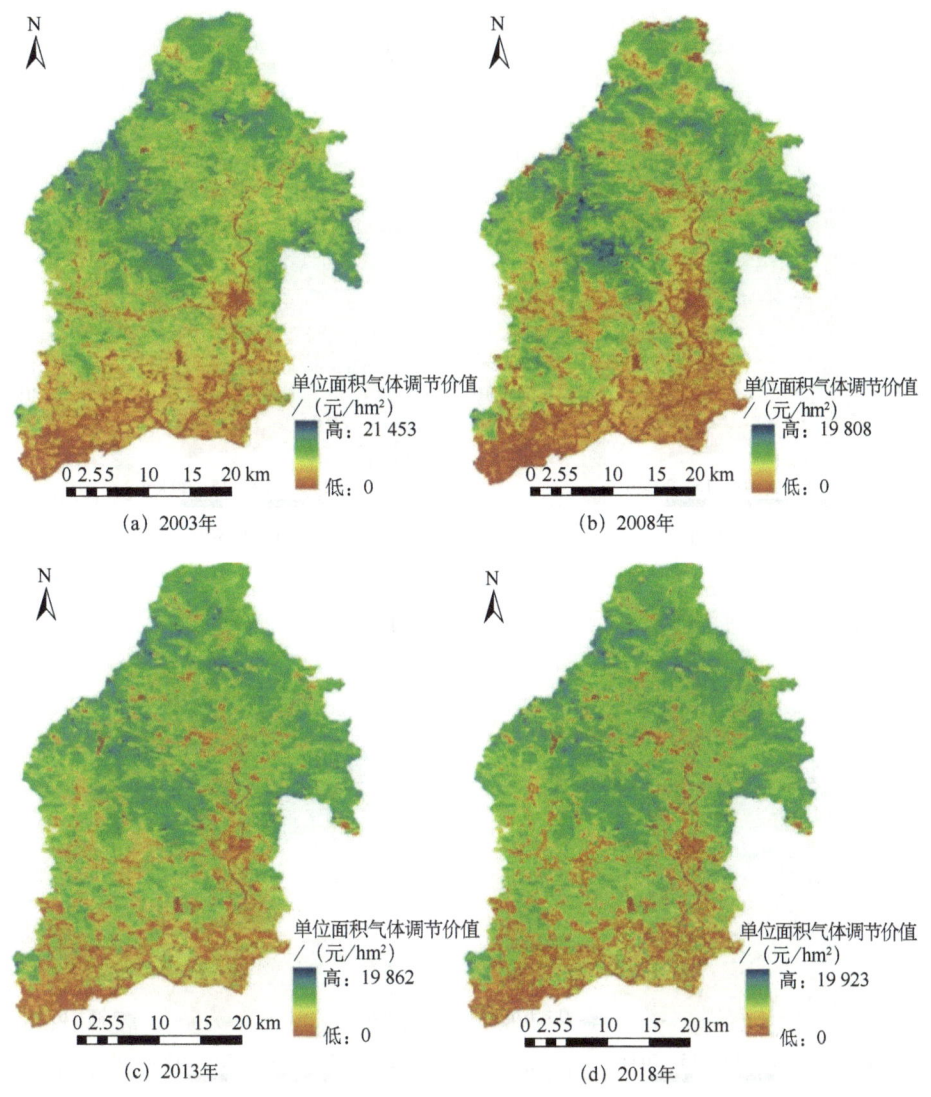

(a) 2003年　(b) 2008年　(c) 2013年　(d) 2018年

图 7-3　增城区气体调节价值空间分布

2）生产有机物质价值

2003 年、2008 年、2013 年和 2018 年增城区生产有机物质价值分别为 4.75 亿元、3.75 亿元、4.49 亿元和 4.62 亿元，这 15 年间减少了 2.7%。各年份单位面积最高价值分别为 7469 元/hm²、6896 元/hm²、6763 元/hm²和 6720 元/hm²。空间分布规律与气体调节类似，北部和东西部地区由于林地、草地和农田分布较广，单位面积生产有机物质价值较高。中东部和南部地区多为水体、交通用地和建设用地，单位面积生产有机物质价值较低（图 7-4）。

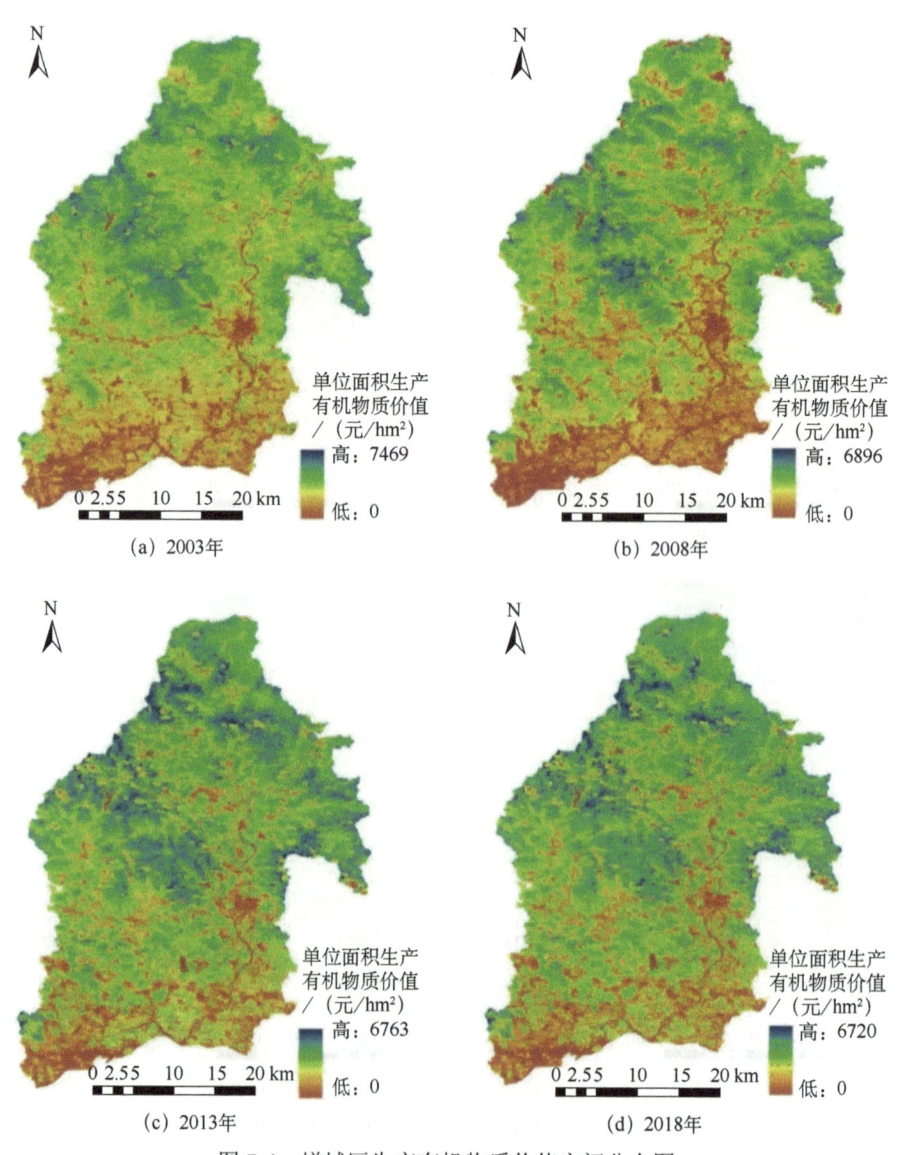

图 7-4　增城区生产有机物质价值空间分布图

3）积累营养物质价值

2003 年、2008 年、2013 年和 2018 年增城区积累营养物质价值分别为 3.44 亿元、2.77 亿元、3.39 亿元和 3.35 亿元，这 15 年间减少了 2.6%。各年份单位面积最高价值也逐渐减小，分别为 7277 元/hm²、6640 元/hm²、6534 元/hm² 和 6510 元/hm²。北部和中部地区农用地分布广泛，单位面积积累营养物质价值最高。西南部、中东部和北部地区的交通用地、水体和裸地单位面积积累营养物质价值都较低（图 7-5）。

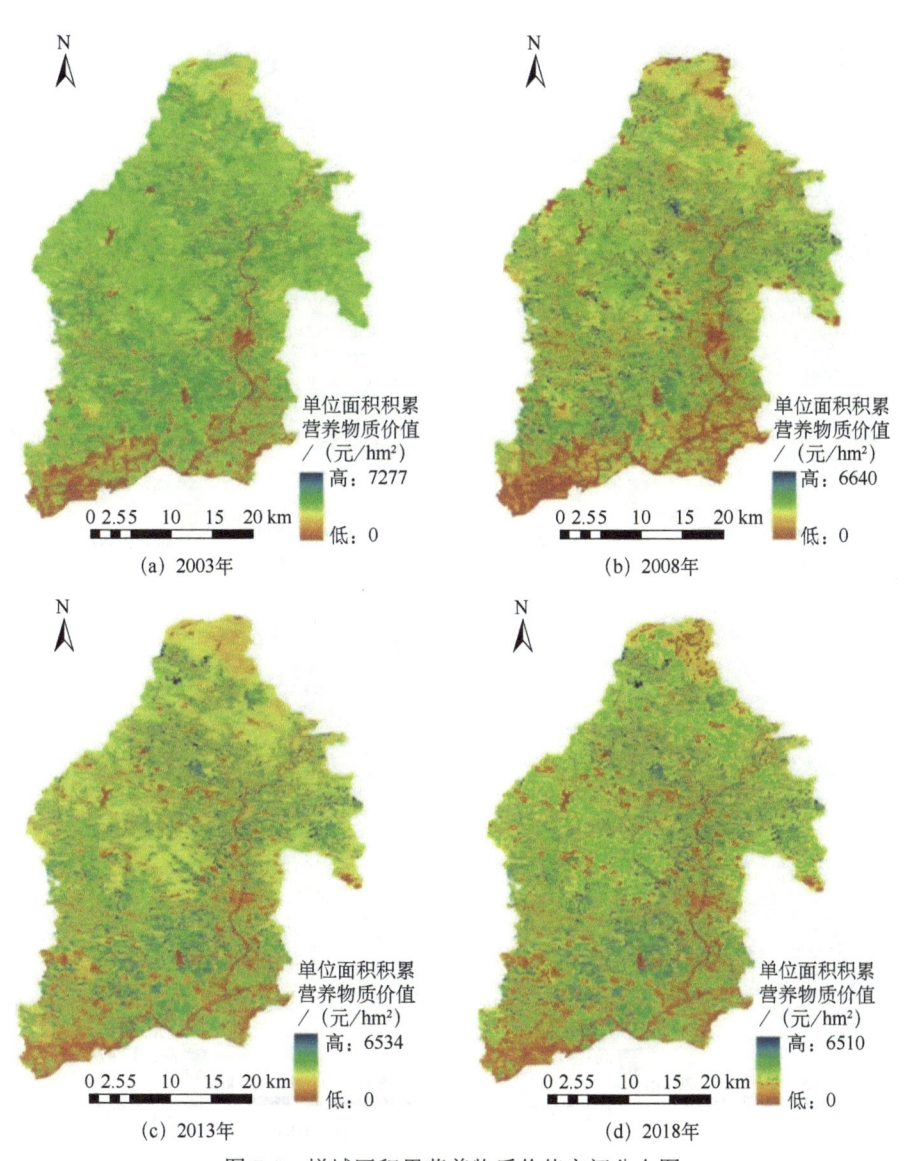

图 7-5　增城区积累营养物质价值空间分布图

4）涵养水源价值

2003 年、2008 年、2013 年和 2018 年增城区涵养水源价值分别为 20.36 亿元、19.90 亿元、19.61 亿元和 19.40 亿元，这 15 年间减少了 4.7%。林地土壤孔隙率和土壤深度较大，单位面积降水贮水量较高，单位面积涵养水源价值最高，为 17 474 元/hm²。之后依次为水体、草地和农田，其单位面积涵养水源价值分别为 15 149 元/hm²、13 005 元/hm² 和 9324 元/hm²。裸地、建设用地和交通用地的单位面积涵养水源价值最低（图 7-6）。

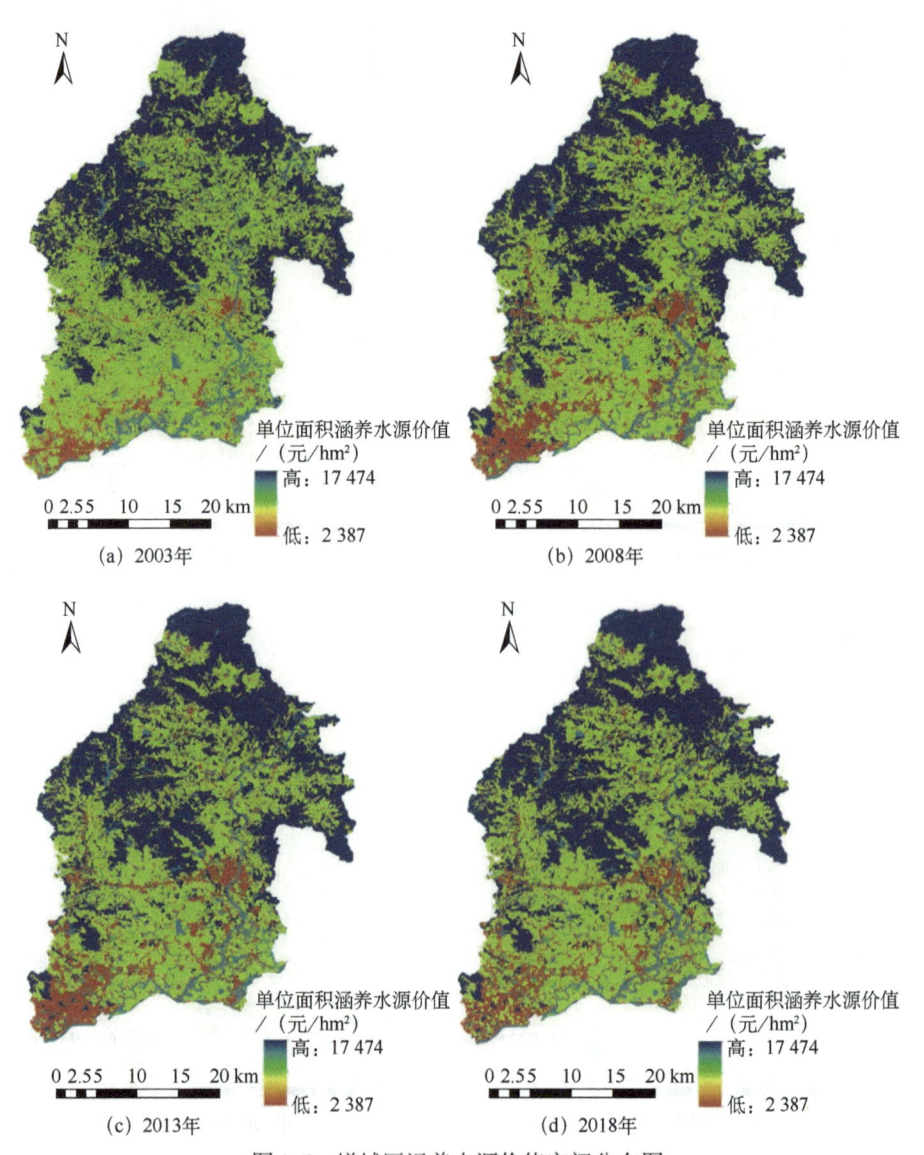

图 7-6　增城区涵养水源价值空间分布图

5）保育土壤价值

2003 年、2008 年、2013 年和 2018 年增城区保育土壤价值分别为 36.05 亿元、42.51 亿元、33.79 亿元和 32.98 亿元，这 15 年间减少了 8.5%。各年份单位面积最高价值分别为 216 970 元/hm²、267 777 元/hm²、213 345 元/hm² 和 212 596 元/hm²。北部地区林地植被覆盖度高，土壤保持量大，单位面积保育土壤价值高。农用地单位面积保育土壤价值也相对较高，而中部和南部地区由于建设用地和交通用地所占比例较大，其单位面积保育土壤价值比较低（图 7-7）。

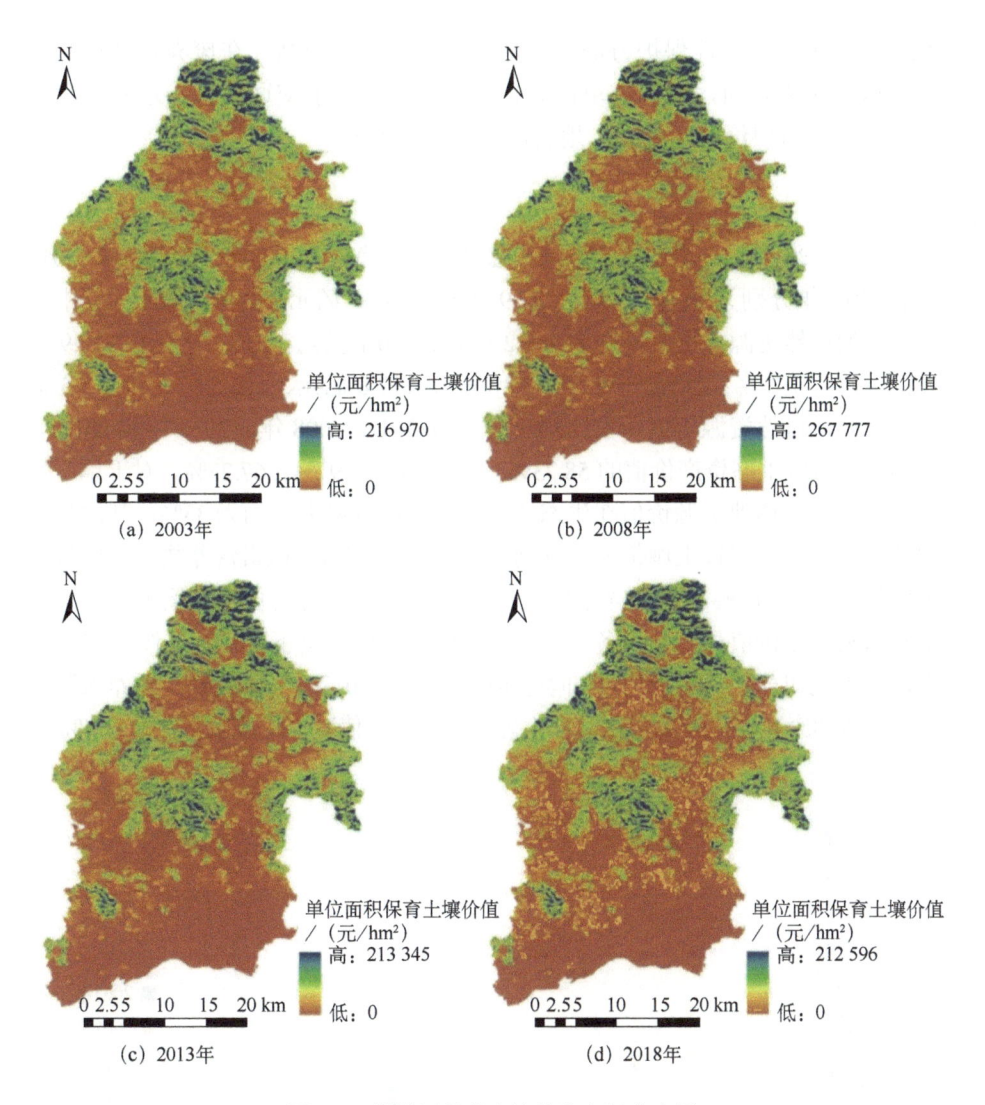

图 7-7 增城区保育土壤价值空间分布图

6）其他生态系统服务类型价值

2003~2018 年，增城区生物多样性保护、废弃物处理的生态资产价值呈减小趋势，休闲娱乐及文化价值呈增加趋势。2003 年、2008 年、2013 年和 2018 年生物多样性保护价值分别为 4.02 亿元、3.86 亿元、3.88 亿元和 3.86 亿元，这 15 年间减少了 4.0%；废弃物处理价值分别为 6.02 亿元、5.53 亿元、5.71 亿元和 5.76 亿元，这 15 年间减少了 4.3%；休闲娱乐及文化价值则分别为 29.72 亿元、28.61 亿元、28.73 亿元和 30.52 亿元，这 15 年间增加了

2.7%。在生物多样性保护方面，林地单位面积价值最高；在废弃物处理和休闲娱乐及文化方面，水体的单位面积价值最高。对于交通用地，这 3 种生态资产的单位面积价值在所有土地利用类型中均最低。

4. 广州市增城区生态资产价值动态评估

2003~2018 年，增城区生态资产总值呈上升趋势，2003 年、2008 年、2013 年和 2018 年分别为 286.4 亿元、287.9 亿元、330.6 亿元和 346.4 亿元。其中，增城区的自然资源总价值分别为 168.2 亿元、170.1 亿元、218.1 亿元和 232.9 亿元；生态系统服务总价值分别为 118.2 亿元、117.8 亿元、112.5 亿元和 113.5 亿元。因此，自然资源价值所占比例较大，2003 年、2008 年、2013 年和 2018 年分别占增城区生态资产价值的 58.73%、59.08%、65.97%、67.23%。对于单项生态资产而言，林地资源价值在生态资产中占的比例最大，约为 33%；其次是农用地资源价值和保育土壤价值，分别约占 14%和 12%；积累营养物质价值所占比例最小，约为 1%。这 15 年间，增城区各类自然资源价值均有增加，但除休闲娱乐及文化价值外，其余各项生态系统服务价值均呈下降趋势（图 7-8）。其中，农用地和草地资源价值增加幅度最大，超过 50%；气体调节、涵养水源、保育土壤和废弃物处理价值这几项生态系统服务价值减少幅度较大，超过 4%。

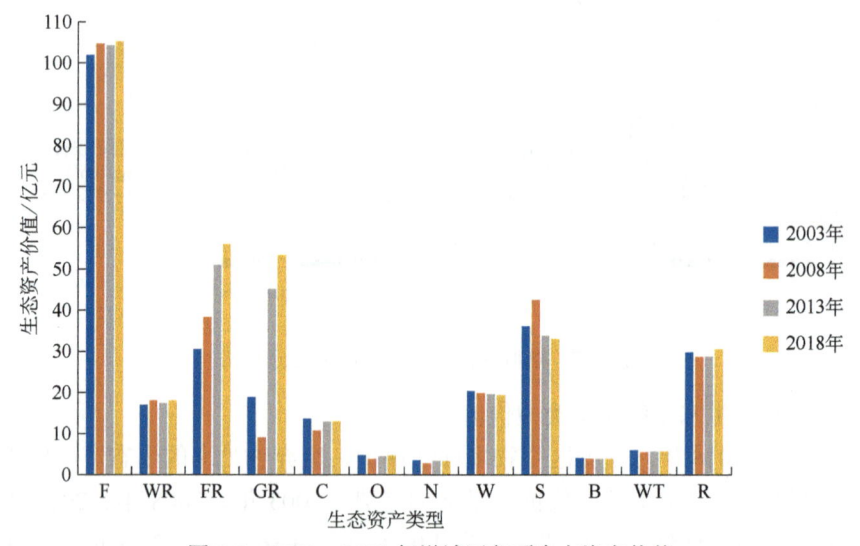

图 7-8　2003~2018 年增城区各项生态资产价值

注：F 表示林地资源；WR 表示水体资源；FR 表示农用地资源；GR 表示草地资源；C 表示气体调节；O 表示有机物质生产；N 表示积累营养物质；W 表示涵养水源；S 表示土壤保持；B 表示生物多样性保护；WT 表示废弃物处理；R 表示休闲娱乐及文化

7.2.3 结论与管理对策

针对增城区生态资产动态评估结果，本书提出以下的相关生态资产管理对策。

1. 自然资源管理

2003~2018 年，增城区各类自然资源价值均增加，尤其是农用地和水体资源价值增加幅度较大，主要是由于技术水平提高，单位面积农产品和水产品的产量随之提升。但增城区的水资源量，尤其是地下水资源量却明显减少，在今后的发展过程中应注意降低水资源的消耗和浪费，提高水资源利用效率。2003~2018 年，增城区自然资源价值占生态资产价值的比例均较高，自然资源价值的重要地位显而易见，在生态资产保育过程中不应忽略自然资源的管理，应对自然资源与生态系统服务实行同步管理。

2. 生态系统服务监管

2003~2018 年，增城区气体调节、涵养水源、保育土壤和废弃物处理的价值下降得最多，林地的这四项生态系统服务单位面积价值相对于其他用地类型较高，因此应尽量增加林地面积比例、丰富林种类型、调整林地结构、提升单位面积林地生态系统服务价值，控制建设用地和交通用地的扩张速度。在增城区生态系统服务管理过程中不仅需注重多种生态系统服务的权衡，还应对增城区进行生态系统服务保护区规划，依据生态功能区的主导功能和保护目标实施相应的规划措施。

3. 生态资产保育

应定期评估生态资产，及时、准确、动态地掌握增城区的生态资产价值，每隔三到五年进行评估，为决策者提供重要参考，能够使其决策更趋于理性。另外，应注重生态资产的价值提升，通过将生态资产转为生态资本来实现其价值。增城区林地资源丰富，可将有经济价值的林种进行深度开发转为生态产品，并带动生态资产保护，以此形成良性循环。对于水域的治理，可通过间接利用途径对生态资产共生功能进行开发，以开发收益反哺生态建设。还可建立生态资产交易市场与制度，让生态资产所有者能够通过转让、租赁、抵押、入股等多种形式进行生态资产使用权交易，实现生态资产的价值最大化。进行增城区生态资产监管与审计，编制生态资产负债表；引入市场机制，创建生态物业管理制度；制定并实施与增城区生态资产相关的规划、政策，并进行统筹管理。

4. 实施生态补偿

首先，应提高生态补偿的实施效率，切实让民众得到补偿和收益，应明确生态补偿的主客体、补偿途径和补偿方式。其次，对于增城区，生态补偿的主要土地利用类型应为林地和水体，补偿客体是北部的自然资源和生态系统服务供给地区，补偿主体是政府以及南部城镇化水平较高的资源和服务输入地区。具体的补偿途径包括政策补偿、资金补偿、技术服务补偿和人才补偿等。其中，资金补偿的标准可依据当地的土地租金或者实施生态建设与保护工程措施前后的居民经济收入差异进行估算。最后，应完善生态补偿组织管理体系，对生态补偿的效果进行定期综合评估。

7.3 广州市增城区生态系统服务动态演变分析

7.3.1 数据来源与研究方法

1. 数据来源

在本书第二章提出的生态系统服务评估基础框架的基础上，本章综合考虑研究区现状、不同生态系统服务的重要性以及数据可获得性，对基础框架进行了适当的调整。本节共选取了包括碳储存、产水量、水质净化、土壤保持、生境质量、食物供给和娱乐机会在内的 7 种生态系统服务进行评估分析。其中，碳储存、产水量、水质净化、土壤保持和生境质量这 5 种生态系统服务通过 InVEST 模型进行空间量化。食物供给服务以产量法来进行计算，而娱乐机会服务则通过 ROS 进行量化。表 7-8 介绍了增城区不同生态系统服务评估过程中各个模型参数的数据获取来源与方法。

表 7-8 增城区生态系统服务评估模型参数的数据来源

数据类型	运用的模型	数据格式	数据来源和描述
土地利用图	InVEST 模型中的碳储存、产水量、水质净化、土壤保持和生境质量模块，ROS	shape 文件格式	2003 年、2008 年、2013 年的增城区土地利用数据来源于广州规划和自然资源局增城区分局的实际调查与解译数据（http://www.mlr.gov.cn/）
数字高程模型	InVEST 模型中的水质净化和土壤保持模块	30m × 30m 栅格	数据来源于地理空间数据云网站（http://www.gscloud.cn/）

续表

数据类型	运用的模型	数据格式	数据来源和描述
气象数据	InVEST模型中的碳储存、产水量和水质净化模块	shape文件格式	所有气象数据，如各个站点的年均降水量、气温主要来源于国家气象科学数据共享服务平台（http://data.cma.cn/）。潜在蒸散量数据主要来源于全球干旱和蒸散量数据库（Global Aridity and PET Database, www.csidotinfo.wordpress.com/data/global-aridity-and-pet-database/）
土壤属性	InVEST模型中的产水量、水质净化和土壤保持模块	shape文件格式	土壤属性数据，包括土壤深度、黏粒含量、粉粒含量、砂粒含量、有机质物碳含量和土壤容重均来源于世界土壤信息数据库（World Soil Information Database, www.soilgrids.org）
降雨侵蚀力	InVEST模型中的土壤保持模块	30m×30m栅格	主要来源于国家地球系统科学数据共享服务平台（http://www.geodata.cn/）
作物生产	食物供给模型	30m×30m栅格	各类作物面积和产量数据主要从增城区农业农村局获得

2. 土地利用分类

依据《城市用地分类与规划建设用地标准》对广州市规划和自然资源局增城区分局实地调查绘制的矢量图进行重新分类汇总，将 28 个小类归纳到 7 个大类（表 7-9），重新分类后的土地利用类型包括林地、草地、农用地、水体、建设用地、交通用地和未利用土地。

表 7-9　增城区土地利用分类和描述

土地利用类型	描述
林地	落叶林、常绿树林、灌木林地以及混合林地
草地	天然草地、人工草地
农用地	果园、旱地、水田
水体	湖泊、河流、水库、池塘、沼泽和湿地
建设用地	住宅用地、商业用地、工业用地、公共服务用地、其他特殊用途土地包括监狱、教堂
交通用地	公路、铁路、机场和港口码头
未利用土地	裸地、沙地、其他未利用土地

3. 生态系统服务评估方法

1）碳储存

采用 InVEST 模型中的碳储存模块进行增城区碳储存评估，其空间栅格分辨率为 30 m×30 m。不同土地利用类型单位面积的碳储存主要来源于之前的本地研究结果或相似地区的研究结果（表 7-10）。

表 7-10　增城区每种土地利用类型单位面积碳储存

（单位：t/hm²）

土地利用类型	地上	地下	土壤有机碳	死亡有机物质	总计
林地	44.8	128.6	140.5	46.1	360.0
草地	35.3	86.5	99.9	2.0	223.7
农用地	22.4	80.7	108.4	5.0	216.5
水体	0.0	0.0	119.0	0.0	119.0
建设用地	1.9	50.2	94.2	0.0	146.3
交通用地	0.0	0.0	76.5	0.0	76.5
未利用土地	20.6	70.3	97.7	0.0	188.6

2）产水量

产水量模块中，30 m 分辨率的降水量栅格数据是通过对相应年份各个气象站点的降水量进行反距离权重插值得到的。土壤限制层深度主要依据实地调研、当地农业局资料，以及对全球干旱和蒸散量数据库下载结果进行修正得到的数据。

3）水质净化

InVEST 模型中的水质净化模块，主要通过相关文献资料（白杨等，2013；Fu et al.，2014）与专家咨询确定增城区的蒸散系数和污染物输出系数（表 7-11）。

表 7-11　增城区水质净化模块中各参数生物物理属性表

土地利用类型	Lucode	Kc	root_depth/mm	load_n	eff_n	load_p	eff_p	LULC_veg
林地	1	1.00	7000	1.800	0.75	0.011	0.75	1
草地	2	0.65	2600	11.000	0.40	1.500	0.40	1
农用地	3	0.65	2100	11.000	0.25	3.000	0.25	1
水体	4	1.00	1000	0.001	0.05	0.001	0.05	0
建设用地	5	0.30	500	7.500	0.05	1.300	0.05	0
交通用地	6	0.10	100	0.010	0.05	0.005	0.05	0
未利用土地	7	0.50	500	4.000	0.05	0.050	0.05	1

注：Lucode 为代表土地类型的唯一整数值；Kc 为每种土地利用类型的植被蒸散系数；root_depth 为土地利用为植被类型的最大根系深度；load_n（and/or load_p）为每种土地利用类型的营养盐载荷，其中，_n 表示氮元素，_p 表示磷元素；eff_n（and/or eff_p）为每种土地利用类型对营养盐的最大净化能力；LULC_veg 中具有植被的土地利用类型为 1（湿地除外），其他的土地类型为 0，如建设用地、水体等。

4）土壤保持

对于 InVEST 模型中的土壤保持模块，通过修正类似地区的相关文献来确定增城区植被覆盖管理因子和土壤保持因子（表 7-12）。土壤可蚀性因子是通过 EPIC 计算得到的。

表 7-12　增城区土壤保持模块中各参数生物物理属性表

土地利用类型	Lucode	usle_c	usle_p
林地	1	0.006	1
草地	2	0.001	0.8
农用地	3	0.031	0.4
水体	4	0	0
建设用地	5	0	0
交通用地	6	0	0
未利用土地	7	0.01	0.9

注：Lucode 为代表土地类型的唯一整数值；usle_c 为表示 USLE 中的植被覆盖和管理因子；usle_p 为表示 USLE 中的土壤保持因子

5）生境质量

对于 InVEST 中的生境质量模块，增城区农用地和建设用地对自然生境的威胁方式设置为指数型规律递减，而交通用地对自然生境的威胁方式则设置为线性规律递减。土地覆被对于不同威胁的敏感性是依据之前的相关研究结果确定的。

6）娱乐机会

对于增城区，ROS 中增城区不同土地覆被类型的自然度值分别是：有林地为 7，灌木林地为 6，其他林地为 7，风景名胜区为 6，草地为 5，内陆滩涂为 5，河流水面为 4，水库水面为 4，沟渠为 3，坑塘水面为 3，茶园为 3，果园为 3，旱地为 2，水田为 3，田坎为 3，水浇地为 3，设施农用地为 2，其他园地为 2，村庄为 2，建制镇为 1，城市为 1，港口码头用地为 1，机场用地为 1，公路为 1，农村道路为 1，水工建筑用地为 1，铁路为 1，裸地为 1，采矿用地为 1。

7）食物供给

采用单位面积产量法对增城的谷物、蔬菜和水果产量进行核算。其中，表 7-13 汇总了 2003 年、2008 年、2013 年增城区各个乡镇单位面积谷物、蔬菜和水果产量。表 7-14 汇总了增城区各个乡镇谷物、蔬菜和水果种植面积所占的比例。

8）综合生态系统服务

利用层次分析法来确定增城区不同生态系统服务的权重值（表 7-15）。对于增城区，其主要的生态环境问题是整个地区的河流水质污染问题。另外，北部地区的土壤流失问题也比较严重。与其他生态系统服务相比，这两项生态系统服务对增城区城市可持续发展有着更加重要的影响。随着人们生活水平的提升，旅游和休闲也成为居民提高生活品质的方式。增城区作为广州市的重要生态旅游区，其娱乐机会对该地区的发展也起着十分重要的作用。因此，增城区的水质净化（氮输出和磷输出）、水土流失（泥沙输出）和娱乐机会这三项生态系统服务所占的权重值较大。

表 7-13 2003 年、2008 年、2013 年增城区各个乡镇单位面积谷物、蔬菜和水果产量

（单位：kg/hm²）

项目	年份	派潭镇	正果镇	小楼镇	中新镇	朱村街	荔城街	增江街	石滩镇	新塘镇
谷物	2003	3 928	4 021	3 792	4 028	4 011	4 125	4 067	3 992	3 824
	2008	4 214	4 132	4 131	4 245	4 464	4 394	4 231	4 349	4 064
	2013	5 214	5 113	5 112	5 252	5 523	5 437	5 235	5 381	5 028
蔬菜	2003	20 558	18 746	32 580	21 887	23 520	20 854	22 398	23 573	21 082
	2008	22 079	19 049	33 088	22 259	24 854	23 249	24 839	27 464	24 704
	2013	24 502	21 140	36 720	24 702	27 582	25 801	27 565	30 478	27 415
水果	2003	3 986	2 977	2 542	4 066	2 095	3 058	2 297	3 570	3 276
	2008	5 321	3 563	3 243	5 096	2 666	3 765	2 834	4 878	4 060
	2013	8 644	5 789	5 269	8 279	4 331	6 117	4 605	7 925	6 596

表 7-14 增城区各个乡镇谷物、蔬菜和水果种植面积所占的面积比例（%）

项目	派潭镇	正果镇	小楼镇	中新镇	朱村街	荔城街	增江街	石滩镇	新塘镇
谷物	44.75	44.99	48.95	21.08	16.94	44.13	46.39	12.80	7.90
蔬菜	31.82	19.22	33.95	31.85	70.61	40.17	27.80	76.85	68.03
水果	23.43	35.79	17.10	47.07	12.45	15.70	25.80	10.35	24.08

表 7-15 增城区不同生态系统服务指标的权重值

指标	碳储存	产水量	氮输出	磷输出	泥沙输出	生境质量	娱乐机会	谷物产量	蔬菜产量	水果产量
权重	0.1206	0.0764	0.1009	0.0866	0.1524	0.1478	0.1734	0.0531	0.0453	0.0435

7.3.2 研究结果

1. 2003~2013 年广州市增城区土地利用变化

图 7-9 显示了 2003~2013 年增城区土地利用空间格局，林地和农用地是增城区的两大土地利用类型，而草地和未利用土地所占的比例最小。北部地区主要被农用地和林地所覆盖，中西部地区则主要是农用地，中东部地区主要是建设用地，是增城区城市中心。南部地区，尤其是西南地区距离广州市中心最近，城市化程度较高，建设用地和交通用地是这个地区的主要用地类型。

(a) 2003年　　　　　(b) 2008年　　　　　(c) 2013年

土地利用类型
■ 林地　　■ 农用地　　■ 建设用地　　■ 未利用土地
■ 交通用地　■ 水体　　■ 草地

图 7-9　2003~2013 年增城区土地利用空间格局

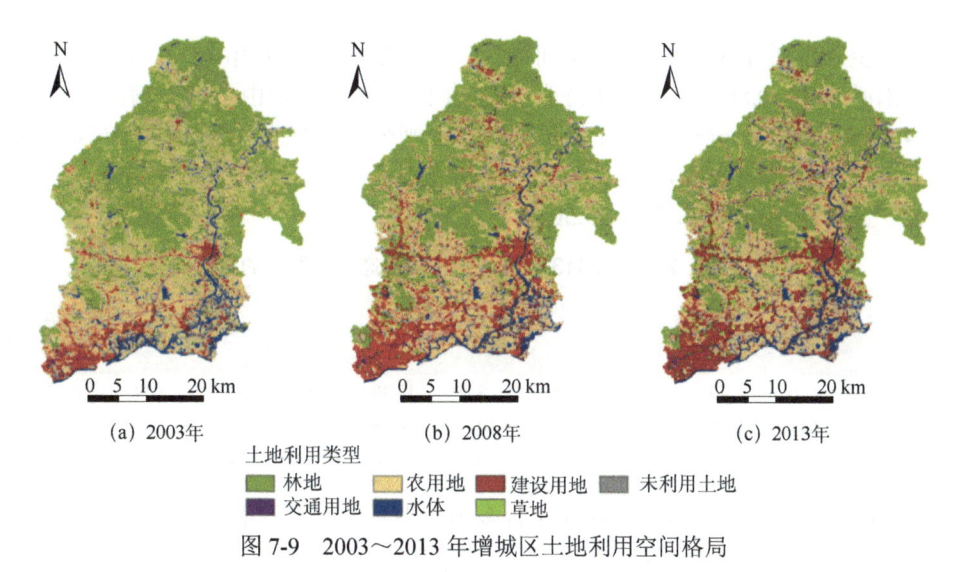

2003~2013 年，增城区林地、草地、建设用地和交通用地均有增加，其中建设用地和交通用地扩张的幅度最大，分别扩张了 106%和 129%，而水体、农用地和未利用土地则全部减少，尤其是农用地减少得最多。表 7-16 显示了 2003~2013 年增城区所有乡镇不同土地利用类型的变化，所有乡镇的建设用地和交通用地均增加，大部分乡镇的农用地面积减少。其中西南部的新塘镇建设用地和交通用地增加得最多，农用地减少得最多。对于林地而言，中部地区的荔城街和中新镇增加得最多，小楼镇的林地面积减少得最多。除派潭镇以外，其余乡镇的草地和未利用土地均没有显著变化。对于水体而言，荔城街增加得最多，新塘镇减少得最多。

表 7-16　2003~2013 年增城区所有乡镇不同土地利用类型的变化

（单位：hm²）

项目	派潭镇	小楼镇	正果镇	中新镇	朱村镇	荔城街	增江街	石滩镇	新塘镇
林地	−441	−1563	932	1265	−995	1408	879	−592	396
草地	−3	−38	−29	52	−27	−14	2	−85	257
农用地	−957	−581	−1499	−2282	36	−2877	−897	−1288	−4215
水体	−35	94	−286	180	406	591	−661	−332	−974
建设用地	1094	1592	553	586	339	668	544	2062	3749
交通用地	508	498	352	228	243	206	142	227	823
未利用土地	−166	−2	−23	−29	−2	18	−9	8	−36

2. 2003~2013 年广州市增城区不同生态系统服务变化

表 7-17 展示了 2003~2013 年增城区不同生态系统服务的指标值。碳储存在 10 年间减少了 2.16%。产水量主要受降水量的影响，在 10 年间先增加

后减少。水质净化服务在 10 年间提升，主要是由于氮输出减少了 6.39%，磷输出减少了 10.86%。土壤保持服务 10 年间变差，这是由于泥沙输出增加了 24.89%。生境质量和娱乐机会服务指标值则分别降低了 4.23% 和 6.56%。对于食物供给服务来说，蔬菜和水果产量分别增加了 32.95% 和 68.06%，而谷物产量则在 10 年间减少了 23.50%。

表 7-17　2003~2013 年增城区不同生态系统服务的指标值

年份	碳储存/10^7t	产水量/10^9m³	氮输出/10^6kg	磷输出/10^5kg	泥沙输出/10^4t	生境质量/10^5	娱乐机会/10^5	谷物产量/10^5t	蔬菜产量/10^5t	水果产量/10^5t
2003	4.16	2.40	9.55	2.21	8.80	10.40	5.79	2.00	8.74	0.72
2008	4.12	3.85	9.25	2.06	19.21	9.86	5.57	1.43	9.24	0.70
2013	4.07	2.97	8.94	1.97	10.99	9.96	5.41	1.53	11.62	1.21

图 7-10 显示了 2003~2013 年各乡镇生态系统服务占增城区的比例。碳储

指标	年份	PT	ZG	XL	ZX	ZC	LC	ZJ	ST	XT
碳储存	2003	21	17	9	15	7	8	5	7	12
	2008	21	17	9	15	6	7	5	7	12
	2013	21	17	9	15	6	7	5	7	12
产水量	2003	19	15	8	15	6	8	6	10	13
	2008	20	16	9	14	6	8	5	8	13
	2013	20	16	9	14	6	8	5	9	14
氮输出	2003	14	12	7	14	7	9	6	12	20
	2008	14	12	7	14	7	9	5	12	19
	2013	14	12	8	13	7	9	5	12	19
磷输出	2003	12	11	7	13	7	9	6	13	21
	2008	12	11	7	13	8	10	6	14	20
	2013	12	11	7	13	8	10	6	14	19
泥沙输出	2003	47	18	8	11	4	5	3	0	3
	2008	49	17	8	11	4	4	3	0	3
	2013	39	20	9	12	5	7	4	1	4
生境质量	2003	22	17	9	15	6	7	5	8	10
	2008	23	18	9	16	6	7	5	8	9
	2013	23	18	9	16	6	7	5	8	9
谷物产量	2003	21	17	12	9	5	15	9	6	6
	2008	17	9	15	14	8	9	4	17	13
	2013	20	16	20	10	5	10	5	11	2
蔬菜产量	2003	8	4	5	8	10	8	5	25	29
	2008	10	2	5	6	11	5	5	37	19
	2013	8	3	11	8	13	5	2	42	8
水果产量	2003	14	12	5	20	3	4	2	7	28
	2008	14	11	6	27	3	3	2	11	23
	2013	17	14	7	33	3	4	3	12	6
娱乐机会	2003	31	20	9	15	5	5	4	6	6
	2008	32	20	9	15	5	4	5	5	6
	2013	31	20	9	15	5	5	4	5	6

比例/%
[0, 5)
[5, 10)
[10, 15)
[15, 20)
[20, 100)

图 7-10　2003~2013 年各乡镇生态系统服务占增城区的比例
注：PT（派潭镇）、ZG（正果镇）、XL（小楼镇）、ZX（中新镇）、ZC（朱村街）、LC（荔城街）、ZJ（增江街）、ST（石滩镇）以及 XT（新塘镇）

存、水供给、生境质量和娱乐机会主要由北部地区，尤其是派潭镇和正果镇提供。南部地区的新塘镇氮和磷输出所占比例均很大，主要是由于硬化地表污染物载荷量大，并且低的植被覆盖度会导致水质净化能力削弱。水土流失很大的比例发生在北部地区的派潭镇，食物供给的空间分布规律与其他生态系统服务不同，谷物产量主要由北部地区提供，尤其是派潭镇；蔬菜产量则主要由南部地区供给，尤其是石滩镇；而水果产量主要由中部地区，尤其是中新镇提供。

2003～2013 年，增城区各乡镇不同生态系统单位面积生态系统服务供给如图 7-11 所示。单位面积的碳储存与植被覆盖的空间分布格局相似，均是由北到南减少。2003～2013 年，增城区单位面积产水量的变化与降水量基本一致，均是先增加后减少。尽管北部地区的植被覆盖度高，蒸散量较大，但是这一区域的降水量很大，因此单位面积产水量仍旧高于南部地区。对于水质净化服务，北部地区的单位面积氮输出和单位面积磷输出均低于南部地区，因此北部地区的水质净化服务优于南部地区。南部地区由于农用地比例比较高，持续的农业活动造成了严重的污染物输出。此外，南部地区，尤其是西南地区的建设用地和交通用地比例比较高，其污染物载荷也高于其他土地利用类型。但是北部地区经历着比较严重的土壤流失，其泥沙输出高于南部地区，北部山区的坡度较陡，降水量更大，因此造成了更严重的降雨侵蚀和水土流失。其中，2008 年的水土流失最为严重，主要是由这一年的强降雨造成的。北部地区的生境质量优于南部地区，主要是由于北部地区的植被覆盖度较高，因此生境破碎度也小。娱乐机会也是由北到南逐渐降低，增城区的自然景观主要分布在北部地区。食物供应受很多因素的影响，如气候、土壤质地、农业技术和管理措施等。增城区单位面积谷物、蔬菜和水果产量在 10 年间均增加，不同乡镇单位面积的谷物产量没有明显的变化，小楼镇单位面积的蔬菜产量高于其他乡镇，派潭镇和中新镇的单位面积水果产量高于其他乡镇。

3. 2003～2013 年广州市增城区综合生态系统服务变化

通过对 2003～2013 年各个生态系统服务在栅格尺度上进行标准化，然后依据各自的权重计算综合生态系统服务指数。这 10 年间，增城区的综合生态系统服务指数降低，2003 年的综合生态系统服务指数为 0.49，2008 年的综合生态系统服务指数为 0.50，2013 年的综合生态系统服务指数为 0.47。图 7-12 展示了 2003～2013 年增城区综合生态系统服务空间分布及其变化。北部地区的综合生态系统服务指数普遍较高，南部地区的新塘镇和中部地区

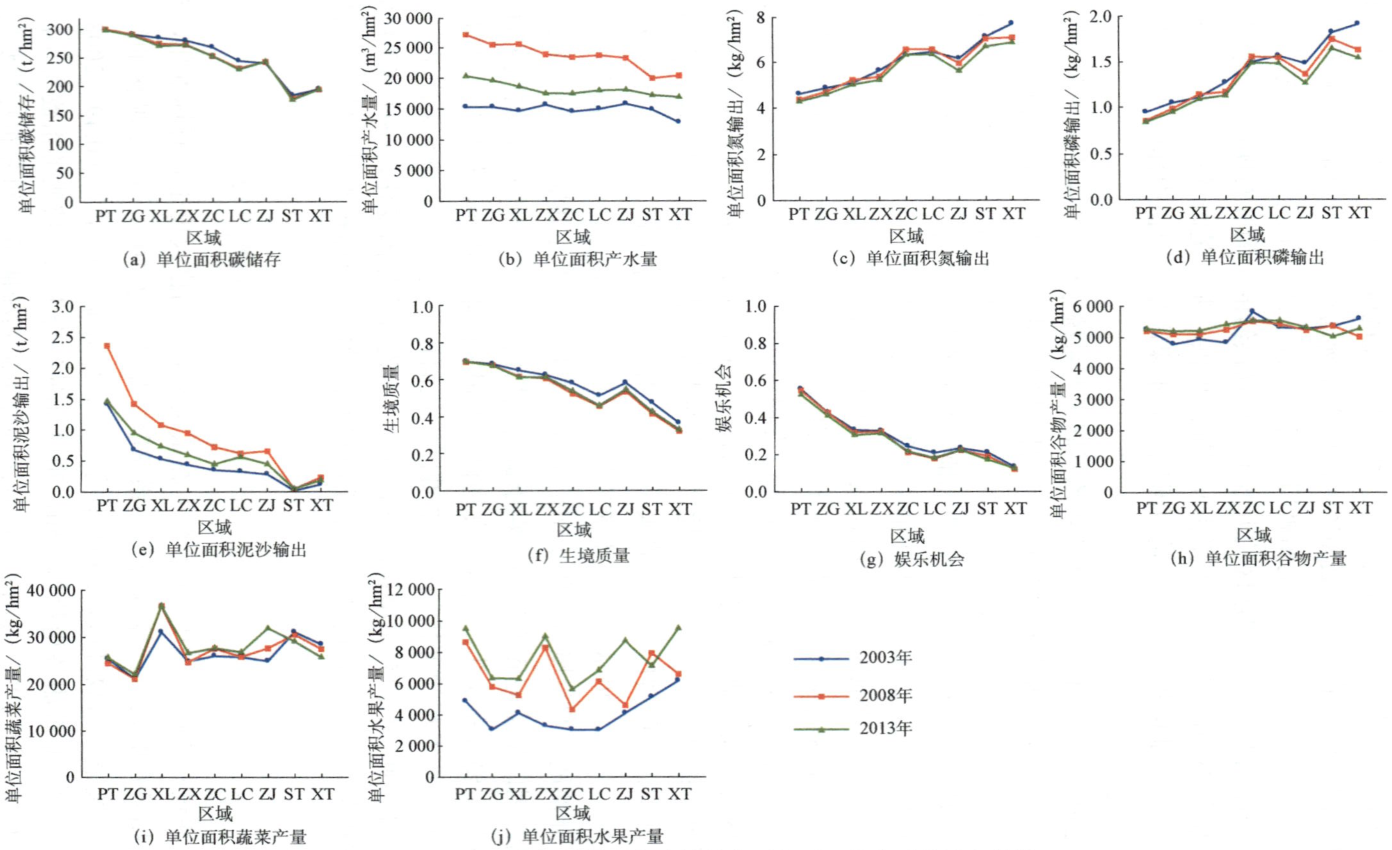

图 7-11 2003~2013 年增城区各乡镇单位面积不同生态系统服务供给

注：PT（派潭镇）、ZG（正果镇）、XL（小楼镇）、ZX（中新镇）、ZC（朱村镇）、LC（荔城街）、ZJ（增江街）、ST（石滩镇）以及 XT（新塘镇）

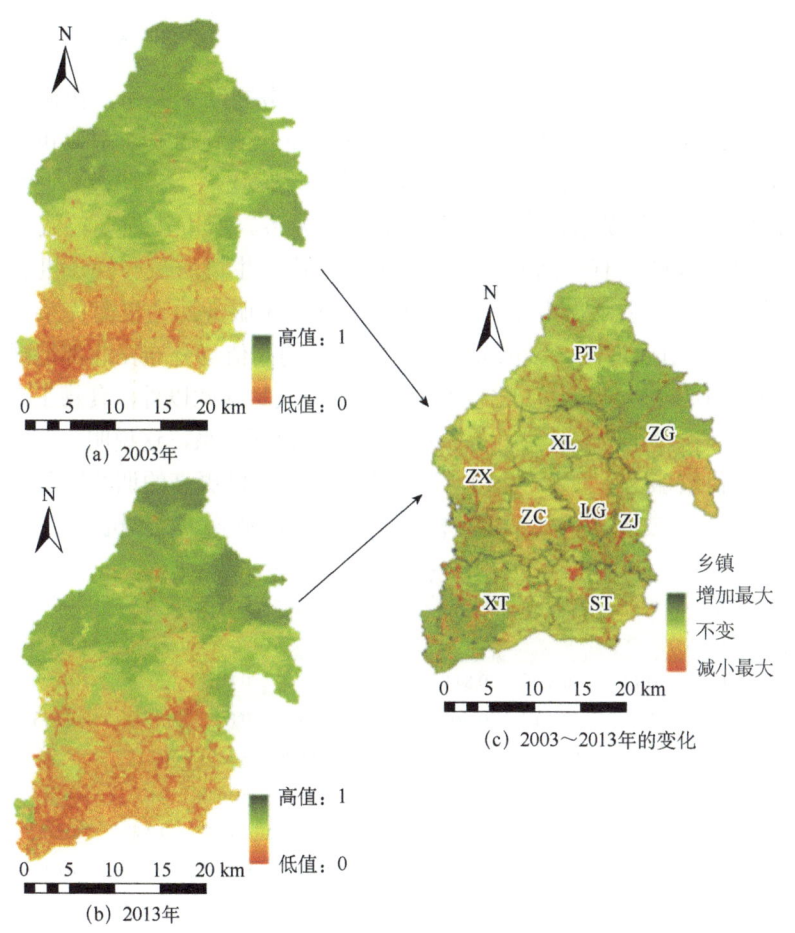

图 7-12　2003～2013 年增城区综合生态系统服务空间分布

注：PT（派潭镇）、ZG（正果镇）、XL（小楼镇）、ZX（中新镇）、ZC（朱村街）、LC（荔城街）、ZJ（增江街）、ST（石滩镇）以及 XT（新塘镇）

的荔城镇综合生态系统服务指数较低。过去的 10 年间，新塘镇的综合生态系统服务升高，主要是由于农田减少，植被覆盖度增加，因此水质净化服务提升。北部地区的正果镇综合生态系统服务指数也有所提升，这个地区 10 年间未利用土地减少，植被覆盖度增加，因此土壤流失减少，娱乐机会有所提升。但是，所有乡镇的交通网络都变得更加密集，导致综合生态系统服务指数降低。此外，中部地区，尤其是荔城镇和朱村镇的综合生态系统服务大幅下降，这两个乡镇快速的建设用地扩张导致碳储存、生境质量和娱乐机会均降低。

4. 广州市增城区不同生态系统服务情景模拟与权衡分析

利用相关性分析可以确定不同生态系统服务之间的关系，在栅格尺度上对两两生态系统服务分别进行相关性分析，并且得到相关性系数和显著性结果（表7-18）。碳储存、产水量、水质净化（氮输出、磷输出）、生物多样性（生境质量）以及娱乐机会之间均是正相关关系。城市化程度较低、植被覆盖度较高的区域具有较高的碳储存、水质净化、生境质量和娱乐机会。相反地，除食物供给之外，土壤保持与其他生态系统服务均为权衡关系（负相关关系）。这是由于增城区大部分生态系统服务的高值均分布在北部地区，但是这些地区的坡度较陡造成了比较严重的水土流失。除此以外，食物生产与碳储存、水质净化、生物多样性和娱乐机会均存在权衡关系，这说明一个区域能提供更高的供给服务（食物供给），但并不能同时提供更高的调节服务（碳储存和水质净化）、支持服务（生物多样性）以及文化服务（娱乐机会）。

表7-18 增城区多种生态系统服务相关性分析

指标	碳储存	产水量	氮输出	磷输出	泥沙输出	生境质量	娱乐机会	谷物产量	蔬菜产量	水果产量
碳储存	1	0.773**	−0.858**	−0.844**	0.839**	0.916**	0.851**	−0.576**	−0.801**	−0.680**
产水量		1	−0.731**	−0.694**	0.834**	0.768**	0.862**	0.504	−0.613**	−0.197
氮输出			1	0.980**	−0.792**	−0.895**	−0.891**	0.622**	0.758**	0.671**
磷输出				1	−0.790**	−0.812**	−0.847**	0.652**	0.823**	0.782**
泥沙输出					1	0.785**	0.830**	0.280	−0.661**	−0.177
生境质量						1	0.892**	−0.657*	−0.626**	−0.614*
娱乐机会							1	−0.629**	−0.665**	−0.536**
谷物产量									—	—
蔬菜产量										
水果产量										

** $p<0.01$；* $p<0.05$

将2013年设置为基础情景，根据相关性分析的结果，气候调节、水供给、水质净化、生物多样性以及娱乐机会均是协同关系。为了提升这些生态系统服务，本章设计了林地缓冲带情景，增城区政府一直致力于生态廊道工程建设，其中包括设置绿地缓冲带和高速路绿化缓冲带（http://www.zengcheng.gov.cn/）。相关性分析也证实增城区大部分生态系统服务较高的地区往往水土流失更严重。为了减少水土流失，本章设计了水土保持情景来响应退耕还林政策，这项政策旨在将坡度较高地区的农田恢复为林地植被。此外，增城区食物生产服务也需要增加，农业扩张情景被设计用来提升食物生产服务。依据以上的措施，本章设计了综合发展情景来平衡不同的生态系统服务。表 7-19 显示了不同的替代情景和对应的土地利用变化。

表 7-19　增城区不同替代情景设计及其土地利用变化

情景	描述	主要土地利用变化
林地缓冲带情景	水体，包括河流、水库、湖泊等周围 100m 的农用地和未利用土地转化为林地缓冲带。同时高速路、公路和铁路两旁 50 m 内的农用地和未利用土地均转化为林地缓冲带。林地缓冲带的宽度是基于增城区的土地利用现状和中国其他城市的林地缓冲带实践经验参考设置的	林地增加了 6.2%，农用地减少了 6.1%
土壤保持情景	坡度大于 15°的农用地和未利用土地均转化为林地。之前的研究证明，陡坡更容易引起水土流失，尤其是坡度大于 15°时（白杨等，2013）	林地增加了 4.8%，农用地减少了 4.6%
农业扩张情景	坡度小于 6°的林地和未利用土地均转化为农田，由于平地更适合农业种植活动。在这种情景中，不改变城市中心、广场、公园、景区以及自然保护区等地的林地和未利用土地	林地减少了 20.1%，农用地增加了 25.5%
综合发展情景	林地缓冲带的设置与林地缓冲带情景相同，同时与土壤保持情景相同，坡度大于 15°的农用地和未利用土地均转化为林地。此外，与农业扩张情景类似，坡度小于 6°的林地和未利用土地均转化为农用地	林地减少了 14.5%，农用地减少了 18.1%

评估结果表明，林地缓冲带情景和土壤保持情景的综合生态系统服务指数均为 0.49，相比于基础情景（0.47）有所提升。但是，农业扩张情景和综合发展情景的综合生态系统服务指数分别为 0.43 和 0.46，均低于基础情景。图 7-13 显示了不同替代情景下各种生态系统服务相比于基础情景的变化比例。相比于基础情景，林地缓冲带情景和土壤保持情景在气候调节、水质净化、土壤保持、生境质量和娱乐机会方面均有所提升。其中，气候调节、水质净化、生境质量和娱乐机会的提升主要分布在增城区中部和南部地区，土壤保持的提升则主要分布在北部地区。但这两种替代情景在食物生产方面相对于基础情景却减少。相比于基础情景，农业扩张情景和综合发展情景在食物供应方面有所提升，但是在其他生态系统服务方面都表现较差。在农业扩张情景和综合发展情景中，北部地区的大部分生态系统服务比南部地区降低很多。对于所有替代情景，林地缓冲带情景在娱乐机会服务上提升最多，提升了 16%，土壤保持情景在土壤保持服务方面提升得最多，提升了 8%。农业扩张情景在食物生产方面提升得最多，谷物、蔬菜和水果产量分别提升了 22%、22%和 37%，但是除了食物供给，该情景在其他服务方面均表现得最差。此外，尽管不同的生态系统服务在综合发展情景下比较平衡，但是该情景的综合生态系统服务相比于基础情景有所减少。

图 7-13 增城区不同替代情景下多种生态系统服务的权衡

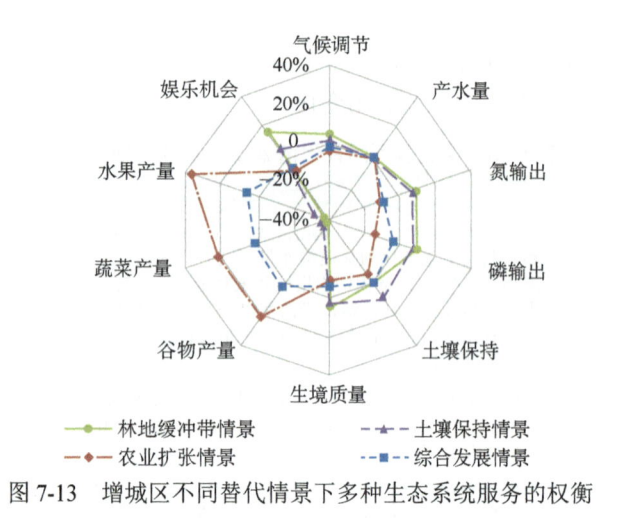

7.3.3 结论与管理对策

最佳的城市土地规划管理需要综合考虑所有目标的价值，将生态系统服务整合到城市规划和管理实践中是一项巨大的挑战。2003~2013 年，增城区的人工用地，包括建设用地和交通用地分别增加了 100%和 124%。人工用地的快速扩张造成了碳储存、生境质量以及娱乐机会的下降。截止到 2013 年，增城区的人工用地占总面积的 15%，仅分别提供了 8%的碳储存、7%水质净化、3%的生境质量和 3%的娱乐机会。相比于人工用地，单位面积的生态用地，包括林地、草地和水体可以提供更多的生态系统服务。因此，增城区的人工用地扩张应该得到有效控制，特别是在南部地区。2003~2013 年，增城区的人均建设用地面积从 112 m² 增加到 223 m²。因此在未来的城市规划中，应集约利用土地，提升土地的利用效率。新规划的城市扩张区域中应保持一定比例的生态用地，从而促进城市生态系统的多功能、可持续与活力。增城区还应控制不同土地利用的比例，实施政府提出的"生态保护红线"政策。

在未来的城市规划中，规划者和决策者还应制定相应的土地利用优化策略以及生态工程措施来提升增城区的生态系统服务。

（1）增城区北部综合生态系统服务高于其他地区，但该地区地形陡峭、降水量大，因此遭受了更严重的土壤流失。土壤保持情景可以显著改善土壤保持服务，尤其是北部地区。因此对于增城区，特别是北部地区，应该实施"退耕还林"政策，在陡坡和水土流失严重的地区进行植树造林。森林砍伐活动应该在排水性良好的平坦地带进行。此外，农民和土地管理者还可以使用枯枝落叶覆盖农作物，以此来减少水土流失。

（2）由于人工用地的快速扩张，增城区中部地区综合生态系统服务指数在10年间下降。促进建设用地的高效、集约化利用有助于改善当地的气候调节服务、生境质量和娱乐机会。此外，研究表明林地缓冲带情景可以有效地改善综合生态系统服务，尤其是在娱乐机会方面（Ribeiro & Barão, 2006）。中部地区作为增城区的文化和娱乐中心，应继续实施"生态廊道建设"工程，即在河岸和高速公路缓冲区种植绿化带。这一措施不仅提高了生境质量，而且为公众娱乐和教育提供了新的机会与价值。

（3）增城区的南部地区在气候调节、水质净化，生境质量和娱乐机会方面均表现很差。增城区的工业主要分布在这个地区，截止到2013年，该地区人工用地所占比例已达到40%。因此，这个区域的碳储存相对较低，而碳排放却相对高。规划者不仅需要控制建设用地的扩张、保证一定的生态用地比例，同时应该实施一些对应的低碳政策，如使用可再生能源、增加能源利用效率、减少碳排放强度等。对于水质净化服务，本节的替代场景分析表明在河岸带地区进行植被恢复是一种有效改善水质净化服务的方法，这是由于林地缓冲带为水域提供了重要的生态保护屏障。此外，发展低污染、低消耗的绿色产业，采用新的污水处理技术，以及减少使用杀虫剂等农业污染物都是提升水体质量的有效途径。对于生境质量，可通过丰富植物种类、减少景观破碎度、加强生态廊道连通性等来丰富生物多样性。目前，国内许多省份已经实施了"生态功能分区"政策，旨在建立自然保护区，进行生物多样性保护。因此，增城区未来的城市规划也应该实行"生态功能分区"政策。对于娱乐机会，人们更倾向于到水体周围的自然区域休闲娱乐，因此应该保障可供休闲的水域周围有足够的绿道或绿地分布，同时对于水体的质量、连通性等应该进行适宜规划，还应该根据人口居住密度和空间分布情况合理规划公园和蓝绿空间的布局，提高居民到休闲娱乐场所的可达性。

对于产水量服务，研究中的不同替代情景并没有明显变化。2013年，增城区的水供给工程共处理和提供了 $1.12 \times 10^9 \mathrm{~m}^3$ 水量，其中98.8%来自地表水。2013年，增城区的总用水量为 $2.54 \times 10^8 \mathrm{~m}^3$（www.swj.gz.gov.cn/）。因此，增城区的水资源相对丰富，足以提供居民用水。对于食物供给，2013年增城区的谷物、蔬菜和水果产量分别为 $1.19 \times 10^5 \mathrm{~t}$、$8.37 \times 10^4 \mathrm{~t}$ 和 $4.10 \times 10^4 \mathrm{~t}$（http://tongji.cnki.net/kns55/）。因此，在基础情景、农业扩张情景和综合发展情景中，食物生产均可以满足当地居民的需求。但是，在林地缓冲带情景和土壤保持情景下，谷物生产并不足以支撑当地居民的消耗。虽然林地缓冲带情景和土壤保持情景的综合生态系统服务指数均很高，但这两种情景以减少食物生产为代价来提升大部分的生态系统服务。为了维持较高的综合生态系统服务，并同时满足当地居民的生活需求，增城区应该增加谷物种植的比例。此外，在不影响其他生态系统服务和不增加额外的土地利用消耗前提下，应实施农业可持续发展战略，如改善作物品种、优化施肥、实施秸秆还田、发展先进的农业机械以及发展有效灌溉技术等。

7.4 广州市森林生态资产综合质量评价

7.4.1 广州市生态资产概况

1. 广州市生态系统服务价值

1975~2015年，广州市生态系统服务价值总量随着时间的推移呈现增—减—增—减的变化过程，1975~1995年在增长，1995~2005年在减少，2005~2010年在增长，2010~2015年在减少。这40年来，水体和建设用地的生态系统服务价值总体增长，而林地、草地、未利用土地（裸地）和农用地的生态系统服务价值总体在减少。建设用地生态系统服务价值分布区的扩张日渐成为影响其他地类生态系统服务价值分布区时空演变的重要因素。

不同生态系统服务类型，变动状况也有所差异。1980~2015年，供给服务价值降低约10.2%，调节服务价值升高约0.3%，支持服务价值降低约7.3%，文化服务升高约28.4%，总价值降低约0.7%。研究期内，不同类型生态系统服务价值在时间维度上的变动趋势有所不同，供给服务价值和支持服务价值变动趋势为持续下降，文化服务价值变动趋势则为持续上升，而调节服务价值与总服务价值变动趋势一致。

2. 土地利用类型与生态资产的关系

以广州市增城区为例，增城区2014年生态资产价值总量为5.869×10^9元，平均单位面积生态资产价值为340.15万元/km²。对土地利用类型与生态资产关系的分析表明，林地生态系统具有最高的生态资产价值，区域林地生态系统的总价值为4.13×10^9元。其次是农用地生态系统，生态资产价值为1.16×10^9元。水体生态系统以及建设用地的生态资产较低，分别为2.9×10^8

元、2.21×10⁸元。草地和未利用地由于所占面积要小、生态系统的服务功能较弱等原因，生态资产价值最低，分别为 2.7×10⁷元、3.97×10⁷元。从单位面积生态资产价值量上看，各土地利用类型的生物量高低与单位面积生态资产价值大小成正比例关系，生物量越大，单位面积生态资产价值量越大。

从不同类型生态系统的资产价值占比来看，林地生态系统的资产价值占比最大，达到了 70.41%（图 7-14）。其次是农用地生态系统，其资产价值占比为 19.74%，这两类生态系统的资产价值占区域生态资产价值的绝大部分。水体和建设用地生态系统的生态资产价值占比较小，分别为 4.95% 和 3.77%。未利用地和草地生态系统的价值相比均不足 1%。水体的生态资产密度是比较大的，但是由于其面积很小，所以资产总量及占比均较小。建设用地面积虽大，由于其生态资产密度较小，所以生态资产总量也较小。未利用地和草地的生态资产密度较小且面积小，生态资产的总量很小。

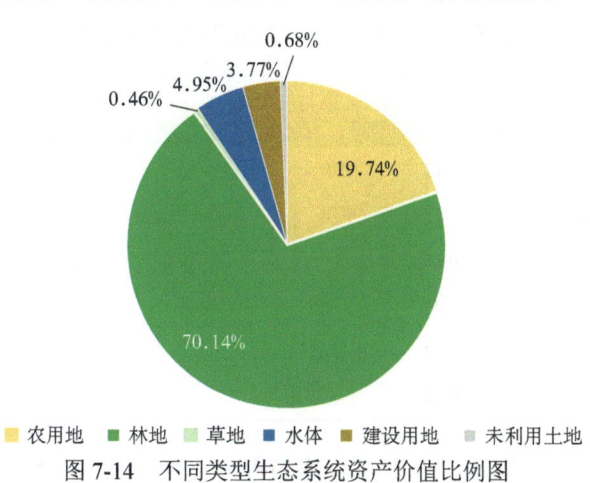

图 7-14　不同类型生态系统资产价值比例图

注：建设用地包含交通用地

增城区总体经济水平较高，且经济发展方式极具特色。其在发展过程中充分结合并注意到了内部方向的协调一致性和外部条件的系统性。在协调内部发展方面，增城在发展过程中基于本区的南部、中部、北部的不同自然条件、社会经济发展水平、区位条件等情况，形成了三区有差别但总体互补的经济发展模式。这一模式使得增城区内部各区块走上了一条积极的良性发展的路径；同时，增城区也明确了在广州市乃至"珠三角"城市群的区位条件等，明确自身的发展必须与大城市中心区及其他边缘区有差异且有互补性，并在发展中不断利用本区所具有的各类优势禀赋，将一些区域优势产业和地带作为重点战略方向，形成了本区多样的经济增长途径。

更为重要的是，在促进经济又好又快发展的同时，增城区的生态环境质量整体处于一个较高的水平。目前，增城区因其绿水青山、丰富的历史文化等特色，成为珠江三角洲地区的一个生态经济协调发展典型区域，为广州市的社会经济发展提供了重要的绿色屏障作用。

7.4.2 广州市森林生态资产综合质量评价

根据2019年广东省森林资源调查数据，以群落结构、林层结构、郁闭度等指标代表森林结构现状，以自然度、健康等级、生态功能等级等指标代表森林生态状况，并用层次分析法评价森林综合质量，采用自然间断点分级法，将森林综合质量评价结果进行分级，并开展进一步的分析研究（表7-20）。

表7-20 广州市森林生态资产综合质量评分表

准则层	指标层	权重	评分1	评分2	评分3	评分4	评分5
结构状况	群落结构	0.12	简单	—	较完整	—	完整
结构状况	林层结构	0.12	单层	—	—	—	复层
结构状况	郁闭度	0.18	—	(0, 0.4]	(0.4, 0.7]	>0.7	—
生态状况	自然度	0.24	五级	四级	三级	二级	一级
生态状况	健康等级	0.22	不健康	中健康	—	亚健康	健康
生态状况	生态功能等级	0.12	差	—	中	—	好

排除数据缺失的部分，参与计算的森林总面积为327 820.8 hm^2，广州市森林综合质量分为优、良、中、差4个等级，其中等级为优的林分面积为106 027 hm^2，占总面积的32.34%；等级为良的林分面积为103 439.4 hm^2，占31.55%；等级为中的林分面积为69 266.29 hm^2，占21.13%；等级为差的林分面积为49 088.13 hm^2，占14.97%（表7-21）。

表7-21 森林生态资产综合质量特征描述

等级	取值范围	特点描述
差	0.15~1.35	自然度低，生态脆弱，群落结构简单；林分郁闭度低，林木长势较弱
中	1.36~2.25	自然度中等，生态比较脆弱；林分郁闭度中等，林木健康程度中等
良	2.26~2.90	自然度较高，生态脆弱性一般；林分郁闭度较高，林木长势较好
优	2.91~4.10	自然度等级高，群落结构完整；林分郁闭度高，林木长势非常好

7.4.3 广州市森林资源存在问题

在森林分布上，广州市森林覆盖率相对较高，但是整体上分布不均匀，呈现东北部分布较多、西南部分布较少的状态；在森林质量上，14.97%的森林综合质量低下，需要分级分类施策，强化管理，优化综合质量。

7.4.4 广州市森林生态资产保护修复对策

1. 分区管理

将综合质量为优的森林作为重点保护区域进行管理，实施严格保护，规划对该区域集中连片森林实施封禁管护。通过封禁或管护措施，保护幼苗幼树、林木的自然生长发育，从而恢复形成森林或灌木林，提高森林质量和生物多样性。除科研实验、林业有害生物防治、森林防灭火等维护天然林生态系统健康的必要措施外，禁止其他一切生产经营活动；严格执行有关法律、行政法规关于林地使用的有关规定，除国防建设、国家重大工程项目建设等特殊需要外，禁止占用保护重点区域的林地。

将综合质量为良、中、差的区域作为一般保护区域进行管理。严格控制该区域的天然林地转为其他用途，禁止毁林开垦等破坏森林及其生态环境的行为。在不改变林地用途、保护地表植被和有利于生物多样性保护的前提下，在适宜发展林下经济的森林内，适度开展林下种植、养殖、生态旅游、休闲康养等经营活动。

本章结果只能作为参考因素之一，重点保护区域与一般保护区域的划分，还要结合国家公园、自然保护区的核心保护区，以及具有特别保护价值的森林区域，综合研判划定。

2. 分类保护修复

（1）完善管护体系。构建县（市、区）—镇（乡、街道）—村的集体森林管护体系，以及国有林场—管护站（工区）—管护点的国有森林管护体系。实行专职、专职与兼职相结合的管护方式。按照"近山巡护、远山设卡"的原则，建立健全森林管护网络，实现森林管护全覆盖。构建分工明确、责任清晰、天空地一体的天然林现代化管护网络体系。

（2）分类修复。基于自然的解决方案，坚持因地制宜，以自然修复为主，充分借助大自然的力量，恢复林草植被；以人工促进自然修复为辅，采取森林抚育、封山育林、后备资源培育等措施，人工促进自然恢复。

（3）森林抚育。抚育对象为森林结构正常、正向演替缓慢的幼龄林、中龄林。该阶段生长力强，适宜抚育经营，促进森林生长发育。按照《森林抚育规程》，结合森林资源状况，通过割灌除草、抚育性采伐、修枝等措施，促进目的树种生长。通过补植乡土树种营造混交林、复层林、异龄林，优化天然林结构和树种组成。

（4）封山育林。在封育区域设立公示牌，明确封育范围、面积和措施，封育期内，禁止垦荒、放牧、砍柴等人为活动，辅以适当的人工促进经营措施，促进森林植被增加和森林质量提升。对幼苗幼树生长发育良好的，优先封育为乔木林；封育时具有乔、灌树种的，封育为乔灌林；难以达到前两者条件的，封育为灌木林。

（5）后备资源培育。实施后备资源培育工程后，若目的树种为《中国主要栽培珍贵树种参考名录（2017年版）》所列的广东省珍贵树种，株数密度应达到30株/亩以上；除珍贵树种以外的目的树种株数密度应达到54株/亩以上；若目的树种为灌木林，实施工程后盖度应达到50%以上。具体措施包括补植修复、人工促进天然更新修复、综合修复等。

7.4.5 广州市森林生态产品价值实现优化对策

1. 森林生态产品与森林生态产品价值实现

人类通过管理生态资产，付出一定劳动和劳动时间，产出生态产品。生态产品既包括自然要素，又包括在生态环境中通过采集、种植、养殖等产出的产品。生态产品价值包括自身体现出的价值以及提供的主体功能价值。2021年，中共中央办公厅、国务院办公厅印发《关于建立健全生态产品价值实现机制的意见》，提出有关生态产品价值实现的具体目标和要求，探索构建生态产品价值评价体系。森林是重要的生态资产，可以提供的生态产品不仅包括绿色生态商品，还包括吸收二氧化碳、涵养水源、保持水土、净化水质、吸附粉尘、保护生物多样性等功能，在合理调节自然气候、促进社会经济的可持续发展等方面发挥了巨大作用。森林生态产品价值评估及生态补偿等议题也是目前的研究热点及难点。生态产品的概念由中国率先提出，国外并无相关提法，目前国外仍以"生态系统服务"研究为主。

以促进生态产品价值实现为目标，我国各地已经逐步开展森林资源管理模式的创新探索实践。重庆市建立了以森林覆盖率为基础的横向生态补偿机制，鼓励和引导那些森林覆盖率难以达到目标值的区县，向森林覆盖率高于目标值的区县购买相应指标，用于对该地区森林覆盖率指标的测算；通过将零星分散的森林资源转化为优质广域的森林资源库，委托生态产业相关经营者进行专业化经营，福建南平市森林生态银行试点探索出了一条生态资源优势向经济发展优势转化的生态产品价值实现路径，成功吸引社会资本投资。但整体而言，我国仍存在缺乏健全的法律法规体系、专业技术配套跟不上、森林资源管理意识仍需增强、对"生态产品价值实现"尚无统一的评价标准等问题。

生态产品价值实现的主要手段包括统一森林生态产品价值核算体系、开拓森林生态产品供给路径、横向森林生态补偿、生态购买、生态产业化等。

1）统一森林生态产品价值核算体系

森林生态产品核算的目的是为政府提供决策依据，为经营生态公益林进行经济补偿提供理论和实践方法。主要工作是建立统一的森林生态产品价值核算体系，解决定价机制问题，确定不同区域生态产品的核算方法和价格标准。相关学者已经做了大量研究，但始终未成功建立统一的适应各地区的核算体系，这就需要有关部门结合现有研究，吸纳各方面意见，自上而下地建立一套完备的生态产品价值核算体系，既要有普适性，又要针对地方特色体现差异性，并应用推广到基层森林管理工作中。

2）开拓森林生态产品供给路径

首先，建立完备的生态产品供给和交易平台；其次，提供更多优质生态产品。

在森林生态建设领域吸引民间资本；在配置环境资源方面，发挥市场的作用。建立交易平台，健全森林生态产品交易的各项制度，建立明确产权主体权利的森林资源产权制度，探索全民共有、集体共有、个体共有的多元产权主体制度。加强市场与政府的紧密联系，推动森林生态传统产品机制在产权明晰的基础上向现代化、市场化方向发展。

提供高品质生态产品的有效方式是发展林下经济。其在一定程度上实现了林业经济转型升级的同时，林下经济依托林地资源和森林生态环境，发展林下种植、养殖、采收和森林旅游，取得了明显的社会效益。2021年，《中共中央 国务院关于全面推进乡村振兴加快推进农业农村现代化的意见》明确要求推进木本粮油和林下经济发展，林下经济再次被写入中央一号文件。同年9月，国家林业和草原局、国家发展和改革委员会联合印发《"十四五"林业草原保护发展规划纲要》，要求优化林下经济发展布局，建设一批国家级林下经济示范基地，并将林下经济列入林草产业新业态的重点工程。同年11月，国家林业和草原局印发《全国林下经济发展指南（2021—2030年）》，进一步明确了未来10年全国林下经济发展的总体思路和布局。

3）横向森林生态补偿

森林生态补偿是为了保护和改善生态环境，维护国土生态安全而采取的一项价值补偿措施。《中华人民共和国森林法》对森林生态效益补偿制度以法律形式作出了明确规定。其补偿对象以生态公益林为主。本着"谁受益、谁负担、社会受益、政府投入"的原则，对营造、抚育、保护、管理森林资源的经营者给予补偿。全国现行森林生态补偿仍以纵向为主、横向为辅的方式进行补偿。

2019年10月，森林法修订草案二审稿新增了区域间横向生态效益补偿的内容，成为其亮点之一，但补偿标准、适用情形等森林生态效益补偿机制内容仍需进一步细化。

当前我国基于全国森林生态建设情况制定了统一的森林生态补偿标准，但地区补偿标准不一，地区间生态补偿不均衡，导致成本-效益不公，造成森林建设地区的积极性不高。无偿受益的地区，应向森林建设地区进行补偿。福建率先创新了森林生态效益补偿制度，2007年试行下游补偿上游新机制。《福建省人民政府关于实施江河下游地区对上游地区森林生态效益补偿的通知》规定，以2005年用水量为依据，实施江河下游地区对上游地区森林生态效益补偿。这一做法在森林生态效益补偿领域成为福建的亮点，一直延续至今。

目前，横向森林生态补偿仍在探索阶段，浙江、广东、福建等地均有一定成效，但仍有很多地区尚未开展。地区间森林生态补偿不均衡的现象依然突出，这就需要上级部门强化宏观调控力度，不仅要鼓励地方探索创新，还要给出普适性的指导建议。

4）生态购买

政府购买一直是公共产品供应领域的重要市场化供应方式。基于社会某种福利最大化的目的，政府部门通过与供给方签订合同，购买由具体的供应商或生产部门直接生产的产品或服务，购买过程需严格遵循合同规范。生态购买是政府购买在生态环境方面的拓展，以政府购买生态环境治理、生态环境技术、生态环境产品或服务为主要研究内容，包括法律规范、机制设计、政策制定等方面。

5）生态产业化

日本基于保护森林资源并提高国民福祉的目标，于1982年提出"森林浴"的概念，强调重视森林的健康保健功能，日本森林康养产业迅速发展。森林浴逐渐向森林疗法延伸，2003年成立了森林疗养学会。2004年，日本林木疗养基地开始建设，并且基地认证业务于2006年正式开展。国内康养产业刚刚起步。2012 年，四川省攀枝花市在全国率先提出发展"康养旅游"，成为"康养+"产业发展的开端。2015 年，四川省政府将森林康养纳入《四川省养老与健康服务业发展规划（2015—2020 年）》，作为一项重要的新兴产业，逐步形成生态康养的政策体系，具有独特的四川特色。

完善林产电商基础设施建设，培养产地"互联网+"技术人才，提高仓储能力和配送效率，是应对新冠疫情带来的冲击的第一步；森林养生旅游产业发展是应对新冠疫情带来的冲击的第二步。森林是人类最好的"保健医生"。2019 年，国家林业和草原局、民政部等四部门先后联合下发了《关于促进森林康养产业发展的意见》和《关于开展国家森林康养基地建设工作的通知》，对森林康养服务体系进行了完善。这种生态产品既环保低碳又有益身心健康，还能产生一定的经济效益。目前来看，发展森林康养旅游是实现生态产品价值的最佳路径之一。当然，如何在保护生态的前提下合理地利用森林资源，仍需做出专业的规划并进行深入的探索。

2. 广州市森林生态产品价值

可从生态调节产品、生态物质产品、生态文化产品、生态空间产品等角度核算广州市生态产品价值（姚文婷，2022）。生态调节产品价值包括清新空气产品价值和涵养水源价值等，涵养水源价值包括农业、工业、生活用水三类；生态物质产品价值包括农产品、林业产品、畜牧业产品和渔业产品价值等；生态文化产品价值主要包括各地区自然景区收入等。2016~2020 年，广州市清新空气产品价值平均为 35.26 亿元/a、涵养水源价值为 139.06 亿元/a、农产品价值为 246.84 亿元/a、林业产品价值为 3.2 亿元/a、畜牧业产品价值为 42.88 亿元/a、渔业产品价值为 90.9 亿元/a、生态文化产品价值为 2217.12 亿元/a、生态空间产品价值为 81.66 亿元/a。

3. 基于综合质量评价的森林生态产品价值实现优化

按照森林生态产品价值权重（姚文婷，2022）及森林生态资产占生态资产比重（李红吉，2016）计算广州市年均森林生态产品的价值。森林产出的生态调节产品价值为 97.34 亿元/a，生态物质产品价值为 3.2 亿元/a，生态文化产品价值为 1595.47 亿元/a，生态空间产品价值为 25.39 亿元/a。

根据综合质量评价结果，按照 25%的梯度重新核算优、良、中、差各等级森林产出的生态产品价值。等级为优的森林生态产品价值不变。其他等级依次递减（表 7-22）。核减后的森林生态产品总价值为 1217.96 亿元。

表 7-22　不同综合质量等级的森林生态产品价值

等级	面积/hm²	生态调节产品 核算后价值/亿元	单价/万元	生态物质产品 核算后价值/亿元	单价/万元	生态文化产品 核算后价值/亿元	单价/万元	生态空间产品 核算后价值/亿元	单价/万元
优	106 027.00	31.48	2.97	1.035	0.10	516.02	48.67	8.21	0.77
良	103 439.40	23.04	2.23	0.76	0.07	377.57	36.50	8.01	0.77
中	69 266.29	10.28	1.48	0.34	0.05	168.56	24.33	5.36	0.77
差	49 088.13	3.64	0.74	0.12	0.02	59.73	12.17	3.80	0.77
合计	327 820.82	68.45	—	2.25	—	1 121.88	—	25.39	—

根据综合质量评价结果，将广州市森林划分为重点保护区、重点修复区和合理利用区（图 7-15），其中等级为优的森林为重点保护区，面积为 106 027 hm²，等级为差的森林为重点修复区，面积为 49 088.13 hm²，其他为合理利用区，面积为 172 705.69 hm²。

图 7-15　广州市森林生态资产保护修复

注：1mi=1.609 344 km

假设经过 10 年的保护修复，原森林质量等级均提升一级，质量为优的森林等级不变（图 7-16）。重新核算广州市森林生态产品价值为 1504.83 亿元，较保护修复前提高了 23.55%。

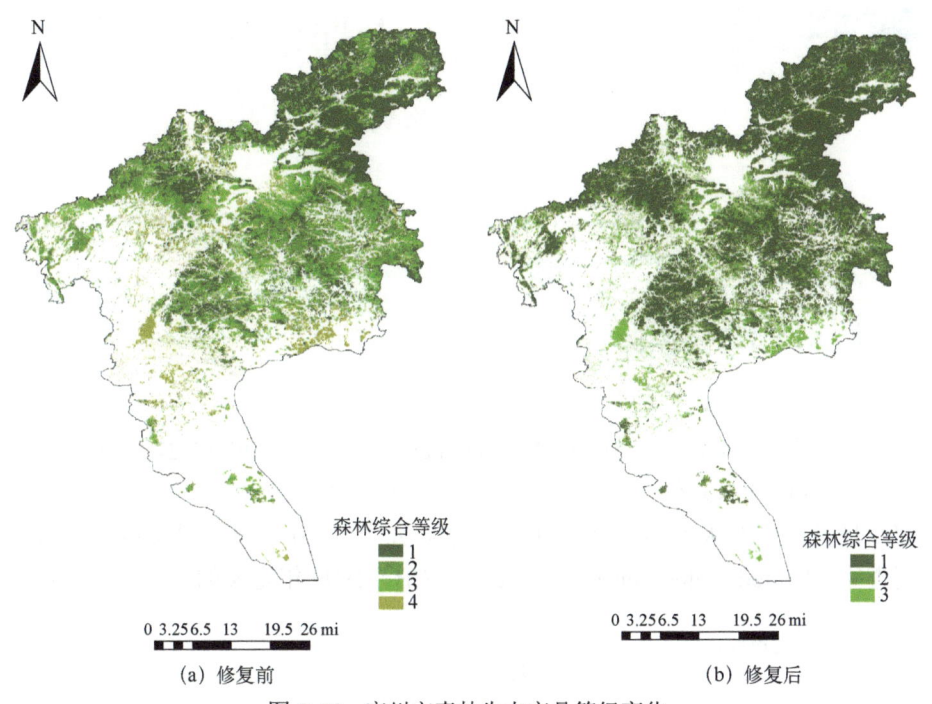

(a) 修复前   (b) 修复后

图 7-16　广州市森林生态产品等级变化

第8章　亚特兰大大都市区生态资产评估、核算与管理

8.1 研究区域概况

亚特兰大大都市区（Atlanta Metropolitan Area，AMA）（83°27′~85°21′W，33°11′~34°31′N）位于美国东部，佐治亚州南部，坐落于阿巴拉契亚山南部，是美国第九大都市区（图8-1）。本研究中的20个县域是依据美国人口调查局（United States Census Bureau，USCB）1999年定义的亚特兰大大都市

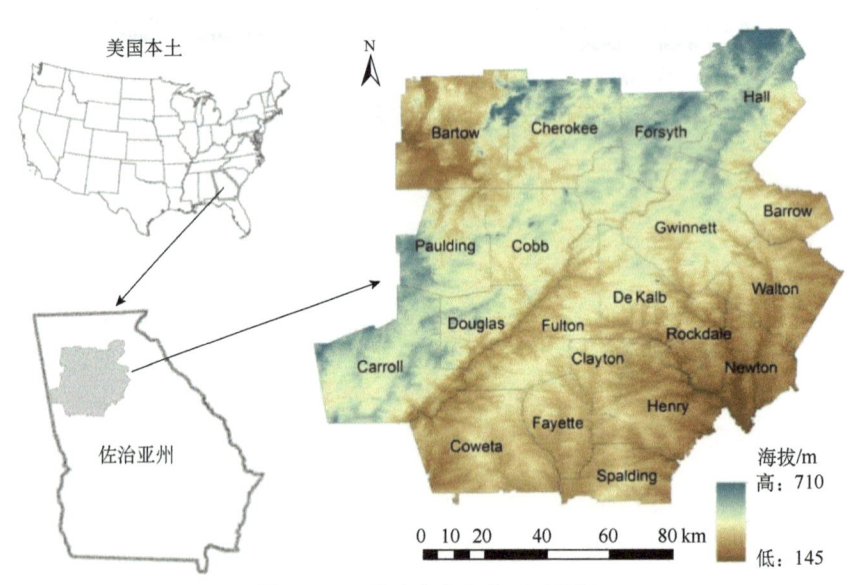

图8-1　亚特兰大大都市区区位图

注：Bartow（巴托）、Cherokee（切罗基）、Forsyth（福赛斯）、Hall（霍尔）、Paulding（波尔丁）、Cobb（科布）、Gwinnett（格威内特）、Barrow（巴罗）、Douglas（道格拉斯）、Fulton（富尔顿）、De Kalb（迪卡尔布）、Walton（沃尔顿）、Carroll（卡罗尔）、Clayton（克莱顿）、Rockdale（罗克代尔）、Coweta（考维塔）、Fayette（费耶特）、Henry（亨利）、Newton（牛顿）、Spalding（斯波尔丁）

区（USCB，1999），总面积为 16 605 km²。平均海拔大约为 300 m，北部和西部地区的县域海拔相对比较高。亚特兰大大都市区属于副热带潮湿气候（柯本气候分类法），四季分明，夏季闷热，冬季温和。全年的平均气温在 17°C 左右，全年的平均降水量约为 1258 mm[①]。

1985～2012 年，亚特兰大大都市区的人口从 260 万人增加到 540 万人。其中，Fulton、De Kalb、Clayton、Cobb 和 Gwinnett 这 5 个县域城市被定义为大都市中心区。美国人口调查局官网显示，这 5 个县域在 2012 年的人口数量均大于 26 万人。同时，它们的人口密度也超过了 700 人/km²，这个人口密度高于美国 97%的县域。此外，亚特兰大大都市区被称为美国东南部区域的"经济引擎"，上百家大公司的总部设在这里，包括可口可乐公司、达美航空公司等。

8.2 数据来源与研究方法

8.2.1 数据来源

我们基于 1985～2010 年的数据，采用了 Markov-logistic-CA 模型[②]对亚特兰大大都市区 2030 年的土地利用进行了空间预测。表 8-1 显示了不同模型的输入数据类型和来源。

表 8-1　亚特兰大大都市区生态系统服务评估模型参数的数据来源

数据类型	运用的模型	数据格式	数据来源和描述
土地利用图	InVEST 模型中的碳储存、产水量、水质净化、土壤保持和生境质量模块，ROS	30 m×30 m 栅格	亚特兰大大都市区 1985 年和 1992 年土地利用数据来源于美国国家土地覆被数据库（www.mrlc.gov）。亚特兰大大都市区 1999 年、2005 年和 2012 年的土地利用数据来源于亚特兰大政府网站（www.atlantaga.gov）。其中，1985～2012 年的土地利用数据原始分类体系是一致的
自然保护区地图	ROS，Markov-logistic-CA 模型	shape 文件格式	自然保护区的空间范围图来源于美国自然资源空间分析实验室（http://narsal.uga.edu/conservation-lands）
数字高程模型	InVEST 模型中的水质净化和土壤保持模块	30 m×30 m 栅格	数据来源于美国地质调查局网站（United States Geological Survey，www.usgs.gov）
气象数据	InVEST 模型中的碳储存、产水量和水质净化模块	shape 文件格式	所有气象站的数据（包括年均降水量和气温）主要来源于美国国家环境信息中心网站（www.ngdc.noaa.gov）。潜在蒸散量数据主要来源于全球干旱和蒸散量数据库（Global Aridity and PET Database，www.cgiar-csi.org/data/global-aridity-and-pet-database）

---

① 根据美国国家环境信息中心官网（www.ngdc.noaa.gov）1985～2012 年数据整理。
② 该模型结合了马尔可夫链（Markov chain）、逻辑斯谛回归（logistical regression）以及元胞自动机（cellular automata，CA）规则来进行动态模拟土地利用变化。

续表

数据类型	运用的模型	数据格式	数据来源和描述
土壤属性	InVEST 模型中的产水量、水质净化和土壤保持模块	shape 文件格式	土壤属性数据，包括土壤深度、黏粒含量、粉粒含量、砂粒含量、有机物质碳含量和土壤容重均来源于世界土壤信息数据库（World Soil Information Database，www.soilgrids.org）
作物生产	食物供给模型	30 m×30 m 栅格	各类作物产量数据主要来源于美国农业部网站（https://www.ers.usda.gov/）
各类作物的热量	食物供给模型	—	所有作物种类可食用部分每 100 g 可以提供的热量，该数据主要来源于美国农业部网站食物组成数据库（Food Composition Databases，www.usda.gov）

8.2.2 土地利用变化与模拟

1. 1985～2012 年土地利用变化

本节将原始的土地覆盖数据重新分为 8 类，包括林地、草地、农用地、开放水域、湿地、低强度建设用地、高强度建设用地以及裸地。这种分类方式主要是依据安德森（Anderson）土地覆盖分类体系进行的，该分类体系在美国本土有着广泛的应用基础，考虑到数据可获得性和与其他类型数据的匹配性，本章采取该分类方式分析土地利用变化（表 8-2）。

表 8-2 亚特兰大大都市区土地利用重分类与描述

土地利用重分类	描述
林地	主要包括常绿叶林地、阔叶林地、落叶林地等
草地	包括被草本、灌木所主导的土地类型，也包括墓地、高尔夫球场等
农用地	主要是指被用于作物生产、放牧、种植种子或者干草作物的用地等
开放水域	主要包括湖泊、水库、河流、坑塘以及水产养殖用地等
湿地	主要包括以木本为主的湿地、草甸湿地等
低强度建设用地	主要包括独栋住宅区（single-family housing units）、移动住房（mobile homes）、运动场地、公园用地、校园设施用地等
高强度建设用地	主要包括多户型住宅区（multi-family housing units）、公寓区（apartments）、商业用地、工业用地、教堂、公路、铁路以及机场等
裸地	主要包括采石场、裸露的岩石、砾石坑、露天矿场以及未利用的土地等

2. 2030 年土地利用预测模拟

为了预测 AMA 地区的城市发展状况，本章采用 Markov-logistic-CA 模型来模拟其 2030 年的土地利用状况。图 8-2 显示了该模型的运行机制与流程。

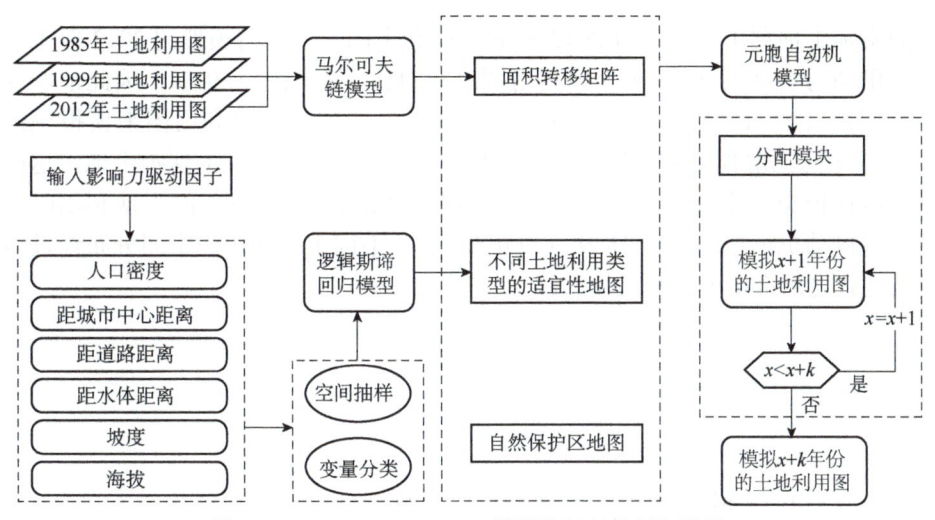

图 8-2 Markov-logistic-CA 模型的运行机制与流程

元胞自动机模型主要是基于一定的前提假设，即过去的城市扩张和发展会通过区域间不同土地利用的交互作用来影响未来土地利用。马尔可夫链模型主要是控制不同土地利用类型的转换矩阵，而逻辑斯谛回归主要是分析出影响因子并生成不同土地利用类型的适宜性地图。

本章运用 TerrSet 地理空间监测与建模软件（www.clarklabs.org/terrset/）来模拟 AMA 地区 2030 年的土地利用。TerrSet 是一个综合性的地理空间软件系统，主要用于调控和模拟地球系统的可持续发展。图 8-3 显示了 AMA 地区各类土地利用的适宜性地图，适宜性值越大，说明转化为该种土地利用类型的概率越大。首先运用 Markov-logistic-CA 模型基于 1985 年和 1999 年

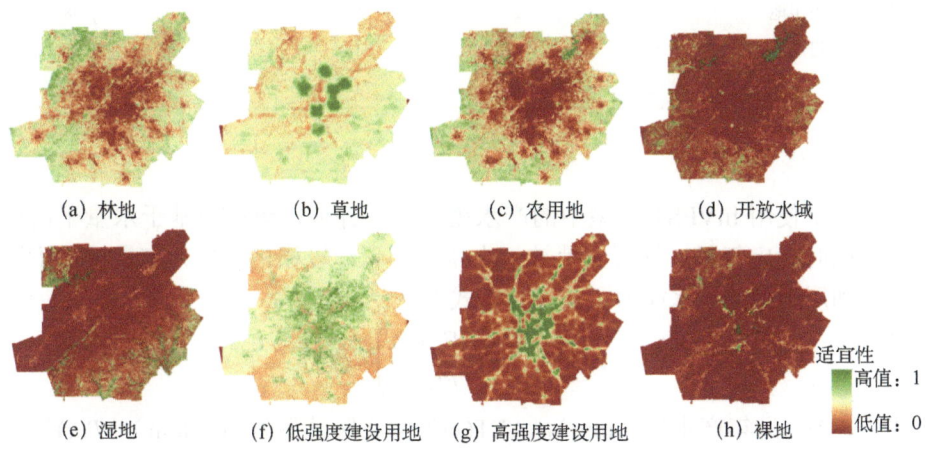

(a) 林地　　(b) 草地　　(c) 农用地　　(d) 开放水域
(e) 湿地　　(f) 低强度建设用地　　(g) 高强度建设用地　　(h) 裸地

图 8-3 亚特兰大大都市区不同土地利用类型的适宜性地图

- 173 -

的实际土地利用图来模拟 2012 年的土地利用图。之后将模拟的 2012 年土地利用图与实际的 2012 年土地利用图进行对比，准确度为 92%，因此证明该模型是有效的。然后利用 1999 年和 2012 年的实际土地利用图来模拟预测 2030 年的土地利用图。其中的自然保护区包括公共和私人的保护土地，这些区域在模拟时不会变成人工用地。同时，预测模拟 2030 年的土地利用时，元胞自动机模型迭代了 18 次（每年一次），不同土地利用的空间分布经过数次迭代之后准确度会有所提升。

8.2.3 生态系统服务评估方法

1. 碳储存

采用 InVEST 模型中的碳储存模块进行评估，空间栅格分辨率为 30 m×30 m。不同土地利用类型单位面积的碳储存主要来源于之前相似地区的研究（Gonzalez et al.，2015；Grace et al.，2006；Hoover et al.，2012；Jerath et al.，2016；Timilsina et al.，2013）（表 8-3）。

表 8-3　AMA 地区不同土地利用类型单位面积碳储存

（单位：t/hm²）

土地利用类型	地上	地下	土壤有机碳	死亡有机物质	总计
林地	172	34	80	12	298
草地	40	45	73	6	164
农用地	26	40	78	8	152
开放水域	9	38	89	0	136
湿地	18	42	124	2	186
低强度建设用地	10	30	56	2	98
高强度建设用地	5	28	51	1	85
裸地	12	32	71	1	116

2. 产水量

本章使用 InVEST 模型中的产水模块进行评估，该模块基于水量平衡原理，同时考虑气候、地形、植被、土壤等因素，以栅格为单元定量评估不同土地利用类型的产水能力。其计算公式如下：

$$Y(x) = \left(1 - \frac{AET(x)}{P(x)}\right) \times P(x) \tag{8-1}$$

式中，$Y(x)$ 为年产水量（mm），$AET(x)$ 为年实际蒸散发量（mm），$P(x)$ 为年降水量（mm）。

对于产水量模块，降水量栅格数据是通过对相应年份各个气象站点的降水量进行反距离权重插值得到的。土壤限制层深度（表 8-4）主要通过参考类似地区的文献资料以及专家咨询确定结果（Bagstad et al.，2013a；Leh et al.，2013）。

3. 水质净化

对于水质净化模块，通过相关文献资料（Wang Y Y et al.，2017）与专家咨询确定 AMA 地区的水质净化模块中的生物物理参数（表 8-4）。

表 8-4　AMA 地区水质净化模块中的生物物理参数

土地利用类型	Lucode	Kc	root_depth/mm	load_n	eff_n	load_p	eff_p	LULC_veg
林地	1	1	7000	1.8	0.8	0.011	0.8	1
草地	2	0.65	2600	4	0.4	1.5	0.4	1
农用地	3	0.7	2100	11	0.25	3	0.25	1
开放水域	4	1.2	1000	0.001	0.05	0.001	0.05	0
湿地	5	1	2000	4	0.4	0.005	0.5	0
低强度建设用地	6	0.5	600	7	0.1	1.2	0.1	0
高强度建设用地	7	0.3	500	7.5	0.05	3	0.05	0
裸地	8	0.3	500	4	0.05	0.05	0.05	1

注：Lucode 为代表土地类型的唯一整数值；Kc 为每种土地利用类型的植被蒸散系数；root_depth 为土地利用为植被类型的最大根系深度；load_n（and/or load_p）为每种土地利用类型的营养盐载荷，其中，_n 表示氮元素，_p 表示磷元素；eff_n（and/or eff_p）为每种土地利用类型对营养盐的最大净化能力；LULC_veg 中具有植被的土地利用类型为 1（湿地除外），其他的土地类型为 0，包括建设用地、水体等。

4. 土壤保持

对于土壤保持模块，我们通过类似地区的相关文献（Hamel et al.，2015；Keller et al.，2015；Pacheco et al.，2014）对植被覆盖管理因子和土壤保持因子进行了修正（表 8-5）。

表 8-5　AMA 地区土壤保持模块的生物物理参数

土地利用类型	Lucode	usle_c	usle_p
林地	1	0.003	0.2
草地	2	0.01	0.2
农用地	3	0.3	0.4
开放水域	4	0.001	0.001
湿地	5	0.003	0.2
低强度建设用地	6	0.01	0.001

续表

土地利用类型	Lucode	usle_c	usle_p
高强度建设用地	7	0.001	0.001
裸地	8	0.01	0.2

注：Lucode 为代表土地类型的唯一整数值；usle_c 为 USLE 中的植被覆盖和管理因子；usle_p 为 USLE 中的土壤保持因子

5. 生境质量

对于生境质量模块，将 AMA 地区农用地对自然生境的威胁方式设置为线性规律递减，而将建设用地对自然生境的威胁方式设置为指数规律递减。土地覆被对于不同威胁的敏感性是依据之前的相关研究设置的。

6. 娱乐机会

对于 AMA 地区，ROS 中不同土地覆被类型的自然度指数分别是阔叶林为 7，混合林为 7，落叶林为 7，针叶林为 7，灌丛为 6，有林湿地为 6，无林湿地为 5，草地为 5，河流为 4，湖泊为 4，水库为 4，溪流为 4，池塘为 3，农田为 2，牧场为 3，果园为 3，苗圃地为 3，公路为 1，铁路为 1，机场用地为 1，低密度单户住宅区为 3，中密度单户住宅区为 2，高密度单户住宅区为 1，多户住宅区为 1，活动房屋为 3，商业用地为 1，工业用地为 1，教堂为 2，高尔夫球场为 5，公园为 5，墓地为 4，裸露岩石为 1，采石场为 1，露天矿场为 1。

7. 食物供给

采用热量法进行食物供给服务的评估，1985～2012 年 AMA 地区不同农作物单位面积产量见表 8-6。

表 8-6　1985～2012 年 AMA 地区不同农作物单位面积产量

（单位：kg/hm²）

作物种类	1985 年	1992 年	1999 年	2005 年	2012 年
苜蓿	5 604	6 277	5 604	6 725	5 604
苹果	10 872	11 466	14 674	14 708	15 916
油菜籽	1 343	1 480	1 345	1 446	1 569
玉米	5 649	6 389	6 523	8 406	9 953
棉花	813	878	705	952	1 223
葡萄	2 086	2 310	2 280	2 420	2 610

续表

作物种类	1985 年	1992 年	1999 年	2005 年	2012 年
干草	2 500	2 700	2 500	2 900	3 700
小米	1 950	2 085	2 287	2 219	2 287
燕麦	3 026	3 506	3 699	4 035	3 995
桃	2 580	2 690	2 780	2 950	3 360
花生	3 632	3 032	2 914	3 475	4 091
山核桃	1 202	1 332	1 382	1 398	1 623
黑麦	1 547	1 614	1 412	1 749	1 816
高粱	3 228	3 228	3 363	3 363	3 867
黄豆	1 614	1 950	1 547	2 219	2 522
草莓	8 967	10 088	12 329	12 890	15 131
向日葵	1 233	1 289	1 704	1 434	1 536
黑小麦	3 279	3 655	3 824	3 920	4 288
小麦	2 085	3 094	2 959	3 497	3 766
其他作物	2 500	2 700	2 800	2 900	3 000

AMA 地区不同作物种类可食用部分每 100 g 所含热量见表 8-7。

表 8-7　AMA 地区不同作物种类可食用部分每 100 g 所含热量

（单位：kcal）

作物种类	可食用部分每 100 g 所含的热量
苜蓿	32
苹果	63
油菜籽	884
玉米	365
棉花	393
葡萄	61
干草	32
小米	378
燕麦	43
桃	39
花生	567
山核桃	691
黑麦	338
高粱	359
黄豆	147

续表

作物种类	可食用部分每 100 g 所含的热量
草莓	32
向日葵	884
黑小麦	336
小麦	386
其他作物	60

8. 综合生态系统服务

运用层次分析法来决定 AMA 地区不同生态系统服务的权重值。对于 AMA 地区，娱乐机会是影响居民生活福祉的最重要因素。1985~2012 年，碳储存减少和生境质量退化是 AMA 地区面临的较为严峻的生态环境问题。碳储存和生境质量均对 AMA 地区的城市可持续发展起着重要的作用。因此，层次分析法的结果表明，AMA 地区的娱乐机会、碳储存和生境质量这三项生态系统服务指标权重值高于其他生态系统服务（表 8-8）。

表 8-8　AMA 地区不同生态系统服务指标的权重值

指标	碳储存	产水量	氮输出	磷输出	泥沙输出	生境质量	娱乐机会	食物供给
权重值	0.1521	0.1279	0.0809	0.0718	0.0935	0.1809	0.1973	0.0956

8.3　研究结果

8.3.1　1985~2012 年 AMA 地区土地利用变化

对于 AMA 地区，林地和农用地主要分布在周边县域。低强度建设用地和高强度建设用地主要分布在 AMA 地区中心县域，并且逐步向外部扩张，同时周边各个县域的中心地区以建设用地为主。开放水域主要分布在北部区域，但是 AMA 地区的湿地主要零星分布在东南地区（图 8-4）。

1985~2012 年，AMA 地区的林地在所有土地利用中占的比例最大，其次是低强度建设用地和农用地。草地和裸地在 AMA 地区所有土地利用中所占的比例最小。在这期间，林地、草地、农用地和湿地均减少，其中林地和湿地减少得最多，分别减少了 42% 和 34%。相反地，开放水域、低强度建设用地、高强度建设用地和裸地均增加，其中低强度建设用地和高强度建设用地增加得最多，分别增加了 157% 和 394%（图 8-5）。

第 8 章 亚特兰大大都市区生态资产评估、核算与管理

(a) 1985年　　(b) 1992年　　(c) 1999年

(d) 2005年　　(e) 2012年

土地利用类型
- 林地
- 草地
- 农用地
- 开放水域
- 湿地
- 低强度建设用地
- 高强度建设用地
- 裸地

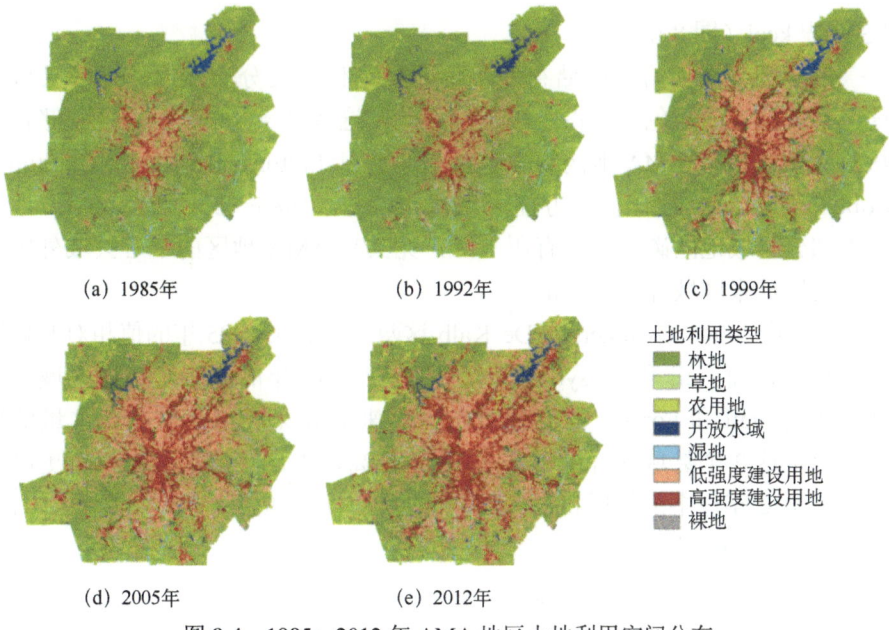

图 8-4　1985~2012 年 AMA 地区土地利用空间分布

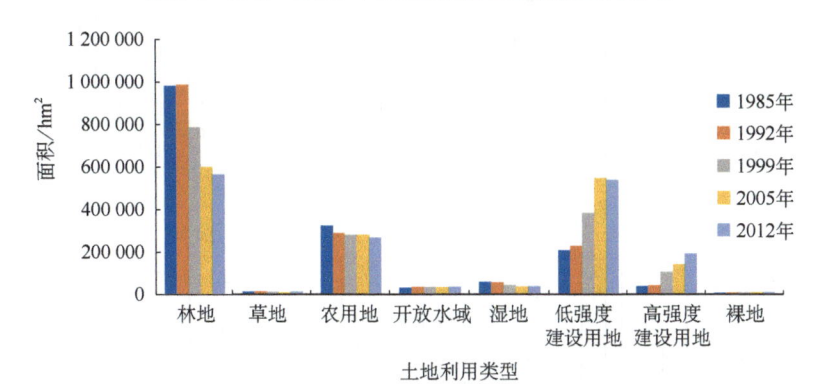

图 8-5　1985~2012 年 AMA 地区不同土地利用类型面积

8.3.2　1985~2012 年 AMA 地区不同生态系统服务的变化

1985~2012 年，AMA 地区的碳储存、生境质量和娱乐机会等生态系统服务均减少，分别减少了 23%，27% 和 35%。2012 年，这三项生态系统服务分别为 $2.9×10^8$ t，$1.2×10^7$ 和 $5.2×10^6$。1985~2012 年，AMA 地区的产水量呈波动趋势，并且整体有所减少。截止到 2012 年，AMA 地区的产水量为 $7.2×10^9$ m^3。水质净化服务变差，这是由于氮输出和磷输出在 1985~2012 年均有所增加，分别增加了 28% 和 49%。土壤保持服务有所减少，由于泥沙输出增加了 17%。食物供给稳定增加，AMA 地区 2012 年所有农作物的热量为

1.3×10^{11} kcal（图8-6）。

就空间分布而言，碳储存的单位面积高值主要分布在周边郊区县域，这些县域地区的绿色空间占比较高。因此，这些县域是AMA地区碳储存的热点区域。但是AMA地区的中心县域，包括Fulton、De Kalb、Clayton、Cobb和Gwinnett在碳储存方面表现得比较差。1985~2012年，AMA地区的大部分县域地区碳储存均有所下降，尤其是AMA地区的中心县域外围的建设用地扩张区域[图8-7（a）]。

对于产水量，Gwinnett和De Kalb这两个县域在1985年的值相对其他区域比较高，而Hall和Forsyth这两个县域在2012年的值相对其他区域比较高。尽管Hall和Forsyth的高植被覆盖带来的高蒸散量会引起产水量的减少，但是这2个县域的降水量在2012年更高，因此其产水量也相对更高。1985~2012年，中部县域和东南部县域的产水量均减少，但是北部县域有所增加[图8-7（b）]。

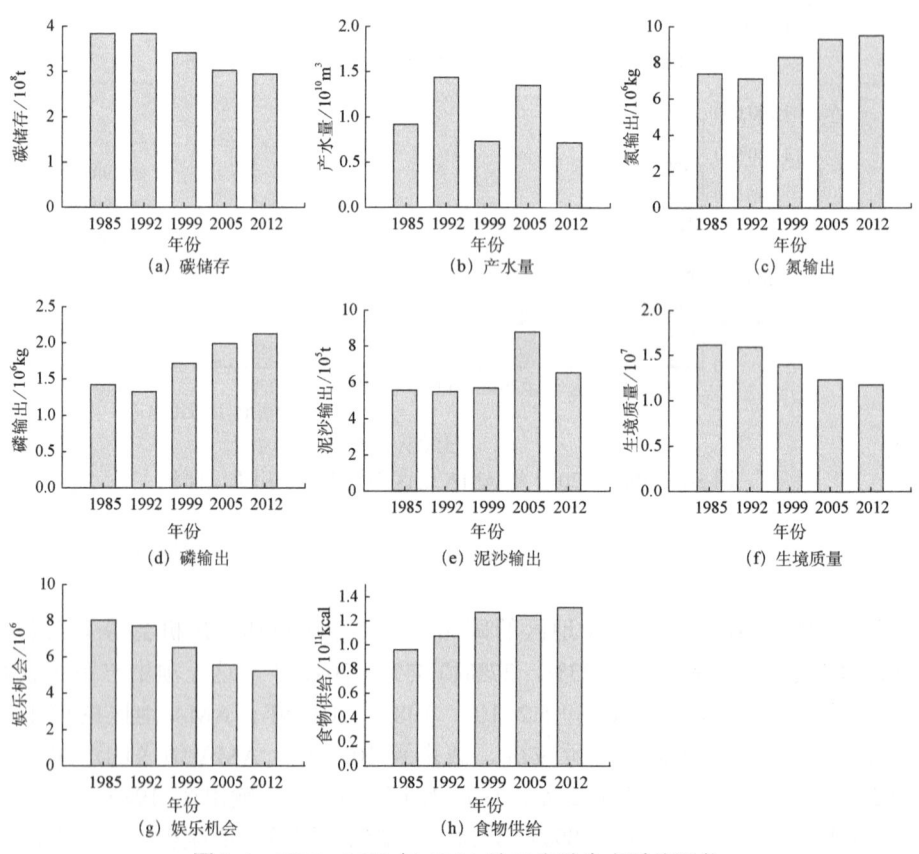

图8-6　1985~2012年AMA地区多种生态系统服务

第8章 亚特兰大大都市区生态资产评估、核算与管理

AMA 地区的中心县域，尤其是 Fulton 和 De Kalb 这 2 个县域在水质净化服务方面表现得最差。这 2 个县域的建设用地比例很高，因此会产生更多的氮输出和磷输出。西北部的 Bartow 地区在水质净化服务方面表现得较差，主要是由于这个县域的农用地比例很高，频繁的农业活动会使水质变差。与其他县域相比，Fulton、De Kalb、Cobb 和 Gwinnett 的氮输出和磷输出在 1985~2012 年增加[图 8-7（c）、图 8-7（d）]。

对于土壤保持，北部县域和西部县域的泥沙输出值更高，因此土壤保持服务比其他县域更差。这些县域的坡度更陡，降水量更充足，土壤流失更严重。1985~2012 年，北部县域和西部县域的泥沙输出均增加，尤其是 Hall 和 Carroll 这 2 个县域[图 8-7（e）]。

生境质量的空间分布与娱乐机会类似，这 2 种生态系统服务在周边县域表现得比较好，这是由于这些县域的自然和半自然生境，包括林地、草地、开放水体和湿地的比例较高，周边县域的生境完整性和生态廊道的连接性都高于 AMA 地区的中心县域。但是在 1985~2012 年，这两种生态系统服务在大都市中心地区的扩张区域变得更差[图 8-7（f）、图 8-7（g）]。

对于食物供给，北部和东南部县域的食物供给较高，尤其是 Bartow、Hall、Walton、Newton、Henry 和 Spalding 这几个县域。由于农业技术的提升，这几个县域在 1985~2012 年食物供给增加明显[图 8-7（h）]。

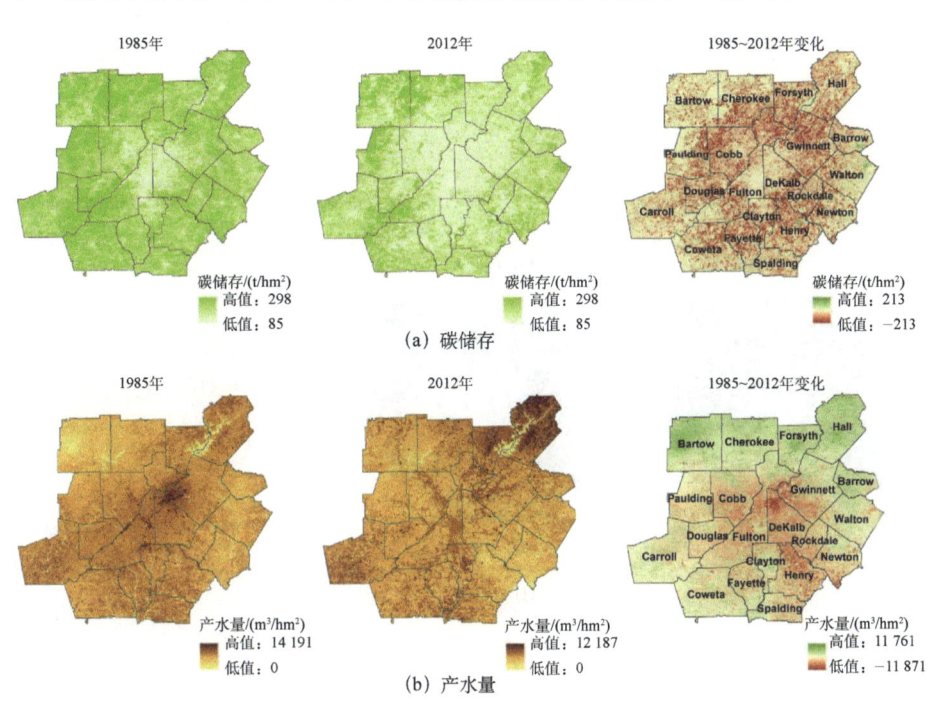

(a) 碳储存

(b) 产水量

- 181 -

(c) 氮输出

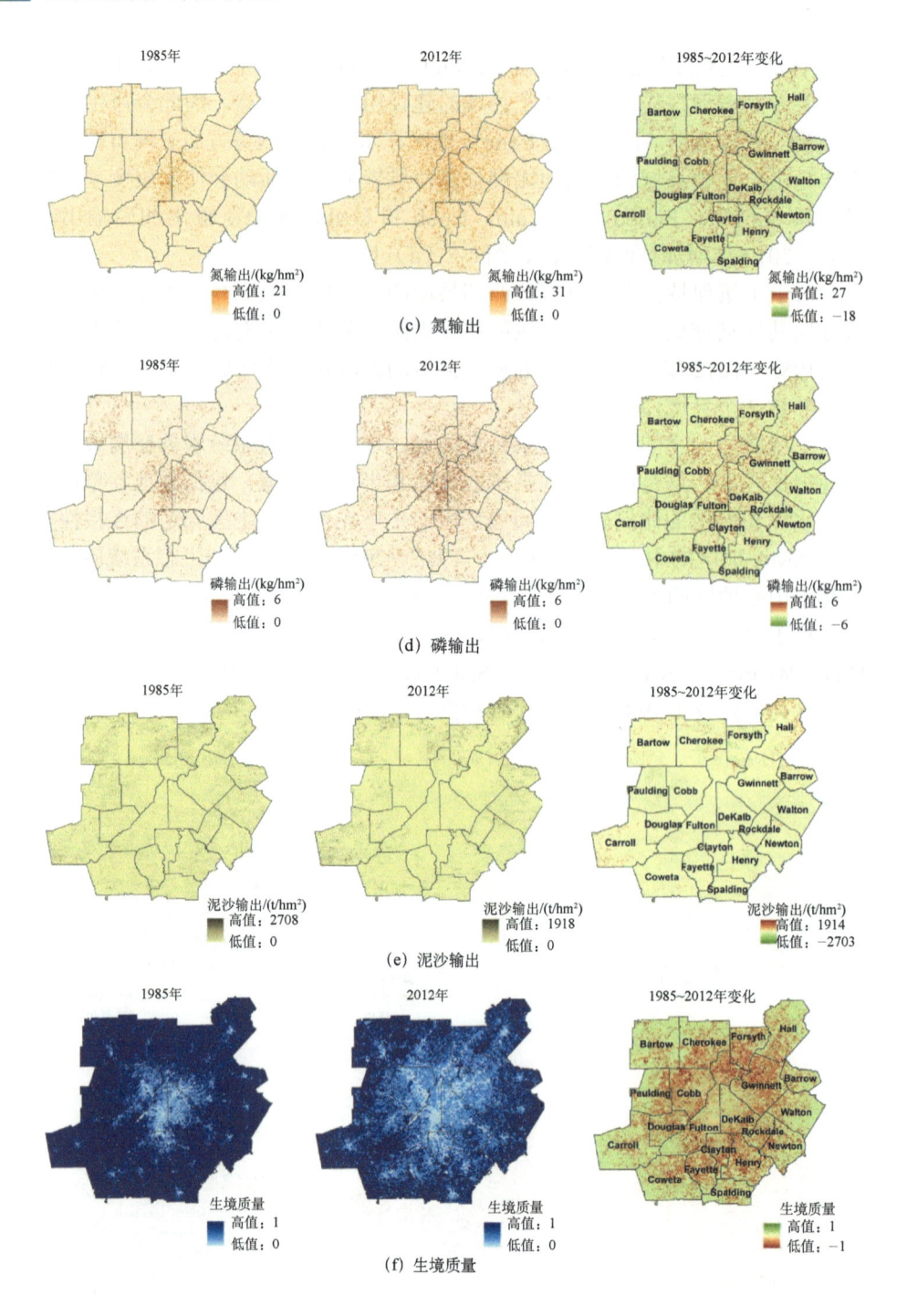

(d) 磷输出

(e) 泥沙输出

(f) 生境质量

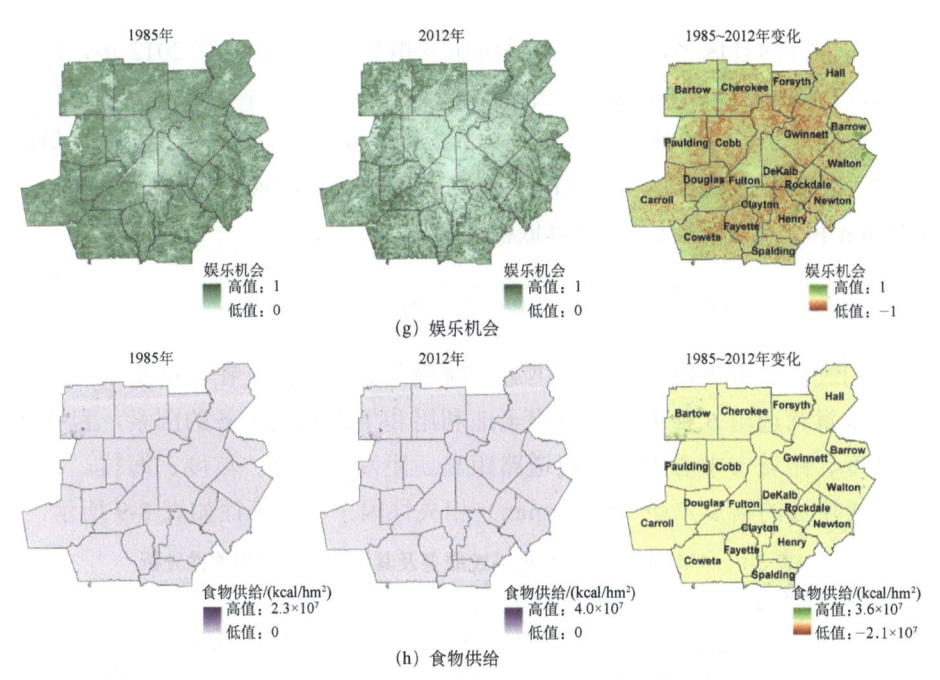

图 8-7　1985~2012 年 AMA 地区单位面积不同生态系统服务的空间分布

8.3.3　1985~2012 年 AMA 地区综合生态系统服务变化

1985~2012 年，AMA 地区的综合生态系统服务呈降低趋势。1985 年、1992 年、1999 年、2005 年和 2012 年的综合生态系统服务指数分别为 0.68、0.69、0.65、0.57 和 0.54。图 8-8 展示了 1985~2012 年 AMA 地区综合生态系统服务空间格局变化。总体来说，周边县域的综合生态系统服务指数高于中心县域。在 1985 年，除了 Cobb、De Kalb、Clayton 和 Fulton 这 4 个县

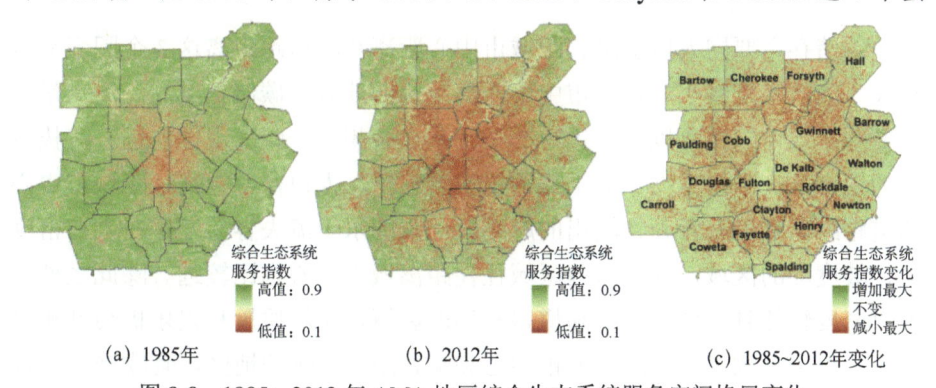

图 8-8　1985~2012 年 AMA 地区综合生态系统服务空间格局变化

域，大部分的县域平均综合生态系统服务指数高于 0.60。在 2012 年，除了 Carroll、Bartow 和 Coweta 这 3 个县域，大部分的县域平均综合生态系统服务指数高于 0.60。1985～2012 年，大都市中心区外围的建设用地扩张区域的综合生态系统服务指数呈降低趋势，尤其是 Cobb、Gwinnett、Henry、Fayette、Clayton 和 Forsyth 这几个县域降低幅度最大。

8.3.4 AMA 地区生态系统服务影响因子分析

相关性分析可以反映不同生态系统服务和影响因子在栅格水平上的关系。本章筛选出 6 种主要的影响土地利用和生态系统服务的因素，包括人口密度、距城市中心距离、距道路距离、距水体距离、坡度、海拔。相关性分析生成的斯皮尔曼（Spearman）相关性因子和显著性如表 8-9 所示。

表 8-9　AMA 地区不同生态系统服务及其影响因子的相关性分析

项目	人口密度	距城市中心距离	距道路距离	距水体距离	坡度	海拔
碳储存	−0.685**	0.676**	0.624**	−0.113	0.386**	−0.247*
产水量	−0.212**	−0.002	−0.125	0.580**	−0.059	0.691**
氮输出	0.647**	−0.474**	−0.349**	−0.103	0.289**	−0.082
磷输出	0.621**	−0.467**	−0.364**	−0.060	0.290*	−0.075
泥沙输出	−0.447**	0.409**	0.275	0.354**	0.378**	0.357**
生境质量	−0.989**	0.728**	0.583**	0.116	0.017	−0.101
娱乐机会	−0.592**	0.636**	0.578**	−0.295**	0.232**	−0.296**
食物供给	−0.363**	0.362**	0.297*	−0.243**	−0.079	−0.579**

*$p<0.05$；**$p<0.01$

碳储存主要同人口密度、距城市中心距离和距道路距离这 3 个因素显著相关。人口密度越小、距城市中心距离越远的地方，碳储存越高。产水量则主要与距水体的距离以及海拔这 2 个因素显著相关。距离水体越远、海拔越高的地方，产水量越大。对于氮输出和磷输出，人口密度越高、距城市中心和道路距离越近，营养物输出的越高。严重的水土流失容易发生在人口密度低、坡度陡的区域，并且这些区域往往距离城市中心也比较远。除此之外，人口密度较低且距城市中心和道路较远的区域，生境质量和娱乐机会都相对较高。对于食物供给，距离城市中心和道路距离较远的地区，食物产量比较高，这些区域往往海拔比较低。

8.3.5　AMA地区未来生态系统服务情景模拟与权衡分析

1. AMA地区2030年不同替代情景模拟

与简单的Markov-CA模型或者CA模型相比，Markov-logistic-CA模型提高了土地模拟的精确度。运用该模型来模拟2030年的照常发展情景，基于照常发展情景，研究设计了4种替代情景（表8-10）。

表8-10　2030年AMA地区不同替代情景及其土地利用变化

替代情景	细节描述	主要土地利用变化
照常发展情景	AMA地区的土地利用模拟从1985年到2012年遵循相同的规律。在运用Markov-logistic-CA模型模拟时，将6种影响因素考虑在内	与2012年基础情景的土地覆被相比，低强度建设用地和高强度建设用地分别增加了20%和55%。林地和湿地面积减少得最多，分别减少了31%和20%
集约发展情景	AMA地区的土地利用模拟从1985年到2012年遵循相同的规律。但在面积转移矩阵中，根据当地人均住房情况，将低强度建设用地全部转化为高强度建设用地。剩下未利用的低强度建设用地全部转化为林地	与照常发展情景的土地覆被相比，林地和高强度建设用地分别增加了79%和82%。低强度建设用地和裸地分别减少了87%和25%
河岸缓冲带情景	在照常发展情景的基础上，将河岸周围100m缓冲带内的农用地、低强度建设用地和裸地均转换成林地。林地缓冲带的宽度是基于之前的研究实践（Dosskey et al., 2010；Pärn et al., 2012）设置的	与照常发展情景的土地覆被相比，林地增加了22%，农用地、低强度建设用地以及裸地分别减少了7%、7%和12%
土壤保持情景	在照常发展情景的基础上，将坡度大于6°的农用地、低强度建设用地和裸地转化为林地（Li et al., 2016）	与照常发展情景的土地覆被相比，林地面积增加了9%，农用地、低强度建设用地和裸地的面积分别减少了4%、2%和27%
综合发展情景	在照常发展情景的基础上，将河岸周围100m缓冲带内的农用地、低强度建设用地和裸地均转换成林地。此外，坡度大于6°的农用地、低强度建设用地和裸地转化为林地	与照常发展情景的土地覆被相比，林地、高强度建设用地分别增加了100%和82%。农用地、低强度建设用地和裸地分别减少了11%、90%和58%

在照常发展情景下，低强度建设用地（主要包括独栋住宅区和移动住房）占整个居住用地的比例是67%，而高强度建设用地（包括多户型住宅区和公寓区）占整个居住用地的比例是33%。依据不同影响因素与生态系统服务的相关性分析可知，人口密度高，并且距城市中心和道路近的地方往往生态系统服务表现较差。这说明建设用地，尤其是高强度建设用地对生态系统服务的威胁很大。据此本章设计了集约发展情景，旨在集约利用城市土地。集约发展情景与照常发展情景不同的是低强度建设用地均转化为高强度建设用地，这样可以使城市建设用地更加集约化。此外，相关性分析结果还表明，离水体越近的地方，娱乐机会价值越高。因此，本章设计了河岸缓冲带

情景来提升水体质量和娱乐机会价值。相关性分析结果也证明,坡度越陡,土壤流失越严重。鉴于此,本章设计了土壤保持情景来减缓陡坡地带的水土流失。最后,结合其他的几种替代情景,本章设计了综合发展情景来提升AMA地区的生态系统服务。图8-9显示了2030年AMA地区不同替代情景的土地利用空间分布。

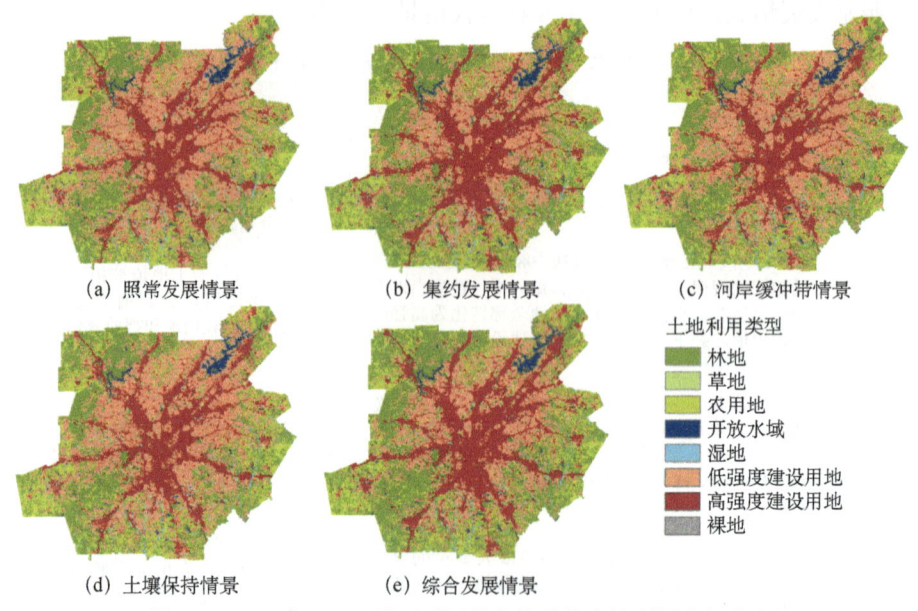

图8-9　2030年AMA地区不同替代情景的土地利用空间分布

2. AMA地区不同替代情景生态系统服务权衡分析

与2012年的生态系统服务相比,在2030年照常发展情景下,碳储存、水质净化、生境质量和娱乐机会均下降。并且AMA地区在2030年照常发展情景下的综合生态系统服务指数为0.48,低于2012年的综合生态系统服务指数(0.54)。但其他4种替代情景的综合生态系统服务指数相比于照常发展情景均有所提升。集约发展情景、河岸缓冲带情景、土壤保持情景和综合发展情景的综合生态系统服务指数分别为0.59、0.55、0.53和0.63。图8-10显示了2030年AMA地区不同替代情景相对于照常发展情景多种生态系统服务的变化率。相比于照常发展情景,其他几种替代情景的碳储存、产水量、土壤保持水质净化、生境质量和娱乐机会服务均有所提升,只有食物供给服务有所下降。除了食物供给服务,综合发展情景比其他替代情景在大部分生态系统服务方面都表现得更好。其中,综合发展情景在碳储存、土壤保持和娱乐机会服务方面提升得最多。就单独的土地利用策略情景而言，集约发展情景在所有生态系统服务方面均比其他替代情景表现得更好。在集约发展情景下，碳储存、生境质量和娱乐机会相对于其他的生态系统服务提升得更多。河岸缓冲带情景比土壤保持情景在碳储存、水质净化、土壤保持、生境质量和娱乐机会方面提升得更多。河岸缓冲带情景在生境质量、土壤保持和水质净化提升方面表现较好。土壤保持情景则主要在水土保持和水质净化提升方面表现较好。

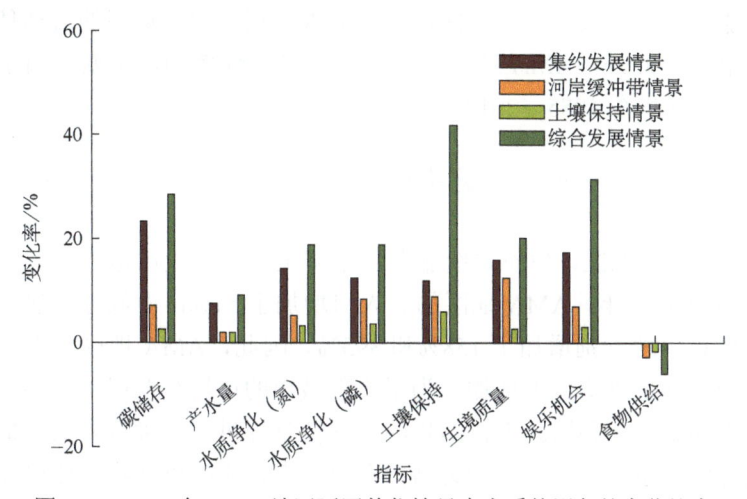

图 8-10　2030 年 AMA 地区不同替代情景生态系统服务的变化比率

8.4　结论与管理对策

8.4.1　基于土地利用的生态系统服务变化

将多种生态系统服务集成到土地利用规划和决策支撑对实现城市的可持续发展起着重要作用。因此，了解土地利用变化如何影响生态系统服务是未来城市规划的先决条件。对于 AMA 地区，低强度建设用地和高强度建设用地的快速扩张导致了综合生态系统服务的降低，尤其是在城市核心县域的周边扩张区域。由于 AMA 地区的城市扩张，1985~2012 年碳储存严重减少。自然生态系统的退化与减少会导致碳的流失。对于产水量，其主要受降水量的影响，与土地利用的相关性并不密切。在 AMA 地区，建设用地和农用地均比其他土地利用类型会产生更多的污染物负荷。其他一些国家的研究也表明，工业用地扩张和农业生产的加剧是水质恶化的主要原因（Noorhosseini et al.，2017；Su et al.，2013）。相比于其他的土地利用类型，裸地和农用地会引起更严重的水土流失，而林地则会对减缓土壤流失有作用。土壤流失的增加通常是林地砍伐以及农用地或其他土地利用类型取代林地造成的。建设用地的生境质量相对较差，主要是因为人类活动导致景观破碎化程度比较严重。之前的研究证实，城市化是威胁生物多样性的重要因素（Seto et al.，2012；Vimal et al.，2012）。对于 AMA 地区，林地以及湿地和水体周围地区的娱乐服务价值比较高。这些区域可以为人们活动提供更好的自然环境条件和娱乐潜力。此外，AMA 地区的食物供给稳定性增加，主要是由于农用地种植作物的面积在 1985~2012 年变化很小。

8.4.2 提升 AMA 地区生态系统服务的生态管理对策

对于 AMA 地区，生态系统服务的下降主要是建设用地的大幅扩张引起的。1985~2012 年，AMA 地区的总人口增加了 51%，而低强度建设用地和高强度建设用地分别增加了 158%和 395%。因此，AMA 地区的人均建设用地和人均生态足迹均显著增加。为了实现城市的可持续发展，应该对建设用地进行更加集约的利用。本章的集约发展情景提供了一种有效的土地利用策略来提升生态系统服务。这种策略旨在提高人口密度以及将居住单元更加聚集，即增加建设用地的空间聚集度，该策略可以减小人均生态足迹，并且减少人类对自然生态系统的干扰。其他的土地规划措施也可以控制城市建设用地的扩张，例如控制城市边界，保留更大面积的自然和半自然生境面积。

1985~2012 年，AMA 地区的中心县域，包括 Fulton、De Kalb、Clayton、Cobb 和 Gwinnett 比其他县域在产水量和水质净化服务方面都降低更多。在这几个县域，居民的水资源供给主要来源于地表水体，而地下水仅占水资源供给的 1%。因此，水库地区的降水应该被储存起来以应对干旱时期出现的缺水问题。首先，AMA 地区，尤其是几个中心县域应该继续实施现有的节水措施和废水处理计划与政策，包括"水供给与水资源保护管理计划"、"和解协议项目"、"废水管理计划"以及一些特定的废水管理策略，如停止使用效率低的设备设施、高质量经过处理的废水可排入拉尼尔湖（http://northgeorgiawater.org/）。其次，其他的节水以及废水处理工程措施也可以被不同部门采用，例如：①预处理和循环使用灰水；②提高农业灌溉基础设施，减少渗漏损失；③根据不同作物的用水需求，更合理地分配不同作物用水；④收集雨水，并进行多目标循环利用；⑤采用水体置换或多次回收技术；⑥采用先进的污水处理技术；⑦利用人工湿地进行废水净化。最后，本章的河岸缓冲带情景证实了设置河岸植被缓冲区可以有效地提高水质净化，因此是一种可行的生态工程措施。其他国家和地区已经实施了类似的生态保护项目，如加拿大魁北克地区的"湖岸、河岸、滨海地带的保护政策"、中国北京的"永定河生态廊道工程项目"等。

1985~2012年，城市中心县域外围的建设用地扩张区域，包括Cherokee、Forsyth、Rockdale、Henry、Fayette和Douglas的碳储存、生境质量和娱乐机会指数均大幅下降。这些县域的综合生态系统服务指数相比于其他地区也降低最多，主要是由于这些地区的高强度和低强度建设用地扩张得最多。对于这类区域，应优化土地利用策略，例如集约发展情景中的更加紧凑地利用建设用地，河岸缓冲带情景中的植树造林，都会对提升碳储存、生境质量和娱乐机会有所帮助。对于碳储存，应继续实施2015年提出的"亚特兰大气候行动计划"。此外，森林资源管理应该进行加强，例如选择种植具有更大固碳能力的树种、增加成熟树木的比例等。在实践中，还应该考虑不同的生态系统服务间的权衡。尽管上述的措施可以增加碳储存，但是单一型树种或年龄组也可能威胁生物多样性以及土壤保持服务。此外，农用地的土壤和植被也有很强的碳汇功能，可以通过高效利用肥料、提高灌溉效率和实行轮耕技术来能增强碳储存。对于生境质量，建设用地的扩张占据了之前的生物自然栖息地，因此生物多样性受到威胁。建立自然保护区对保护生物多样性可以发挥核心作用。半自然区域的斑块经常被建筑用地，特别是道路基础设施隔离。未来的城市规划应该减少道路基础设施对生境斑块的隔离影响，维护生态廊道的连通性。维护景观异质性，同时最小化景观破碎度也可以通过促进能量、物质和营养的流动来丰富生物多样性。通过管理当地生境，增强自然天敌来抑制害虫也有助于生物多样性保护。对于娱乐机会，增加城市公园和绿色基础设施的面积对优化娱乐体验有很大的作用。此外，规划时还应为居民构建多种娱乐基础设施，包括钓鱼、观鸟和划船等场所，条件、建设绿色廊道，以及骑行、步行锻炼等场所。

周围的郊区县域，包括Bartow、Hall、Barrow、Walton、Newton、Spalding、Coweta、Carroll和Paulding，在2012年提供了AMA地区55%的综合生态系统服务。未来的土地利用规划中应继续保护这些地区的自然和半自然生态系统，尤其是自然保护区。1985~2012年，这些县域地区在大部分生态系统服务方面（除了土壤保持服务）都表现得比较好。本章的河岸缓冲带情景和土壤保持情景分析结果表明，在河岸带和陡坡上植树造林都可以增加渗透，并且减少径流，从而有效地减少土壤侵蚀。其中，在陡坡上植树造林时应该选择最有效的植被类型来进行土壤保护。还应实施一些工程技术来减少土壤流失,包括:①对作物和植被实施管理措施,如实行作物肥田、草或落叶肥田、带状种植等措施;②对土壤实施管理措施,如实行免耕、休耕、排水和土壤修复等措施;③对耕地实施机械保护措施,如建设梯田、进行等高线耕作以及建造土工构筑物等。但是,这些措施对生态系统服务也会造成一定的消极影响,例如免耕或者休耕会减少食物供给。建造梯田会破坏原有的植被,同时会威胁生物多样性。周边郊区这 9 个县域也是 AMA 地区食物生产的重点区域,因为这 9 个县域在 2012 年的食物产量占整个 AMA 地区的 82%。因此,保证这几个县域地区的食物供给可持续性对整个 AMA 地区至关重要。应该推广农业改进策略,例如实施土壤有机质修复策略、利用先进的灌溉技术和设施、培养新的农作物品种。

8.4.3 结论

本章主要评估了 1985~2012 年 AMA 地区多种生态系统服务的时空分布及变化。总的来说,1985~2012 年 AMA 地区的综合生态系统服务和大部分的生态系统服务均明显下降,主要是由建设用地的快速扩张造成的,尤其是 AMA 地区的城市核心区的周边扩张区域最为严重。①在 2030 年的所有模拟情景中,综合发展情景在综合生态系统服务方面表现得最好。但是,这种情景下的食物供给服务却表现得最差。②相比于河岸缓冲带情景和土壤保持情景,集约发展情景在提升大部分的生态系统服务方面表现得更好。③河岸缓冲带情景是提升水质净化服务的有效土地利用策略,而河岸缓冲带情景和土壤保持情景均可以有效地减少土壤流失。④相比于河岸缓冲带情景和土壤保持情景,集约发展情景是提升生态系统服务,同时又不损失食物供给服务的一种更加有效的土地利用策略。此外,AMA 地区还应实施相应的土地利用优化策略和生态工程措施来提升生态系统服务,尤其是应该提升城市核心区几个县域的产水量和水质净化服务,城市核心区周围扩张县域的碳储存、生境质量以及娱乐机会服务,以及城市周边郊区县域的土壤保持和食物供给服务。

第9章　呼和浩特市生态资产评估、核算与管理

9.1　区域概况与数据来源

9.1.1　区域概况

呼和浩特市是内蒙古自治区首府，面积 1.72 万 km²，其中建成区面积 272 km²，行政区划如图 9-1 所示。呼和浩特位于内蒙古自治区中部，是全区政治、经济、文化、科教、金融中心，是连接我国东北、华北、西北的重要

图 9-1　呼和浩特市行政区划

枢纽城市，是呼包鄂榆城市群的区域性中心城市，是"一带一路"建设的重要节点城市，也是我国向北开放的重要"桥头堡"。习近平总书记把内蒙古形象地比喻成祖国北疆一道亮丽的风景线，作为自治区首府的呼和浩特，无疑就是这道风景线上一颗璀璨的明珠。据呼和浩特市人民政府网站数据[①]，呼和浩特市境内主要分为两大地貌单元，即：北部大青山和东南部蛮汉山为山地地形，南部及西南部为土默川平原地形。地势由北东向南西逐渐倾斜。海拔最高点在大青山金銮殿顶部，高度为 2280 m，最低点在托克托县中滩乡，高度为 986 m，市区海拔高度为 1040 m。河流有大黑河、小黑河。1958 年兴建红领巾水库，库容 1650 万 m³，灌溉面积 11 万亩。哈拉沁沟，沟长 55.6 km，流域面积 708.7 km²，年均径流量 2622 万 m³。全市河流总长度达 1075.8 km，河网密度为 0.177 km/km²。

9.1.2 数据来源

为了全面深入地对研究区域开展研究，本章研究过程中收集的数据及资料主要情况如下。

（1）社会经济数据

《呼和浩特统计年鉴》、呼和浩特水文与环境公报、呼和浩特环境公报、呼和浩特农业经济统计台账、《呼和浩特海绵城市建设规划》、《呼和浩特矿产资源分布》、《呼和浩特城乡总体规划》、《呼和浩特土地利用总体规划》、《呼和浩特国土空间规划》、《中国统计年鉴》、《中国经济统计年鉴》等。

（2）地理空间数据

呼和浩特土地利用数据来自 2000 年、2010 年、2020 年土地利用现状图（数据来源：中国科学院资源环境科学数据中心，https://www.resdc.cn/）。考虑到呼和浩特地处半干旱地区，灌木是重要的植被类型，单独分类有助于更好地评估其生态功能和土地利用变化，本章将土地利用类型重分类为 7 类，分别为耕地、林地、草地、灌木地、湿地水体、人造地表、裸地（表 9-1）。高程、坡度和坡向数据（分辨率 30m），通过 DEM 提取（数据来源：中国科学院计算机网络信息中心国际科学数据镜像网站，http://datamirrior.csdb.cn）。

---

① 自然地理，http://www.huhhot.gov.cn/2022_zjqc/qcgk/zrdl/[2024-10-30]。

表 9-1 呼和浩特土地利用类型

序号	类型	内容
1	耕地	用于种植农作物的土地，包括水田、灌溉旱地、雨养旱地、菜地、牧草种植地、大棚用地、以种植农作物为主间有果树及其他经济乔木的土地，以及茶园、咖啡园等灌木类经济作物种植地
2	林地	乔木覆盖且树冠盖度超过30%的土地，包括落叶阔叶林、常绿阔叶林、落叶针叶林、常绿针叶林、混交林，以及树冠盖度为10%～30%的疏林地
3	草地	天然草本植被覆盖，且覆盖度大于10%的土地，包括草原、草甸、稀树草原、荒漠草原，以及城市人工草地等
4	灌木地	灌木覆盖且灌丛盖度高于30%的土地，包括山地灌丛、落叶和常绿灌丛，以及荒漠地区覆盖度高于10%的荒漠灌丛
5	湿地水体	位于陆地和水域的交界带，有浅层积水或土壤过湿的土地，多生长有沼生或湿生植物，包括内陆沼泽、湖泊沼泽、河流洪泛湿地、森林/灌木湿地、泥炭沼泽、红树林、盐沼等，以及陆地范围液态水覆盖的区域，包括江河、湖泊、水库、坑塘等
6	人造地表	由人工建造活动形成的地表，包括城镇等各类居民地、工矿、交通设施等，不包括建设用地内部连片绿地和水体
7	裸地	植被覆盖度低于10%的自然覆盖土地，包括荒漠、沙地、砾石地、裸岩、盐碱地等

（3）自然资源数据

呼和浩特自然资源数据包括：土壤质地、有机物质含量、根系限制层深度（世界土壤数据库，https://www.fao.org/soils‑portal/en/）；气象数据（中国气象数据网，https://data.cma.cn/）；POI 数据（Bigemap）；人口密度数据（Worldpop 数据集，https://www.worldpop.org/）。

9.2 基于供需关系的生态资产评估与管理

9.2.1 供需数量评估

生态资产状态表征区域生态资产的禀赋和利用状况。本章依据生态系统供需过程，构建了供需比来表征生态资产从自然生态系统到社会系统的传递过程和利用过程，评估生态资产的时空演化特征，有助于决策者直观感受生态资产空间及数量增加或减少。

1. 呼和浩特市存量生态资产时空变化特征

1）呼和浩特市存量生态资产动态变化特征

通过对比呼和浩特市 2000～2020 年 20 年间的土地利用及覆盖变化，可以发现城市化发展及社会经济建设过程中呼和浩特市存量生态资产呈现出稳态发展的变化趋势（图9-2）。

(a) 2000年呼和浩特市存量生态资产

(b) 2010年呼和浩特市存量生态资产

(c) 2020年呼和浩特市存量生态资产

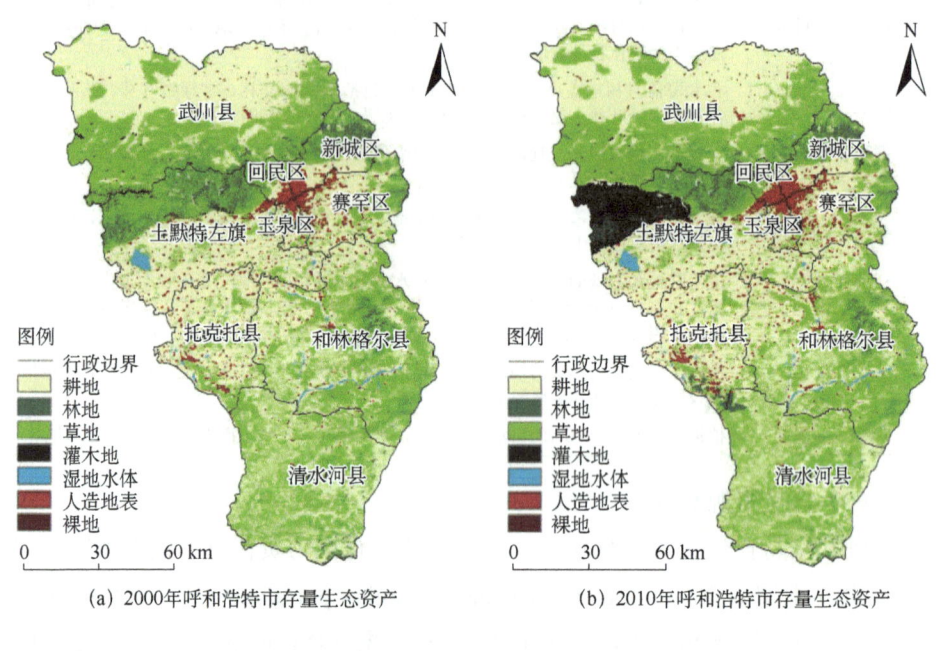

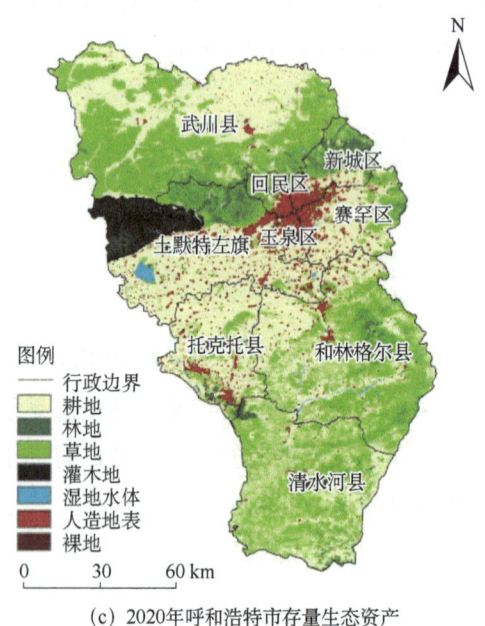

图9-2　2000年、2010年、2020年呼和浩特市存量生态资产空间布局

从 2000~2020 年呼和浩特市存量生态资产面积的发展变化过程中可知（表 9-2、表 9-3），耕地在呼和浩特市土地利用类型中占比最大，是最主要的土地利用类型。2000 年耕地面积为 9014.72 km²，2010 年耕地面积为 8683.71 km²，10 年间呼和浩特市耕地面积减少 331.01 km²，减少 3.67%，但耕地占城市总面积比例仍然超过一半，2000 年和 2010 年耕地面积占比分别为 52.47%和 50.54%；至 2020 年，耕地面积缩减至 8530.45 km²，较 2010 年减少 153.26 km²，耕地仍占土地利用类型总面积的 49.65%；3 个时期耕地面积持续减少，总减少量为 484.27 km²，减少 5.37%，减少幅度较小。

表 9-2　2000~2020 年呼和浩特市存量生态资产面积及其与城市总面积占比

土地利用类型	2000 年 面积/km²	2000 年 占比/%	2010 年 面积/km²	2010 年 占比/%	2020 年 面积/km²	2020 年 占比/%
耕地	9014.72	52.47	8683.71	50.54	8530.45	49.65
林地	887.84	5.17	1064.41	6.20	1041.42	6.06
草地	6334.02	36.89	6111.44	35.57	5996.69	34.90
灌木地	134.04	0.78	459.26	2.68	439.16	2.56
湿地水体	139.43	0.81	117.67	0.69	113.69	0.66
裸地	25.50	0.15	25.37	0.15	19.30	0.11

注：人造地表没有生态属性，故不考虑

表 9-3　2000~2020 年呼和浩特市存量生态资产动态变化

土地利用类型	2000~2010 年 变化量/km²	2000~2010 年 动态率/%	2010~2020 年 变化量/km²	2010~2020 年 动态率/%	2000~2020 年 变化量/km²	2000~2020 年 综合动态率/%
耕地	−331.01	−3.67	−153.26	−1.76	−484.27	−5.37
林地	176.57	19.89	−22.99	−2.16	153.58	17.30
草地	−222.58	−3.51	−114.75	−1.88	−337.33	−5.33
灌木地	325.22	242.63	−20.10	−4.38	305.12	227.63
湿地水体	−21.76	−15.61	−3.98	−3.38	−25.74	−18.46
裸地	−0.13	−0.51	−6.07	−23.93	−6.20	−24.31

2000 年呼和浩特市林地面积为 887.84 km²，至 2010 年林地面积为 1064.41 km²，增加了 176.57 km²，动态率为 19.89%；2020 年林地面积为 1041.42 km²，占呼和浩特市总面积的 6.06%，林地面积较 2010 年稍有减少，但较 2000 年仍然增加了 153.58 km²，20 年间林地综合动态率为 17.30%。

草地是内蒙古地区具有代表性的土地覆被类型，2000~2020 年呼和浩特市草地面积减少了 337.33 km²。2000 年呼和浩特市的草地面积为 6334.02 km²，占城市总面积的 36.89%；2010 年草地面积为 6111.44 km²，占城市总面积的 35.57%，草地面积缩减了约 222.58 km²；至 2020 年，草地面积减少至

5996.69 km², 占城市总面积的 34.90%, 较 2010 年减少 114.76 km²。草地面积变化动态率反映出呼和浩特市草地面积呈减少趋势, 减少速率持续增加, 20 年间草地的综合动态率为-5.33%, 减少幅度较小。

灌木地 2000 年面积为 134.04 km², 至 2010 年增加至 459.26 km², 增加面积约 325.22 km², 动态率为 242.63%; 2020 年灌木地面积为 439.16 km², 略有缩减但变化幅度较小, 占呼和浩特市总面积的 2.56%, 2010~2020 年面积减少了 20.10 km²; 综合 20 年灌木地的数据来看, 其面积增加 305.12 km², 综合动态率为 227.63%, 有较大幅度的增长。呼和浩特市灌木林面积增加与内蒙古深入实施天然林资源保护、京津风沙源治理、"三北"防护林建设、退耕还林还草、退牧还草、水土保持等国家重点生态工程, 认真执行草原生态补奖政策有直接关系。

2000 年湿地水体面积为 139.43 km², 占呼和浩特市总面积的 0.81%, 2010 年湿地水体面积为 117.67 km², 占市域面积的 0.69%, 至 2020 年湿地水体面积为 113.69 km², 占城市总面积的 0.66%。20 年间呼和浩特市湿地水体面积呈现持续减少的趋势, 但缩减速度逐渐放缓。湿地水体 20 年间共缩减 25.74 km², 综合动态率为-18.46%, 总体减少比例较高, 反映出呼和浩特市蓝色空间的保存和保护存在较大问题。近年来, 呼和浩特市常年干旱少雨, 降水量少, 蒸发量大, 部分湿地周边地下水位下降, 加之受河流上游流量限制, 生态补水水源不足, 均导致湿地水体面积减小。此外人类生产生活也会对湿地生态系统产生较大影响, 存在人为破坏湿地现象, 蚕食湿地、过度开发现象时有发生, 湿地不同程度地存在退化倾向。部分湿地水质监测不到位, 湿地工作人员对水质状况不够清楚。

2000 年裸地面积为 25.50 km², 2010 年裸地面积为 25.37 km²; 2020 年, 呼和浩特市裸地面积减少至 19.30 km², 占城市总面积的 0.11%; 20 年间呼和浩特市裸地面积减少 6.20 km², 综合动态率为-24.31%。

2) 呼和浩特市存量生态资产结构转移特征

以呼和浩特市 2000 年与 2020 年的土地利用数据为基础, 构建 20 年间存量生态资产的结构转移矩阵（表 9-4）。从生态用地与非生态用地之间的流动来看, 生态价值较高的草地与生态价值较低的耕地大量互相转化, 有 934.20 km² 的耕地转变为草地, 同时也有 720.44 km² 的草地转变为耕地, 是面积变化最大的生态用地变化; 非生态用地建设用地与生态用地耕地之间也存在较大的面积互相转化情况, 有 122.80 km² 建设用地变为耕地, 同时有 418.47 km² 耕地被用作了建设用地; 转移矩阵同时反映出呼和浩特市城市化发展所占用的主要的生态用地为耕地与草地。生态用地如林地与草地、灌木地与林地之间也有较多互相转换。由湿地水体流入耕地的土地为 40.36 km²，另有 9.82 km² 湿地水体变为草地，5.49 km² 湿地水体变为建设用地，反映了大片湿地水体被耕地、草地以及建设用地侵占，而仅有 18.38 km² 耕地与 10.03 km² 草地和 0.72 km² 的建设用地被恢复为湿地。其中，耕地与草地对湿地与水体的侵占，是导致湿地水体大幅度减少的重要原因。其他类型的土地利用之间也存在一定比例的互相转化，但变化量相对较小。

基于 20 年间的生态用地转移矩阵分析可发现，呼和浩特市林地与草地、林地与灌木地、裸地与草地、耕地与建设用地之间都存在大量的用地互相转换，反映出城市对生态用地与建设用地的定位不明确、生态治理与环境建设存在反复性，应在环境治理的同时强调环境保护，不让已经得到恢复的森林、灌木林、草地再次退化，不重复开发和盲目疏解建设用地，应让已得到治理的区域生态环境得到良好保护。

表 9-4　2000~2020 年呼和浩特市存量生态资产转移矩阵

(单位：km²)

土地类型	耕地	林地	草地	灌木地	水体	建设用地	裸地	合计
耕地	—	14.01	934.20	6.41	18.38	418.47	3.61	9013.09
林地	18.47	—	174.28	33.99	0.44	1.12	0.18	887.62
草地	720.44	310.84	—	354.34	10.03	110.34	11.06	6332.73
灌木地	4.07	56.33	31.66	—	0.30	0.28	0.01	134.04
湿地水体	40.36	0.44	9.82	0.14	—	5.49	0.03	139.38
建设用地	122.80	0.48	15.92	1.64	0.72	—	0.09	644.90
裸地	5.08	0.02	14.21	1.06	0.01	0.81	—	25.50
合计	8529.23	1041.25	5995.77	438.97	112.98	1039.76	19.29	—

注：纵向土地类型转化为横向土地类型

2. 呼和浩特市流量生态资产时空变化特征

1) 流量生态资产供给时空特征

基于对呼和浩特市存量生态资产的动态分析，综合运用决策类模型、单位当量因子法、生态系统服务矩阵法对流量生态资产的能力进行核算，并采用极值标准化法以消除指标量纲、数量级及指标正负取向的差异，得到 2000 年、2010 年、2020 年的呼和浩特市流量生态资产供给能力矩阵（表 9-5、表 9-6、表 9-7）。结果表明，研究区域内耕地、草地、湿地水体具有

表 9-5 2000 年呼和浩特市流量生态资产供给能力矩阵

生态资产分类	供给服务 合计	食物生产	原料生产	水资源供给	调节服务 合计	气体调节	气候调节	净化环境	水文调节	支持服务 合计	土壤保持	维持养分循环	生物多样性	文化服务
耕地	11 450.99	7 664.05	3 606.61	180.33	12 623.14	6 041.07	3 245.95	901.65	2 434.46	11 541.15	9 287.02	1 081.98	1 172.15	540.99
林地	2 102.28	464.25	1 077.42	560.61	23 195.10	3 547.59	10 598.97	3 048.30	6 000.24	8 566.77	4 309.66	332.86	3 924.25	1 716.86
草地	14 618.96	4 449.25	6 546.75	3 622.96	148 477.83	23 008.98	60 827.60	20 085.19	44 556.06	55 679.19	28 030.27	2 161.06	25 487.85	11 250.25
灌木地	104.13	23.55	53.31	27.27	1 273.15	174.79	524.38	158.68	415.29	423.97	213.22	16.12	194.63	85.54
湿地	1 796.73	182.18	101.52	1 513.04	20 050.56	371.31	819.10	1 272.46	17 587.69	1 934.41	450.57	34.77	1 449.07	920.62
水体														
裸地	1.48	0.25	0.74	0.49	21.77	3.22	2.47	10.14	5.94	7.42	3.71	0.25	3.46	1.48

表 9-6 2010 年呼和浩特市流量生态资产供给能力矩阵

生态资产分类	供给服务 合计	食物生产	原料生产	水资源供给	调节服务 合计	气体调节	气候调节	净化环境	水文调节	支持服务 合计	土壤保持	维持养分循环	生物多样性	文化服务
耕地	11 030.03	7 382.30	3 474.02	173.70	12 159.08	5 818.99	3 126.62	868.51	2 344.97	11 116.88	8 945.61	1 042.21	1 129.06	521.10
林地	2 508.27	553.91	1285.49	668.87	27 674.62	4 232.71	12 645.88	3 637.00	7 159.03	10 221.22	5 141.96	397.14	4 682.11	2 048.42
草地	14 094.35	4 289.59	6 311.82	3 492.95	143 149.58	22 183.28	58 644.76	19 364.41	42 957.13	53 681.09	27 024.39	2 083.51	24 573.20	10 846.52
灌木地	388.36	87.84	198.80	101.71	4 748.16	651.89	1 955.67	591.79	1 548.82	1 581.18	795.21	60.10	725.86	319.01
湿地	1 518.51	153.97	85.80	1 278.75	16 945.73	313.81	692.26	1 075.42	14 864.25	1 634.87	380.80	29.38	1 224.68	778.06
水体														
裸地	1.48	0.25	0.74	0.49	21.65	3.20	2.46	10.09	5.90	7.38	3.69	0.25	3.44	1.48

第 9 章　呼和浩特市生态资产评估、核算与管理

表 9-7　2020 年呼和浩特市流量生态资产供给能力矩阵

生态资产分类	供给服务 合计	食物生产	原料生产	水资源供给	调节服务 合计	气体调节	气候调节	净化环境	水文调节	支持服务 合计	土壤保持	维持养分循环	生物多样性	文化服务
耕地	10 834.89	7 251.70	3 412.56	170.63	11 943.97	5 716.04	3 071.31	853.14	2 303.48	10 920.20	8 787.35	1 023.77	1 109.08	511.88
林地	2 456.27	542.43	1 258.84	655.00	27 100.80	4 144.95	12 383.67	3 561.59	7 010.59	10 009.28	5 035.35	388.91	4 585.03	2 005.95
草地	13 828.31	4 208.62	6 192.68	3 427.02	140 447.53	21 764.56	57 537.79	18 998.90	42 146.28	52 667.82	26 514.28	2 044.18	24 109.36	10 641.79
灌木地	371.43	84.01	190.14	97.28	4 541.23	623.48	1 870.44	565.99	1 481.31	1 512.27	760.56	57.48	694.23	305.11
湿地	1 469.12	148.96	83.01	1 237.15	16 394.51	303.60	669.74	1 040.43	14 380.73	1 581.69	368.42	28.43	1 184.84	752.75
水体	1.14	0.19	0.57	0.38	16.67	2.46	1.89	7.77	4.55	5.68	2.84	0.19	2.65	1.14
裸地	1.14	0.19	0.57	0.38										

- 199 -

最高的流量生态资产供给能力，灌木地和裸地的流量生态资产供给能力值较低。

2000 年，呼和浩特市流量生态资产供给能力强的主导服务类型是调节服务和支持服务，供给能力最低的为文化服务，排序为调节服务＞支持服务＞供给服务＞文化服务。供给服务中能力最高的为食物生产，其次是原料生产，由于耕地对水源的需求量高，因此水源供给能力为负值；调节服务中供给能力最高的是水文调节，供给能力值最低的是净化环境，供给能力从大到小依次排序为水文调节＞气体调节＞气候调节＞净化环境；支持服务中供给能力最高的为土壤保持，最低的为维持养分循环，排序依次为土壤保持＞生物多样性＞维持养分循环。

2010 年，呼和浩特市流量生态资产供给能力高的主导服务类型是调节服务和支持服务，供给服务和文化服务次之。其中，供给服务能力从高到低依次为食物生产、原料生产、水资源供给；调节服务中水文调节依然占据主导地位，且能力有明显提升，净化环境能力最低，但与 2000 年相比有一定的提升，气体调节与 2010 年相比存在一定的下降，可能与林地及湿地面积的下降有关，尽管灌木地的面积呈现显著上升趋势，可见灌木地对气体调节能力不足；支持服务中土壤保持能力依然占据主导地位，但相较 2000 年有一定程度的下降，能力排序依次为土壤保持＞生物多样性＞维持养分循环。

2020 年，呼和浩特市流量生态资产供给能力高的主导服务类型依然是调节服务，排序从大到小与 20 年前相同。可见从宏观角度看，呼和浩特市流量生态资产供给能力经过 20 年的社会发展，在能力不断提高的过程中依然保持较为稳定的均衡发展趋势。其中，供给服务能力由高到低依次为食物生产、原料生产、水资源供给。首先，呼和浩特市相关部门开展了湿地资源普查，对全市 3.33 万 hm^2 湿地进行更新调查，动态掌握最新底数；建立了市、县两级湿地保护联席会议制度，制订湿地保护工作计划，科学指导各旗县区开展工作；加大对湿地资源的监管力度，强化部门联合执法，对破坏湿地的行为及时予以制止并惩戒；积极推出呼和浩特市第一批盟市级湿地名录的建立，从湿地资源保护要求出发，按照有关法律法规，采取积极有效的措施在适宜地区建立市级湿地名录，特别是对那些生态区位重要或野生动植物栖息的自然湿地，加大保护力度，实行严格有效的保护。其次，从多方面入手，全方位、全地域、全过程推动湿地水体的保护与修复。其中包括全面推行林长制，年底前全面建立市、旗（县区）、乡镇（街道）、村四级林长制责任体系，通过建立最严格的森林草原湿地保护管理体系，对所有重点生态区域林草资源实现网格化管理,配齐护林(草)员、技术员、执法员,确保林草管护全覆盖、无死角;抓紧制定出台《呼和浩特市湿地保护修复制度实施方案》,积极开展湿地保护专项整治行动,加快建立系统完整的湿地保护修复制度;充分利用先进技术手段,强化森林草原湿地资源灾害监测预警和防控体系建设,实现资源管护数字化、智慧化、系统化。

从时间尺度上来看(表9-8),呼和浩特市流量生态资产供给服务、调节服务以及文化服务均为 2000 年＞2010 年＞2020 年,呈逐级递减态势。通过对三期的流量生态资产供给矩阵进行比较,发现 2000~2020 年呼和浩特市流量生态资产供给能力分值变化较明显。

表 9-8　2000 年、2010 年、2020 年呼和浩特市生态资产供给能力矩阵

年份	供给服务	调节服务	支持服务	文化服务
2000	30 074.57	205 641.55	78 152.91	14 515.74
2010	29 541.00	204 698.82	78 242.62	14 514.59
2020	28 961.16	200 444.71	76 696.94	14 218.62

该结果表明,2000~2020 年从流量生态资产供给的宏观层面看,呼和浩特市生态资产供给的主导类型没有发生较大变化;在各类主导服务类型中,存在明显的波动变化,这与呼和浩特市城市发展过程中政府所出台的各类政策保障有着重要关系,而部分年份出现流量生态资产能力降低的主要原因是人类活动影响土地利用类型发生变化,其中林地和水域减少过快是导致 2010 年呼和浩特市流量生态资产供给能力降低的主要原因之一。

通过对呼和浩特市 2000 年、2010 年、2020 年的流量生态资产矩阵的供给能力进行空间分区统计,其结果如图 9-3 所示。

2000~2020 年,呼和浩特市流量生态资产供给能力的高值区空间位置整体上呈现出扩张的态势,由南部的清水河县和和林格尔县逐渐向北部的武川县以及回民区扩张;低值区主要分布于呼和浩特市的北部地区,经过 20 年的发展变化,低值区在北部区域呈现出由北向南渐进性扩张的态势,而呼和浩特市中部及南部区域的低值区从空间分布的整体情况看,变化较小。

2000 年,呼和浩特市流量生态资产供给能力的高值区主要分布在呼和浩特市的南部以及东南部区域,主要包括清水河县的大部分区域以及和林格尔县的东部;低值区的分布范围较广,呈现出零散的空间布局形式,但北部区域的武川县低值区分布较为集中,此外在土默特左旗北部、新城区、赛罕区东部也有一定面积的集中分布的低值区,而且在和林格尔县的中部地区以及清水河县的东南部区域也分布着大面积的流量生态资产低值区;流量生态资

(a) 2000年呼和浩特市流量生态资产供给能力

(b) 2010年呼和浩特市流量生态资产供给能力

(c) 2020年呼和浩特市流量生态资产供给能力

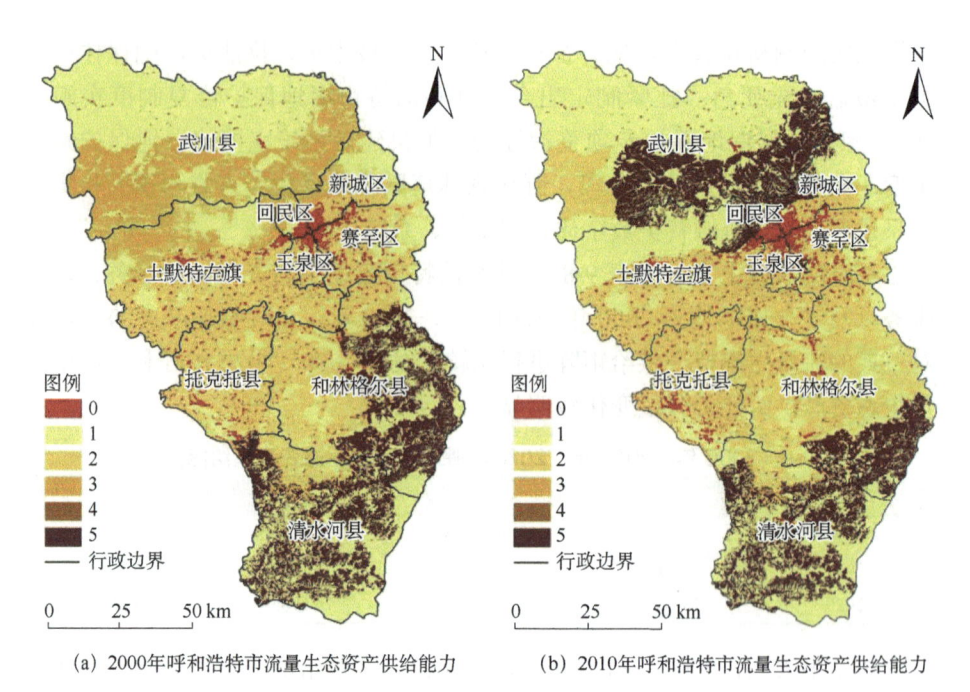

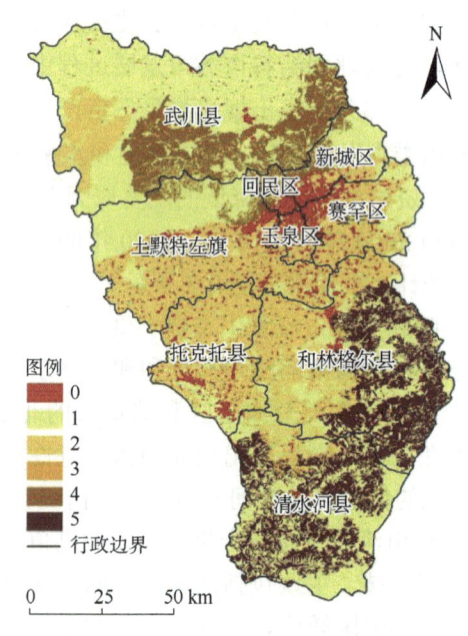

图9-3　2000年、2010年、2020年呼和浩特市流量生态资产供给能力空间布局

注：1～5代表生态资产能力值的高低水平，其中1最低，5最高，0代表人造地表

产供给能力中等的区域为呼和浩特市主要的分布类型，主要分布在呼和浩特市中部区域，包括武川县南部以及土默特左旗、回民区、新城区、玉泉区、赛罕区、托克托县和和林格尔县的西部。

2010年，呼和浩特市流量生态资产供给能力的高值区相比2000年呈现出大面积北移的空间布局态势，主要分布在武川县东南部、回民区北部、新城区西北部、和林格尔县南部和清水河县大部分区域，而原高值区的主要空间分布区域和林格尔县东部呈现出大面积的流量生态资产供给能力下降态势，仅剩南部依然具有流量生态资产的高供给能力。低值区与2000年相比也有一定的增加，如呼和浩特市中部地区的土默特左旗北部的流量生态资产供给能力出现明显的下降态势；而2000年流量生态资产供给能力低值区的武川县东南部呈现出明显的流量生态资产供给能力上升态势，但是和林格尔县的流量生态资产供给能力高值区则出现明显的流量生态资产供给能力下降。

2020年，呼和浩特市流量生态资产供给能力的高值区与2010年相比呈现较大的波动变化趋势。高值区主要分布在清水河县大部分区域以及和林格尔县东部区域，而武川县南部、回民区以及新城区西部的高值区由5级下降至4级；低值区的空间分布面积缩小，尤其在中部的土默特左旗、玉泉区、赛罕区以及托克托县的流量生态资产的供给能力出现明显提升。

总体上看，呼和浩特市经过20年的快速城镇化进程，流量生态资产的供给能力整体上呈现出下降态势。通过对2000~2020年呼和浩特市生态环境建设的整体梳理发现，虽然呼和浩特市生态环境保护工作取得明显进展，但呼和浩特市生态环境依然十分脆弱，部分区域生态退化问题依然严重，水资源、矿产资源和草原的保护与利用矛盾依然突出，实现构筑北方生态安全屏障的目标还需付出艰巨的努力。呼和浩特市生态环境存在的主要问题如下。

一是对生态环境脆弱性、环境保护紧迫性和艰巨性的认识尚不到位。不少县市区不仅没有认识到生态环境面临的严峻形势，反而认为全区环境容量大，环境不会出问题。由于缺少对环境保护专题研究，很多地方干部没有认识到"绿水青山就是金山银山"的含义，一些地区生态破坏情况令人痛心；发展煤化工、电解铝、火电等产业有利于发挥资源优势，但有些地区在产业空间布局、可持续发展和保护生态环境方面研究不够，在产业环境风险控制方面措施不多，已对生态环境造成不良影响。

二是自然保护区内违法违规开发问题仍然多见。2016年，内蒙古自治区内89个国家和自治区级自然保护区中有41个存在违法违规情况，且矿山环境治理普遍尚未开展。大青山等国家或自治区级自然保护区内的大量采矿企业直到2016年上半年才停止生产。

2）流量生态资产需求时空特征

基于对呼和浩特市存量生态资产需求能力的动态分析，综合运用决策类模型、单位当量因子法、生态系统服务矩阵法对流量生态资产的能力值进行核算，并采用极值标准化法以消除指标量纲、数量级及指标正负取向的差异，得到2000年、2010年、2020年的呼和浩特市流量生态资产需求能力矩阵（表9-9~表9-11）。

2000年，呼和浩特市流量生态资产需求能力强的主导服务类型是调节服务和支持服务，文化服务最低，排序为调节服务＞支持服务＞供给服务＞文化服务。供给服务中需求能力的波动变化不大，服务类型需求能力排序为食物生产＞原料生产＞水资源供给；调节服务和支持服务中主导服务类型的需求能力整体保持均衡状态，其排序分别为气候调节＞水文调节＞气体调节＞净化环境、生物多样性＞土壤保持＞维持养分循环。

2010年，呼和浩特市流量生态资产需求能力强的主导服务类型是调节服务和支持服务，供给服务相较于2000年出现一定程度的下降。其中，供给服务的需求能力从高到低依次为食物生产、原料生产、水资源供给；调节服务中气候调节占据主导地位，但气候调节需求能力相较于2000年出现了一定程度的下降，净化环境需求能力最低，但与2000年相比出现了明显的提升，气体调节与10年前相比，基本保持不变，可见经过10年的快速城镇化进程，城市发展和生态建设基本保持较为均衡的发展态势；支持服务中生物多样性的需求能力依然占据主导地位，但相较于2000年有一定程度的下降，需求能力排序由高到低依次为生物多样性＞土壤保持＞维持养分循环。

2020年呼和浩特市流量生态资产需求能力强的主导服务类型依然是调节服务，排序从大到小与2000年相同，可见从宏观角度看，呼和浩特市流量生态资产需求能力经过20年的社会发展，在能力值不断提高的过程中依然保持较为稳定的均衡发展趋势；文化服务指数依然在流量生态资产类型中最低，且呈现出下降态势。其中，供给服务能力的需求能力由高到低依次为食物生产、原料生产、水资源供给。调节服务中气候调节依然占据主导地位，且与2000年的流量生态资产类型的需求能力相比，出现一定程度的下降；支持服务中需求能力值由高到低依次为生物多样性、土壤保持、维持养分循环。

从时间尺度上来看（表9-12），2000~2020年呼和浩特市流量生态资产历年的需求能力均为调节服务＞支持服务＞供给服务＞文化服务。通过对三期的流量生态资产需求矩阵指数的比较得出，2000~2020年呼和浩特市流量生态资产需求能力的分值变化较为平稳，但从时间序列来看，呼和浩特市流

第 9 章 呼和浩特市生态资产评估、核算与管理

表 9-9 2000 年呼和浩特市流量生态资产需求能力矩阵

生态资产分类	合计	供给服务 食物生产	供给服务 原料生产	供给服务 水资源供给	合计	调节服务 气体调节	调节服务 气候调节	调节服务 净化环境	调节服务 水文调节	合计	支持服务 土壤保持	支持服务 维持养分循环	支持服务 生物多样性	文化服务
耕地	95 800.58	43 955.56	30 430.77	21 414.25	104 817.11	25 922.51	28 176.64	23 668.38	27 049.58	90 165.25	30 430.77	29 303.71	30 430.77	31 557.84
林地	9 416.44	2 737.34	3 613.29	3 065.82	14 453.14	3 613.29	3 613.29	3 832.27	3 394.30	10 620.87	3 503.79	3 503.79	3 613.29	3 941.77
草地	48 465.04	15 095.67	16 684.69	16 684.69	81 834.42	19 862.72	19 862.72	21 451.74	20 657.23	69 122.28	21 451.74	20 657.23	27 013.30	27 807.81
灌木地	1 022.73	309.92	387.40	325.42	1 642.57	402.89	402.89	433.89	402.89	1 332.65	433.89	402.89	495.87	480.37
湿地水体	1 251.60	347.67	295.52	608.41	2 329.36	608.41	556.26	573.65	591.03	1 477.58	399.82	486.73	591.03	573.65
裸地	64.94	21.65	21.65	21.65	98.96	21.65	21.65	24.74	30.92	132.97	43.29	43.29	46.39	58.76

表 9-10 2010 年呼和浩特市流量生态资产需求能力矩阵

生态资产分类	合计	供给服务 食物生产	供给服务 原料生产	供给服务 水资源供给	合计	调节服务 气体调节	调节服务 气候调节	调节服务 净化环境	调节服务 水文调节	合计	支持服务 土壤保持	支持服务 维持养分循环	支持服务 生物多样性	文化服务
耕地	92 278.75	42 339.66	29 312.07	20 627.02	100 963.81	24 969.55	27 140.81	22 798.28	26 055.18	86 850.59	29 312.07	28 226.44	29 312.07	30 397.71
林地	11 234.98	3 265.98	4 311.10	3 657.90	17 244.38	4 311.10	4 311.10	4 572.37	4 049.82	12 672.01	4 180.46	4 180.46	4 311.10	4 703.01
草地	46 725.84	14 553.95	16 085.94	16 085.94	78 897.73	19 149.93	19 149.93	20 681.93	19 915.93	66 641.77	20 681.93	19 915.93	26 043.91	26 809.91
灌木地	3 814.25	1 155.83	1 444.79	1 213.62	6 125.91	1 502.58	1 502.58	1 618.17	1 502.58	4 970.08	1 618.17	1 502.58	1 849.33	1 791.54
湿地水体	822.72	293.83	249.76	279.14	1 895.20	440.74	470.13	484.82	499.51	1 248.78	337.90	411.36	499.51	484.82
裸地	64.58	21.53	21.53	21.53	104.56	21.53	27.68	24.60	30.75	132.24	43.06	43.06	46.13	58.43

表 9-11 2020 年呼和浩特市流量生态资产需求能力矩阵

生态资产分类	供给服务 合计	食物生产	原料生产	水资源供给	调节服务 合计	气体调节	气候调节	净化环境	水文调节	支持服务 合计	土壤保持	维持养分循环	生物多样性	文化服务
耕地	90 646.21	41 590.61	28 793.50	20 262.09	99 177.61	24 527.80	26 660.65	22 394.94	25 594.22	85 314.08	28 793.50	27 727.07	28 793.50	29 859.93
林地	11 002.02	3 198.26	4 221.71	3 582.05	16 886.83	4 221.71	4 221.71	4 477.57	3 965.85	12 409.26	4 093.78	4 093.78	4 221.71	4 605.50
草地	45 843.85	14 279.23	15 782.31	15 782.31	77 408.47	18 788.46	18 788.46	20 291.54	19 540.00	65 383.86	20 291.54	19 540.00	25 552.31	26 303.85
灌木地	3 205.83	1 105.46	939.64	1 160.73	5 858.93	1 437.10	1 437.10	1 547.64	1 437.10	4 753.47	1 547.64	1 437.10	1 768.73	1 713.46
湿地	1 023.38	284.27	241.63	497.48	1 833.55	426.41	454.83	469.05	483.26	1 208.15	326.91	397.98	483.26	469.05
水体	49.72	16.57	16.57	16.57	80.50	16.57	21.31	18.94	23.68	101.81	33.15	33.15	35.51	44.98
裸地														

量生态资产的需求能力经过 20 年的发展呈现出整体的下降趋势；其中，需求能力下降最高的为供给服务，最低的为文化服务，下降程度由高到低依次排序为供给服务、调节服务、支持服务、文化服务。

表 9-12　2000~2020 年呼和浩特市流量生态资产需求能力矩阵

年份	供给服务	调节服务	支持服务	文化服务
2000	156 021.34	205 175.55	172 851.60	64 420.20
2010	154 941.12	205 231.60	172 515.47	64 245.42
2020	151 771.01	201 245.90	169 170.63	62 996.77

通过对呼和浩特市 2000 年、2010 年、2020 年的流量生态资产矩阵的需求能力进行空间分区统计，其结果如图 9-4 所示。

2000~2020 年，呼和浩特市流量生态资产需求呈现出中部高南北低的空间分布格局，且以集镇为集聚点分布。经过 20 年的发展，呼和浩特市流量生态资产需求的高值区从整体上看基本位置稳定，中间值区域由北向南逐渐扩张，低值区则在北部地区呈现出西进的发展状态。

2000 年，呼和浩特市流量生态资产需求的高值区主要分布在呼和浩特市的中部以及南部的部分区域，主要包括土默特左旗南部、玉泉区、赛罕区、托克托县、新城区南部、和林格尔县西部以及清水河县北部少量区域；低值区的分布范围较少，呈现出零散的空间布局形式，主要集中在呼和浩特市北部以及南部区域，其中土默特左旗东北部、新城区东北部以及清水河县南部较为集中，其他区县均呈现零散布局；流量生态资产需求的中间值区域为呼和浩特市主要的分布类型，主要分布在呼和浩特市北部及南部大部分地区，包括武川县北部、土默特左旗北部、回民区北部、新城区北部、和林格尔县和清水河县的大部分区域。

通过 10 年的城市发展，呼和浩特市城市建设用地的扩张导致 2010 年呼和浩特市流量生态资产需求的高值区相比 2000 年呈现出一定程度的缩减，但空间格局依然较为稳定，主要包括土默特左旗南部大部分区域、玉泉区大部分区域、新城区南部、赛罕区西部和中部、托克托县大部分地区以及和林格尔县东部。低值区与 2000 年相比出现一定程度的扩张，如呼和浩特市北部的武川县需求 2 级和 3 级区域出现明显的缩减，1 级区则出现显著扩张，该现象主要集中在土默特左旗北部以及和林格尔县东北部等区域；而 2000 年流量生态资产需求的中间值区域也出现一定程度的缩减，如清水河县大部分区域和和林格尔县东部从空间布局中可以看出中间值区域有明显的下降态势。

城市生态资产评估与管理

(a) 2000年呼和浩特市流量生态资产需求能力

(b) 2010年呼和浩特市流量生态资产需求能力

(c) 2020年呼和浩特市流量生态资产需求能力

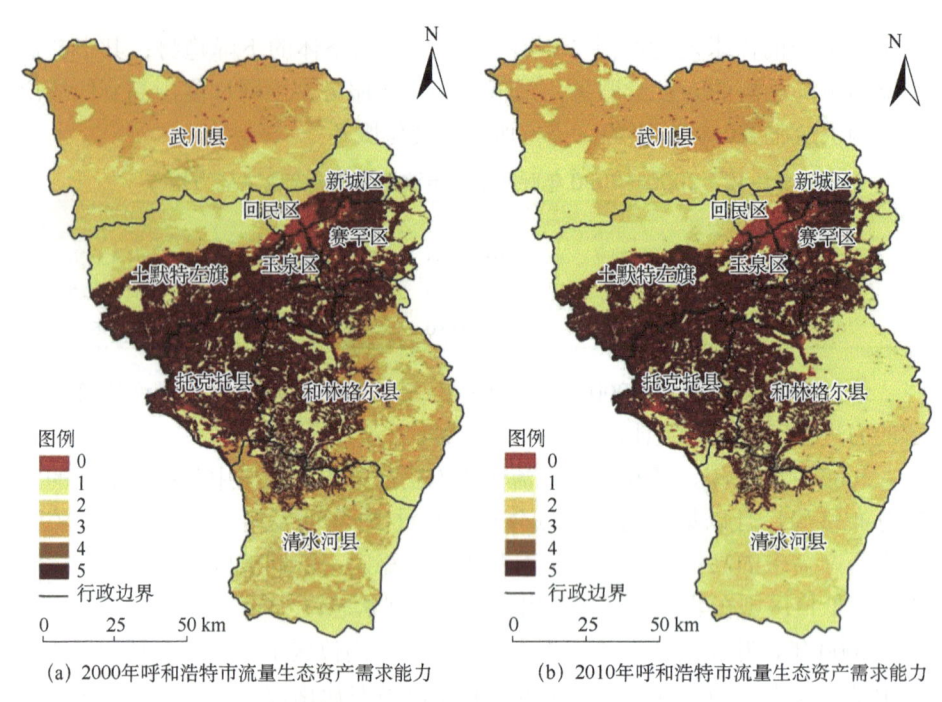

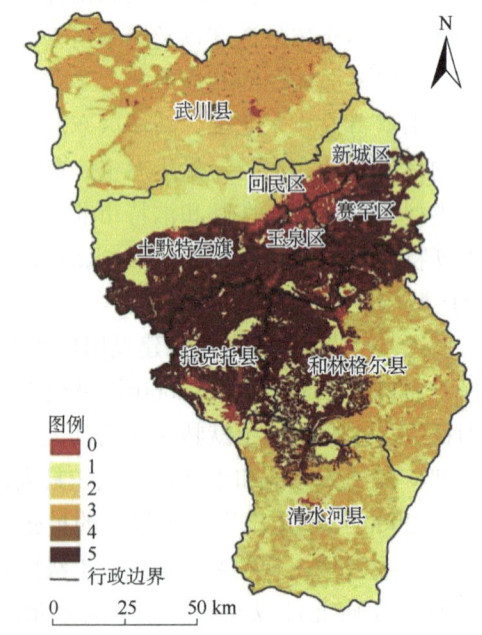

图9-4　2000年、2010年、2020年呼和浩特市流量生态资产需求能力空间布局

注：1~5代表生态资产能力的高低水平，其中1最低，5最高，0代表人造地表

到 2020 年，呼和浩特市城镇化水平不断提高的同时，建设用地面积进一步扩张，人口需求的增长成为 2020 年呼和浩特市流量生态资产需求高值区与 2010 年相比呈现较大的波动变化趋势的主导因素。从 2020 年呼和浩特市流量生态资产需求的空间分布图可知，高值区在土默特左旗南部、赛罕区、玉泉区、和林格尔县北部出现明显扩张态势；需求 4 级区在和林格尔县东部以及清水河县的空间分布也出现明显的面积扩大态势，而在武川县的西北部出现一定程度的面积缩小趋势；低值区的空间分布面积缩小，尤其在和林格尔县的东北部和清水河县的大部分地区，低值区由 1 级上升为 2 级或 3 级需求。

总体上看，呼和浩特市经过 20 年的快速城镇化进程，对流量生态资产的需求整体上呈现出明显的上升态势。由于受到人口分布与产业结构布局的影响，不同的流量生态资产需求间存在着较为显著的空间差异，但总体仍然按照人口集聚与工业发达区的需求高、人口稀疏与产业分散的区域需求低的规律分布。这样的分布规律很明显地体现在各个县区的流量生态资产需求间的差异上。在玉泉区、土默特左旗、赛罕区以及托克托县等人口密集、各类工业分布较为集中的县区的流量生态资产需求量要明显高于武川县、清水河县等人口较少的县区。

3）流量生态资产供需数量时空变化特征

研究基于 2000 年、2010 年、2020 年三期的流量生态资产矩阵表，采用地类赋值法和分区空间统计，对构建的流量生态资产供需比指标进行计算，在此基础上分析供需比的时空变化状况。

从总体上看（表 9-13），2000~2020 年呼和浩特市流量生态资产供需比呈现出下降态势，整体由盈余转为近平衡状态，供需状态趋于恶化。相比于 2000 年，2020 年呼和浩特市流量生态资产供需比变化幅度较大，增幅为 −25.07%，呼和浩特市 20 年的快速城镇化扩张导致该市流量生态资产的供需比趋于紧张，2020 年呼和浩特市供需比出现亏损赤字，由 2000 年的 108 245.95 减少为 81 105.11。这可能是由于随着城镇化转型，呼和浩特市作为内蒙古自治区的首府，建设用地面积不断增加，提供重要生态系统服务的耕地、水域、草地等地类面积迅速减少，导致生态系统服务供给降低，而与此同时，中心城区人口不断增加，生态系统服务需求量变大，供需严重失衡。其中，赛罕区、土默特左旗、托克托县、武川县以及玉泉区的供需比降幅较大，增幅分别为：−20.00%、−52.06%、−31.26%、−21.80%和−54.24%；和林格尔县和清水河县流量生态资产的供需比呈现出近平衡状态，2020 年较

2000 年有小幅度提升，分别提高 0.08%、6.33%；回民区的流量生态资产供需比大幅提升，共增加 14.15%。通过对回民区近年来生态环境建设状况的分析发现，其流量生态资产供需比的提升关键在于回民区坚持生态优先、绿色发展的发展思路，依托得天独厚的生态环境和人文条件，积极构建生态产业体系，有效推进生态保护和污染防治攻坚，在产业布局上坚持差异化、错位发展，重点发展生态型产业，打造现代绿色产业体系。近年来，回民区已新增多处公园、绿化提升道路多条，并栽植乔木和灌木、种植地被、修建口袋公园、实施绿道建设。回民区还不断创新环境监管模式，着力打造"大环保"网格化环境监管体系，按照"属地管理、分级负责、无缝对接、全面覆盖、责任到人"的原则，建立了区、镇街、社区（村）网格化环境监管体系，始终保持环境监管的高压态势。同时，不断提高辖区居民生态文明意识，推进生态文明宣传教育，倡导文明、绿色的生活方式和消费模式，提升生态文明水平。

表 9-13　2000~2020 年呼和浩特市流量生态资产供需比变化状况

区县名称	2000 年	2010 年	2020 年	2000~2020 年变化率/%
和林格尔县	17 270.49	14 493.09	17 285.15	0.08
回民区	1 023.78	1 127.27	1 168.60	14.15
清水河县	12 617.13	10 358.52	13 415.24	6.33
赛罕区	4 544.86	3 841.49	3 636.09	−20.00
土默特左旗	40 976.59	20 786.82	19 645.81	−52.06
托克托县	5 040.04	4 075.48	3 464.34	−31.26
武川县	22 254.21	16 023.31	17 403.68	−21.80
新城区	3 916.59	3 727.13	4 810.60	22.83
玉泉区	602.27	552.44	275.60	−54.24
呼和浩特市	108 245.95	74 985.56	81 105.11	−25.07

从空间上看，2000~2020 年呼和浩特市流量生态资产供需比空间非均衡性明显，流量生态资产供需失衡空间逐渐扩大，呈现出由北部中北部向两侧扩散的空间特征（图 9-5）。呼和浩特市流量生态资产空间供需整体上呈现出南北能力强（处于盈余状态，具有较高的可持续性），中部地区较弱（与中部人口密度较高有关）的空间格局。通过分析 2000~2020 年呼和浩特市流量生态资产供需比空间特征可知，20 年间流量生态资产的盈余面积总体上呈现不断缩小趋势，而供需失衡的空间在不断扩张。

第 9 章　呼和浩特市生态资产评估、核算与管理

(a) 2000年呼和浩特市流量生态资产供需比

(b) 2010年呼和浩特市流量生态资产供需比

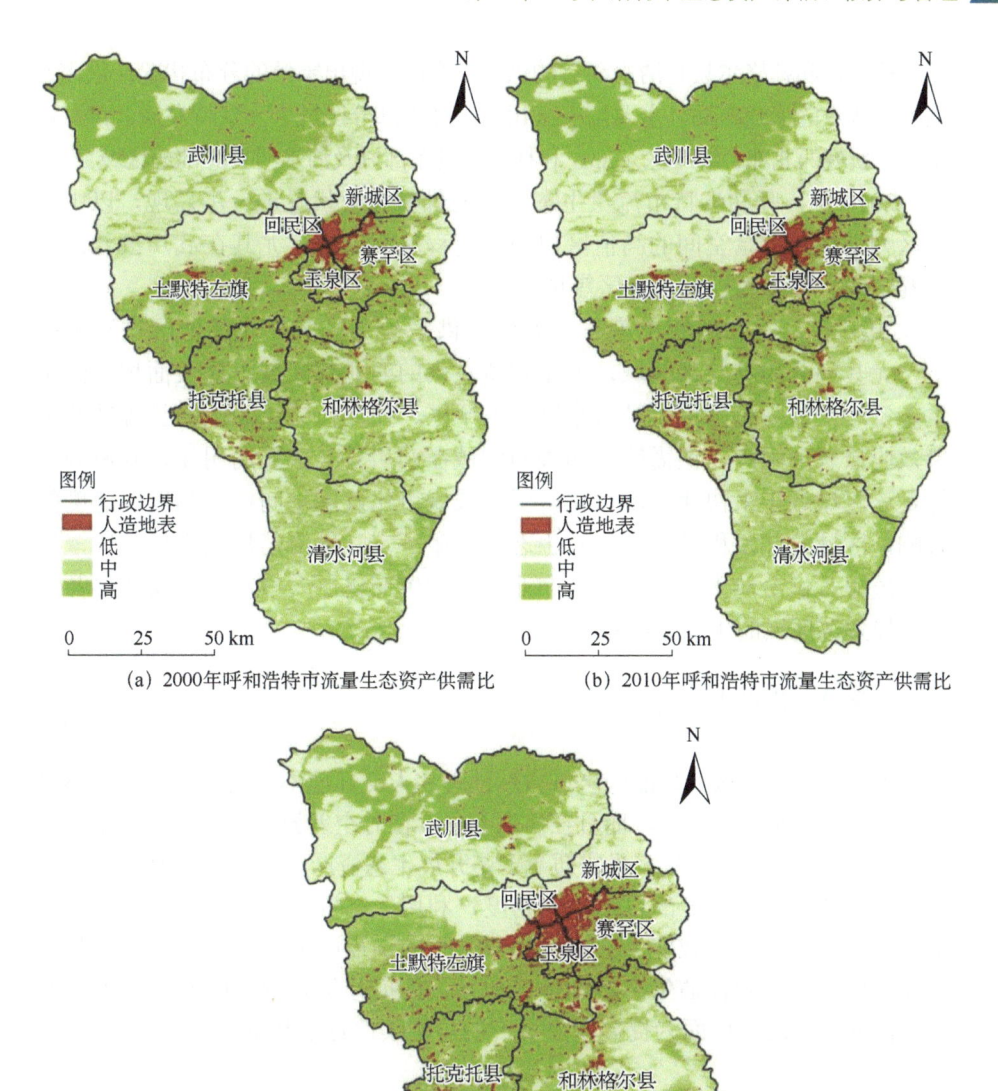

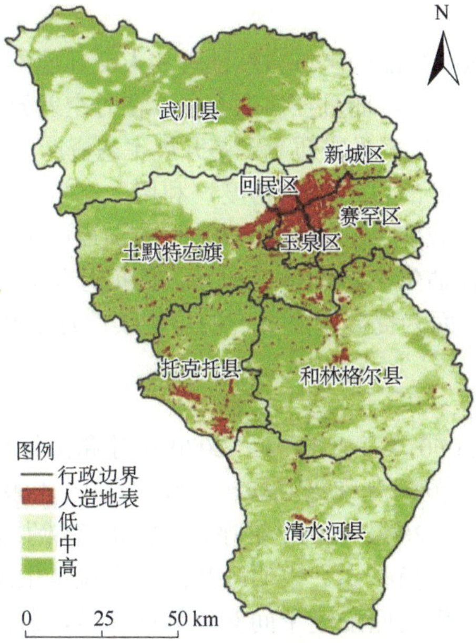

(c) 2020年呼和浩特市流量生态资产供需比

图 9-5　2000 年、2010 年、2020 年呼和浩特市流量生态资产供需比空间布局

2000 年，呼和浩特市流量生态资产供需盈余主要位于武川县北部和呼和浩特市南部大部分区域，主要包括土默特左旗南部、玉泉区、赛罕区、新城区南部、

- 211 -

托克托县，和林格尔县与清水河县的供需盈余区呈现出零散的分布状况；供需亏损区以散点的形式布局，主要位于武川县南部大部分区域、土默特左旗北部、回民区、新城西北部、赛罕区东部、和林格尔县东部以及清水河县的部分区域。

2010 年，呼和浩特市流量生态资产的供需失衡状况进一步显现，以中心城区为主供需盈余空间的高值区出现一定程度的缩小，尤其在武川县北部以及赛罕、回民区以及玉泉区等地。

2020 年，呼和浩特市流量生态资产供需盈余区域在北部地区进一步缩小，尤其在武川县北部区域，但土默特左旗的西北部区域出现大面积的流量生态资产供需盈余区域，且玉泉区、赛罕区、托克托县、清水河县等地的集聚效应显著加强；而供需比空间失衡区域在武川县北部布局明显，其原因可能是该区域近年来快速的城镇化，受区域城市化发展空间格局和发展速度的影响，区域的开发程度较高，对生态系统服务实际供给消耗及损耗过快，生态系统服务供给能力退化，同时产业结构发生变化，人口发生空间转移及集聚，导致该区域的生态系统服务需求变大。

9.2.2 供需质量评估

生态资产的结构和功能因区域自然地理和人文环境不同而不尽相同，不仅在数量上具有时空差异性，而且在质量上也存在时空差异。衡量和测度生态资产供需质量，提升生态资产供需质量，是开展生态资产综合管理的前提。

本小节从生态资产的供需关系角度，利用生态资产的供给和需求分析框架，提出表征供需承载状态和供需协调关系的供需匹配度和供需协调度两个指标，用来衡量和评估生态资产供需质量，为提升生态资产的质量提供重要方法依据，从质量层面为提高生态资产的可持续性打下基础。

1. 呼和浩特市流量生态资产供需匹配度时空变化特征

通过计算得到 2000 年、2010 年、2020 年呼和浩特市流量生态资产供需匹配度分布范围，该范围分别为 0.09～4.39、0.09～4.69、0.09～4.45。从区域时空变化特征分析，2000～2020 年呼和浩特市流量生态资产供需匹配度由可承载状态逐步靠近均衡状态，表明呼和浩特市流量生态资产可承载人类需求能力降低。此外，供需匹配度空间变化特征明显，供需匹配度高值区面积缩小，低值区面积扩大（表 9-14）。2000 年呼和浩特市流量生态资产的供需匹配度为 1.97，为良好匹配等级，生态系统服务处于可承载状态，2020 年供需匹配度下降至 1.81。从时间变化分析，2000～2020 年供需匹配度下降 0.16，降幅为 8.02%。虽然 2020 年呼和浩特市流量生态资产供需匹配度等级出现下降，但是流量生态资产整体上能够承载区域生态系统服务需求的增长，以及满足生态系统服务内部对生态系统服务供给的消耗。

表 9-14　2000～2020 年呼和浩特市流量生态资产供需匹配度变化状况

区县名称	供需匹配度 2000 年	2010 年	2020 年	2000～2020 年变化率/%
和林格尔县	2.86	2.38	2.22	-22.39
回民区	0.36	0.35	0.32	-10.92
清水河县	2.16	2.12	1.87	-13.58
赛罕区	1.04	1.05	0.86	-17.35
土默特左旗	4.18	4.84	3.29	-21.26
托克托县	0.47	0.68	0.43	-9.19
武川县	3.08	3.38	3.13	1.63
新城区	1.28	1.27	1.21	-4.88
玉泉区	0.15	0.12	0.02	-86.31
呼和浩特市	1.97	1.97	1.81	-8.02

从呼和浩特市各区县供需匹配度时间变化分析，2000～2020 年供需匹配度下降最快的区县为玉泉区，其供需匹配度指标下降 0.13，下降幅度为 86.31%；原因是该区域在 20 年间，为满足经济发展和农业生产需要，进行了毁林开荒活动，并利用打机井进行地下水开采灌溉活动，造成该区域林地和水域面积急剧减少，导致生态系统服务潜在供给能力下降。2000～2020 年，呼和浩特市流量生态资产供需匹配度下降较快的区县还有和林格尔县（-22.39%）、回民区（-10.92%）、清水河县（-13.58%）、赛罕区（-17.35%）、土默特左旗（-21.26%），下降幅度均超过 10%；其下降的主要原因是在人口增长、城镇空间扩张和产业崛起中，人类对建设用地需求的增加，造成林地、草地和水域等类型土地被大量占用，改变了原有的生态平衡，进而使供需匹配度快速下降。武川县和新城区供需匹配度变化率较为平缓，分别上升 1.63%、下降 4.86%，可见该区域经过 2000～2020 年的生态环保建设，牢固树立"绿水青山就是金山银山"的发展理念，全面贯彻落实中共中央关于生态文明建设和生态环境保护的决策部署，加大生态环境保护支持力度，坚持将生态文明理念贯穿发展建设全过程，不断拓展绿色空间，突出新建道路、小游园、口袋公园等城区绿化，因地制宜、留白增绿，着力打造错落有致、风景秀美、"三季有花、四季有景"的城区绿化精品工程，逐步让绿色成为高质量发展的鲜明底色。

虽然呼和浩特市 2000 年、2010 年、2020 年流量生态资产供需匹配度总体呈现可承载和均衡状态，但是不同区域指标值呈现明显的空间差异（图9-6）。

(a) 2000年呼和浩特市流量生态资产供需匹配度

(b) 2010年呼和浩特市流量生态资产供需匹配度

(c) 2020年呼和浩特市流量生态资产供需匹配度

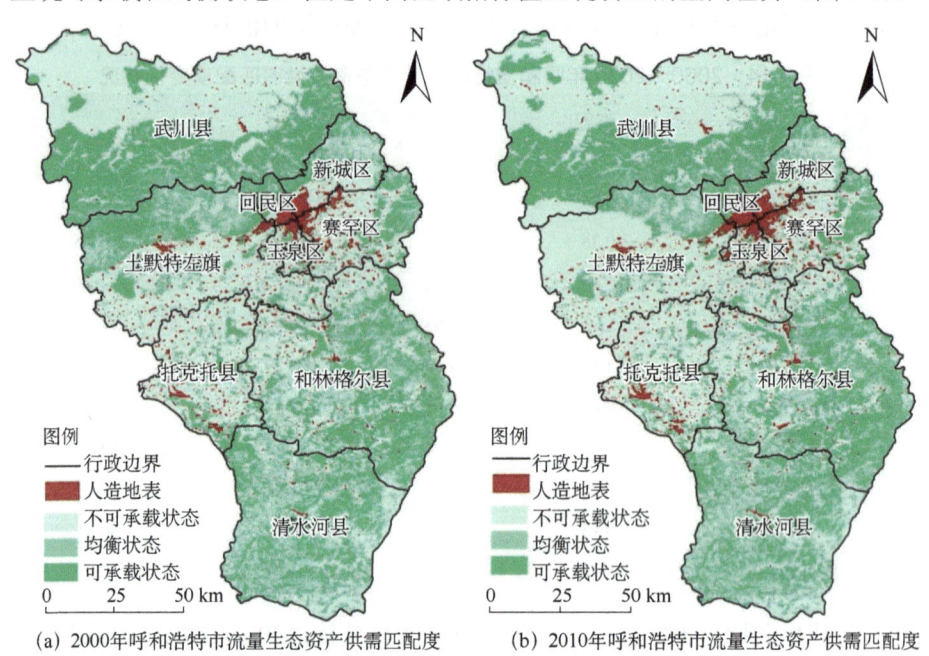

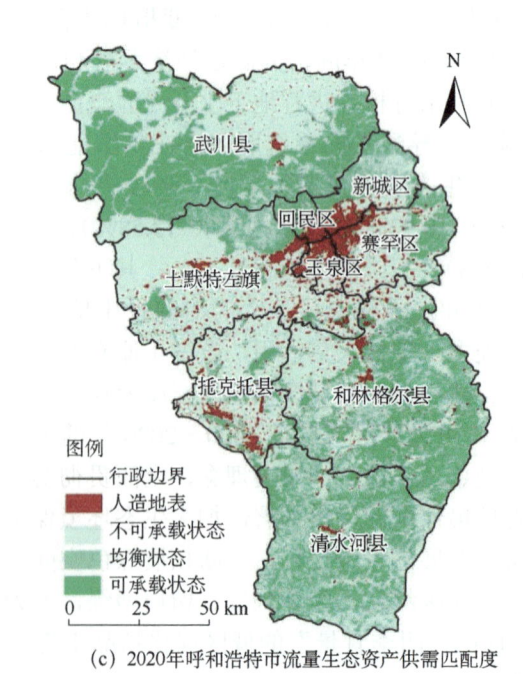

图 9-6　2000 年、2010 年、2020 年呼和浩特市流量生态资产供需匹配度空间布局

从空间变化方面分析，2000 年，呼和浩特市流量生态资产供需匹配度的高值区（可承载状态）位于东南部、北部等区域，主要包括武川县南部、土默特左旗北部、回民区北部、赛罕区东部、新城区北部、和林格尔县东部以及清水河县大部分地区；低值区（不可承载状态）位于呼和浩特市的中部及北部区域，主要包括武川县北部、土默特左旗南部、新城区南部、赛罕区西部、托克托县大部分地区以及和林格尔县西部。2010 年，呼和浩特市流量生态资产供需匹配度整体与 2000 年前相比，基本保持稳定，但高值区面积出现一定程度缩小，缩小区域主要位于土默特左旗北部。然而，2020 年，呼和浩特市流量生态资产供需匹配度出现一定程度的下降，高值区只在武川县的北部区域出现明显的扩张趋势，但是指标值下降；低值区仍出现在该市的中部且面积更加集聚并向周围扩大。

2. 呼和浩特市流量生态资产供需协调度时空变化特征

从区域时空变化特征分析，供需协调度等级空间变化明显，高值区（优质协调、良好协调）面积总体呈减少趋势，但 2020 年相较于 2010 年出现一定程度的回升；低值区（基本协调、勉强协调）面积呈现出持续减少状态。总体来看，2000 年、2010 年、2020 年呼和浩特市流量生态资产供需协调度低值区面积大于高值区面积（图 9-7）。

从空间变化分析，低值区的分布较为集中，主要位于呼和浩特市的北部和中部地区，呈带状分布，且在部分区域与高值区间隔分布，主要包括武川县北部大部分区域、土默特左旗南部、回民区南部、新城区南部、玉泉区、赛罕区中西部、托克托县大部分区域以及和林格尔县西部等。相比之下，2010 年供需协调度低值区面积降低 5%，西北区域出现供需协调度的高值区；高值区面积缩小 21.56%，主要是土默特左旗西北部及武川县西南角出现高值区大面积缩小的状况。到 2020 年，供需协调度变化最大的区域主要位于武川县西北部，低值区出现明显的面积缩小，与此同时，高值区出现一定程度的面积扩大，且中部地区的高值区也出现一定程度的面积缩小，主要包括托克托县、和林格尔县西北部、土默特左旗等。

从呼和浩特市各区县供需协调度变化情况可以看出，2000~2020 年流量生态资产供需协调度整体呈下降态势，其中玉泉区下降程度最高，为-18.87%，赛罕区、土默特左旗以及武川县出现一定程度的上升（表 9-15）。

(a) 2000年呼和浩特市流量生态资产供需协调度

(b) 2010年呼和浩特市流量生态资产供需协调度

(c) 2020年呼和浩特市流量生态资产供需协调度

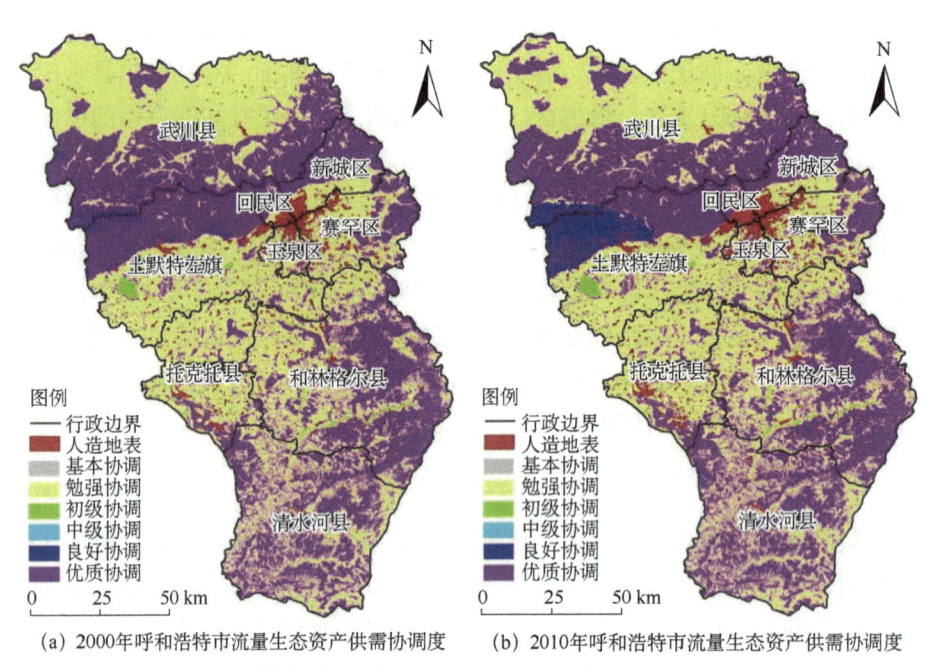

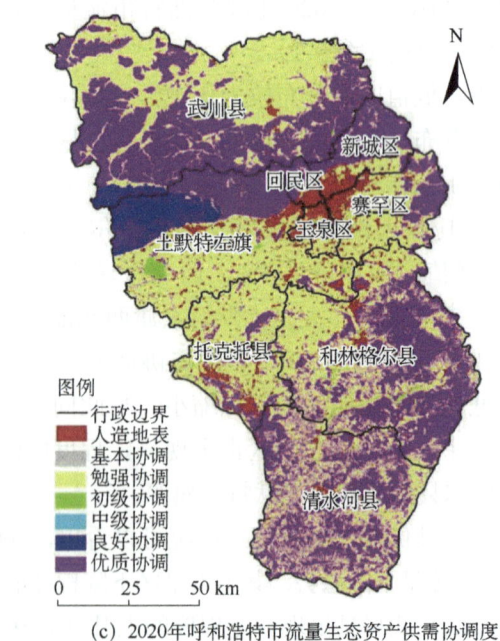

图 9-7　2000 年、2010 年、2020 年呼和浩特市流量生态资产供需协调度空间布局

表 9-15　2000~2020 年呼和浩特市流量生态资产供需协调度变化状况

区县名称	供需协调度 2000年	2010年	2020年	2000~2020年变化率/%
和林格尔县	0.96	0.95	0.95	-0.36
回民区	0.99	0.98	0.99	-0.73
清水河县	0.96	0.96	0.96	-0.34
赛罕区	0.96	0.95	0.96	0.24
土默特左旗	0.95	0.97	0.98	2.90
托克托县	0.89	0.88	0.89	-0.24
武川县	0.93	0.95	0.95	2.60
新城区	0.99	0.98	0.98	-0.92
玉泉区	0.91	0.89	0.74	-18.87
呼和浩特市	0.95	0.94	0.95	-1.75

2000 年，处于优质协调等级的区县分别为和林格尔县、回民区、清水河县、赛罕区、土默特左旗以及新城区，武川县和玉泉区处于良好协调等级，托克托县处于中等协调等级。到 2010 年，处于优质协调等级的区县有所增加，武川县由良好协调等级上升为优质协调等级，但玉泉区由良好协调等级降为中级协调等级，其余区县均保持优质协调等级不变。到 2020 年，仅玉泉区由中级协调等级降为初级协调等级，其余区县均与 2010 年协调度等级一致。

9.2.3　生态资产供需效益评估

由于生态资产的多样化和时空不均衡性分布，加之受到人类对生态资产使用和管理的选择性和多样性影响，生态资产之间往往存在此消彼长的权衡（trade-offs）和相互促进的协同（co-benefits）关系。明晰区域多种生态资产之间的相互关联特征，兼顾多种生态资产不同类型之间、不同区域之间的协调发展，实现利益相关方收益最大化，对实现区域发展与生态可持续"双赢"具有重要的意义，也有利于提升人类的福祉。

本章依据构建的生态资产的权衡度模型，利用 2000 年、2010 年、2020 年三期生态资产供给能力对呼和浩特市 2000~2020 年的各类型生态资产之间的权衡与协同关系进行分析，明晰两者之间的关联，为实现区域生态资产利益最大化提供科学的方法依据。

1. 流量生态资产供给量变化分析

为开展 2000~2020 年呼和浩特市城市生态资产权衡协同评估，本节采用 2000 年、2010 年、2020 年 3 个时间节点流量生态资产的供给能力作为城市生态资产权衡协同评价的基础。计算 2000~2020 年呼和浩特市流量生态资产供给能力，其变化如表 9-16、表 9-17、表 9-18 所示。

表 9-16 2000 年呼和浩特市流量生态资产供给能力矩阵

类型	生态资产分类	耕地	林地	草地	灌木地	湿地水体	裸地
供给服务	食物生产	7 664.05	464.25	4 449.25	23.55	182.18	0.25
	原料生产	3 606.61	1 077.42	6 546.75	53.31	101.52	0.74
	水资源供给	180.33	560.61	3 622.96	27.27	1 513.04	0.49
调节服务	气体调节	6 041.07	3 547.59	23 008.98	174.79	371.31	3.22
	气候调节	3 245.95	10 598.97	60 827.60	524.38	819.10	2.47
	净化环境	901.65	3 048.3	20 085.19	158.68	1 272.46	10.14
	水文调节	2 434.46	6 000.24	44 556.06	415.29	17 587.69	5.94
支持服务	土壤保持	9 287.02	4 309.66	28 030.27	213.22	450.57	3.71
	维持养分循环	1 081.98	332.86	2 161.06	16.12	34.77	0.25
	生物多样性	1 172.15	3 924.25	25 487.85	194.63	1 449.07	3.46
文化服务	文化服务	540.99	1716.86	11 250.25	85.54	920.62	1.48

表 9-17 2010 年呼和浩特市流量生态资产供给能力矩阵

类型	生态资产分类	耕地	林地	草地	灌木地	湿地水体	裸地
供给服务	食物生产	7 382.30	553.91	4 289.59	87.84	153.97	0.25
	原料生产	3 474.02	1 285.49	6 311.82	198.80	85.80	0.74
	水资源供给	173.70	668.87	3 492.95	101.71	1 278.75	0.49
调节服务	气体调节	5 818.99	4 232.71	22 183.28	651.89	313.81	3.20
	气候调节	3 126.62	12 645.88	58 644.76	1 955.67	692.26	2.46
	净化环境	868.51	3 637.00	19 364.41	591.79	1 075.42	10.09
	水文调节	2 344.97	7 159.03	42 957.13	1 548.82	14 864.25	5.90
支持服务	土壤保持	8 945.61	5 141.96	27 024.39	795.21	380.80	3.69
	维持养分循环	1 042.21	397.14	2 083.51	60.10	29.38	0.25
	生物多样性	1 129.06	4 682.11	24 573.20	725.86	1 224.68	3.44
文化服务	文化服务	521.10	2 048.42	10 846.52	319.01	778.06	1.48

第9章 呼和浩特市生态资产评估、核算与管理

表 9-18　2020 年呼和浩特市流量生态资产供给能力矩阵

类型	生态资产分类	耕地	林地	草地	灌木地	湿地水体	裸地
供给服务	食物生产	7 251.70	542.43	4 208.62	84.01	148.96	0.19
	原料生产	3 412.56	1 258.84	6 192.68	190.14	83.01	0.57
	水资源供给	170.63	655.00	3 427.02	97.28	1 237.15	0.38
调节服务	气体调节	5 716.04	4 144.95	21 764.56	623.48	303.60	2.46
	气候调节	3 071.31	12 383.67	57 537.79	1 870.44	669.74	1.89
	净化环境	853.14	3 561.59	18 998.90	565.99	1 040.43	7.77
	水文调节	2 303.48	7 010.59	42 146.28	1 481.31	14 380.73	4.55
支持服务	土壤保持	8 787.35	5 035.35	26 514.28	760.56	368.42	2.84
	维持养分循环	1 023.77	388.91	2 044.18	57.48	28.43	0.19
	生物多样性	1 109.08	4 585.03	24 109.36	694.23	1 184.84	2.65
文化服务	文化服务	511.88	2 005.95	10 641.79	305.11	752.75	1.14

（1）2000~2020 年呼和浩特市流量生态资产供给能力呈减少态势。

呼和浩特市流量生态资产供给能力从 2000 年的 328 384.8 下降至 2020 年的 320 321.4，20 年间下降了 8063.34，下降约 2.46%。不同时间段内供给变化的幅度差异较大，2000~2010 年供给下降 1387.74，占供给变化总量的 17.21%；2010~2020 年供给下降了 6675.6，占供给变化总量的 82.79%。

（2）2000~2020 年呼和浩特市流量生态资产供给、调节、支持和文化服务能力总体上呈现出下降态势。

2000~2020 年，呼和浩特市供给服务能力呈下降态势，20 年间供给服务下降总量为 1113.41，平均每年减少 55.67。其中，2000~2010 年供给服务下降了 533.57，占供给服务变化总量的 47.92%；2010~2020 年供给服务下降了 579.84，占供给服务变化总量的 52.08%。

2000~2020 年，呼和浩特市调节服务能力呈下降态势，20 年间调节服务减少总量为 5196.84，平均每年减少 259.84。其中，2000~2010 年调节服务减少 942.68，占调节服务变化总量的 18.14%；2010~2020 年调节服务减少 4254.16，占调节服务变化总量的 81.86%。

2000~2020 年，呼和浩特市支持服务能力呈下降态势，20 年间支持服务减少总量为 1455.95，平均每年减少 72.80。其中，2000~2010 年支持服务增加 89.71，占支持服务变化总量的 6.16%；2010~2020 年支持服务减少 1545.65，是支持服务变化总量的 1.06 倍。

2000~2020 年，呼和浩特市文化服务呈下降态势，20 年间文化服务下降总量为 297.12，平均每年减少 14.86。其中，2000~2010 年文化服务下降

了 1.15，占文化服务变化总量的 0.39%；2010～2020 年文化服务下降了 295.97，占文化服务变化总量的 99.61%（表 9-19）。

表 9-19　2000～2020 年呼和浩特市流量生态资产供给能力变化矩阵

类型	生态资产分类	2000 年	2010 年	2020 年	2000～2010 年增加值	2010～2020 年增加值	2000～2020 年增加值
供给服务	食物生产	12 783.53	12 467.86	12 235.91	−315.67	−231.95	−547.62
	原料生产	11 386.35	11 356.67	11 137.80	−29.68	−218.87	−248.55
	水资源供给	5 904.70	5 716.47	5 587.46	−188.23	−129.01	−317.24
调节服务	气体调节	33 146.96	33 203.88	32 555.09	56.92	−648.79	−591.87
	气候调节	76 018.47	77 067.65	75 534.84	1 049.18	−1532.81	−483.63
	净化环境	25 476.42	25 547.22	25 027.82	70.8	−519.4	−448.6
	水文调节	70 999.68	68 880.10	67 326.94	−2 119.58	−1553.16	−3 672.74
支持服务	土壤保持	42 294.45	42 291.66	41 468.80	−2.79	−822.86	−825.65
	维持养分循环	3 627.04	3 612.59	3 542.96	−14.45	−69.63	−84.08
	生物多样性	32 231.41	32 338.35	31 685.19	106.94	−653.16	−546.22
文化服务	文化服务	14 515.74	14 514.59	14 218.62	−1.15	−295.97	−297.12

2. 生态资产权衡协同度评价

采用 2000 年、2010 年和 2020 年的呼和浩特市流量生态资产供给服务矩阵，核算 2000～2010 年和 2010～2020 年的流量生态资产供给能力，及其 11 种流量生态资产供给能力。采用构建的生态资产权衡协同度指标，对 2000～2020 年呼和浩特市流量生态资产供给权衡协同度进行评价（表 9-20）。

（1）研究构建呼和浩特市流量生态资产矩阵，包含供给服务、调节服务、支持服务和文化服务 4 类，11 个小类。因此各时段下的呼和浩特市流量生态资产权衡协同度评价对象共 121 组评价值。

（2）生态资产权衡协同度为正时，表明两种服务类型为协同关系，即一种服务的增加会对另一种服务产生促进作用；生态系统服务权衡协同度为负时，表明两种服务类型为权衡关系，即一种服务的增加会引起另一种服务的减少，产生抑制作用。

（3）由于构建的生态资产权衡协同度指标为一定时段内生态资产变化指标，因此研究采用 2000～2010 年和 2010～2020 年两个时段内的生态资产变化量作为分析的基础，开展 2000～2020 年呼和浩特市生态资产权衡协同度评价。

第9章 呼和浩特市生态资产评估、核算与管理

表9-20 2000~2020年呼和浩特市生态资产权衡协同度

项目		供给服务				调节服务						支持服务			文化服务
		合计	食物生产	原料生产	水资源供给	合计	气体调节	气候调节	净化环境	水文调节	合计	土壤保持	维持养分循环	生物多样性	
供给服务	合计	1.00 (0.00***)	0.946 (0.211)	0.660 (0.541)	0.927 (0.245)	0.723 (0.486)	0.499 (0.667)	0.179 (0.886)	0.467 (0.691)	0.945 (0.212)	0.520 (0.652)	0.563 (0.619)	0.713 (0.495)	0.449 (0.704)	0.564 (0.619)
	食物生产		1.00 (0.00***)	0.380 (0.752)	0.999 (0.034**)	0.459 (0.696)	0.191 (0.878)	−0.151 (0.904)	0.154 (0.902)	1.000 (0.001***)	0.214 (0.863)	0.265 (0.830)	0.446 (0.705)	0.134 (0.914)	0.265 (0.829)
	原料生产			1.000 (0.00***)	0.330 (0.786)	0.996 (0.056*)	0.980 (0.126)	0.857 (0.345)	0.972 (0.150)	0.378 (0.753)	0.985 (0.111)	0.993 (0.078*)	0.997 (0.046**)	0.968 (0.163)	0.993 (0.078*)
	水资源供给				1.00 (0.00***)	0.411 (0.730)	0.138 (0.912)	−0.204 (0.869)	0.101 (0.936)	0.999 (0.033**)	0.161 (0.897)	0.212 (0.864)	0.397 (0.740)	0.080 (0.949)	0.213 (0.864)
调节服务	合计					1.00 (0.00***)	0.960 (0.182)	0.809 (0.400)	0.948 (0.205)	0.457 (0.698)	0.966 (0.166)	0.978 (0.133)	1.000 (0.00***)	0.942 (0.218)	0.978 (0.133)
	气体调节						1.00 (0.00***)	0.942 (0.218)	0.999 (0.024**)	0.189 (0.879)	1.000 (0.015**)	0.997 (0.048**)	0.964 (0.172)	0.998 (0.037**)	0.997 (0.048**)
	气候调节							1.00 (0.00***)	0.954 (0.195)	−0.153 (0.902)	0.933 (0.234)	0.914 (0.267)	0.817 (0.391)	0.960 (0.182)	0.913 (0.267)
	净化环境								1.00 (0.00***)	0.152 (0.903)	0.998 (0.039**)	0.994 (0.072*)	0.953 (0.196)	1.000 (0.013**)	0.994 (0.072*)
	水文调节									1.00 (0.00***)	0.212 (0.864)	0.262 (0.831)	0.444 (0.707)	0.132 (0.916)	0.263 (0.831)
支持服务	合计										1.00 (0.00***)	0.999 (0.033**)	0.970 (0.157)	0.997 (0.052*)	0.999 (0.033**)
	土壤保持											1.000 (0.00***)	0.981 (0.124)	0.991 (0.085*)	1.000 (0.000***)

城市生态资产评估与管理

续表

项目		供给服务				调节服务					支持服务			文化服务
		食物生产	原料生产	水资源供给	合计	气体调节	气候调节	净化环境	水文调节	合计	土壤保持	维持养分循环	生物多样性	
支持服务	维持养分循环											1.000 (0.000***)	0.947 (0.209)	0.981 (0.124)
	生物多样性											1.000 (0.000***)	1.000 (0.000***)	0.991 (0.085*)
文化服务														1.000 (0.000***)

***、**、*分别代表1%、5%、10%的显著性水平

- 222 -

基于统计产品与服务解决方案（Statistical Product and Service Solutions，SPSS）软件对生态资产两两之间的相关关系进行分析，通过对 2000~2010 年、2010~2020 年呼和浩特市生态资产权衡协同度评价结果分析发现，该地区生态资产权衡协同度指标为负值的共 6 组，占该区总量的 3.06%；权衡协同度指标为正值的共 115 组，占总量的 96.94%。

上述结果表明，2000~2020 年呼和浩特市生态资产权衡关系和协同关系处于非均衡的状态；该区生态资产协同关系相比权衡关系多 109 组，可见呼和浩特市生态资产供需效益总体呈现较好的协同关系。此外，从该区生态资产权衡和协同关系产生的四种生态资产类型比较，该区生态资产供给服务–调节服务–支持服务–文化服务的权衡协同度内部差异较大。

1) 生态资产供给能力间存在两两权衡的关系

对呼和浩特市生态资产供给能力 4 类生态资产服务类型分析发现，该区气候调节与食物生产、水资源供给、水文调节间存在两两权衡关系。首先，生态资产权衡度最大值为–0.151，表现为气候调节与食物生产间存在强权衡关系，这说明气候调节会对食物生产产生抑制作用。由此可知，在土地利用类型结构相对单一（以耕地为主）且地形地势相对平坦的地区，如农户在农用地上栽植农作物获取食物并以其为主要经济来源，在其他因素恒定不变的状况下，气候的变化必然会造成耕地农作物产量的变化，进而对农作物供给产生影响，导致耕地的食物供给能力下降。其次，权衡关系较强的服务为水资源供给与气候调节，其值为–0.204，说明高强度的气候变化会对水资源的供给造成消减的影响。例如高温天气必然会消耗大量的水资源，尤其呼和浩特市属于典型的大陆性气候，四季气候变化明显，温差较大，春季干燥多风，冷暖变化剧烈，夏季炎热少雨，居民用水量持续保持高位运行，气候调节与淡水供给为此消彼长的权衡关系。

2) 生态系统 4 类服务间以协同关系为主

呼和浩特市生态系统供给服务间的权衡协同关系主要表现为，33 组供给服务构成的权衡协同度指标，其值为正的有 31 组，占总量（33 组）的 93.94%。其中，气候调节与食物生产为最弱权衡关系，权衡协同度为 –0.151；气候调节与水资源供给为最强权衡关系，权衡协同度为–0.204；生态资产协调关系最强的为水文调节与食物生产，其权衡协同值为 1.000；净化环境与水资源供给为最弱协同关系，其生态资产权衡协同度为 0.101。呼和浩特市生态系统调节服务间的权衡协同关系主要表现为，44 组调节服务构成的权衡协同度指标，其值为正的有 40 组，占总量（44 组）的 90.91%；其中生态资产协调关系最大的为水文调节与食物生产、净化环境与生物多样性，其权衡协同值均为 1.000；水文调节与水资源供给、气体调节与净化环境间存在着较强的协同关系，其生态资产权衡协同度均为 0.999；净化环境与水资源供给为最弱协同关系，其生态资产权衡协同度为 0.101。呼和浩特市生态系统支持服务间的权衡协同关系主要表现为，33 组支持服务构成的权衡协同度指标均为正值；其中生态资产协调关系最大的为净化环境与生物多样性，其权衡协同值为 1.000；水文调节与生物多样性为最弱协同关系，其生态资产权衡协同度为 0.132。呼和浩特市生态系统文化服务间的权衡协同关系主要表现为，11 组支持服务构成的权衡协同度指标均为正值；其中生态资产协调关系最大的为土壤保持与文化服务，其权衡协同值为 1.000；水资源供给与文化服务为最弱协同关系，其生态资产权衡协同度为 0.213。4 组生态资产权衡关系主要存在于气候调节与食物生产、水资源供给以及水文调节中，其中气候调节与水资源供给间存在较强的权衡关系，其生态系统服务权衡协同度为−0.204。

3）生态资产供给服务与调节服务间主要为协同关系

呼和浩特市生态资产供给服务与调节服务间的权衡关系主要表现为 12 组供给服务与调节服务构成的权衡协同度指标，其值为负的有 2 组，占总量的 16.67%；其中生态资产供给服务与调节服务权衡关系最大的为气候调节与水资源供给，其权衡值为−0.204。食物生产与气候调节间存在着较强的权衡关系，其生态资产权衡度为−0.151，食物生产存在着植被和作物的生长周期，当植物生长时为食物供给的潜在最大值，与气候调节为协同关系，有利于促进气候调节，而当对植物（草地）和作物秸秆进行收割，将其转换成食物供给时会对气候调节起到消减的作用，因此两者变为此消彼长的权衡关系。其余 10 组生态资产协同关系主要存在于食物生产与气体调节、净化环境、水文调节，原料生产与气体调节、气候调节、净化环境、水文调节，水资源供给与气体调节、净化环境、水位调节，其中协同关系最强的为食物生产与水文调节，协同关系最弱的为水资源供给与净化环境。

4）生态系统调节服务与文化服务间为协同关系

气体调节、气候调节、净化环境、水文调节均可以促进区域生态环境质量的提高。至 2022 年 5 月 31 日，2022 年呼和浩特市环境空气质量优良天数达 132 天，达标率为 87.4%，较 2021 年同期优良天数增加 9 天，达标率增加 5.9 个百分点。其中主要污染物 PM_{10} 平均浓度为 55 μg/m³，同比下降 20 μg/m³；$PM_{2.5}$ 平均浓度为 28 μg/m³，同比下降 6 μg/m³，环境空气质量的进一步提升促进了休闲旅游与美学景观服务的提质，为呼和浩特市文化服务提供了较好的基础。未来，呼和浩特市要统筹生产、生活、生态，抓紧补齐城市基础设施短板，持续完善城市功能，提升城市品位。将以"生态优先、绿色发展"为根本遵循，持续围绕打造"美丽青城、草原都市"的核心策略，准确认识和把握抓生态和抓发展的内在统一性，扎扎实实地推进绿色发展，补齐绿化发展短板，着力提升城市生态环境质量，合理构建科学绿化网络，不断优化人居环境，提升人民群众的获得感和幸福感。

9.2.4 研究结论

本节在城市生态资产供需权衡评估框架的基础上以呼和浩特市为例开展实证研究，从生态系统服务数量、质量以及效益3个维度系统地分析了2000~2020年生态资产的供需关系，并对生态资产供需间变化的关联性进行了系统的探析，为城市生态资产的管理提供了充足的科学依据。通过研究得到以下结论。

2000~2020年，呼和浩特市生态资产时空变化显著。呼和浩特市生态资产供给的主导类型和需求的主导类型发生了较大变化，被认为重要的生态系统服务类型由食物供给转变为当地气候调节、水资源供给及文化服务。生态资产供给、需求空间位置转移明显，供给空间格局呈现由北部向南部逐渐递减趋势；需求呈现中部高四周低的空间格局。

2000~2020年，呼和浩特市生态资产供需数量时空差异明显。呼和浩特市生态资产供需比呈下降趋势，区域整体由供需盈余状态转为供需近平衡状态，供需空间非均衡性明显，生态系统服务供需失衡空间逐渐扩大，呈现由中心城区向四周蔓延的空间特征。

2000~2020年，呼和浩特市生态资产供需质量时空特征变化差异性显著，空间非均衡性明显。供需匹配度下降，生态资产承载能力下降，其高值区与低值区出现空间位移，高值区面积缩小，低值区面积扩大；供需协调度由良好协调等级降至中级协调等级，其高值区与低值区空间位移明显，高值区由南部向北部转移，而低值区由中部向东南部扩散。

2000~2020年，呼和浩特市生态资产供需效益变化特征明显。总体上看，2000~2020年呼和浩特市流量生态资产呈减少态势，呼和浩特市流量生态资产供给能力从2000年的328 384.8下降至2020年的320 321.4，20年间下降了8063.34，下降约2.46%。不同时间段内供给增加的幅度差异较大，2000~2010年供给下降1387.74，占供给变化总量的17.21%；2010~2020年供给下降了6675.6，占供给变化总量的82.79%。

2000~2020年，呼和浩特市生态资产权衡关系和协同关系处于非均衡的状态，总体呈现较好的协同关系，从该区生态资产权衡和协同关系产生的4

种生态资产类型比较，该区生态资产供给服务-调节服务-支持服务-文化服务的权衡协同度内部差异较大。其中，生态资产供给能力间存在两两权衡的关系；生态系统4类服务间以协同关系为主；生态资产供给服务与调节服务间主要为协同关系；生态系统调节服务与文化服务间为协同关系。

9.3 城市生态资产时空演变的动力学机制与生态效率管理

9.3.1 研究方法

本节旨在探讨呼和浩特市生态资产时空演变的动力学机制及其生态效率管理。在前文生态资产核算的基础上，本节从更深层次揭示城市生态系统的复杂性，为理解生态资产动态变化及其管理策略提供了重要补充。因此，本节的分析不仅与本章内容相辅相成，也为生态资产管理研究提供了新的视角和方法支持。

1. 生态效率评估

本章基于已有研究中生态效率评估模型和生态效率评价指标体系，运用MaxDEA软件进行运算，以多投入和多产出模型为基础并设定非期望产出，计算呼和浩特市的生态资产利用效率。基于ArcGIS 10.2空间分析模块对城市生态资产利用效率的空间格局进行分析，生态效率相关概念及其内涵如表9-21所示。

表9-21　生态效率相关概念及其内涵

相关概念	概念内涵
综合效率	综合效率是对各个决策单元的资源配置和使用效率等多方面的综合评价。综合效率=纯技术效率×规模效率
纯技术效率	纯技术效率是决策单元由管理和技术等方面因素影响的生产效率，本节纯技术效率表示在各研究单元资源投入的基础上获得最大经济产出和最低环境负面产出的能力
规模效率	规模效率是受决策单元规模因素影响的生产效率，本节规模效率指城市通过资源配置与其他各区县相互合作交流从而获得最大产出的能力

2. 城市生态资产利用效率的时空演变格局分析

城市生态资产作为城市生态系统中的重要内容，其时空演变及利用效率的变化是当前生态系统研究中的热点内容。本节主要采用探索性空间数据分析，从空间和时间角度对2000~2020年呼和浩特市生态资产利用效率的空间差异性进行定量分析。探索性空间数据分析（exploratory spatial data analysis，ESDA）主要包括局部空间自相关分析和全局空间自相关分析，其不仅能够弥补区域差异测度方法在空间视角上的缺憾，而且可以通过可视化数据描述，避免由直观判读数值地图来分析空间集聚问题所导致的主观性和模糊性的错误。其中，全局空间自相关中的莫兰 I 数用来分析整体区域的空间关系特性，局部空间自相关中的 G_i^* 指数用来分析区域内部各个地域单元空间关联性。本节运用莫兰 I 数和 G_i^* 指数进行呼和浩特市生态资产的空间差异分析，以揭示呼和浩特市生态资产的空间特征以及区域差异。

3. 城市生态资产利用效率驱动因素分析

基于分析数据的基础性、主导性和可获取性原则，本章从四个方面对城市生态资产利用效率的驱动因素进行分析，分别是城镇化水平、产业结构水平、经济发展水平以及政府宏观调控。①城镇化水平：主要选择城镇化率，即非农人口占行政区总人口比重来反映；②产业结构水平：主要选择二三产业产值占比，即二三产业产值占 GDP 总量比重作为反映地区产业结构水平的因素；③经济发展水平：主要选择人均 GDP 和地均财政收入作为反映区域经济发展水平的因素；④政府宏观调控：主要反映政府通过经济手段对区域生态资产的干预能力，为使政府宏观调控作用量化，采用固定资产投资总额占城市生态用地面积的比重，即地均固定资产投资表征政府行政干预的影响力大小（表 9-22）。将以上 5 项指标作为自变量，借助灰色关联度模型对 2000 年、2010 年、2020 年呼和浩特市 9 个行政单元各类驱动因素与呼和浩特市生态资产利用效率之间的作用关系进行分析，挖掘呼和浩特市生态资产利用效率的时空格局演变驱动机制。

表 9-22 呼和浩特市生态资产利用效率驱动因素

自变量	指标	指标计算	变量类型
经济发展水平	人均 GDP	GDP 总量/总人口	连续变量
	地均财政收入	财政收入总额/行政区生态用地总面积	连续变量
产业结构水平	二三产业产值占比	二三产业产值/GDP 总量	连续变量
政府宏观调控	地均固定资产投资	固定资产投资总额/城市生态用地面积	连续变量
城镇化水平	城镇化率	非农人口/行政区总人口	连续变量

9.3.2 呼和浩特市生态资产利用效率的评价结果

通过以上方法及指标，利用 DEA 模型，借助 MaxDEA 软件，分别计算出呼和浩特市 2000 年、2010 年、2020 年各区县城市生态资产利用综合效率、纯技术效率及规模效率（图 9-8、表 9-23）。

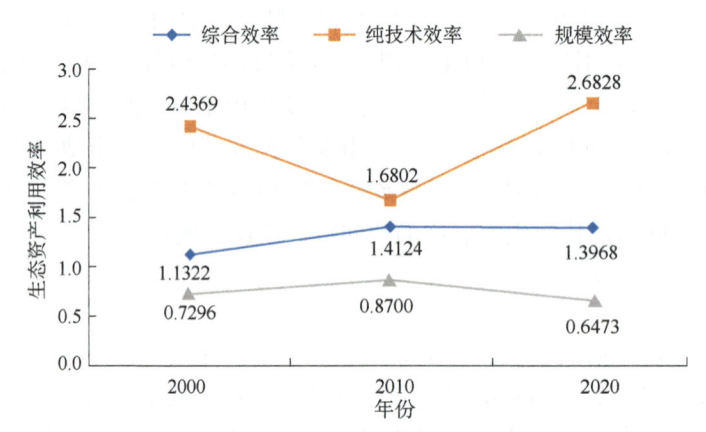

图 9-8 2000 年、2010 年、2020 年呼和浩特市生态资产利用效率

表 9-23 2000 年、2010 年、2020 年呼和浩特市生态资产利用效率值

地区	2000 年 综合效率	2000 年 纯技术效率	2000 年 规模效率	2010 年 综合效率	2010 年 纯技术效率	2010 年 规模效率	2020 年 综合效率	2020 年 纯技术效率	2020 年 规模效率
和林格尔县	1.1955	6.0962	0.1961	1.2803	1.9711	0.6495	1.1221	1.8473	0.6074
回民区	1.2228	7.0722	0.1729	1.1374	1.2839	0.8859	2.3759	3.0183	0.7872
清水河县	1.2677	1.3907	0.9116	2.5770	2.6710	0.9648	1.5581	2.2945	0.6791
赛罕区	1.0596	1.1404	0.9292	1.3023	1.3049	0.9981	1.0842	1.6790	0.6458
土默特左旗	1.1170	1.2792	0.8732	1.3687	2.6157	0.5233	1.4946	7.9297	0.1885
托克托县	1.2350	1.2420	0.9944	1.6859	1.7112	0.9852	0.5622	0.9350	0.6013
武川县	1.0286	1.3089	0.7858	1.2093	1.3189	0.9169	1.4451	1.4837	0.9739
新城区	1.3254	1.2406	1.0684	1.2907	1.1577	1.1149	1.8713	3.6917	0.5069
玉泉区	0.7382	1.1624	0.6350	0.8606	1.0874	0.7914	1.0578	1.2664	0.8353

1. 综合效率

综合效率反映城市生态资产投入与产出的相对量，通过单位面积城市生态基础设施投入与其产出的有效成果来衡量。从时序上来看，2000～2020 年呼和浩特市生态资产利用综合效率整体上呈现波动上升态势，且波动幅度较小。2000 年、2010 年、2020 年呼和浩特市生态资产利用的综合效率分别为 1.1322、1.4124、1.3968，可知 2000～2020 年呼和浩特市生态资产利用效率较高。且 2000 年、2010 年、2020 年综合效率达到 DEA 效率最优的区县占到呼和浩特市总面积的 88.89%，分别为和林格尔县、回民区、清水河县、赛

罕区、土默特左旗、托克托县、武川县、新城区；其中，2000年呼和浩特市各区县生态资产利用综合效率由高到低依次排序为新城区、清水河县、托克托县、回民区、和林格尔县、土默特左旗、赛罕区、武川县、玉泉区；2010年呼和浩特市各区县生态资产利用综合效率由高到低依次排序为清水河县、托克托县、土默特左旗、赛罕区、新城区、和林格尔县、武川县、回民区、玉泉区；2020年呼和浩特市各区县生态资产利用综合效率由高到低依次排序为回民区、新城区、清水河县、土默特左旗、武川县、和林格尔县、赛罕区、玉泉区、托克托县。2000年、2010年综合效率低于1的区县均只有玉泉区，2020年综合效率低于1的地区为托克托县，可见玉泉区、托克托县作为呼和浩特市的重要组成部分，快速的城市发展导致其生态用地面积的不断压缩，尽管呼和浩特市相关部门不断通过各类政策手段助力玉泉区生态环境的保护和建设，但其生态资产的利用效率依然较为低下。此外，通过横向比较呼和浩特市各区县历年来的城市生态资产利用效率发现，2000~2020年，城市生态资产价值较高的区县（如土默特左旗、清水河县、和林格尔县等）综合效率较高；玉泉区、托克托县等生态资产价值较低的区县综合效率值较低。

2. 纯技术效率

纯技术效率可从技术层面反映城市生态资产利用投入是否达到相对最优产出。从时序上来看，2000~2020年呼和浩特市城市生态资产利用纯技术效率呈现出先下降后上升的趋势，2000年、2010年、2020年呼和浩特市各区县城市生态资产利用纯技术效率平均值分别为2.4369、1.6802、2.6828，2000~2010年呼和浩特市各区县城市生态资产利用纯技术效率下降约31.05%；2010~2020年呼和浩特市各区县城市生态资产利用纯技术效率提升约59.67%。2000~2020年，呼和浩特市各区县城市生态资产利用纯技术效率除托克托县在2020年出现较为低下的水平，其余各区县均呈现高效利用水平。

3. 规模效率

规模效率从规模角度来反映各地区在一定规模投入水平上是否达到城市生态资产利用的相对最优产出。从时序上来看，2000~2020年，呼和浩特市生态资产利用规模效率呈现出先上升后下降的态势，2000~2010年呼和浩特市生态资产利用规模效率提高约19.24%，2010年达到2000~2020年最高值0.8700，直至2020年下降为0.6473，2010~2020年下降约25.60%。2000~2020年呼和浩特市各区县城市生态资产利用规模较大部分呈现出规模效率低下水平，2000年和2010年新城区规模效率最高。

9.3.3　呼和浩特市生态资产利用效率的空间差异分析

1. 空间总体格局演化特征

本章利用 ArcGIS 10.2 空间自相关工具，对呼和浩特市 9 个行政区生态资产综合利用效率的全局莫兰 I 数进行计算，发现 2000 年、2010 年和 2020 年呼和浩特市 9 个行政单元生态资产综合利用效率的全局莫兰 I 数均在 1%的显著水平上，表明呼和浩特市 9 个行政单元生态资产综合利用效率高（低）相邻行政区单元相对集聚，呈现出集聚模式。2000~2020 年，呼和浩特市 9 个行政单元生态资产综合利用效率全局莫兰 I 数由 2000 年的 0.1677 提高到 2010 年的 0.1724，直到 2020 年又降低到 0.1697，总体呈现增长趋势，表明 2000 年以来，呼和浩特市 9 个行政单元生态资产综合利用效率的空间相关显著性有所增强，集聚态势有所凸显。然而，全局莫兰 I 数的变化幅度不大，说明呼和浩特市生态资产综合利用效率的空间格局分布相对稳定，未发生较大的变动（表 9-24）。

表 9-24　2000 年、2010 年、2020 年呼和浩特市生态资产利用效率全局莫兰 I 数

年份	莫兰I数	期望值	Z得分	P检验
2000	0.1677	−0.0030	12.1024	0.0001
2010	0.1724	−0.0030	12.4582	0.0001
2020	0.1697	−0.0030	12.2377	0.0001

2. 局部空间格局演化特征

在呼和浩特市 9 个区县行政单元生态资产综合利用效率的总体空间分布格局分析基础上，本章将进一步对其局部空间集聚格局演化特征进行分析。利用 ArcGIS 10.2 软件空间统计模块（spatial statistics tools）计算出 2000~2020 年 9 个区县行政单元城市生态资产综合效率、纯技术效率、规模效率的局域 G_i^* 指数，并采用自然断点法将 G_i^* 值由低到高分为 6 类：冷点区（置信度 99%）、冷点区（置信度 95%）、冷点区（置信度 90%）、热点区（置信度 90%）、热点区（置信度 95%）和热点区（置信度 99%）。由此绘制出 2000~2020 年呼和浩特市生态资产利用效率空间格局局部集聚演变图，结果如图 9-9 所示。

在综合效率上，2000~2010 年总体空间格局变化不大，热点区主要集中在呼和浩特市南部区域，冷点区主要集中在北部区域，冷热点区的空间格局较为集中；到 2020 年，冷热点区分布出现较为明显的区别，冷热点区出现

一定的零散分布状况，北部的由冷点区转向热点区（置信度90%），同时热点区（置信度99%）也出现一定程度的扩张；同时，南部的热点区面积出现一定程度的减少。2000年呼和浩特市生态资产综合效率热点区主要集中在南部区域，主要包括托克托县、和林格尔县和清水河县，北部热点区主要为回民区和新城区；冷点区主要集中在北部区域，主要包括武川县、土默特左旗、玉泉区以及赛罕区。2010年，呼和浩特市生态资产综合效率的热点区出现一定程度的缩小，与之对应的冷点区则出现扩张，冷点区主要包括武川县、土默特左旗、回民区、玉泉区、新城区、赛罕区以及和林格尔县，其中冷点区内新城区西南部出现冷点区（置信度90%），武川县西北部出现冷点区（置信度95%）及冷点区（置信度90%）的区域，和林格尔县和土默特左旗出现冷点区（置信度95%）的空间分布。2020年，冷热点区出现明显的分异状况，热点区面积大幅提升，热点区（置信度99%）主要包括清水河县、土默特左旗北部、回民区以及新城区；热点区（置信度90%）主要包括武川县和土默特左旗南部区域；冷点区主要包括玉泉区、赛罕区、托克托县以及和林格尔县。

在纯技术效率上，2000~2020年总体空间格局变化较大。以2000年为基础，呼和浩特市生态资产纯技术效率的热点区在2010年、2020年均出现一定程度的扩张。2000年，呼和浩特市城市生态资产纯技术效率热点区（置信度99%）主要集中在和林格尔县和回民区，其他区县呈零散分布状态，如清水河县等；热点区（置信度90%）主要集中在新城区西南角，其他区域出现一定的零散布局，如武川县、托克托县等；冷点区（置信度99%）主要集中在武川县南部大部分区域、土默特左旗、新城区、玉泉区、赛罕区、托克托县以及清水河县；冷点区（置信度95%）主要集聚在武川县北部；冷点区（置信度90%）则在武川县西北部出现小面积的空间分布状态。通过10年的发展变化，2010年呼和浩特市生态资产纯技术效率的冷热点区空间格局发生明显变化，热点区（置信度99%）主要出现在土默特左旗和清水河县；热点区（置信度90%）则主要由2010年的热点区（置信度99%）的主要分布区——和林格尔县的西部区域转变而来；冷点区（置信度99%）主要包括武川县、回民区、新城区、玉泉区、赛罕区、托克托县以及和林格尔县东部大部分区域；冷点区（置信度90%）主要集中在和林格尔县东南部，并与冷点区（置信度99%）相间分布，同时在武川县等地也呈现出一定的零散分布状况。2020年，呼和浩特市生态资产纯技术效率冷热点空间出现进一步的复杂变化，冷点区面积出现扩张，热点区则出现明显下降，热点区（置信度99%）主要集中在土默特左旗；热点区（置信度90%）主要集聚在新城区大

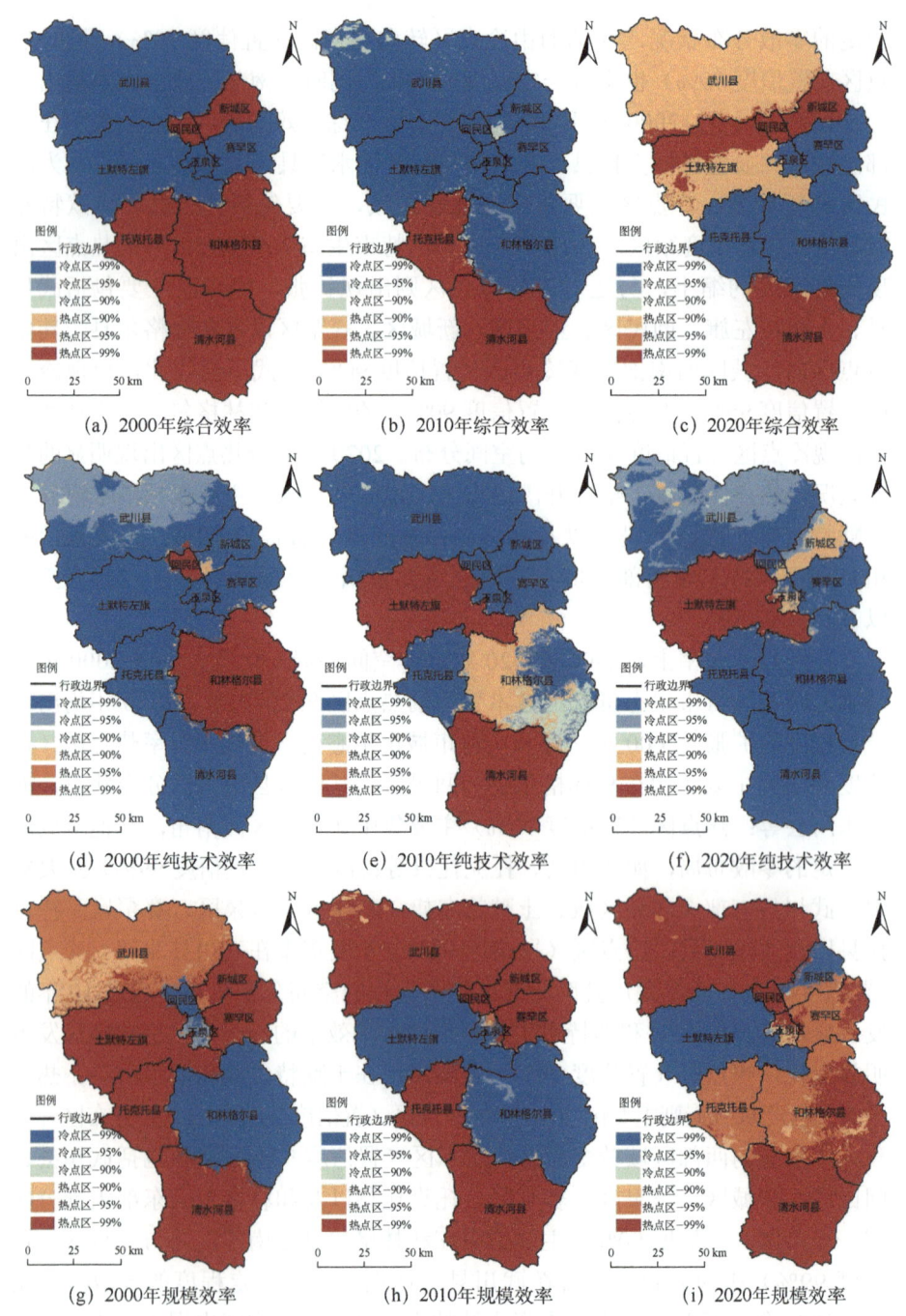

(a) 2000年综合效率　　(b) 2010年综合效率　　(c) 2020年综合效率

(d) 2000年纯技术效率　　(e) 2010年纯技术效率　　(f) 2020年纯技术效率

(g) 2000年规模效率　　(h) 2010年规模效率　　(i) 2020年规模效率

图9-9　2000年、2010年、2020年呼和浩特市各行政单元生态资产利用效率热点分布

部分区域以及回民区和玉泉区南部，武川县北部也出现一定程度的零散分布；冷点区（置信度99%）呈现明显的集中连片分布，主要集聚在清水河县、和林格尔县、托克托县、赛罕区、新城区北部、回民区北部、玉泉区北部以及武川县南部大部分区域；冷点区（置信度95%）出现大面积的集聚性扩散，主要集聚在武川县北部区域，同时在赛罕区、和林格尔县以及清水河县也出现一定的零散布局；冷点区（置信度90%）则主要集聚在武川县和新城区小部分区域。

在规模效率上，2000~2020年呼和浩特市生态资产规模效率冷热点集聚的总体空间格局存在一定的差异，且与呼和浩特市生态资产综合效率和纯技术效率差异较大，热点区明显扩张，与之相对应的冷点区则大幅度降低。2000年，呼和浩特市生态资产规模效率以热点区集聚为主，其中热点区（置信度99%）主要包括清水河县、托克托县、土默特左旗、赛罕区、新城区，此外，武川县呈现出零星的空间布局状态；热点区（置信度95%）主要聚集在武川县大部分区域，此外新城区西南角以及赛罕区南部、托克托县东部、清水河县等区域呈现一定的零散分布；热点区（置信度90%）主要集聚于武川县西南部；冷点区（置信度99%）主要集聚在和林格尔县、回民区和玉泉区北部区域；冷点区（置信度90%）主要聚集于玉泉区。从空间布局上看，相较于2000年，2010年呼和浩特市生态资产规模效率热点区面积出现明显下降，其中热点区（置信度99%）主要位于武川县、新城区、赛罕区、回民区、托克托县以及清水河县；热点区（置信度95%）和热点区（置信度90%）在武川县西北角和玉泉区北部呈零散分布状态；冷点区（置信度99%）主要集聚在土默特左旗和和林格尔县；冷点区（置信度95%）和冷点区（置信度90%）在和林格尔县呈零散分布格局。2020年，热点区面积明显下降，其中热点区（置信度99%）主要集聚在武川县、回民区、玉泉区北部清水河县、和林格尔县东部以及赛罕区东部，此外托克托县以及新城区也有零散分布；热点区（置信度95%）主要集聚在赛罕区、新城区南部托克托县以及和林格尔县西部；热点区（置信度90%）呈现出零散的分布格局，主要分布在玉泉区、和林格尔县以及托克托县；冷点区（置信度99%）主要分布在土默特左旗以及新城区北部。

9.3.4　呼和浩特市生态资产利用效率格局变化驱动因素分析

基于对呼和浩特市生态资产利用效率空间格局的研究发现，其存在明显的空间差异，其空间演变特征受到多种因素的相互作用影响，理清呼和浩特市生态资产利用效率时空变化的主要驱动因素，对呼和浩特市生态资产的高效管理和合理利用具有参考意义。

综合考虑呼和浩特市生态资产的现实情况，首先对呼和浩特市生态资产利用效率的主要驱动因素进行预判，进而选择具体影响因素并对其作用机理进行验证。城镇化发展改变了城市土地利用现状及景观格局，影响着城市生态空间利用格局与配置；城市经济发展水平的高低，决定着单位面积城市生态用地上各要素投入的多少，进而影响城市生态资产利用效率；产业结构的调整与改善会对城市生态资产利用效率产生积极影响；市场机制可有效地促进资源的合理配置和有效利用，对城市生态资产利用效率产生影响。此外，本节进一步考虑到人口变化及政府调控会对城市生态资产利用效率产生作用。基于此，假定经济发展水平、产业结构水平、政府宏观调控以及城镇化水平均会对城市生态资产利用效率产生驱动影响，因此针对以上驱动因素构建了对应的评价指标（表9-25），利用灰色关联度模型判定各驱动因素与城市生态资产利用效率之间的关联关系及驱动力大小。

表 9-25　2000 年、2010 年、2020 年各驱动因素与呼和浩特市生态资产利用效率的灰色关联系数

影响因素	驱动因素	2000 年 灰色关联系数	2000 年 关联等级	2010 年 灰色关联系数	2010 年 关联等级	2020 年 灰色关联系数	2020 年 关联等级
经济发展水平	人均 GDP	0.786	强	0.799	强	0.667	中
	地均财政收入	0.781	强	0.767	强	0.617	中
产业结构水平	二三产业产值占比	0.884	强	0.889	强	0.788	强
政府宏观调控	地均固定资产投资	0.605	中	0.712	中	0.553	中
城镇化水平	城镇化率	0.600	中	0.680	中	0.660	中

利用 SPSS 软件通过灰色关联度模型对城市生态资产利用效率驱动因素中的变量指标进行无量纲化处理，求解母序列（对比序列）和特征序列之间的灰色关联系数，并对灰色关联系数进行排序，得出 2000 年、2010 年和 2020 年不同驱动因素对呼和浩特市生态资产利用效率的影响贡献灰色关联系数（表 9-25）。在进行灰色关联度分析前，将所有驱动因素采用极值标准化法进行处理，以消除指标量纲、数量级及指标正负取向的差异，将其量纲归一化到[0，1]，以确保模型拟合时不同影响因素之间的可比性。

以 2000 年、2010 年、2020 年城市生态资产利用综合效率为参考数列，上述 5 个驱动因素为比较数据，按照灰色关联度的相关公式计算各驱动因素与城市生态资产利用效率关联度。并按照以往研究，将灰色关联度按照强弱

程度分为 3 类：弱关联度[0，0.35]、中关联度（0.35，0.75]、强关联度（0.75，1.00]。

由表 9-25 可知，2000 年、2010 年和 2020 年呼和浩特市生态资产利用效率与各驱动因素的关联系数均在 0.5 以上，可见该模型的拟合优度较高，说明以上假设所选的驱动因素对呼和浩特市生态资产利用效率均有重要影响。

计算结果表明，5 个驱动因素对呼和浩特市生态资产利用效率的影响处于不断变化的过程中，其中在 2000 年和 2010 年，5 个驱动因素对呼和浩特市生态资产利用效率的作用排序相同，从大到小依次为二三产业产值占比＞人均 GDP＞地均财政收入＞地均固定资产投资＞城镇化率；在 2020 年，5 个驱动因素对呼和浩特市生态资产利用效率的作用的影响程度出现了一定的变化，从大到小依次为二三产业产值占比＞人均 GDP＞城镇化率＞地均财政收入＞地均固定资产投资。可见，随着城镇化水平的不断提高，人口的集聚效应对呼和浩特市生态资产利用效率产生了更大的影响，而原灰色关联度为强的经济发展水平影响因素在 2020 年的关联影响等级出现下降。可见，呼和浩特市生态资产利用效率的时空差异主要是城镇化水平、经济发展水平、产业结构水平、政府宏观调控 4 个影响因素相互作用的结果，但各影响因素在不同时间的作用大小存在显著的差异。

1. 政府宏观调控对城市生态资产利用效率的影响

在区域生态的管理过程中，政府宏观调控起到重要作用，本节采用地均固定资产投资反映地方政府对城市生态资产管理干预能力。从地均固定资产投资与城市生态资产利用效率的灰色关联系数来看，其显著性水平均通过 5%的显著性检验，可见呼和浩特市生态资产利用效率受地均固定资产投资的影响较为显著。由于单位面积的资本投入不断增加，呼和浩特市生态资产利用率的提升成为必然趋势。新时代，生态资产利用方式必然是集约、高效的发展模式，因此，呼和浩特市各区县对城市生态资产管理的投入支出会导致城市生态资产利用效率的直接提升。但是，由于相对欠发达的地区，经济发展滞后，基础设施的建设严重不足，很大一部分的城市建设仍处于起步阶段，交通、能源等大量基础设施的投入占据了大比重的财政支出，这些拉低了区域生态资产利用效率的整体水平，地均固定资产投资在一定程度上在欠发达地区对城市生态资产利用效率具有抑制作用。

从 2000 年、2010 年、2020 年呼和浩特市生态资产利用效率地均固定资产投资灰色关联系数空间分布格局来看（图 9-10），整体呈现出北高南低的态势。2000 年，灰色关联系数呈现从西北区域向东南区域逐渐递减的态势，高值区主要集聚在西北部的武川县、土默特左旗以及托克托县；中低值区主要集聚在东南部区域的清水河县、和林格尔县、玉泉区、回民区、新城区以及赛罕区。2010年的灰色关联系数与2000年相似，但高值区出现一定程度的扩张，高值区主要集聚在武川县、土默特左旗、回民区、新城区、托克托县、和林格尔县，低值区主要集聚在赛罕区、玉泉区以及清水河县。2020年，灰色关联系数空间布局整体没有变化，但高值区大面积缩减，低值区出现一定程度的扩张，高值区主要为回民区、玉泉区、和林格尔县和新城区，中间值的面积明显扩张，主要包括武川县、土默特左旗、托克托县以及清水河县，低值区仅剩赛罕区。同时发现3个时期地均固定资产投资灰色关联系数的高值区和低值区分别与呼和浩特市生态资产利用效率的热点和冷点区重合程度较低，可见呼和浩特市生态资产利用效率水平较低的地区对地均固定资产投资有相对较高的敏感性。

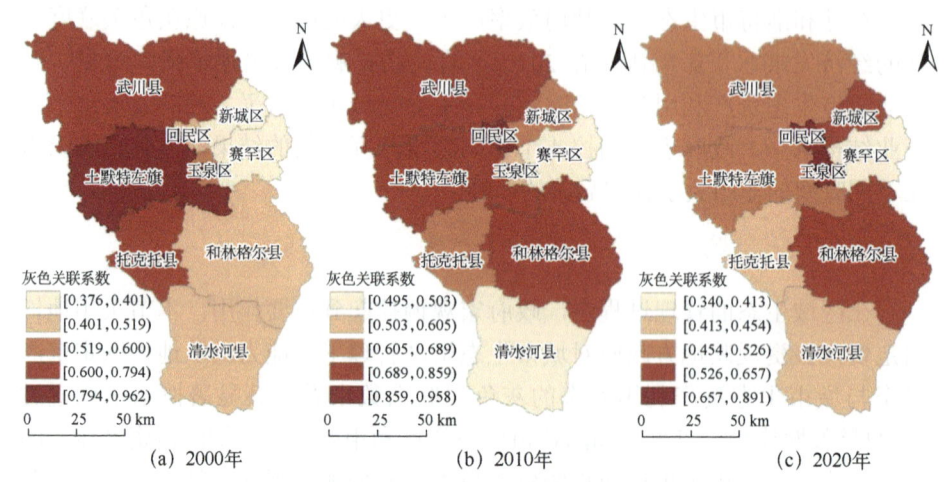

图 9-10　2000年、2010年、2020年呼和浩特市生态资产利用效率地均固定资产投资灰色关联系数分布

2. 经济发展水平对城市生态资产利用效率的影响

经济发展水平的持续提高促进了各个地区城市规模的不断扩张，随着呼和浩特市不断发展，单位面积投入产出的比例不断提升，从而推动着不同地区城市生态资产利用效率的提高。从2000年、2010年、2020年呼和浩特市生态资产利用效率人均GDP灰色关联系数的分布格局来看（图9-11），2000年呈现出西部高东部低的分布态势，尤其是在中部区域出现高值集聚的态势，其中高值区主要包括土默特左旗、托克托县、赛罕区；中值区主要包括武川县和回民区；低值区主要包括新城区、玉泉区、和林格尔县和清水河

县。2000年和2010年呼和浩特市生态资产利用效率人均GDP灰色关联系数呈现出截然不同的空间发展态势，相比于2000年，其高值区由北向南迁移，2010年高值区主要集聚在托克托县、和林格尔县、赛罕区；中值区主要集聚在武川县和土默特左旗；低值区面积较大的区域为南部的清水河县、中部的玉泉区，新城区和回民区也在其中。2020年，呼和浩特市人均GDP灰色关联系数分布呈现中部高南北低的空间格局，中部地区的高值区主要包括和林格尔县、回民区和新城区，中值区主要包括土默特左旗和托克托县；低值区为武川县、清水河县、玉泉区以及赛罕区。

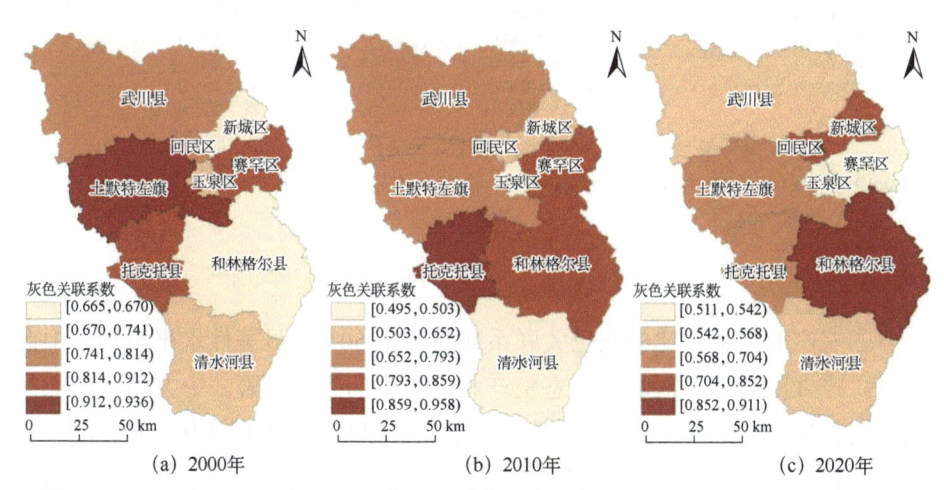

图9-11 2000年、2010年、2020年呼和浩特市生态资产利用效率人均GDP灰色关联系数分布

总体来看，人均GDP对呼和浩特市生态资产利用效率的影响先增强后减弱，从2000年的0.786提高至2010年的0.799，此后经过10年的快速城镇化进程，人均GDP灰色关联系数在2020年下降至0.667。可见，经济发展水平对呼和浩特市生态资产利用效率在空间上的影响总体呈现出波动状态。

从图9-12中可以看出，呼和浩特市9个市级行政单元的城市生态资产利用效率地均财政收入灰色关联系数中2000~2020年空间差异较小，与2000~2020年呼和浩特市生态资产利用效率的空间分布格局以及城市生态资产利用效率的热点区、冷点区基本对应。从全局来看，地均财政收入呈现出对城市生态资产利用效率高水平地区的高敏感性和低水平地区的低敏感性；而在局部城市生态资产利用效率的低值区，特殊的政策发展因素影响力相对较强。但2000~2020年灰色关联系数高值区呈现明显的集聚现象，表明地均财

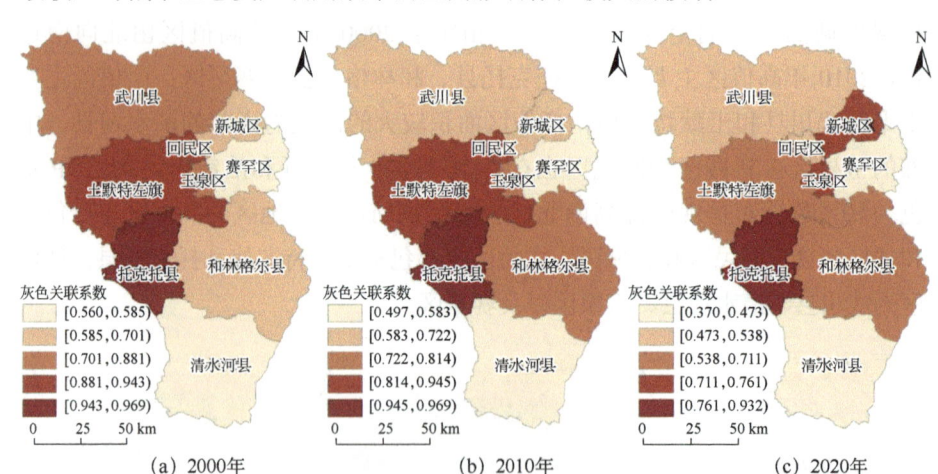

政收入对城市生态资产利用效率的空间影响存在较大的波动。

图 9-12　2000 年、2010 年、2020 年呼和浩特市生态资产利用效率地均财政收入灰色关联系数分布

3. 产业结构水平对城市生态资产利用效率的影响

二三产业产值占比的灰色关联系数通过了 50% 的显著性水平检验，由此可见，产业结构水平对城市生态资产利用效率的影响显著。一方面，产业结构的调整带动作为生产要素的土地和资本要素相对价格发展变化，使得城市生态资产利用得到更大的边际收益；另一方面，产业结构升级会不断提高对城市生态资产基础设施的投资程度，推动区域生态资产管理结构的优化升级。

由图 9-13 可知，2000 年、2010 年、2020 年呼和浩特市生态资产利用效率二三产业产值占比灰色关联系数空间分布格局的情况较为复杂。2000 年，其最高值区主要集聚在北部的武川县和中部的新城区以及托克托县，最低值区仅剩和林格尔县和玉泉区；2010 年，灰色关联系数整体呈现出由中部向南北递减的态势，但在北部地区出现部分较高值区的分布，该分布态势与呼和浩特市生态资产利用效率的热点区和次热点区的空间分布格局重合性较高，由此可见该时期二三产业产值占比情况对局部城市生态资产利用效率较高的区域存在极强的敏感性；2020 年，灰色关联系数与其他时间对比出现明显的分异现象，总体呈现出大面积的高值集聚状态，逐级扩散至新城区、玉泉区、回民区以及托克托县。将 3 个时期二三产业产值占比灰色关联系数的高值区和低值区分别与中国城市生态资产利用效率的热点区和冷点区对比，发现仍存在一定区域的重合性，体现出城市生态资产利用效率的大小对产业结

构水平的高敏感性，但在不同时期的高值区和低值区较大的分异变化表明产业结构水平对城市生态资产利用效率在空间上的影响波动较大。

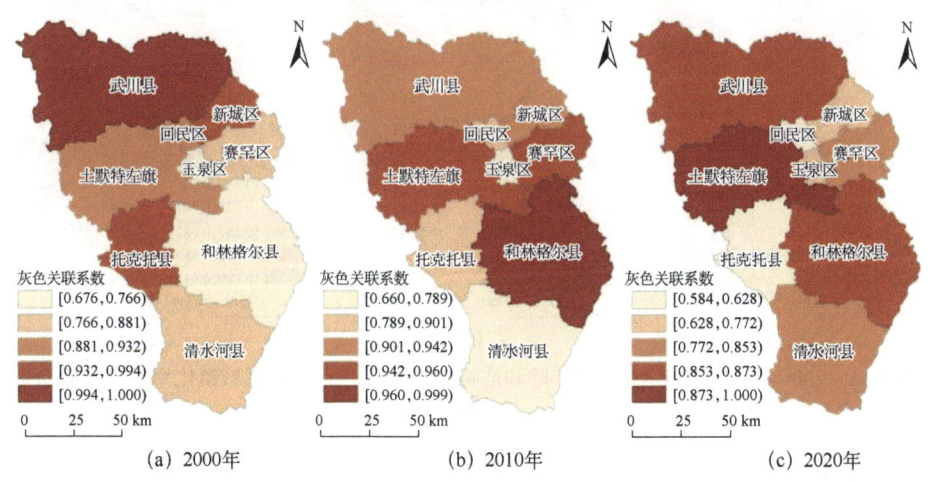

图 9-13　2000 年、2010 年、2020 年呼和浩特市生态资产利用效率二三产业产值占比灰色关联系数分布

4. 城镇化水平对城市生态资产利用效率的影响

2000~2020 年，城镇化率的灰色关联系数平均值最大为 0.68，即在不考虑其他方面的影响因素的情况下，城镇化率每增长 1%，研究区域内行政单元城市生态资产利用效率将随之提升 68%。由图 9-14 可知，2000~2010 年城镇化率灰色关联系数高值区由北向南递减，2000 年和 2010 年高值区主要集聚在北部地区，2010 年呼和浩特市城镇化率灰色关联系数在东北地区呈现出低值集聚状态。2020 年，呼和浩特市城镇化率灰色关联系数高值区主要集聚在中部地区，表现为由中部地区向南北地区减少的变化趋势；总体来看，中高值区主要聚集在中部托克托县、和林格尔县以及土默特左旗、回民区和新城区，与呼和浩特市生态资产利用效率局部空间分异特征的热点区、冷点区呈现出高度的重合状态。由此可见，城镇化率的高值区和低值区对呼和浩特市生态资产利用效率的热点区和冷点区影响的敏感程度较强。

城镇化水平对城市生态资产利用效率产生重要影响。呼和浩特市城镇化水平从 2000 年的 41.36% 增加到 2020 年的 54.59%，其城镇化水平的不断提高促使人口和经济等资源向城市集聚，从而提高了城市生态资产高效利用水平。研究表明，城镇化水平的灰色关联度系数，从 2000 年的 0.6 提高至 2020 年的 0.66，表明城镇化水平对城市生态资产利用效率的影响不断提升。

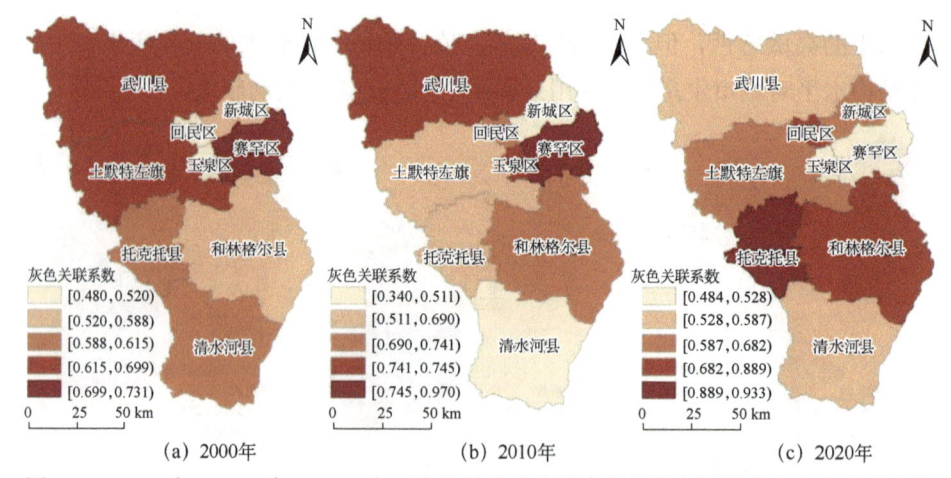

图 9-14　2000 年、2010 年、2020 年呼和浩特市生态资产利用效率城镇化率灰色关联系数分布

9.3.5　研究结论与管理对策

本节基于 DEA 数据包络模型初步探索了呼和浩特市 2000~2020 年 9 个行政单元城市生态资产利用效率，运用莫兰 I 数和 G_i^* 指数空间统计模型对城市生态资产利用效率的空间分异以及演变特征进行了分析，并结合灰色关联度模型探析了城市生态资产利用效率区域差异格局形成的主要驱动因素，得到如下结果。

（1）2000~2020 年，呼和浩特市生态资产利用效率均达到 DEA 效率最优，其中，2000 年、2010 年和 2020 年综合效率达到 DEA 效率最优的地区占到研究区域总数的 88.89%。综合效率、纯技术效率以及规模效率整体上均呈现上升态势。此外，2000~2020 年，呼和浩特市生态资产利用效率空间差异显著，DEA 效率达到最优的地区多分布于经济发达地区。

（2）呼和浩特市生态资产利用效率空间自相关性显著，总体的空间格局变化不大，热点区呈现由零星式的点状分布演变为集中式的面状分布格局，次热点区呈现由中部地区向西北部、西南部以及东北部等区域逐级蔓延的态势，整体分布格局与当前各个地区的经济发展态势的分布基本吻合。

（3）经济发展水平、产业结构水平、城镇化水平以及政府宏观调控等因素对呼和浩特市生态资产利用效率影响较大，且整体的时空差异演变是在以上所有因素之间相互作用的最终结果。截止到 2020 年，呼和浩特市生态资产利用效率演变的核心驱动因素的贡献率排序为：二三产业产值占比＞人均 GDP＞城镇化率＞地均财政收入＞地均固定资产投资。

第9章 呼和浩特市生态资产评估、核算与管理

首先，本节通过对呼和浩特市9个行政单元城市生态资产利用效率的测算以及时空演变格局的分析，较为全面地掌握城市生态资产利用效率的时空演绎变化过程及其形成的主要驱动因素。其次，城市生态资产利用效率是随着社会不同发展阶段不断变化的复杂巨系统，本节在构建城市生态资产利用效率评价指标及其驱动因素的理论框架的过程中，从宏观层面选取了主要因素进行其利用效率时空格局与驱动因素的分析，从多个空间单元相互作用的视角对城市生态资产利用效率的变化以及空间分异的影响机制进行深入研究。最后，运用DEA-SBM对城市生态资产利用效率评价的研究具有建模简单、容易操作等技术优势，呼和浩特市生态资产利用效率指标数据通过DEA-SBM可以得出潜在规律，并通过获得输出与输入之间的内在联系，信度效度较高。

同时，研究中仍存在几方面不足。首先，本节只针对2000年、2010年和2020年3个时间点进行城市生态资产利用效率和时空演进的分析，其时间序列较长，应对较短时间序列的城市生态资产利用效率的时空格局演变趋势进行进一步的探析；其次，由于考虑到部分数据的可获取性，城市生态资产利用效率的评价指标只选择了人口、经济和政府调控三方面中最具代表性的几种要素指标，但这并不代表其他的一些指标类型对城市生态资产利用效率的影响可以忽略不计，如不同生态资产类型的需求、生态资产供需的权衡等，因此在未来的研究中，要素指标的选取有待进一步丰富与完善。

基于对呼和浩特市生态资产利用效率时空演化及其驱动因素的研究，提出以下几条对城市生态资产利用合理管控的政策启示。

第一，建议各地区探索创新因地制宜的城市生态资产政策，激发各区县对城市生态资产保护和利用的积极性。可借鉴美国、德国等城市生态资产利用效率值较高的地区经验，探索创新城市生态资产管理政策，为城市生态基础设施的建设和管理提供保障。

第二，建立呼和浩特市生态资产利用管控的标准体系，实行供给和需求可持续发展的城市生态资产管理双轨制。增强对各区县生态资产及生态基础设施的管控力度；对城市生态资产管控不足的区县，积极鼓励其对城市生态基础设施的管理及保护，从而全面实现对城市生态资产数量–质量–效益全方位管控的高质量生态资产利用效率的发展目标。

第三，基于呼和浩特市各区县城市生态资产利用效率的空间差异，综合考虑区域间的经济与城市化发展水平、政府调控能力，根据各行政区自身发展需求调整城市生态资产利用的管控措施。

第四，对城市生态资产利用效率实行差别化的管理制度，从而合理调控

城市生态资产利用效率。结合山水林田湖草沙一体化生态保护修复策略，分类优化城市生态资产管控的布局模式。

第五，转变经济发展方式，利用循环经济减少物质投入，倡导绿色发展产业，加快形成对城市生态资产的补偿模式，严格管控因城市发展而对生态基础设施的破坏。

第10章 城市生态资产的管理信息系统、管理机制与政策建议

10.1 管理信息系统

10.1.1 管理信息系统的目标

城市生态资产管理信息系统主要服务于生态资产管理工作，以城市生态资产评估及管理理论为基础，以实现区域城市生态资产科学、有效的评价为目的，通过科学计算、空间数据库、遥感、地理信息系统（geographic information system，GIS）等技术手段，构建结构合理、运行可靠、自动化程度高的城市生态资产管理信息系统，为及时掌握区域城市生态资产供需状态、分析变化趋势提供技术支持，保障区域生态资产的监测和管理，并为区域生态管理与保护、问题治理与解决提供科学依据。

具体目标如下。

（1）模仿区域生态资产供给和需求评估过程，实现大部分工作由系统自动化处理、无须手动操作。

（2）实现基础数据和成果数据的计算机存储、管理、维护、输出等功能。

（3）实现基础数据及成果数据的查询、编辑、计算等功能。

（4）使系统方便操作和管理，提高生态资产管理的效率。

（5）实现生态资产管理的专题图件制作。

总的来说，城市生态资产管理信息系统是在地理信息系统平台的支持下建立的一个操作方便、界面简洁、功能完整、结构合理的设计系统，系统主要面向的用户是自然资源管理部门，具备生态资产基本信息查询、生态资产评估、可视化展示的智能运算、权属调整和不同情景下的管理决策分析等功能。基于城市生态资产数量、质量、效益评估与分析功能，城市生态资产管理信息系统还应满足生态资产信息管理工作中数据管理、质量监测、专题图件制作以及三

维展示等功能。

城市生态资产管理信息系统的主要功能包括权限管理模块、工程文档模块、综合评估模块、权属追踪模块、质量追踪模块、专题制图模块和展示模块，具体系统功能结构如图10-1所示。该系统基于本书2~5章的理论体系与方法模型进行构建，本书6~9章的实践案例为本系统的搭建和完善提供了重要的参考样本，使得该系统能够满足不同类型的研究需求。受篇幅所限，后文中的模型演示均采用本书第9章的数据。

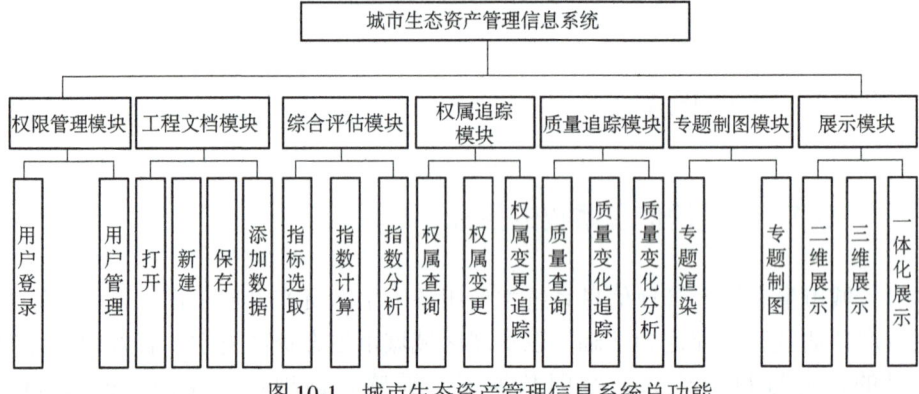

图10-1 城市生态资产管理信息系统总功能

"本系统"在本书中专指"城市生态资产管理信息系统"。本系统的软件开发依据以下行业及公司的标准及规范：《经济生态生产总值（GEEP）核算技术指南（试用）》、《陆地生态系统生产总值核算技术指南》、《生态系统评估 生态系统生产总值（GEP）核算技术规范》、《信息化工程监理规范》（GB/T 19668—2007）、《信息技术软件工程术语》（GB/T 11457—2006）、《计算机软件文档编制规范》（GB/T 8567—2006）。

10.1.2 系统的设计原则和总体结构

1. 系统设计原则

根据系统预先设立的建设目标，充分考虑系统与遥感、地理信息系统等技术平台的特性，以"整体布局、统一设计、分步实施"为指导思想，遵循实用性、安全性、先进性、标准性及开放性、可扩充性等原则，结合功能需求进行系统设计。

（1）实用性：从实际出发，尽量采用成熟的先进技术，兼顾未来发展趋势，在系统结构、功能设计和系统开发方面符合系统分析流程要求，同时考虑信息收集、查询、处理过程中的实际问题，在界面风格、操作性、完善性、可维护性和可扩展性等方面力求科学。

（2）安全性：安全、可靠是信息系统设计中考虑的基本原则，既要考虑网络本身运行的安全，也要考虑数据信息的安全，保证系统具有较高的容错率、较高的保密性，具有实时数据备份等功能。

（3）先进性：依托基础理论研究，结合社会发展需要，利用已有资源和设施，满足近期需求又适应长远发展的需要，使系统的硬件、软件和专题技术满足系统对信息获取、管理和专业分析的需求。

（4）标准性及开放性：在系统开发中，接口标准、指标体系、数据规范应该遵循国家、部门的标准与规范，同时考虑国际标准要求。采用开放式的体系结构，并结合国内外广泛使用的地理信息系统、遥感系统、数据库等软件，使系统具有开放性、兼容性。

（5）可扩充性：系统的可扩充性既要求软/硬件和系统总体架构设计应符合当前的要求，又要求系统方案的设计具有一定的前瞻性，对关键功能预留扩展接口，使得成果可以最大限度地纳入后续研究与开发中，便于系统的修改、扩充，使系统能一直处于不断完善的过程当中。

2. 系统总体结构

基于供需权衡的城市生态资产管理信息系统在逻辑上划分为3个层次，即数据支撑层、业务分析层和集成应用层（图10-2）。

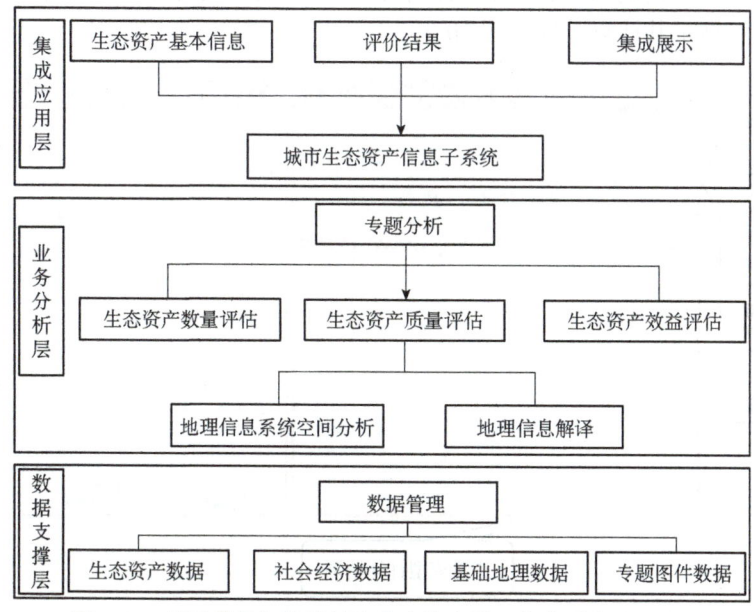

图10-2 基于供需权衡的城市生态资产管理信息系统总体结构

10.1.3　基本功能操作

1. 生态资产供需数量、质量、效益评估

1）评估指标选取

选取需要评估及管理的城市生态资产项目和相关数据，按照需要评估的生态资产类别来设置相应的生态资产指标，最后进行指标计算（图10-3）。

图10-3　评估项目及指标选取界面

2）进行生态资产数量、质量、效益计算

选择所需的计算模型和项目名称，该模块不仅可以查看模型计算结果，还能够展示其计算过程（图10-4）。

图10-4　生态资产数量、质量、效益计算界面

第 10 章　城市生态资产的管理信息系统、管理机制与政策建议

2. 权限追踪

1）权属变更、查询

在权属变更界面中，用户可自定义选择权属变更方式、单元编号等；在权属查询界面中，不仅可以查看权属信息的项目，还可以通过设置筛选条件，查看所有权属变化情况（图10-5）。

图 10-5　权属变更及查询界面

2）权属变更追踪

在权属变更追踪界面，可以查找到所有权属变化的记录，选中任何一条记录，可以显示权属变化情况的文字说明，同时还可以观察到权属变化的资产范围以及在全图的位置（图10-6、图10-7）。

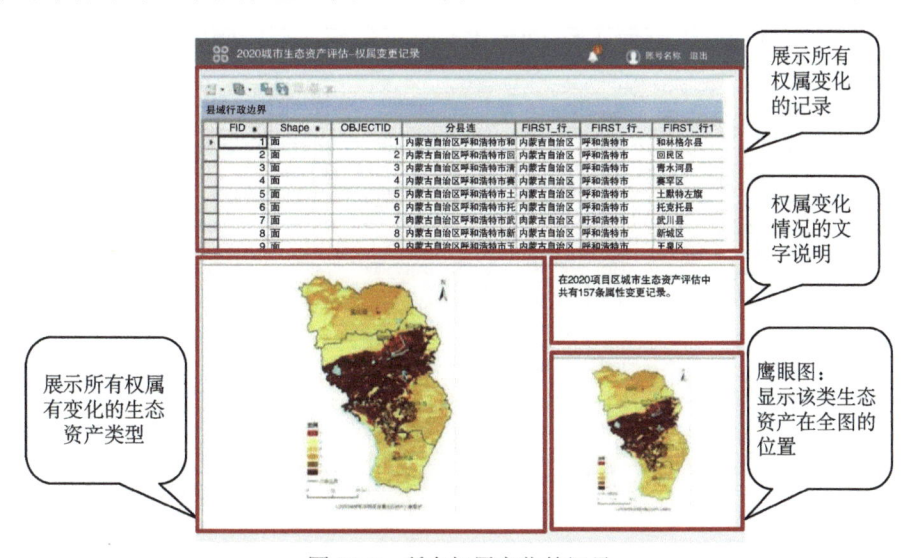

图 10-6　所有权属变化的记录

- 247 -

图 10-7　某一条记录的具体权属变更情况

3. 数量、质量与效益

1）数量、质量与效益查询

在数量、质量、效益查询界面中，不仅可以查看项目的质量信息，还可以通过设置筛选条件，查看所有数量、质量、效益指数（图10-8）。

图 10-8　质量查询界面

第 10 章　城市生态资产的管理信息系统、管理机制与政策建议

2）数量、质量与效益变化追踪

通过选择数量、质量、效益变化指数，查找相关参数，可以通过文字说明加图形来展示数量、质量、效益总体变化情况（图 10-9）。

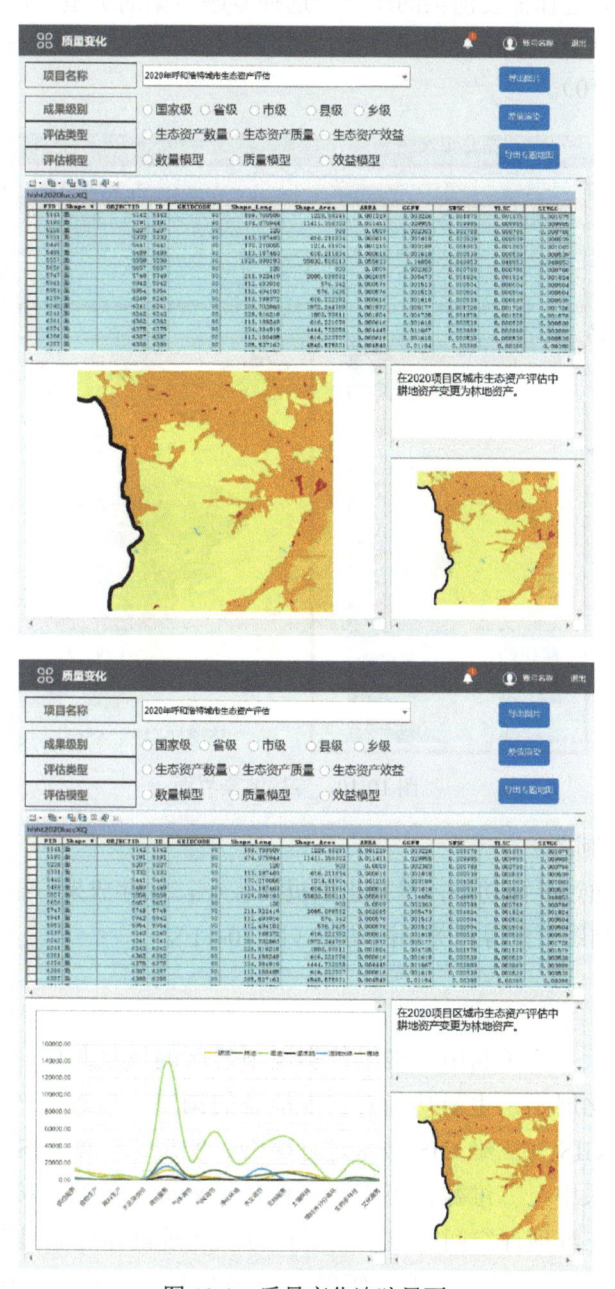

图 10-9　质量变化追踪界面

4. 制图模块

1）专题渲染

用户可以选择需要渲染的图层，选择专题渲染的类型。该模块还可供用户自主选择色带，等别类型——唯一值符号化；等指数类型——分级色彩符号化（图10-10）。

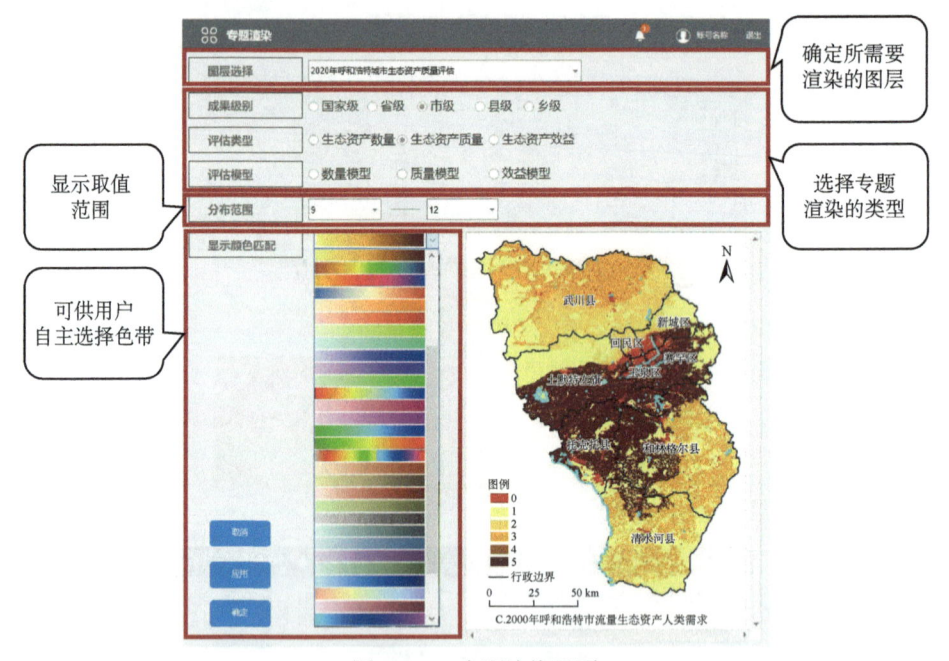

图 10-10　专题渲染界面

2）专题制图

用户可通过界面功能，设置出图页面大小，保存成果、导出图片，以及添加或删除制图要素等相关制图功能（图10-11）。

5. 三维展示

三维展示主要是利用三维组件实现项目区的场景制作，能够实现生态资产的立体化展示，主要功能有三维场景的浏览、生态资产历年变化效果等，将二维GIS与三维GIS技术进行融合，实现二三维GIS的一体化。在三维展示体系中，二维数据不需要任何转换处理，能够直接加载到三维球面上，实现三维地理空间的显示。用户可以通过鼠标键盘组合操作来实现浏览操作，包括放大、缩小、倾斜、拉平竖起、旋转等（图10-12）。

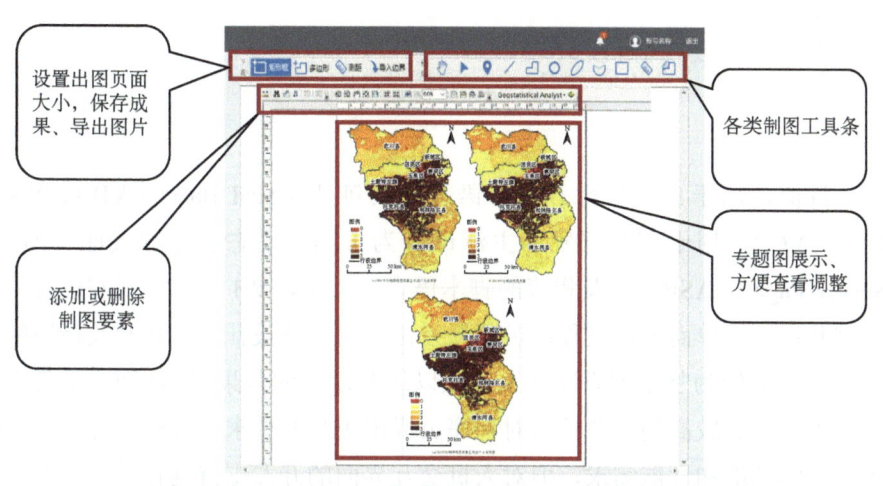

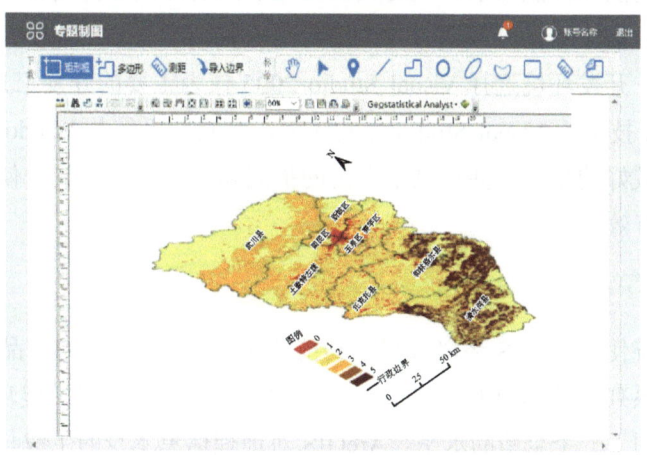

第 10 章　城市生态资产的管理信息系统、管理机制与政策建议

图 10-11　专题制图界面

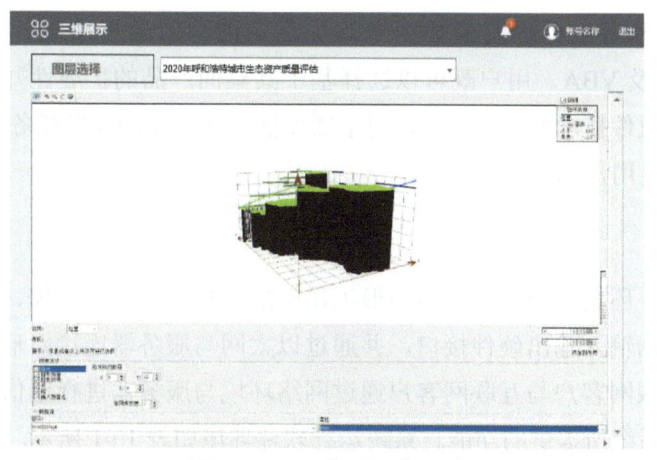

图 10-12　三维可视化界面

- 251 -

10.1.4 系统开发环境设计

1. 基础开发环境

目前，用于桌面软件开发的语言主要包括 Visual Basic（VB）、Visual C++（VC），用于网络开发的主流语言为 Java、动态服务器页面（Active Server Pages，ASP）以及相应的脚本语言。其中，VB 为经典开发语言，并且因其语法简单而为广大程序员所喜爱，但由于其设计理念和开发环境的局限性，对于较为复杂的系统开发则难以达到理想的效果。VC 则由于其面向对象思想具有较高的抽象性而对程序员提出更高的要求，对底层开发能够达到理想的功能和性能需求，但对人机交互界面的开发支持则较差。本系统的开发选择目前主流的开发语言 VC 作为主语言，配合使用 VBA 和 ASP 作为辅助语言，开发环境选择 Visual Studio 2005 作为主要的开发工具。基于 Net Framework 技术的 Visual Studio 开发环境，为软件系统与 Windows 系统的集成提供了较好的平台，并提供了丰富的扩展功能和集成工具，使系统开发的效率得到有效提高。

2. GIS 开发平台

本系统使用的 GIS 环境选择了功能强大的 ArcGIS 系列产品，该软件是一个具有系列插件模块的可伸缩性 GIS 软件平台，其许多扩展功能已使 GIS 应用发展到了一个全新的水平。ArcGIS 对地理信息本身的生成与处理能力较强，且支持拓扑结构，可进行空间分析、缓冲区分析和叠置分析，借助于空间数据引擎可以处理海量数据，其提供的面向对象程序设计开发工具有 AO、MO 及 VBA。用户既可以选择基于其桌面产品的扩展性开发，也可以选择基于组件技术的二次开发，对于需要嵌入式开发的开发任务，ArcGIS 同样可以满足用户的需求。

3. 系统配置方案设计

在硬件环境的布置上，由图形工作站配合扫描仪、绘图仪、打印机组成基本的数据输入输出硬件接口，并通过以太网与服务器连接而形成数据传输链路，局域网客户与互联网客户通过网络环境与服务器进行通信访问，从而实现软件系统所提供的功能。系统运行软件环境如表 10-1 所示。

第 10 章　城市生态资产的管理信息系统、管理机制与政策建议

表 10-1　系统运行软件环境

名称	内容
计算机配置	中央处理器（central processing unit，CPU）：PIII600 以上 内存：512M 以上 硬盘：20G 以上 分辨率：800×600 及以上
软件环境	操作系统：Windows7 及以上版本 浏览器：兼容各类型浏览器 支持软件：ArcGIS10.0、Office 2003 及以上版本

10.1.5　软件概述

　　城市生态资产管理信息系统主要服务于呼和浩特市生态资产管理工作，为生态资产的监测和管理提供技术支持。软件整体界面风格统一，系统集成权限管理模块，实现用户登录功能，用户通过用户名和密码，点击登录按钮即可登录到系统，可以查看用户列表信息，实现用户信息更新。用户通过在数据库中的操作，能够管理区域生态资产数量、质量以及导致生态资产出现变化的因素等基础数据，同时能够对生态资产数量、质量等变化情况进行查询和浏览。

　　为了防止用户因误操作而给软件的运行和内部数据造成损坏，系统采取以下防护措施：①身份验证，用户必须输入合法的用户名、口令才能进入系统进行操作；②输入信息的合法性检查，用户输入的信息都需要进行合法性检查，超出系统要求的内容都会被过滤；③误操作防护，对关键数据的删除操作不实际删除，而是建立删除标志，如果出现误操作，可以由管理员进行数据恢复；④信息删除警示，在删除其他信息之前，都提示用户是否确实需要删除；⑤用户访问权限控制，系统会根据用户名判断该用户能够进行哪些操作，能够访问哪些数据，防止越权操作。

　　1. 对软件的访问

　　用户需熟悉计算机的基本操作及基本应用软件的使用。所有用户都需要通过用户认证才能登录系统，除了最高级别的管理员事先在数据库中默认，其他所有用户都由上级或本级系统管理员授权创建，统一管理（图 10-13）。打开电脑，在桌面双击 IE 浏览器图标，打开浏览器，在地址栏中输入管理员分配的虚拟专用网络（virtual private network，VPN）网址并按回车键进入 VPN 登录界面，如图 10-14 所示：在 VPN 登录界面中，输入 VPN 用户名、

密码、校验码，点击【登录】按钮，校验成功后进入 VPN 系统。

图 10-13　用户管理界面

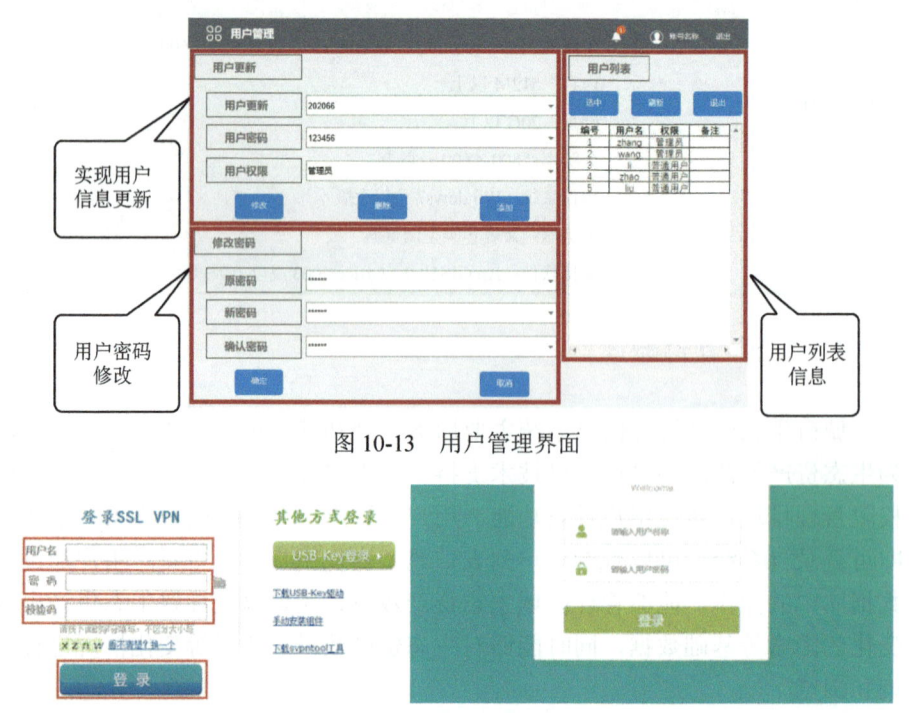

图 10-14　VPN 登录界面

说明：①针对本系统全系列版本浏览器访问，如果使用其他浏览器不能正常操作，请更换为 IE 浏览器；②使用本系统的用户均由本单位管理员或上级管理员进行注册；③可采用以下两种方式关闭软件，一种是点击系统右上角的【退出】按钮，另一种是直接关闭浏览器；④用户登录系统后，如果长时间不进行任何操作，系统将自动注销，如图 10-15 所示。

重新登录方式：如图 10-15 所示，点击【重新登录】按钮，进入如图 10-16 所示界面，输入用户名、密码、检验码，点击【登录】按钮自动跳转至如图 10-14 所示界面，然后执行相关的操作步骤，才能再次进入系统进行操作，以保证系统安全。

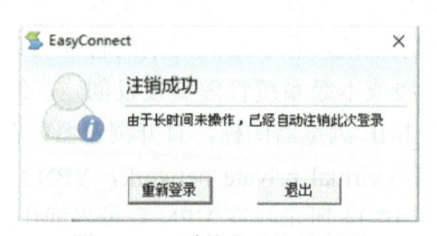

图 10-15　系统自动注销界面

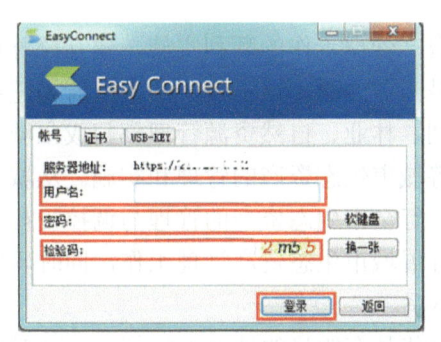

第 10 章 城市生态资产的管理信息系统、管理机制与政策建议

图 10-16 输入用户名、密码、校验码界面

2. 系统维护操作

系统维护主要包括单位科室管理、用户管理、自定义方案设置、通知管理、下载专区、在线用户、审核授权配置、审核权限分配八部分。单位科室管理主要维护和管理单位基础信息和科室信息；用户管理用来完成新增用户、查询用户、分配权限、设置账户有效性、初始化密码等工作；自定义方案设置实现了人事各项信息的自定义组合查询；通知管理用于发布通知公告等信息；下载专区用于发布常用的工具软件、操作文档等资料；在线用户主要用来查看当前登录系统的用户信息，以及向用户发送消息等；审核授权配置用来将指定的菜单分配给指定科室下的人员进行审核；审核权限分配用来给职称审核组、人员变动审核组、人才审核组的用户分配菜单审核权限。

10.2 管理机制

通过对广州市、北京市和呼和浩特市等城市生态资产的深入研究发现，生态资产管理涉及的层面多、综合协调复杂性高且修复周期较长。目前生态资产的相关理论还不够健全，生态资产对所在区域综合影响的系统性评价尚未开展。因此，需要建立先进的生态资产管理应用模式，该管理模式将在调动区域生态建设积极性、提高管理执行力方面发挥积极作用。

10.2.1 建立多部门协调的管理体系

城市生态资产的管理工作涉及农业、林业、水利、园林、环保等多个部门，存在着部门管理界限。多部门管理，不利于统筹安排，使保护工作难以

- 255 -

协调。为确保生态资产管理工作的顺利实施，建立统筹规划、统一管理、上下畅通的管理体制是当务之急。该工作应由市政府委托自然资源管理部门牵头，组织农业、水利、林业、自然资源管理部门成立城市生态资产管理委员会，充分协调，统筹城市生态资产的管理和实施。从城市生态资产的数量、质量、效益等方面进行全市生态资产的管理与调控，在有限的人力和财力状况下，扎实有效地开展城市生态资产管理工作，同时研究并建立城市生态资产适应性管理实施体系。

城市生态资产价值具有明显的地域性特征，实现对城市生态资产的高效管理可以带动区域经济的发展，同样区域经济发展也将进一步促进城市生态资产的保值增值。例如，呼和浩特市作为中国北方生态保护屏障的主要城市，随着当地经济社会的快速发展和人民生活水平的不断提高，当地民众对区域生态环境保护的意识增强，基于这种现实的需要和人们认识水平的提高，有关管理部门应以地方经济建设为重点，在合理制定城市生态资源开发的宏观战略规划前提下，明确城市生态资源合理开发的总体方向，构建城市及区域人与自然可持续发展的和谐生态、经济和社会环境，以达到有效保护生态资产并使其保值增值的目的。

10.2.2 完善相关制度体系

（1）建立城市生态补偿机制。目前，生态补偿制度的不完善是限制区域生态资源保护与加剧开发矛盾的重要因素。应探索建立适宜的生态补偿机制，使城市的生态环境以及周边社区群众的生存环境得以持续良好发展。一方面，相关管理部门可以组织有关专家制定相应的生态补偿制度，明确区域生态系统服务的价值补偿标准、来源、受益对象、使用和管理办法等；另一方面，探索建立生态资产价值保护建设基金的管理制度，健全财政转移支付制度，保障必要的物质和资金投入，以及资源、能量和经济发展的良性循环，使得有限的生态资产发挥更高的生态系统服务价值。

（2）建立并逐步推广生态资产价值评估制度。准确科学地对生态资产的价值进行估算，是对生态资源进行资产化管理的前提。目前，我国在资产评估领域的相关研究尚处于初级阶段，有关城市生态资产价值的评估并不多见，因此，不仅要加强该领域的研究，提高资产评估水平，也要通过试点逐步推广。

（3）建立生态资产有偿使用政策。区域生态资产价值的大小及其变化不仅是区域可持续发展程度的重要标志，也是区域循环经济发展模式中需要考虑的必要因素。因此，应通过完善生态资产管理制度，明确生态资产的产权关系，制定合理的生态资源价格体系，实行生态资源的有偿使用。在一定条件下，允许生态资产产权和使用权的有偿转让。

10.2.3 建立多主体投入的市场机制

加大对城市生态资产管理的资金投入，制定一套允许多方筹措资金的投资制度，特别是能够允许企业等社会各界的资金投入，将各利益相关者与城市生态资产联系在一起。

目前，城市生态资产研究及管理还是以国家投入为主、地方配套资金为辅，积极争取具有投资、信贷、税收和价格等优惠政策的相关研究项目，国际援助项目，以及民间募捐等，通过多种途径筹集经费也是城市生态资产综合管理的必要条件。

10.2.4 城市生态资产管理机制保障

1. 管理体制保障

1）加强顶层设计

在进行生态资产管理的过程当中，必须要进行统筹布局及规划，尤其是要明确各个管理机构的职能。首先，加强生态资产管理的顶层设计，要由政府出面成立相关的改革领导小组，加强对机构设置的管理，并且使得顶层设计改革能够落到实际工作中。然后，近年来，生态问题与政治、经济、文化以及整个社会的发展之间都有着联系，因此，为了强化城市生态资产管理的可持续发展，城市生态资产的管理必须要得到社会的关注，能够促进当前城市的经济转型以及整个社会生态治理，从而促进经济、社会以及生态环境之间协调发展。

2）与城市发展相结合

城市生态资产的管理必须要与城市的发展相结合，同时从长远发展的角度来进行治理，尤其是不同城市的地理位置以及经济水平之间有着较大的差距，城市发展的定位也非常不同。例如，城市在资源枯竭之后需要进行转型，有的城市会重点突出旅游文化，有的会突出交通以及制造业，在实际治理的过程当中，需要根据城市的定位以及发展情况来选择合适的生态资产治理方法，并且要符合当地的历史发展传统及可持续发展的要求。

2. 管理机制保障

1）公众参与

城市生态资产管理是一个复杂的工程，不仅需要政府部门以及企业的参与，同时也需要整个社会其他力量的参与，从多个角度对生态资产的管理进行综合考察，最终使得执行方案符合实际。公众参与可以使得政府部门以及企业与公众之间进行交流，公众可以表达对于城市生态资产管理的态度以及观点，并且提出自己的需求。根据当前我国生态管理的实际情况，在规划设计以及实际管理和实施的过程当中都会邀请公众参与，并且发表自己的意见。但是公众参与却非常有限，仅仅是在会议讨论以及社会调查环节参与，而参与的人员大多数是相关行业的专家以及学者，而基层群众或者是其他人员参与的机会却非常少。实际上，公众参与应该贯穿整个生态资产管理的过程，包括方案收集、方案的信息汇总以及实际方案的具体实施过程和项目评价等。

2）科研保障

城市生态资产管理必须要有相关技术的支持，从而保证生态系统管理决策的科学性以及正确性。因此，政府需要进行支持，同时也应该与高校、科研机构以及企业之间进行合作，充分利用科研资源，尤其是需要研发先进的城市生态资产的管理体系，结合当前技术的应用，对城市生态资产管控的关键技术进行研究。另外，在进行科学研究的过程当中需要建设相关实验室以及科研基地，加强成果的应用以及转化，从而为城市生态资产管理提供技术方面的支持。

3. 法律保障

1）完善法律制度

我国有大量关于生态环境管理的相关法律，如《中华人民共和国环境保护法》《中华人民共和国森林法》《中华人民共和国野生动物保护法》《中华人民共和国草原法》《风景名胜区管理暂行条例》。然而这些法律由于颁布时间较早，有些条款已不适应当前新的形势和实际情况，某些现行的法律及条款由于内容过于概括或宽泛，已不能满足我国重要生态系统保护和管理需要。因此，须制定更符合实际的有关生态资产管理的法律、法规。

2）强化执法监督

城市生态资产的管理要在各级管理部门紧密配合的前提下，进一步加快执法队伍建设，认真贯彻执行国家和地区颁布的有关自然资源保护法律、法

第 10 章　城市生态资产的管理信息系统、管理机制与政策建议

规、条例和政策，加大执法力度，严厉打击各种对生态环境的违法犯罪行为，走一条依法治理的科学管理道路，最终达到高效管理城市生态资产的目的。

10.2.5　加强技术支撑机制建设

建立科技支撑对口联系制度，广泛与国内外科研院所和专业学者联系，及时获取有关生态资产建设的技术信息；制定和完善有关规程和技术标准，保证生态环境综合治理规划按照科学的方法进行；开展跨学科联合攻关，研究解决生态资产管理中存在的关键理论和技术问题；大力推广科研院所已经取得的并经实践证明是经济、安全、有效的科研成果，应积极吸收当地群众在生产实践中积累的传统经验，通过现代化的技术与传统方法的优化组合，使生态资产保持物质、能量循环，从而达到人与自然的协调发展。

1. 数据收集与更新

通过网络下载、协作单位提供、购买各种地图出版物进行扫描数字化等各种渠道收集城市生态资产管理所需要的相关数据。以下为城市生态资产管理过程中所需的主要数据资料：土地利用现状数据、自然资源数据、水文数据、土壤数据、森林资源数据、遥感数据、气象数据、矿产资源数据等。

2. 数据分析

城市生态资产管理过程涉及大量数据，能够高效、快速地处理数据，并对城市生态资产的变化趋势等进行评价、分析和模拟是城市生态资产管理的前提和基础。以呼和浩特市城市生态资产管理研究为例，为实现决策支持系统对呼和浩特市生态资产的综合评估，指导工程建设及优化工程布局，本书项目组基于生态资产管理存在多个目标、多个层次、多个约束条件的特点，选取了对应的评价指标及约束条件，构建了一个结构完整的城市生态资产管理信息系统，该系统将需要使用的相关模型存储到软件中，通过决策支持系统调用模型库中的基础模型和组合模型来搭建并进行计算和运用，从而进行相关的数据分析。

3. 数据的维护与更新

要实现对数据完善的更新，不仅要保证数据库能保存历史数据及恢复过去任意时刻的数据，还要能够实时获取数据，并对数据库进行更新维护。该更新维护主要是指对数据库的数据结构、数据关系、GIS 数据等进行维护。数据结构维护通过对数据中系统描述的修改，建立新的数据结构，并维护数

据表内及数据表间的数据关系，将分散采集、录入的数据汇总到完整的数据库中。

10.3 政策建议

10.3.1 实现城市自然资源保育与生态系统服务提升的协同管理

加强生态资产保育与国土空间规划、国家公园建设以及山水林田湖草沙系统保护修复工作的结合。加速相关科研成果的转化和应用，创新市场引导方式，加大对生态资产保护与修复工作的监管力度。

在生态系统服务管理过程中须注重多种生态系统服务的权衡，依据生态功能区的主导功能和保护目标等实施相应的规划和管理。

对自然资源与生态系统服务实行同步管理。在具体的自然资源管理过程中，应全面掌握自然资源的基本数据与信息，建立包含多样化、多层次的自然资源所有权体系，并进行适应性管理。

10.3.2 提升人工生态资产的服务能力

1. 提升生态用地效率

城市的本质是为人类创造生活和生产的理想环境，城市规划必须确保生态用地的规模，划定不容突破的生态用地范围，同时也需要提高现有生态用地的生态效率。从生态系统服务的视角来看，提升城市生态用地效率即是提升单位面积生态用地的生态系统服务供给能力。

对于城市绿地、公园等人工生态系统，生态系统服务功能的发挥主要依赖于总的生物量。城市绿化中应尽可能采用复层的植物配置模式，提升总叶面积，以发挥更大的生态效益。针对城市绿量的核算应注重二维绿量和三维绿量的结合，二维绿量是面积，三维绿量则是体现生态质量的重要指标。对于污水处理厂、垃圾填埋场等环境基础设施，生态用地效率的提升则主要体现在生态系统服务的辐射范围以及废弃物处理工艺的优化，配套的管网、收集、转运等设施的有效接驳是环境基础设施充分发挥处理能力的关键。

2. 多样化的生态系统服务供给

人工生态资产的建设具有较强的目的性，生态系统服务往往相对集中于一个或几个方面，其他功能在设计、建造和运营过程中较少考虑或只是有限挖掘。在城市人工生态资产的管理中，应注重挖掘不同生态资产的多种服务功能。例如，对于城市近郊的农田，除食品生产功能外，景观功能、休闲游憩功能等越来越多地得到重视；此外，农田的生物多样性保护功能也越来越多地得到关注。在管理中应充分发挥近郊农田的多种生态系统服务功能。对于污水处理厂和垃圾填埋场等环境基础设施，应当强化其科普教育的作用，提升公众环保意识。

3. 减少生态系统负服务

生态系统负服务作为与生态系统服务相对的概念，在国内外仍属于研究的新兴领域。各种生态资产均可产生一定的生态系统负服务，如绿地植物释放多环芳烃（polycyclic aromatic hydrocarbons，PAHs）、农田的面源污染、污水处理厂的排放等。生态系统负服务给居民生活造成了不良影响，在一定程度上削弱了生态系统服务产生的惠益。因此，通过一定的技术手段提升人工生态资产正服务水平，减少生态系统负服务的产生，可有效改善人工生态资产品质，这也是增加净生态系统服务价值的重要措施。

4. 生态保护与修复

高的生态系统质量是生态系统服务充分发挥的重要基础条件。生态系统保护与修复是提升生态资产质量、维护生态资产稳定性和可持续性的重要途径。

一方面，须优化提升各类人工生态资产的质量。开展绿地、公园的近自然经营，提升植物群落的稳定性和可持续性，提供更多的生态系统服务；开展农田的污染治理和生态保护，发展有机农业、环境友好型农业，减少农药、农膜等的使用。另一方面，应注重生态系统结构的优化提升，注重生态基础设施的修复和优化。城市生态基础设施是一个有机的生态网络体系，可以起到优化城市绿地结构、提升城市生物多样性、提供文化游憩服务等作用。通过识别生态系统高质量区域，将这些高质量区域通过生态廊道网络串联起来，充分发挥生态基础设施的网络和系统功能。

此外，城市生态系统修复是社会-经济-自然的共轭修复。在城市绿地、城市湿地、城市废弃地的修复中，应调节好自然、社会、经济关系，在修复理念、工程技术、调查、评估、规划、管理等方方面面均要以复合生态系统理论为指导，促进城市复合生态系统的各方面协同高效可持续发展。当前，随着我国城镇化速度的逐步放缓以及城市开发边界、基本农田、生态红线等一系列政策的落实，城市建设用地和生态用地的规模、范围已逐步确定。基于复合生态系统理论开展城市绿地、湿地、废弃地的生态系统修复，提升有限空间内的复合生态价值对于城市和城市居民来说意义深远。

10.3.3　重视"城市矿产"资源的调控与管理

（1）探矿：从"时、空、量、构、序"的角度，采用物质流分析、生命周期管理等方法，对"城市矿产"资源的代谢规律进行研究；揭示"城市矿产"资源的时空分布规律、储量、组成成分、开发优先级等特征，为"城市矿产"的开发提供理论依据，明确开发利用的重点品种、区域、规模和战略时机。

（2）采矿：建立健全"城市矿产"资源回收网点和回收基础设施，建立再生资源回收网络体系；优化再生资源回收网、物流网和信息网；推广"城市矿产"资源化技术，为资源循环利用提供强有力的保障。

（3）管矿：应尽快完善"城市矿产"资源回收利用政策法规体系，逐步把资源利用纳入法治化轨道；完善再生资源产业的标准体系，为再生资源产业的发展提供统一的交流平台；制定政策措施，激励再生资源产业的发展；加大监管力度，规范再生资源产业的发展。

10.3.4　加强生态基础设施的分区、监测、保护和修复

1. 加强生态基础设施分级分类分区管控

生态基础设施网络是重要的生态安全屏障，也是生物多样性维持、水源涵养等一系列生态系统服务发挥的最重要的结构性生态用地，对其科学管控至关重要。因此，应因地制宜地实施分级分类分区管控，减少生态红线核心区域的人为干扰，提高不同区域的管理强度，为保障生态基础设施网络的各项生态功能的发挥提供科学的依据。

2. 加强生态基础设施网络生态监测

加强生态基础设施网络的环境检测，重点加强水质监测，保障重要生态廊道水质和生态功能的发挥；加强对生态基础设施网络生态过程的检测，如水文过程、人类干扰、能量流动、物质循环等，通过生态过程的监测，更客观真实地反映生态网络的运转状态，为科学决策提供依据；加强生物多样性的监测，开展生物种类定期摸查，并开展目标物种监测，模拟预测动物

迁徙、植物传播等生物过程，从生物多样性角度反映生态网络建设的成效与不足。

3. 生态基础设施网络的保护和修复

快速的城市化进程带来的生态人居环境恶化，已经成为我国城市面临的一个普遍问题。在寸土寸金的城市建设区，通过空间格局的优化来提升生态网络的生态系统服务与社会服务具有重要的现实意义。

城市生态基础设施网络呈现出高度的空间异质化特征，并同时承担着改善生态、防灾避险、休憩娱乐、文化审美等多重职能，以上因素决定了生态网络修复是一个复杂的研究课题。在强烈的人工干扰作用下，城市生态基础设施网络往往存在着网络结构单一、空间破碎严重、生态系统服务功能退化问题，造成一系列城市生态问题。在城市层面上对生态基础设施网络进行结构修复和功能强化，对改善城市生态环境意义重大。今后的城市生态基础设施网络保护和修复工作需在对生态网络结构特征、生态系统服务和社会服务进行量化评析的基础上，提出改善网络结构、增强网络连通性、强化服务职能的网络修复策略，为我国城市生态基础设施网络的保护和修复提供新的技术解决方案。

10.3.5 注重多目标多主体管理

城市人工生态资产主要服务于城市化区域和城镇居民，其规划、建设、运维等各个方面均须注重多目标管理。生态系统服务的足量供给和合理配置是生态资产管理的最重要的基础目标。在此基础上要注重城市人工生态资产的成本控制，将成本-效益分析作为财务管理的重要依据，提升人工生态资产的成本效益率。城市区域土地利用的机会成本较高，高的土地利用生态效率也十分重要，促进人工生态资产生态系统服务供给的集约化、提升生态资产单位面积服务功能是生态资产管理的重要目标。公众参与对城市人工生态资产的管理也有重要意义，公众的支持度和喜好是生态资产管理的重要导向和重要目标。此外，城市人工生态资产的管理还应与城市的规划和发展目标相协同。

1. 建立多主体管理和投入机制

城市人工生态资产的建设、运维均需要较高的成本投入。公园、城市绿地、农田等类型的人工生态资产不具有或仅具有非常有限的营收能力，在当前大规模推进生态建设的背景下，给政府财政带来了较大的压力。社会资本、多主体的参与和投资对城市人工生态资产具有十分重要的意义。建立多元化的投入和市场机制是支持城市生态建设和生态资产可持续发展的重要途径。目前，污水处理厂、垃圾填埋场等环境基础设施的市场化运营已相对成熟。此外，都市观光农业近年来也快速发展，取得了良好的效果。由于城市绿地、城市公园具有较高的外部性，探索城市绿地、城市公园的多元投入机制是十分重要的工作，也有一定的现实依据。通过探索多种途径的特许经营制度来吸引不同市场主体参与生态资产的建设和管理，具有十分重要的意义。

2. 动态监测和信息化

生态资产价值并非一成不变的，在一个稳定的时间段里，生态资产价值随着时间和空间而变化。同时，在不同的区域，生态系统服务所体现的价值也因经济发展的关系呈现较大的差异。面向城市生态系统服务优化与城市居民福祉提升，建立城市生态资产评估与动态监测的管理信息系统，展示、分析和预测不同发展情景下城市生态资产物质量和价值量变化趋势，为地方政府和有关部门提供决策依据。通过动态监测与评估，可以及时有效地发现生态资产建设和管理存在的问题，并据此及时调整管理策略，这一点极为重要。

3. 审计监督和绩效评估

城市人工生态资产的审计监督和绩效评估是生态资产精细化管理的重要内涵。量化生态资产的自然资源、生态系统服务、生态系统质量的变化，评估管理成效，有助于更好地推进管理工作。此外，还需强化城市生态资产的物业管理，建立基于服务功能的土地生态管理评价考核指标和年审制度。发展生态资产管理产业，孵化一批生态物业管理企业，负责监测、监督、管理和审计各企事业单位对生态资产用地的占用及其造成的影响，并使政府对污染排放和生态退化的直接监管转到对区域环境质量与资源品质的间接管理上来。

4. 标准规范

目前人工生态资产核算方法有很多，不同方法之间也有较大的误差，且尚没有该方面的标准和规范，难以满足生态资产的管理需求。应推动城市人工生态资产核算的规范化与主流化，加快制定和发布相关技术指南，明确城市人工生态资产的核算内容、核算方法、定价清单等，构建标准化、规范化的人工生态资产核算体系，这些对城市生态的标准化管理具有十分重要的意义。

10.4 未来展望

10.4.1 自然和城市人工生态资产的耦合与统筹

城市人工生态资产的城市的垃圾处理、污水处理等灰色的环境基础设施不仅可以高效地提供生态系统服务，而且是城市生态基础设施的必需部分，目前尚缺乏将环境基础设施纳入到生态资产的核算中的相关研究，这对于城市生态管理来说是不全面的。在今后的研究和实践中，需拓展城市人工生态资产的内涵，将城市人工生态系统和市政环境基础设施结合起来，统筹开展评价、规划和管理。此外，现有的关于生态资产的研究多单独着眼于某一类生态资产的评价，如公园、农田、污水处理厂等，评价结果难以在城市区域内形成具有宏观意义的城市生态环境综合管理策略，未来的研究应更加注重不同类型城市人工生态资产的整合研究以及统筹的规划、管理。

10.4.2 城市人工生态资产的生态化途径

城市人工生态资产在提供高效的生态系统服务的同时，也会不可避免地产生许多负服务，如碳排放、VOC 排放、农业面源污染等，降低了城市人工生态资产的总体生态系统服务价值。城市人工生态资产的生态化是提升城市人工生态资产生态系统服务质量和促进城市灰色基础设施及蓝绿基础设施融合的重要途径。城市人工生态资产生态化的核心目标是通过一定的设计和技术手段减少各类人工生态资产负效益的产生，如通过建设高标准农田降低农田污染，通过改进污水处理厂的处理工艺减少碳排放等。

10.4.3 城市人工生态资产与居民福祉

城市人工生态资产是在城市区域内为居民提供生态系统服务的核心载体。提升城市人工生态资产的生态系统服务供给能力，满足居民多样化的生态系统服务需求，是提升居民福祉的重要途径。尤其在景观美学、文化、游憩、居民健康、城市环境调节等方面，城市人工生态资产具有不可替代的重要作用，在今后的研究中应着重加强其研究工作。此外，还需要研究加强城市人工生态资产多样化的生态系统服务类型供应，尤其是垃圾填埋场、污水处理厂等灰色基础设施存在提供的生态系统服务类型相对单一等问题，应注重景观、科普文化、自然教育、游憩等方面的服务提升，以最大限度地增进居民福祉。

10.4.4　基于技术经济分析的城市人工生态资产评价和管理

城市人工生态资产在建设、运营、维护等方面需要投入大量成本，同时产出生态系统服务价值。投入和产出的核算和优化配置是城市人工生态资产评价和管理非常重要的方面。统筹考虑目标导向、经济可行性、成本效益率等经济技术指标，开展基于成本-效益分析的城市人工生态资产评价和管理是未来研究和管理实践的重要方向。成本-效益分析的关键是通过核算投入和产出计算总成本效益率，以成本效益率为导向选出最优方案。在实际中，城市人工生态资产具有多目标、多属性、多主体的特征，单一成本效益率不能准确反映方案的优劣，构建基于目标-约束-成本的生态资产评估方法与标准是解决城市人工生态资产复杂问题的重要途径。

10.4.5　全生命周期的评价、投入、维护和管理

生命周期评价是一种用于评价产品和服务相关的环境因素及其整个生命周期环境影响的工具。根据国际标准化组织的定义，生命周期评价是对一个产品或系统的生命周期中输入、输出及其潜在环境影响的汇编和评价。城市人工生态资产的建设、维护、投入、管理等各个环节以及生态系统服务的供应都是动态和可持续的，开展人工生态资产的全生命周期研究是保障人工生态资产管理和决策的科学性和可持续性的重要方向。城市人工生态资产的生命周期评价包括生命周期与成本-效益的耦合关系研究、生态系统服务供需关系的动态匹配、生态资产的模拟预测等方面。

10.4.6　城市人工生态资产与生态系统的物质循环和能量流动

生态系统的物质循环和能量流动在传统生态学研究中具有核心地位，围绕各类自然生态系统的物质循环和能量流动，目前已有十分成熟的研究，如森林、湿地、草原、荒漠等自然生态系统；但在城市人工生态系统方面，除了农田生态系统具有较多研究，针对城市公园、绿地系统的研究尚不多见。这类城市人工生态系统有大量的人为管理和投入，包括养护、施肥、修剪、除草、收割等，影响了人工生态系统的物质循环和能量流动过程，该方面的

研究对城市节能减排和实现碳中和目标具有重要意义。此外，污水处理厂、垃圾填埋场等城市灰色基础设施在运营过程中投入了大量的人工物质和能量，参与了污染物的分解代谢过程，并产出了新的产品和次生废弃物，该过程中的能量流动、物质循环、废弃物的资源化利用等也是未来研究的重要方向。

10.4.7　生态产品价值实现方法、路径与综合机制

2021年4月，中共中央办公厅、国务院办公厅印发《关于建立健全生态产品价值实现机制的意见》，提出逐步建立健全生态产品价值实现机制，形成具有中国特色的生态文明建设新模式，为基本实现美丽中国建设目标提供有力支撑。未来应在前期研究基础上，加强生态产品价值实现方法、路径与综合机制研究，为我国高质量发展和中国式现代化作出贡献。重点研究方向包括以下几个方面：第一，构建科学可操作的生态产品价值核算体系及核算结果应用机制；第二，开展试点示范，形成一批可复制、可推广的生态产品价值实现模式；第三，形成生态产品的开发机制，有效解决生态产品"难度量、难抵押、难交易、难变现"等问题，将生态优势转化为经济优势；第四，建立生态产品信息管理平台，为完善生态保护补偿制度、构建生态产品价值、实现考核机制提供信息支撑。

参 考 文 献

白玲，余若男，黄涛，等. 2018. 农户对旅游的影响认知、满意度与支持度研究——以北京市自然保护区为例[J]. 干旱区资源与环境，32（1）：202-208.

白杨，李晖，王晓媛，等. 2017a. 云南省生态资产与生态系统生产总值核算体系研究[J]. 自然资源学报，32（7）：1100-1112.

白杨，王敏，李晖，等. 2017b. 生态系统服务供给与需求的理论与管理方法[J]. 生态学报，37（17）：5846-5852.

白杨，郑华，庄长伟，等. 2013. 白洋淀流域生态系统服务评估及其调控[J]. 生态学报，33（3）：711-717.

白中科. 2021. 国土空间生态修复若干重大问题研究[J]. 地学前缘，28（4）：1-13.

博文静，王莉雁，操建华，等. 2017. 中国森林生态资产价值评估[J]. 生态学报，37（12）：4182-4190.

博文静，肖燚，王莉雁，等. 2019. 生态资产核算及变化特征评估——以内蒙古兴安盟为例[J]. 生态学报，39（15）：5425-5432.

蔡春，毕铭悦. 2014. 关于自然资源资产离任审计的理论思考[J]. 审计研究，(5)：3-9.

操建华. 2016. 生态系统产品和服务价值的定价研究[J]. 生态经济，32（7）：24-28.

曹慧，胡锋，李辉信，等. 2002. 南京市城市生态系统可持续发展评价研究[J]. 生态学报，22（5）：787-792.

曹利军，王华东. 1998. 可持续发展评价指标体系建立原理与方法研究[J]. 环境科学学报，18（5）：526-532.

曹诗颂，赵文吉，段福洲. 2015. 秦巴特困连片区生态资产与经济贫困的耦合关系[J]. 地理研究，34（7）：1295-1309.

陈百明，黄兴文. 2003. 中国生态资产评估与区划研究[J]. 中国农业资源与区划，24（6）：20-24.

陈丹，陈菁，罗朝晖. 2006. 天然水资源价值评估的能值方法及应用[J]. 水利学报，37（10）：1188-1192.

参 考 文 献

陈明辉，陈颖彪，郭冠华，等. 2012. 快速城市化地区生态资产遥感定量评估——以广东省东莞市为例[J]. 自然资源学报，27（4）：601-613.

陈明星. 2015. 城市化领域的研究进展和科学问题[J]. 地理研究，34（4）：614-630.

陈睿山，赵志强，徐迪，等. 2021. 城市和城市群可持续发展指数研究进展[J]. 地理科学进展，40（1）：61-72.

陈伟强，汪鹏，钟维琼. 2022. 支撑"双碳"目标的关键金属 供应挑战与保障对策[J]. 中国科学院院刊，37（11）：1577-1585.

陈曦，张清，周可法，等. 2006. 干旱区生态资产遥感定量化评估及其动态变化分析[J]. 科学通报，51（S1）：168-174.

陈小奎，莫训强，李洪远. 2011. 埃德蒙顿生态网络规划对滨海新区的借鉴与启示[J]. 中国园林，27（11）：87-90.

陈影，张利，董加强，等. 2014. 废弃矿山边坡生态修复中植物群落配置设计——以太行山北段为例[J]. 水土保持研究，21（4）：154-157，162.

陈志良，吴志峰，夏念和，等. 2007. 中国生态资产估价研究进展[J]. 生态环境，16（2）：680-685.

陈智远，石东伟，王恩学，等. 2010. 农业废弃物资源化利用技术的应用进展[J]. 中国人口·资源与环境，20（12）：112-116.

陈仲新，张新时. 2000. 中国生态系统效益的价值[J]. 科学通报，45（1）：17-22.

程琳，李锋，邓华锋. 2011. 中国超大城市土地利用状况及其生态系统服务动态演变. 生态学报，31（20）：6194-6203.

崔馨月，毛靓. 2020. 城市化背景下有关城市生态系统负面服务研究[J]. 绿色科技，（2）：4-7，35.

戴瑶，段增强，艾东. 2021. 基于GeoServer的国土空间规划野外调查辅助平台搭建与应用[J]. 测绘通报，（1）：121-123，147.

党昱谭，孔祥斌，温良友，等. 2022. 中国耕地生态保护补偿的省级差序分区及补偿标准[J]. 农业工程学报，38（6）：254-263.

邓楠. 1994. 关于《中国21世纪议程》的报告[J]. 管理世界，（6）：5-7.

邓鹏翔. 2021. 基于主客观融合评价方法的城市生态系统服务供需研究——以上海市为例[D]. 上海：华东师范大学.

丁一，仲启铖，张桂莲，等. 2022. 温度升高对长江口芦苇湿地细根形态和生长的影响[J]. 生态学报，42（9）：3581-3595.

董金凯，贺锋，肖蕾，等. 2012. 人工湿地生态系统服务综合评价研究[J]. 水生生物学报，36（1）：109-118.

董天, 张路, 肖燚, 等. 2019. 鄂尔多斯市生态资产和生态系统生产总值评估[J]. 生态学报, 39（9）：3062-3074.

杜斌, 张坤民, 彭立颖. 2006. 国家环境可持续能力的评价研究：环境可持续性指数 2005[J]. 中国人口·资源与环境, 16（1）：19-24.

杜乐山, 李俊生, 刘高慧, 等. 2016. 生态系统与生物多样性经济学（TEEB）研究进展[J]. 生物多样性, 24（6）：686-693.

樊杰. 2020. 我国"十四五"时期高质量发展的国土空间治理与区域经济布局[J]. 中国科学院院刊, 35（7）：796-805.

范小杉, 邢铁朋, 魏金发, 等. 2019. 露天煤矿矿区生态资产负债核算技术方案[J]. 环境科学研究, 32（5）：742-748.

方敏. 2020. 生态产品价值实现的浙江模式和经验[J]. 环境保护, 48（14）：25-27.

封志明, 杨艳昭, 闫慧敏, 等. 2017. 自然资源资产负债表编制的若干基本问题[J]. 资源科学, 39（9）：1615-1627.

傅伯杰, 张立伟. 2014. 土地利用变化与生态系统服务：概念、方法与进展[J]. 地理科学进展, 33（4）：441-446.

高吉喜. 2014. 生态资产评估在环评中的应用前景及建议[J]. 环境影响评价, 36（1）：26-29.

高吉喜, 范小杉. 2007. 生态资产概念、特点与研究趋向[J]. 环境科学研究, 20（5）：137-143.

高吉喜, 等. 2013. 区域生态资产评估——理论、方法与应用[M]. 北京：科学出版社.

高俊刚, 吴雪, 张镱锂, 等. 2016. 基于等级层次分析法的金沙江下游地区生态功能分区[J]. 生态学报, 36（1）：134-147.

耿翔燕, 葛颜祥. 2018. 生态补偿背景下生态建设公私合作模式的运作机制[J]. 中国科技论坛, (9)：166-172.

耿作红. 1994. 环境与发展的跨世纪工程——《中国 21 世纪议程》开始启动[J]. 管理世界, 12（6）：8-11.

古小东, 夏斌. 2018. 生态系统生产总值（GEP）核算的现状、问题与对策[J]. 环境保护, 46（24）：40-43.

贵阳市发展和改革委员会. 2010. 贵阳生态文明城市建设中多元投入机制研究[M]//姜大仁, 柳成焱, 黄光骢, 等. 贵阳市经济社会文化大发展与生态文明建设理论研究. 成都：西南交通大学出版社：394-413.

郭丽英, 雷敏, 刘晓琼. 2015. 基于能值分析法的绿色 GDP 核算研究——以陕西省商洛市为例[J]. 自然资源学报, 30（9）：1523-1533.

郭玉川，何英，李霞. 2011. 基于MODIS的干旱区植被覆盖度反演及植被指数优选[J]. 国土资源遥感，（2）：115-118.

海热提·涂尔逊，杨志峰，王东军，等. 1998. 论城市可持续发展[J]. 北京师范大学学报（自然科学版），（1）：124-130.

韩维栋，高秀梅，卢昌义，等. 2000. 中国红树林生态系统生态价值评估[J]. 生态科学，19（1）：40-46.

郝翠，李洪远，孟伟庆. 2010. 国内外可持续发展评价方法对比分析[J]. 中国人口·资源与环境，20（1）：161-166.

郝晓辉. 2000. 中西部地区可持续发展研究[M]. 北京：经济管理出版社.

何文捷，金晓玲，胡希军. 2011. 德国生境网络规划的发展与启示[J]. 中南林业科技大学学报，31（7）：190-194，208.

洪敏，金凤君. 2010. 紧凑型城市土地利用理念解析及启示[J]. 中国土地科学，24（7）：10-13，29.

侯长江. 2021. 农业生态修复技术治理农田土壤重金属污染[J]. 农业工程技术，41（5）：45-46.

侯红艳，戴尔阜，张明庆. 2018. InVEST模型应用研究进展[J]. 首都师范大学学报（自然科学版），39（4）：62-67.

侯鹏，付卓，祝汉收，等. 2020. 生态资产评估及管理研究进展[J]. 生态学报，40（24）：8851-8860.

侯鹏，王桥，申文明，等. 2015. 生态系统综合评估研究进展：内涵、框架与挑战[J]. 地理研究，34（10）：1809-1823.

侯淑涛，郑绪玲，邸延顺，等. 2015. 哈尔滨市生态资产遥感测量评估[J]. 水土保持研究，22（2）：305-309.

胡炳旭，汪东川，王志恒，等. 2018. 京津冀城市群生态网络构建与优化[J]. 生态学报，38（12）：4383-4392.

胡聃，张艳萍，文秋霞，等. 2006. 北京城市生态系统总体资产动态及其与城市发展关系[J]. 生态学报，26（7）：2207-2218.

胡和兵，刘红玉，郝敬锋，等. 2011. 流域景观结构的城市化影响与生态风险评价[J]. 生态学报，31（12）：3432-3440.

黄朝永，顾朝林，甄峰. 2000. 江苏可持续发展能力评价[J]. 经济地理，20（5）：43-46，51.

黄兴文，陈百明. 1999. 中国生态资产区划的理论与应用[J]. 生态学报，19（5）：602-606.

黄云凤，崔胜辉，石龙宇. 2012. 半城市化地区生态系统服务对土地利用/覆被变化的响应——以厦门市集美区为例[J]. 地理科学进展，31（5）：551-560.

姬保山. 2010-09-17. 加快城镇污水收集管网建设 提高污水处理设施运行效率[N]. 经济信息时报，A03.

季凯文，齐江波，王旭伟. 2019. 生态产品价值实现的浙江"丽水经验"[J]. 中国国情国力，（2）：45-47.

贾雨岚. 2012. 基于能值分析的重庆市绿地系统生态服务价值研究[D]. 重庆：重庆大学.

贾振毅. 2017. 城市生态网络构建与优化研究——以重庆市中心城区为例[D]. 重庆：西南大学.

江波，陈媛媛，肖洋，等. 2017. 白洋淀湿地生态系统最终服务价值评估[J]. 生态学报，37（8）：2497-2505.

颉茂华，刘向伟，白牡丹. 2010. 环保投资效率实证与政策建议[J]. 中国人口·资源与环境，20（4）：100-105.

金铂皓，黄锐，冯建美，等. 2021. 生态产品供给的内生动力机制释析——基于完整价值回报与代际价值回报的双重视角[J]. 中国土地科学，35（7）：81-88.

靳乐山，刘晋宏，孔德帅. 2019. 将GEP纳入生态补偿绩效考核评估分析[J]. 生态学报，39（1）：24-36.

剧楚凝，周佳怡，姚朋. 2018. 英国绿色基础设施规划及对中国城乡生态网络构建的启示[J]. 风景园林，25（10）：77-82.

孔东升，张灏. 2015. 张掖黑河湿地自然保护区生态服务功能价值评估[J]. 生态学报，35（4）：972-983.

孔伟，任亮，治丹丹，等. 2019. 京津冀协同发展背景下区域生态补偿机制研究——基于生态资产的视角[J]. 资源开发与市场，35（1）：57-61.

寇建岭，谢志岿. 2018. 市民化成本的科学测算与我国城市化模式问题[J]. 城市发展研究，25（9）：54-60.

兰国良. 2004. 可持续发展指标体系建构及其应用研究[D]. 天津：天津大学.

李锋，马远. 2021. 城市生态系统修复研究进展[J]. 生态学报，41（23）：9144-9153.

李锋，刘旭升，胡聃，等. 2007. 城市可持续发展评价方法及其应用[J]. 生态学报，27（11）：4793-4802.

李锋，张益宾. 2021. 生态资产评估与管理几个问题的思考[J]. 土地科学动态，（1）：17-20.

李锋，王如松，赵丹. 2014. 基于生态系统服务的城市生态基础设施：现状、问题与展望[J]. 生态学报, 34（1）: 190-200.

李锋, 叶亚平, 宋博文, 等. 2011. 城市生态用地的空间结构及其生态系统服务动态演变——以常州市为例[J]. 生态学报, 31（19）: 5623-5631.

李红吉. 2016. 广州市增城区生态资产核算及分区研究[D]. 武汉: 湖北大学.

李金煜. 2022. 济南市小清河河流廊道水生态系统服务供需评估与优化[D]. 济南: 山东建筑大学.

李莲芳, 曾希柏, 李国学, 等. 2006. 北京市水体污染的经济损失评估[J]. 自然灾害学报, 15（S1）: 247-253.

李文华. 2008. 生态系统服务价值评估的理论、方法与应用[M]. 北京: 中国人民大学出版社.

李想, 雷硕, 冯骥, 等. 2019. 北京市绿地生态系统文化服务功能价值评估[J]. 干旱区资源与环境, 33（6）: 33-39.

李勋贵, 王晓磊, 苏贤保. 2019. 黄河上游河道一维河道水温模型和经验公式法对比[J]. 水资源保护, 35（4）: 24-29.

李屹峰, 罗跃初, 刘纲, 等. 2013. 土地利用变化对生态系统服务的影响——以密云水库流域为例[J]. 生态学报, 33（3）: 726-736.

李泽红. 2019. 城市复合生态系统与城市生态经济系统理论比较研究[J]. 环境与可持续发展, 44（2）: 90-94.

李增辉, 王远. 2020. "无废城市"建设下的环境教育研究——以福州垃圾场为例[J]. 中学地理教学参考, （18）: 64-65, 70.

李兆楠. 2019. 基于GEP评估的辽宁省林地资源生态管理研究[D]. 沈阳: 沈阳师范大学.

李真, 潘竟虎, 胡艳兴. 2017. 甘肃省生态资产价值和生态-经济协调度时空变化格局[J]. 自然资源学报, 32（1）: 64-75.

李政, 何伟, 潘洪义, 等. 2019. 基于生态资产价值的长江流域生态经济协调关系研究[J]. 四川师范大学学报（自然科学版）, 42（4）: 552-559.

梁赛, 李雨萌, 齐剑川, 等. 2019. 基于全产业链视角实施生态资产管理[J]. 中国环境管理, 11（3）: 36-39.

梁艳艳, 赵银娣. 2020. 基于景观分析的西安市生态网络构建与优化[J]. 应用生态学报, 31（11）: 3767-3776.

廖薇. 2019. 黎平县生态系统生产总值（GEP）核算研究[D]. 贵阳: 贵州大学.

林溢. 2015. 海岛型城市土地利用结构和生态系统服务演化遥感监测和评价——以舟山为例[D]. 杭州: 浙江大学.

刘彬. 2018. 水生态资产负债表编制研究[D]. 北京: 中国水利水电科学研究院.

刘桂林，张落成，张倩. 2014. 长三角地区土地利用时空变化对生态系统服务价值的影响[J]. 生态学报，34（12）：3311-3319.

刘海龙，李迪华，韩西丽. 2005. 生态基础设施概念及其研究进展综述[J]. 城市规划，29（9）：70-75.

刘纪远，王绍强，陈镜明，等. 2004. 1990-2000年中国土壤碳氮蓄积量与土地利用变化[J]. 地理学报，59（4）：483-496.

刘江宜，任文珍，张洁，等. 2021. 基于陆海统筹的海岛生态资产价值评估研究——以广西涠洲岛为例[J]. 生态经济，37（6）：32-37，43.

刘军卫，于水潇，王印传，等. 2018. 基于生态资产价值的环京津地区生态经济系统协调度研究[J]. 水土保持研究，25（4）：324-329.

刘培哲. 1994. 可持续发展——通向未来的新发展观——兼论《中国21世纪议程》的特点[J]. 中国人口·资源与环境，4（3）：13-18.

刘绍娟. 2015. PPP模式在林业生态工程建设项目中的应用探讨[J]. 林业建设，（6）：54-58.

刘颂，杨莹，王云才. 2019. 基于矩阵分析的水文调节服务供需关系时空分异研究——以嘉兴市为例[J]. 生态学报，39（4）：1189-1202.

刘焱序，傅伯杰，赵文武，等. 2018. 生态资产核算与生态系统服务评估：概念交汇与重点方向[J]. 生态学报，38（23）：8267-8276.

刘永强，廖柳文，龙花楼，等. 2015. 土地利用转型的生态系统服务价值效应分析——以湖南省为例[J]. 地理研究，34（4）：691-700.

刘勇，李晋昌，杨永刚. 2012. 基于生物量因子的山西省森林生态系统服务评估[J]. 生态学报，32（9）：2699-2706.

刘钰，齐志方，蔡芫镔，等. 2013. 基于生态系统服务评估的建设用地无序扩张的控制途径——以福州市域为例[J]. 复旦学报（自然科学版），52（6）：829-835，844.

刘跃进. 2020. 当代国家安全体系中的生物安全与生物威胁[J]. 人民论坛·学术前沿，（20）：46-57.

刘章生，祝水武，刘桂海. 2021. 国内生态资本文献计量研究[J]. 生态学报，41（4）：1680-1691.

吕军，刘勇. 2007. 特许经营制度在我国城市生活垃圾处理行业中的运用研究[J]. 商业研究，（6）：69-72.

吕永龙，王一超，苑晶晶，等. 2019. 可持续生态学[J]. 生态学报，39（10）：3401-3415.

马立新，覃雪波，孙楠，等. 2013. 大小兴安岭生态资产变化格局[J]. 生态学报，33（24）：7838-7845.

马世骏，王如松. 1984. 社会-经济-自然复合生态系统[J]. 生态学报，(1)：1-9.

马铁铮，马友华，徐露露，等. 2013. 农田土壤重金属污染的农业生态修复技术[J]. 农业资源与环境学报，30（5）：39-43.

毛齐正，黄甘霖，邬建国. 2015. 城市生态系统服务研究综述[J]. 应用生态学报，26（4）：1023-1033.

孟宪振. 2012. 城市可持续发展指标体系的比较研究[D]. 重庆：重庆交通大学.

孟祥江. 2011. 中国森林生态系统价值核算框架体系与标准化研究[D]. 北京：中国林业科学研究院.

苗正红. 2010. 吉林省生态资产遥感定量评估[D]. 长春：东北师范大学.

牟凤云，张增祥，迟耀斌，等. 2007. 基于多源遥感数据的北京市 1973-2005 年间城市建成区的动态监测与驱动力分析[J]. 遥感学报，11（2）：257-268.

欧阳志云，王如松，赵景柱. 1999. 生态系统服务及其生态经济价值评价[J]. 应用生态学报，10（5）：635-640.

欧阳志云，郑华，谢高地，等. 2016. 生态资产、生态补偿及生态文明科技贡献核算理论与技术[J]. 生态学报，36（22）：7136-7139.

欧阳志云，朱春全，广斌，等. 2013. 生态系统生产总值核算：概念、核算方法与案例研究[J]. 生态学报，33（21）：6747-6761.

潘家华. 2021. 绿水青山就是金山银山理念研究的创新力作——沈满洪等《绿水青山的价值实现》评介[J]. 城市与环境研究，(1)：108-112.

潘耀忠，史培军，朱文泉，等. 2004. 中国陆地生态系统生态资产遥感定量测量[J]. 中国科学（D辑：地球科学），34（4）：375-384.

彭建，王仰麟，景娟，等. 2005. 城市景观功能的区域协调规划——以深圳市为例[J]. 生态学报，25（7）：1714-1719.

彭建，杨旸，谢盼，等. 2017. 基于生态系统服务供需的广东省绿地生态网络建设分区[J]. 生态学报，37（13）：4562-4572.

祁兴芬. 2013. 区域农田生态系统正、负服务价值时空变化及影响因素分析——以山东省为例[J]. 农业现代化研究，34（5）：622-626.

乔旭宁，石漪澜，郭静，等. 2022. 郑州都市圈不同等级城镇扩张对生态系统服务的影响研究[J]. 地理研究，41（7）：1913-1931.

秦伟，朱清科，张宇清，等. 2009. 陕北黄土区生态修复过程中植物群落物种多样性变化[J]. 应用生态学报，20（2）：403-409.

全为民，严力蛟. 2002. 农业面源污染对水体富营养化的影响及其防治措施[J]. 生态学报，(3)：291-299.

饶良懿，崔建国. 2008. 河岸植被缓冲带生态水文功能研究进展[J]. 中国水土保持科学，（4）：121-128.

商务部流通业发展司，中国物资再生协会. 2020. 中国再生资源回收行业发展报告（2020）[R].

沈洪霞，周青. 2006. 退化农田生态系统的修复对策[J]. 生物学教学，（1）：3-5.

史培军，张淑英，潘耀忠，等. 2005. 生态资产与区域可持续发展[J]. 北京师范大学学报（社会科学版），（2）：131-137.

世界资源研究所. 2005. 生态系统与人类福祉：生物多样性综合报告. 国家环境保护总局履行《生物多样性公约》办公室译. 北京：中国环境科学出版社.

宋昌素，欧阳志云. 2020. 面向生态效益评估的生态系统生产总值 GEP 核算研究——以青海省为例[J]. 生态学报，40（10）：3207-3217.

宋健. 1994. 推动《中国 21 世纪议程》实施与实现可持续发展[J]. 管理世界，（6）：3-4.

宋鹏飞，郝占庆. 2007. 生态资产评估的若干问题探讨[J]. 应用生态学报，18（10）：2367-2373.

孙洁斐. 2008. 基于能值分析的武夷山自然保护区生态系统服务价值评估[D]. 福州：福建农林大学.

孙金芳，单长青. 2010. Logistic 模型法和恢复费用法估算城市生活污水的价值损失[J]. 安徽农业科学，38（21）：11443-11444.

孙荣臻. 2021. 全面建成小康社会与区域经济均衡发展——基于新古典主义区域空间均衡理论[J]. 经济问题探索，（7）：10-19.

孙晓. 2018. 城市化对生态资产及生态系统服务的影响评估与管理对策研究[D]. 北京：中国科学院大学.

孙晓，李锋. 2017. 城市生态资产评估方法与应用——以广州市增城区为例[J]. 生态学报，37（18）：6216-6228.

孙玉军，张俊，韩爱惠，等. 2007. 兴安落叶松 *Larix gmelini* 幼中龄林的生物量与碳汇功能[J]. 生态学报，27（5）：1756-1762.

汤文谷. 2019. 森林城市建设的生态资源资本化运营研究[D]. 西安：西安科技大学.

唐衡，郑渝，陈阜，等. 2008. 北京地区不同农田类型及种植模式的生态系统服务价值评估[J]. 生态经济，（7）：56-59，114.

田晓磊. 2022. 基于多源遥感数据的城市绿量测算——以银川市为例[D]. 兰州：兰州大学.

田志会，王润，赵群，等. 2017. 2000—2012 年北京绿地生态系统服务价值时空变化规律的研究[J]. 中国农业大学学报，22（6）：76-83.

王爱辉，刘晓燕，龙海丽. 2014. 天山北坡城市群经济、社会与环境协调发展评价[J]. 干旱区资源与环境，28（11）：6-11.

王安. 2021. 保障资源安全 助力双碳目标[J]. 中国经贸导刊，（15）：22-23.

王海滨，邱化蛟，程序，等. 2008. 实现生态服务价值的新视角（一）——生态服务的资本属性与生态资本概念[J]. 生态经济，（6）：44-48.

王红岩，高志海，李增元，等. 2012. 县级生态资产价值评估——以河北丰宁县为例[J]. 生态学报，32（22）：7156-7168.

王建康，韩倩. 2021. 中国城市经济—社会—环境耦合协调的时空格局[J]. 经济地理，41（5）：193-203.

王健民，王如松. 2001. 中国生态资产概论[M]. 南京：江苏科学技术出版社.

王黎明，毛汉英. 2000. 我国沿海地区可持续发展能力的定量研究[J]. 地理研究，19（2）：156-164.

王如松，徐洪喜. 2005. 扬州生态市建设规划方法研究[M]. 北京：中国科学技术出版社.

王如松，李锋，韩宝龙，等. 2014. 城市复合生态及生态空间管理[J]. 生态学报，34（1）：1-11.

王思远，张增祥，周全斌，等. 2002. 近10年中国土地利用格局及其演变[J]. 地理学报，57（5）：523-530.

王新庆. 2019. "绿水青山就是金山银山"的基本形态生态资产及价值形式分析[J]. 林业经济，41（2）：22-25.

王玉梅，常学礼，丁俊新，等. 2009. 基于RS/GIS的呼和浩特市生态系统服务价值评估[J]. 干旱区资源与环境，23（8）：9-13.

王玉涛，俞华军，王成栋，等. 2019. 生态资产核算与生态补偿机制研究[J]. 中国环境管理，11（3）：31-35.

王云才，申佳可，象伟宁. 2017. 基于生态系统服务的景观空间绩效评价体系[J]. 风景园林，（1）：35-44.

王钊越，赵夏滢，唐琳慧，等. 2022. 城市污水收集与处理系统碳排放监测评估技术研究进展[J]. 环境工程，40（6）：77-82，161.

王振波，方创琳，王婧. 2011. 1991年以来长三角快速城市化地区生态经济系统协调度评价及其空间演化模式[J]. 地理学报，66（12）：1657-1668.

王振如，钱静. 2009. 北京都市农业、生态旅游和文化创意产业融合模式探析[J]. 农业经济问题，30（8）：14-18.

韦佳培. 2013. 资源性农业废弃物的经济价值分析[D]. 武汉：华中农业大学.

魏黎灵，李岚彬，林月，等. 2018. 基于生态足迹法的闽三角城市群生态安全评价[J]. 生态学报, 38 (12): 4317-4326.

魏同洋. 2015. 生态系统服务价值评估技术比较研究——以修水流域为例[D]. 北京: 中国农业大学.

吴健生, 曹祺文, 石淑芹, 等. 2015. 基于土地利用变化的京津冀生境质量时空演变[J]. 应用生态学报, 26 (11): 3457-3466.

吴琼, 王如松, 李宏卿, 等. 2005. 生态城市指标体系与评价方法[J]. 生态学报, 25 (8): 2090-2095.

吴卫红, 朱嘉伊. 2013. 基于CVM法的公共图书馆服务价值评估的实证研究——以遂昌县图书馆为例[J]. 图书馆论坛, 33 (4): 22-27.

吴玉琴, 杨春林. 2009. 基于能值分析的2006年广东省社会代谢研究[J]. 地理科学进展, 28 (4): 546-552.

武爱彬, 赵艳霞, 沈会涛, 等. 2018. 京津冀区域生态系统服务供需格局时空演变研究[J]. 生态与农村环境学报, 34 (11): 968-975.

香宝. 1999. 人地系统演化及人地关系理论进展初探——一个案例研究[J]. 人文地理, (S1): 68-71.

向锋. 2002. 我国生态 (系统) 资源价值理论研究的重大进展——《中国生态资产概论》评介[J]. 农村生态环境, 18 (2): 64-66.

肖寒. 2001. 区域生态系统服务形成机制与评价方法研究[D]. 北京: 中国科学院生态环境研究中心.

肖寒, 欧阳志云, 赵景柱, 等. 2000. 森林生态系统服务及其生态经济价值评估初探——以海南岛尖峰岭热带森林为例[J]. 应用生态学报, 11 (4): 481-484.

肖玉, 谢高地, 鲁春霞, 等. 2016. 基于供需关系的生态系统服务空间流动研究进展[J]. 生态学报, 36 (10): 3096-3102.

谢高地. 2012. 生态系统服务价值的实现机制[J]. 环境保护, (17): 18-20.

谢高地. 2017. 生态资产评价: 存量、质量与价值[J]. 环境保护, 45 (11): 18-22.

谢高地, 肖玉. 2013. 农田生态系统服务及其价值的研究进展[J]. 中国生态农业学报, 21 (6): 645-651.

谢高地, 鲁春霞, 肖玉, 等. 2003. 青藏高原草地生态系统服务的经济价值[J]. 山地学报, 21 (1): 50-55.

谢高地, 张彩霞, 张昌顺, 等. 2015a. 中国生态系统服务的价值[J]. 资源科学, 37 (9): 1740-1746.

谢高地, 张彩霞, 张雷明, 等. 2015b. 基于单位面积价值当量因子的生态系统服务价值化方法改进[J]. 自然资源学报, 30（8）：1243-1254.

谢高地, 甄霖, 鲁春霞, 等. 2008. 一个基于专家知识的生态系统服务价值化方法[J]. 自然资源学报, 23（5）：911-919.

谢花林, 温家明, 陈倩茹, 等. 2022. 地球信息科学技术在国土空间规划中的应用研究进展[J]. 地球信息科学学报, 24（2）：202-219.

邢洋. 2017. 供给侧改革背景下旅游产业结构优化研究——以贵州省为例[D]. 贵阳：贵州财经大学.

邢一明, 马婷, 舒航, 等. 2020. 泰山保护地生态资产价值评估[J]. 生态科学, 39（3）：193-200.

幸绣程, 支玲, 谢彦明, 等. 2017. 基于单位面积价值当量因子法的西部天保工程区生态服务价值测算——以西部六省份为例[J]. 生态经济, 33（9）：195-199.

徐冠华. 2006. 《中国西部生态系统综合评估》评述一[J]. 地理学报, 61（1）：109.

徐娟. 2005. 可持续发展指标体系的评价与创新的可能途径[D]. 昆明：云南师范大学.

徐莉萍, 蔡雅欣. 2015. 地方政府生态资产负债表结构框架设计研究[J]. 会计之友,（18）：62-68.

徐阳. 2010. 上海市五种主要绿化树种三维绿量、叶面积指数等生态指标相关研究[D]. 北京：北京林业大学.

徐再荣. 2006. 1992年联合国环境与发展大会评析[J]. 史学月刊,（6）：62-68.

许学强, 张俊军. 2001. 广州城市可持续发展的综合评价[J]. 地理学报, 56（1）：54-63.

禤首华. 2020. 基于生态系统服务供需关系的国土空间管控类型划分研究——以防城港市为例[D]. 南宁：南宁师范大学.

雅克·博德里, 高江菡. 2012. 法国生态网络设计框架[J]. 风景园林,（3）：42-48.

杨建新, 王如松. 1998. 生命周期评价的回顾与展望[J]. 环境科学进展,（2）：21-28.

杨建新, 王如松, 刘晶茹. 2001. 中国产品生命周期影响评价方法研究[J]. 环境科学学报,（2）：234-237.

杨诗翔. 2019. 基于GEP评估的辽宁耕地生态系统管理研究[D]. 沈阳：沈阳师范大学.

杨文杰, 巩前文, 林震. 2021. 北京市生态涵养区生态资产时空格局及驱动因素[J]. 生态学报, 41（15）：6051-6063.

杨显万, 黎锡辉. 1985. 试论"城市矿山"的开发[J]. 云南冶金,（3）：38-42.

杨艳芬. 2022. 哈尼梯田遗产核心区生态系统服务供需分析与关键区识别[D]. 昆明：云南师范大学.

杨艳林, 王金亮, 李石华, 等. 2017. 基于生态绿当量模式的生态资产核算研究——以抚仙湖流域为例[J]. 资源开发与市场, 33（5）：513-517.

姚成胜, 朱鹤健, 吕晞, 等. 2009. 土地利用变化的社会经济驱动因子对福建生态系统服务价值的影响[J]. 自然资源学报, 24（2）：225-233.

姚文婷. 2022. 生态产品供给与价值评估研究——以广东省 21 个地级市为例[D]. 广州：中共广东省委党校.

叶长盛, 董玉祥. 2010. 珠江三角洲土地利用变化对生态系统服务价值的影响[J]. 热带地理, 30（6）：603-608, 621.

叶初升, 李承璋. 2021. 内生于中国经济发展大逻辑的"双循环"[J]. 兰州大学学报（社会科学版）, 49（1）：16-28.

叶文虎, 全川. 1997. 联合国可持续发展指标体系述评[J]. 中国人口·资源与环境, 7（3）：83-87.

叶鑫, 邹长新, 刘国华, 等. 2018. 生态安全格局研究的主要内容与进展[J]. 生态学报, 38（10）：3382-3392.

尹海伟, 孔繁花, 祈毅, 等. 2011. 湖南省城市群生态网络构建与优化[J]. 生态学报, 31（10）：2863-2874.

尹锴, 田亦陈, 袁超, 等. 2015. 基于 CASA 模型的北京植被 NPP 时空格局及其因子解释[J]. 国土资源遥感, 27（1）：133-139.

尹科, 王如松, 姚亮, 等. 2014. 基于复合生态功能的城市土地共轭生态管理[J]. 生态学报, 34（1）：210-215.

尤民生, 刘雨芳, 侯有明. 2004. 农田生物多样性与害虫综合治理[J]. 生态学报, 24（1）：117-122.

游旭, 何东进, 肖燚, 等. 2020. 县域生态资产核算研究——以云南省屏边县为例[J]. 生态学报, 40（15）：5220-5229.

于德永, 潘耀忠, 刘鑫, 等. 2006. 湖州市生态资产遥感测量及其在社会经济中的应用[J]. 植物生态学报, 30（3）：404-413.

于贵瑞, 杨萌. 2022. 自然生态价值、生态资产管理及价值实现的生态经济学基础研究——科学概念、基础理论及实现途径[J]. 应用生态学报, 33（5）：1153-1165.

于遵波. 2005. 草地生态系统价值评估及其动态模拟[D]. 北京：中国农业大学.

余杰, 田宁宁, 王凯军, 等. 2007. 中国城市污水处理厂污泥处理、处置问题探讨分析[J]. 环境工程学报, （1）：82-86.

余亮亮，蔡银莺. 2018. 国土空间规划管制、地方政府竞争与区域经济发展——来自湖北省县（市、区）域的经验研究[J]. 中国土地科学，32（5）：54-61.

俞孔坚，李迪华. 2002. 论反规划与城市生态基础设施建设[C]//杭州市园林文物局. 杭州城市绿色论坛论文集. 北京：中国美术学院出版社：55-68.

袁广达，王琪. 2021. "生态资源—生态资产—生态资本"的演化动因与路径[J]. 财会月刊，（17）：25-32.

张彪，王艳萍，谢高地，等. 2013. 城市绿地资源影响房产价值的研究综述[J]. 生态科学，32（5）：660-667.

张长笙. 2008. 鹤壁：污水处理厂成环境教育基地[N]. 河南日报，4.

张彩平，姜紫薇，韩宝龙，等. 2021. 自然资本价值核算研究综述[J]. 生态学报，41（23）：9174-9185.

张籍，郭泺，宋昌素，等. 2021. 青藏高原地区生态资产核算研究——以西藏自治区山南市为例[J]. 生态学报，41（22）：9095-9102.

张娟，陈钦. 2021. 森林碳汇经济价值评估研究——以福建省为例[J]. 西南大学学报（自然科学版），43（5）：121-128.

张军连，李宪文. 2003. 生态资产估价方法研究进展[J]. 中国土地科学，17（3）：52-55.

张丽谦，韩海荣，刘利，等. 2011. 山地森林生态脆弱性评价指标体系构建与应用——以北京百花山自然保护区为例[J]. 林业资源管理，1：67-71.

张丽云，郭克疾，李炳章，等. 2020. 唐古拉山以北地区生态资产核算[J]. 生态学报，40（10）：3229-3235.

张良泉，唐文跃，李文明. 2022. 地方依恋视角下红色旅游资源的游憩价值评估——以韶山风景区为例[J]. 经济地理，42（4）：230-239.

张林. 2014. 上海浦东基本生态网络空间格局分析及其演变研究[D]. 上海：华东师范大学.

张明珠. 2021. 基于地理国情监测的区域生态系统服务评价——以杭州市为例[J]. 林业调查规划，46（1）：75-84.

张妮，周忠学. 2018. 城市化进程区农业生态系统正负服务测算——以长安区为例[J]. 干旱区地理，41（2）：409-419.

张欣蓉，王晓峰，程昌武，等. 2021. 基于供需关系的西南喀斯特区生态系统服务空间流动研究[J]. 生态学报，41（9）：3368-3380.

张徐，李云霞，吕春娟，等. 2022. 基于 InVEST 模型的生态系统服务应用研究进展[J]. 生态科学，41（1）：237-242.

张饮江，金晶，董悦，等. 2012. 退化滨水景观带植物群落生态修复技术研究进展[J]. 生态环境学报, 21（7）: 1366-1374.

张莹. 2020. 基于 GEP 核算的伊春市国有林区政府绩效考核研究[D]. 哈尔滨: 东北林业大学.

张媛. 2015. 森林生态补偿的新视角: 生态资本理论的应用[J]. 生态经济, 31（1）: 176-179.

张云彬, 吴人韦. 2007. 欧洲绿道建设的理论与实践[J]. 中国园林,（8）: 33-38.

张照录. 2007. 基于 DEM 通用土壤流失方程地形因子的算法设计与优化[J]. 水土保持研究, 14（3）: 203-205.

张舟, 吴次芳, 谭荣. 2013. 生态系统服务价值在土地利用变化研究中的应用: 瓶颈和展望[J]. 应用生态学报, 24（2）: 556-562.

赵航. 2012. 休闲农业发展的理论与实践[D]. 福州: 福建师范大学.

赵珂, 李享, 袁南华. 2017. 从美国"绿道"到欧洲绿道: 城乡空间生态网络构建——以广州市增城区为例[J]. 中国园林, 33（8）: 82-87.

赵庆建, 吴晓珍. 2022. 基于 InVEST 模型的岷江流域土地利用变化对生境质量的影响研究[J]. 生态科学, 41（6）: 1-10.

赵士洞, 张永民. 2006. 生态系统与人类福祉——千年生态系统评估的成就、贡献和展望[J]. 地球科学进展, 21（9）: 895-902.

赵岩, 陈学庚, 温浩军, 等. 2017. 农田残膜污染治理技术研究现状与展望[J]. 农业机械学报, 48（6）: 1-14.

赵越, 王海舰, 苏鑫. 2019. 森林生态资产资本化运营研究综述与展望[J]. 世界林业研究, 32（4）: 1-5.

赵振洋, 廖和平, 王帅, 等. 2015. 三峡库区土地生态资产价值新评估——以重庆市巫山县为例[J]. 西南师范大学学报（自然科学版）, 40（12）: 72-77.

郑华, 李屹峰, 欧阳志云, 等. 2013. 生态系统服务管理研究进展[J]. 生态学报, 33（3）: 702-710.

郑茜. 2018. 武汉市生态空间评价与优化研究[D]. 武汉: 华中师范大学.

中国科学院可持续发展研究组. 1999. 中国可持续发展战略报告[M]. 北京: 科学出版社.

周国华. 1992. 我国自然资源管理的初步研究[J]. 经济地理,（2）: 24-29.

周可法, 陈曦, 张海波, 等. 2004. 干旱区生态资产遥感定量评估模型研究[J]. 干旱区地理, 27（4）: 492-497.

周素红, 廖伊彤, 郑重. 2021. "时—空—人"交互视角下的国土空间公共安全规划体系构建[J]. 自然资源学报, 36（9）: 2248-2263.

朱文泉, 张锦水, 潘耀忠, 等. 2007a. 长三角地区 1995-2007 年生态资产时空变化[J]. 应用生态学报，18（3）：586-594.

朱文泉，张锦水，潘耀忠，等. 2007b. 中国陆地生态系统生态资产测量及其动态变化分析[J]. 应用生态学报，18（3）：586-594.

朱轶梅. 2011. 亚热带城乡区域植物源 VOC 排放的研究[D]. 杭州：浙江大学.

诸大建，朱远. 2005. 生态效率与循环经济[J]. 复旦学报（社会科学版），（2）：60-66.

邹长新，彭慧芳，刘春艳. 2021. 关于新时期保障国家生态安全的思考[J]. 环境保护，49（22）：50-53.

左建兵，刘昌明，郑红星. 2009. 北京市城市雨水利用的成本效益分析[J]. 资源科学，31（8）：1295-1302.

Melillo J，岳天祥. 2006.《中国西部生态系统综合评估》评述二[J]. 地理学报，61（1）：100.

Abram N K, Meijaard E, Ancrenaz M, et al. 2014. Spatially explicit perceptions of ecosystem services and land cover change in forested regions of Borneo[J]. Ecosystem Services，7：116-127.

Aburas M M, Ho Y M, Ramli M F, et al. 2016. The simulation and prediction of spatio-temporal urban growth trends using cellular automata models：a review[J]. International Journal of Applied Earth Observation and Geoinformation，52：380-389.

Aguado S, Alvarez R, Domingo R. 2013. Model of efficient and sustainable improvements in a lean production system through processes of environmental innovation[J]. Journal of Cleaner Production，47：141-148.

Aldebei F, Dombi M. 2021. Mining the built environment：telling the story of urban mining[J]. Buildings，11（9）：388.

Angold P G, Sadler J P, Hill M O, et al. 2006. Biodiversity in urban habitat patches[J]. Science of The Total Environment，360（1-3）：196-204.

Anton C, Young J, Harrison P A, et al. 2010. Research needs for incorporating the ecosystem service approach into EU biodiversity conservation policy[J]. Biodiversity and Conservation，19（10）：2979-2994.

Asaad I, Lundquist C J, Erdmann M V, et al. 2017. Ecological criteria to identify areas for biodiversity conservation[J]. Biological Conservation，213：309-316.

Baabou W, Grunewald N, Ouellet-Plamondon C, et al. 2017. The ecological footprint of Mediterranean cities：awareness creation and policy implications[J]. Environmental Science & Policy，69：94-104.

Bagstad K J, Semmens D J, Waage S, et al. 2013b. A comparative assessment of decision-support tools for ecosystem services quantification and valuation[J]. Ecosystem Services, 5: 27-39.

Bagstad K J, Semmens D J, Winthrop R. 2013a. Comparing approaches to spatially explicit ecosystem service modeling: a case study from the San Pedro River, Arizona[J]. Ecosystem Services, 5: 40-50.

Bagstad K J, Semmens D, Winthrop R, et al. 2012. Ecosystem services valuation to support ecisionmaking on public lands—a case study of the San Pecfro River watershed, Arizona[R]. Denver: Geological Survey.

Bagstad K J, Villa F, Johnson G W, et al. 2011. ARIES (Artificial Intelligence for Ecosystem Services): A guide to Models and Data, Version 1.0[EB/OL]. https://unstats.un.org/unsd/envaccounting/seeaRev/meeting2013/EG13-BG-7.pdf[2024-09-13].

Bao Y S, Cheng L L, Lu Q. 2019. Assessment of desert ecological assets and countermeasures for ecological compensation[J]. Journal of Resources and Ecology, 10 (1): 56-62.

Baró F, Haase D, Gómez-Baggethun E, et al. 2015. Mismatches between ecosystem services supply and demand in urban areas: a quantitative assessment in five European cities[J]. Ecological Indicators, 55: 146-158.

Bennett E M, Cramer W, Begossi A, et al. 2015. Linking biodiversity, ecosystem services, and human well-being: three challenges for designing research for sustainability[J]. Current Opinion in Environmental Sustainability, 14: 76-85.

Bloom D E, Canning D, Fink G. 2008. Urbanization and the wealth of nations[J]. Science, 319 (5864): 772-775.

Bochet E, Poesen J, Rubio J L. 2006. Runoff and soil loss under individual plants of a semi-arid Mediterranean shrubland: influence of plant morphology and rainfall intensity[J]. Earth Surface Processes and Landforms, 31 (5): 536-549.

Bolund P, Hunhammar S. 1999. Ecosystem services in urban areas[J]. Ecological Economics, 29 (2): 293-301.

Bonifazi G, Cossu R. 2013. The urban mining concept[J]. Waste Management, 33 (3): 497-498.

Brand F. 2009. Critical natural capital revisited: ecological resilience and sustainable development[J]. Ecological Economics, 68 (3): 605-612.

Brinson M M, Eckles S D. 2011. U.S. Department of Agriculture conservation program and practice effects on wetland ecosystem services: a synthesis[J]. Ecological

Applications, 21: S116-S127.

Brown M T, Ulgiati S. 1999. Emergy evaluation of the biosphere and natural capital[J]. Ambio, 28 (6): 486-493.

Brunner P H. 2011. Urban mining a contribution to reindustrializing the city[J]. Journal of Industrial Ecology, 15 (3): 339-341.

Bruyn S M. 2000. Economic growth and the environment[M]. Dordrecht: Springer.

Burkhard B, Kandziora M, Hou Y, et al. 2014. Ecosystem service potentials, flows and demands-concepts for spatial localisation, indication and quantification[J]. Landscape Online, 34: 1-32.

Burkhard B, Kroll F, Müller F, et al. 2009. Landscapes' capacities to provide ecosystem services - a concept for land-cover based assessments[J]. Landscape Online, 15: 1-22.

Burkhard B, Kroll F, Nedkov S, et al. 2012. Mapping ecosystem service supply, demand and budgets[J]. Ecological Indicators, 21: 17-29.

Burkhard B, Petrosillo I, Costanza R. 2010. Ecosystem services–bridging ecology, economy and social sciences[J]. Ecological Complexity, 7 (3): 257-259.

Butler J R A, Wong G Y, Metcalfe D J, et al. 2013. An analysis of trade-offs between multiple ecosystem services and stakeholders linked to land use and water quality management in the Great Barrier Reef, Australia[J]. Agriculture Ecosystems & Environment, 180: 176-191.

Button K. 2002. City management and urban environmental indicators[J]. Ecological Economics, 40 (2): 217-233.

Campisano A, Butler D, Ward S, et al. 2017. Urban rainwater harvesting systems: research, implementation and future perspectives[J]. Water Research, 115: 195-209.

Chen S Q, Chen B. 2011. Assessing inter-city ecological and economic relations: an emergy-based conceptual model[J]. Frontiers of Earth Science, 5 (1): 97-102.

Clark J. 2014. Rethinking Atlanta's regional resilience in an age of uncertainty: still the economic engine of the new South?[M]. Chicago: American Planning Association Press.

Cord A F, Bartkowski B, Beckmann M, et al. 2017. Towards systematic analyses of ecosystem service trade-offs and synergies: main concepts, methods and the road ahead[J]. Ecosystem Services, 28: 264-272.

Cossu R, Williams I D. 2015. Urban mining: concepts, terminology, challenges[J]. Waste Management, 45: 1-3.

Costanza R. 2008. Ecosystem services: multiple classification systems are needed[J]. Biological Conservation, 141 (2): 350-352.

Costanza R, Daly H E. 1992. Natural capital and sustainable development[J]. Conservation Biology, 6 (1): 37-46.

Costanza R, Herman E D. 1992. Natural Capital and Sustainable Development[J]. Conservation Biology, 6 (1): 37-46.

Costanza R, D'arge R, Groot R D, et al. 1997. The value of the world's ecosystem services and natural capital[J]. Nature, 387 (6630): 253-260.

Costanza R, de Groot R, Sutton P, et al. 2014. Changes in the global value of ecosystem services[J]. Global Environmental Change, 26: 152-158.

Costanza R, de Groot R, Braat L, et al. 2017. Twenty years of ecosystem services: how far have we come and how far do we still need to go?[J]. Ecosystem Services, 28: 1-16.

Cubillos M. 2020. Multi-site household waste generation forecasting using a deep learning approach[J]. Waste Management, 115: 8-14.

Cui L L, Shi J. 2012. Urbanization and its environmental effects in Shanghai, China[J]. Urban Climate, 2: 1-15.

Daily G C. 1997. Nature's services societal dependence on natural ecosystem[M]. Washington DC: Island Press.

Daily G C, Söderqvist T, Aniyar S, et al. 2000. The value of nature and the nature of value[J]. Science, 289 (5478): 395-396.

Delphin S, Escobedo F J, Abd-Elrahman A, et al. 2016. Urbanization as a land use change driver of forest ecosystem services[J]. Land Use Policy, 54: 188-199.

Deng T J, Fu C L, Zhang Y. 2022. What is the connection of urban material stock and socioeconomic factors? A case study in Chinese cities[J]. Resources, Conservation and Recycling, 185: 106494.

Deng X Z, Li Z H, Gibson J. 2016. A review on trade-off analysis of ecosystem services for sustainable land-use management[J]. Journal of Geographical Sciences, 26 (7): 953-968.

Devkota K P, Hoogenboom G, Boote K J, et al. 2015. Simulating the impact of water saving irrigation and conservation agriculture practices for rice–wheat systems in the irrigated semi-arid drylands of Central Asia[J]. Agricultural and Forest Meteorology, 214-215: 266-280.

Di Giulio M, Holderegger R, Tobias S. 2009. Effects of habitat and landscape fragmentation on humans and biodiversity in densely populated landscapes[J]. Journal of Environmental Management, 90 (10): 2959-2968.

Didoné E J, Minella J P G, Evrard O. 2017. Measuring and modelling soil erosion and sediment yields in a large cultivated catchment under no-till of Southern Brazil[J]. Soil and Tillage Research, 174: 24-33.

Dobbs C, Escobedo F J, Zipperer W C. 2011. A framework for developing urban forest ecosystem services and goods indicators[J]. Landscape and Urban Planning, 99 (3-4): 196-206.

Dosskey M G, Vidon P, Gurwick N P, et al. 2010. The role of riparian vegetation in protecting and improving chemical water quality in streams[J]. Journal of the American Water Resources Association, 46 (2): 261-277.

Drielsma M J, Love J, Williams K J, et al. 2017. Bridging the gap between climate science and regional-scale biodiversity conservation in south-eastern Australia[J]. Ecological Modelling, 360: 343-362.

Duan L X, Huang M B, Zhang L D. 2016. Differences in hydrological responses for different vegetation types on a steep slope on the Loess Plateau, China[J]. Journal of Hydrology, 537: 356-366.

Durán-Zuazo V H, Francia-Martínez J R, García-Tejero I, et al. 2013. Implications of land-cover types for soil erosion on semiarid mountain slopes: towards sustainable land use in problematic landscapes[J]. Acta Ecologica Sinica, 33 (5): 272-281.

Ehrlich P R, Holdren J P. 1971. Impact of Population Growth[J]. Science, 171 (3977): 1212-1217.

Ehrlich P R, Mooney H A. 1983. Extinction, substitution, and ecosystem services[J]. Bioscience, 33 (4): 248-254.

Eigenbrod F, Armsworth P R, Anderson B J, et al. 2010. The impact of proxy-based methods on mapping the distribution of ecosystem services[J]. Journal of Applied Ecology, 47 (2): 377-385.

Ekins P. 2003. Identifying critical natural capital[J]. Ecological Economics, 44 (2-3): 277-292.

Ekins P, Simon S, Deutsch L, et al. 2003. A framework for the practical application of the concepts of critical natural capital and strong sustainability[J]. Ecological Economics, 44 (2-3): 165-185.

Ennis F. 2003. Infrastructure provision and the urban environment[M]//Ennis F.

Infrastructure Provision and The Negotiating Process. London: Routledge: 13-30.

Ericson J A. 2006. A participatory approach to conservation in the Calakmul Biosphere Reserve, Campeche, Mexico[J]. Landscape and Urban Planning, 74 (3-4): 242-266.

Estoque R C, Murayama Y. 2012. Examining the potential impact of land use/cover changes on the ecosystem services of Baguio city, the Philippines: a scenario-based analysis[J]. Applied Geography, 35 (1-2): 316-326.

European Commission. 2000. Valuation of European forests: results of IEEAF test application[M]. Luxembourg: Office for Official Pubilications of the European Communities.

Fan Y P, Qiao Q, Fang L, et al. 2017. Emergy analysis on industrial symbiosis of an industrial park — a case study of Hefei economic and technological development area[J]. Journal of Cleaner Production, 141: 791-798.

Fang J Y, Yang Y H, Ma W H, et al. 2010. Ecosystem carbon stocks and their changes in China's grasslands[J]. Science China-Life Sciences, 53 (7): 757-765.

Foley J A, Ramankutty N, Brauman K A, et al. 2011. Solutions for a cultivated planet[J]. Nature, 478 (7369): 337-342.

Frank K, Hülsmann M, Assmann T, et al. 2017. Land use affects dung beetle communities and their ecosystem service in forests and grasslands[J]. Agriculture, Ecosystems & Environment, 243: 114-122.

Frank S, Füerst C, Koschke L, et al. 2012. A contribution towards a transfer of the ecosystem service concept to landscape planning using landscape metrics[J]. Ecological indicators, 21: 30-38.

Frenkel A. 2004. A land-consumption model: its application to Israel's future spatial development[J]. Journal of the American Planning Association, 70 (4): 453-470.

Frenkel A, Orenstein D E. 2012. Can urban growth management work in an era of political and economic change?[J]. Journal of the American Planning Association, 78: 16-33.

Friesen J, Sinobas L R, Foglia L, et al. 2017. Environmental and socio-economic methodologies and solutions towards integrated water resources management[J]. Science of The Total Environment, 581-582: 906-908.

Fu B, Wang Y K, Xu P, et al. 2014. Value of ecosystem hydropower service and its impact on the payment for ecosystem services[J]. Science of The Total Environment, 472: 338-346.

参考文献

Fu B J, Yu D D. 2016. Trade-off analyses and synthetic integrated method of multiple ecosystem services[J]. Resources Science, 38 (1): 1-9.

Gao J, Li F, Gao H, et al. 2017. The impact of land-use change on water-related ecosystem services: a study of the Guishui River Basin, Beijing, China[J]. Journal of Cleaner Production, 163: S148-S155.

Gascoigne W R, Hoag D, Koontz L, et al. 2011. Valuing ecosystem and economic services across land-use scenarios in the Prairie Pothole Region of the Dakotas, USA[J]. Ecological Economics, 70 (10): 1715-1725.

Goldstein J H, Caldarone G, Duarte T K, et al. 2012. Integrating ecosystem-service tradeoffs into land-use decisions[J]. Proceedings of National Academy of Sciences of the United States of America, 109 (19): 7565-7570.

Gómez-Baggethun E, Barton D N. 2013. Classifying and valuing ecosystem services for urban planning[J]. Ecological Economics, 86: 235-245.

Gómez-Baggethun E, de Groot R, Lomas P L, et al. 2010. The history of ecosystem services in economic theory and practice: from early notions to markets and payment schemes[J]. Ecological Economics, 69 (6): 1209-1218.

Gonzalez P, Battles J J, Collins B M, et al. 2015. Aboveground live carbon stock changes of California wildland ecosystems, 2001-2010[J]. Forest Ecology and Management, 348: 68-77.

Grace J, Jose J S, Meir P, et al. 2006. Productivity and carbon fluxes of tropical savannas[J]. Journal of Biogeography, 33 (3): 387-400.

Grafius D R, Corstanje R, Warren P H, et al. 2016. The impact of land use/land cover scale on modelling urban ecosystem services[J]. Landscape Ecology, 31 (7): 1509-1522.

Gu A L, Teng F, Lv Z Q. 2016. Exploring the nexus between water saving and energy conservation: Insights from industry sector during the 12th Five-Year Plan period in China[J]. Renewable and Sustainable Energy Reviews, 59: 28-38.

Guan D J, Li H F, Inohae T, et al. 2011. Modeling urban land use change by the integration of cellular automaton and Markov model[J]. Ecological Modelling, 222 (20-22): 3761-3772.

Guo Z D, Hu H F, Li P, et al. 2013. Spatio-temporal changes in biomass carbon sinks in China's forests from 1977 to 2008[J]. Science China-Life Sciences, 56 (7): 661-671.

Haase D, Larondelle N, Andersson E, et al. 2014. A quantitative review of urban ecosystem service assessments: concepts, models, and implementation[J]. Ambio, 43 (4): 413-433.

Hak T, Kovanda J, Weinzettel J. 2012. A method to assess the relevance of sustainability indicators: application to the indicator set of the Czech Republic's Sustainable Development Strategy[J]. Ecological Indicators, 17: 46-57.

Hamel P, Chaplin-Kramer R, Sim S, et al. 2015. A new approach to modeling the sediment retention service (InVEST 3.0): case study of The Cape Fear catchment, North Carolina, USA[J]. Science of The Total Environment, 524-525: 166-177.

Han B L, Ouyang Z Y, Liu H X, et al. 2016. Courtyard integrated ecological system: an ecological engineering practice in China and its economic-environmental benefit[J]. Journal of Cleaner Production, 133: 1363-1370.

Han J, Xiang W N. 2013. Analysis of material stock accumulation in China's infrastructure and its regional disparity[J]. Sustainability Science, 8 (4): 553-564.

Han Y, Jia H F. 2017. Simulating the spatial dynamics of urban growth with an integrated modeling approach: a case study of Foshan, China[J]. Ecological Modelling, 353: 107-116.

Hasanbeigi A, Price L. 2015. A technical review of emerging technologies for energy and water efficiency and pollution reduction in the textile industry[J]. Journal of Cleaner Production, 95: 30-44.

Hayek U W, von Wirth T, Neuenschwander N, et al. 2016. Organizing and facilitating Geodesign processes: integrating tools into collaborative design processes for urban transformation[J]. Landscape and Urban Planning, 156: 59-70.

He C Y, Zhang D, Huang Q X, et al. 2016. Assessing the potential impacts of urban expansion on regional carbon storage by linking the LUSD-urban and InVEST models[J]. Environmental Modelling & Software, 75: 44-58.

Hernández L, Jandl R, Blujdea V N B, et al. 2017. Towards complete and harmonized assessment of soil carbon stocks and balance in forests: the ability of the Yasso07 model across a wide gradient of climatic and forest conditions in Europe[J]. Science of The Total Environment, 599-600: 1171-1180.

Holden M, Roseland M, Ferguson K, et al. 2008. Seeking urban sustainability on the world stage[J]. Habitat International, 32 (3): 305-317.

Holdren J P, Ehrlich P R. 1974. Human population and the global environment[J]. American Scientist, 62 (3): 282-292.

Hong W Y, Yang C Y, Chen L X, et al. 2017. Ecological control line: a decade of exploration and an innovative path of ecological land management for megacities in China[J]. Journal of Environmental Management, 191: 116-125.

Hoover C M, Leak W B, Keel B G. 2012. Benchmark carbon stocks from old-growth forests in northern New England, USA[J]. Forest Ecology and Management, 266: 108-114.

Hu D, Li F, Wang B N, et al. 2008. An effect analysis of the changes in the composition of the water ecological footprint in Jiangyin City, China[J]. International Journal of Sustainable Development & World Ecology, 15 (6): 211-221.

Hu M M, Pauliuk S, Wang T, et al. 2010a. Iron and steel in Chinese residential buildings: a dynamic analysis[J]. Resources, Conservation and Recycling, 54 (9): 591-600.

Hu M M, van der Voet E, Huppes G. 2010b. Dynamic material flow analysis for strategic construction and demolition waste management in Beijing[J]. Journal of Industrial Ecology, 14 (3): 440-456.

Hu X C, Yan X Y. 2023. Estimation of critical metal consumption in household electrical and electronic equipment in the UK, 2011-2020[J]. Resources, Conservation and Recycling, 197: 107084.

Huang C, Han J, Chen W Q. 2017. Changing patterns and determinants of infrastructures' material stocks in Chinese cities[J]. Resources, Conservation and Recycling, 123: 47-53.

Huang L, Cai T, Zhu Y, et al. 2020. LSTM-based forecasting for urban construction waste generation[J]. Sustainability, 12 (20): 8555.

Huang T, Shi F, Tanikawa H, et al. 2013. Materials demand and environmental impact of buildings construction and demolition in China based on dynamic material flow analysis[J]. Resources, Conservation and Recycling, 72: 91-101.

Inkoom J N, Frank S, Greve K, et al. 2018. A framework to assess landscape structural capacity to provide regulating ecosystem services in West Africa[J]. Journal of Environmental Management, 209: 393-408.

ISRI. 2019. Recycling Industry Yearbook[R].

Jansson Å. 2013. Reaching for a sustainable, resilient urban future using the lens of ecosystem services[J]. Ecological Economics, 86: 285-291.

Jerath M, Bhat M, Rivera-Monroy V H, et al. 2016. The role of economic, policy, and ecological factors in estimating the value of carbon stocks in Everglades mangrove forests, South Florida, USA[J]. Environmental Science & Policy, 66: 160-169.

Jiang C, Wang F, Zhang H Y, et al. 2016. Quantifying changes in multiple ecosystem services during 2000-2012 on the Loess Plateau, China, as a result of climate variability and ecological restoration[J]. Ecological Engineering, 97: 258-271.

Jiang W G, Deng Y, Tang Z H, et al. 2017. Modelling the potential impacts of urban ecosystem changes on carbon storage under different scenarios by linking the CLUE-S and the InVEST models[J]. Ecological Modelling, 345: 30-40.

Jim C Y, Chen W Y. 2009. Ecosystem services and valuation of urban forests in China[J]. Cities, 26 (4): 187-194.

Kain J H, Larondelle N, Haase D, et al. 2016. Exploring local consequences of two land-use alternatives for the supply of urban ecosystem services in Stockholm year 2050[J]. Ecological Indicators, 70: 615-629.

Kaiser G, Burkhard B, Römer H, et al. 2013. Mapping tsunami impacts on land cover and related ecosystem service supply in Phang Nga, Thailand[J]. Natural Hazards and Earth System Sciences, 13 (12): 3095-3111.

Keller A A, Fournier E, Fox J. 2015. Minimizing impacts of land use change on ecosystem services using multi-criteria heuristic analysis[J]. Journal of Environmental Management, 156: 23-30.

Kosai S, Kishita Y, Yamasue E. 2020. Estimation of the metal flow of WEEE in Vietnam considering lifespan transition[J]. Resources, Conservation and Recycling, 154: 104621.

Kreuter U P, Harris H G, Matlock M D, et al. 2001. Change in ecosystem service values in the San Antonio area, Texas[J]. Ecological Economics, 39 (3): 333-346.

Kroll F, Müller F, Haase D, et al. 2012. Rural-urban gradient analysis of ecosystem services supply and demand dynamics[J]. Land Use Policy, 29 (3): 521-535.

Krook J, Baas L. 2013. Getting serious about mining the technosphere: a review of recent landfill mining and urban mining research[J]. Journal of Cleaner Production, 55: 1-9.

Labiosa W, Hearn P, Strong D, et al. 2010. The South Florida ecosystem portfolio model: a web-enabled multicriteria land use planning decision support system[C]// Seidmann A, Kauffman R J, Lyytinen K. 2010 43rd Hawaii International Conference on System Sciences. Honolulu: IEEE: 1-10.

Larondelle N, Haase D. 2013. Urban ecosystem services assessment along a rural-urban gradient: a cross-analysis of European cities[J]. Ecological Indicators, 29: 179-190.

Larondelle N, Lauf S. 2016. Balancing demand and supply of multiple urban ecosystem services on different spatial scales[J]. Ecosystem Services, 22: 18-31.

Larson L R, Keith S J, Fernandez M, et al. 2016. Ecosystem services and urban greenways: what's the public's perspective?[J]. Ecosystem Services, 22: 111-116.

Laterra P, Orúe M E, Booman G C. 2012. Spatial complexity and ecosystem services in rural landscapes[J]. Agriculture, Ecosystems & Environment, 154: 56-67.

Lautenbach S, Jungandreas A, Blanke J, et al. 2017. Trade-offs between plant species richness and carbon storage in the context of afforestation—examples from afforestation scenarios in The Mulde Basin, Germany[J]. Ecological Indicators, 73: 139-155.

Lee P, Smyth C, Boutin S. 2004. Quantitative review of riparian buffer width guidelines from Canada and the United States[J]. Journal of Environmental Management, 70 (2): 165-180.

Leemans H B J, Groot R S. 2003. Ecosystems and human well-being: a framework for assessment (millennium ecosystem assessment) [J]. Island Press, 4 (3-4): 199-213.

Leh M D K, Matlock M D, Cummings E C, et al. 2013. Quantifying and mapping multiple ecosystem services change in West Africa[J]. Agriculture, Ecosystems & Environment, 165: 6-18.

Lélé S M. 1991. Sustainable development: a critical review[J]. World Development, 19 (6): 607-621.

Li B, Yang J X, Lu B, et al. 2015. Estimation of retired mobile phones generation in China: a comparative study on methodology[J]. Waste Management, 35: 247-254.

Li B J, Chen D X, Wu S H, et al. 2016. Spatio-temporal assessment of urbanization impacts on ecosystem services: case study of Nanjing City, China[J]. Ecological Indicators, 71: 416-427.

Li F, Liu X S, Hu D, et al. 2009. Measurement indicators and an evaluation approach for assessing urban sustainable development: a case study for China's Jining City[J]. Landscape and Urban Planning, 90 (3-4): 134-142.

Li H L, Peng J, Liu Y X, et al. 2017. Urbanization impact on landscape patterns in Beijing City, China: a spatial heterogeneity perspective[J]. Ecological Indicators, 82: 50-60.

Li T H, Li W K, Qian Z H. 2010. Variations in ecosystem service value in response to land use changes in Shenzhen[J]. Ecological Economics, 69 (7): 1427-1435.

Li Y P, Wang Y Q, Ma C, et al. 2016. Influence of the spatial layout of plant roots on slope stability[J]. Ecological Engineering, 91: 477-486.

Lin K S, Zhao Y C, Tian L, et al. 2021. Estimation of municipal solid waste amount based on one-dimension convolutional neural network and long short-term memory with attention mechanism model: a case study of Shanghai[J]. Science of The Total Environment, 791: 148088.

Lin S W, Wu R D, Yang F L, et al. 2018. Spatial trade-offs and synergies among ecosystem services within a global biodiversity hotspot[J]. Ecological Indicators, 84: 371-381.

Lin Z M, Xia B. 2013. Sustainability analysis of the urban ecosystem in Guangzhou City based on information entropy between 2004 and 2010[J]. Journal of Geographical Sciences, 23 (3): 417-435.

Liu B C, Zhang L, Wang Q S. 2021. Demand gap analysis of municipal solid waste landfill in Beijing: based on the municipal solid waste generation[J]. Waste Management, 134: 42-51.

Liu C Y, Dong X F, Liu Y Y. 2015. Changes of NPP and their relationship to climate factors based on the transformation of different scales in Gansu, China[J]. Catena, 125: 190-199.

Liu L Q, Liu C X, Gao Y G. 2014. Green and sustainable city will become the development objective of China's low carbon city in future[J]. Journal of Environmental Health Science and Engineering, 12 (1): 34.

Liu S L, Deng L, Dong S K, et al. 2014. Landscape connectivity dynamics based on network analysis in the Xishuangbanna nature reserve, China[J]. Acta Oecologica, 55: 66-77.

Liu S W, Zhang P Y, Jiang X L, et al. 2013. Measuring sustainable urbanization in China: a case study of the coastal Liaoning area[J]. Sustainability Science, 8 (4): 585-594.

Liu X H, Liu L, Peng Y. 2017. Ecological zoning for regional sustainable development using an integrated modeling approach in the Bohai Rim, China[J]. Ecological Modelling, 353: 158-166.

Liu Y P, Song L L, Wang W J, et al. 2022. Developing a GIS-based model to quantify spatiotemporal pattern of home appliances and e-waste generation—a case study in

Xiamen, China[J]. Waste Management, 137: 150-157.

Locher-Krause K E, Lautenbach S, Volk M. 2017. Spatio-temporal change of ecosystem services as a key to understand natural resource utilization in Southern Chile[J]. Regional Environmental Change, 17 (8): 2477-2493.

Lorek S, Spangenberg J H. 2014. Sustainable consumption within a sustainable economy-beyond green growth and green economies[J]. Journal of Cleaner Production, 63: 33-44.

Lowrance R, Sheridan J M. 2005. Surface runoff water quality in a managed three zone riparian buffer[J]. Journal of Environmental Quality, 34 (5): 1851-1859.

Lowrance R, Altier L S, Williams R G, et al. 2000. REMM: the riparian ecosystem management model[J]. Journal of Soil and Water Conservation, 55 (1): 27-34.

Lu D S, Tian H Q, Zhou G M, et al. 2008. Regional mapping of human settlements in southeastern China with multisensor remotely sensed data[J]. Remote Sensing of Environment, 112 (9): 3668-3679.

Lu S B, Pei L, Bai X. 2015. Study on method of domestic wastewater treatment through new-type multi-layer artificial wetland[J]. International Journal of Hydrogen Energy, 40 (34): 11207-11214.

Lu Y L, Song S, Wang R S, et al. 2015. Impacts of soil and water pollution on food safety and health risks in China[J]. Environment International, 77: 5-15.

Luederitz C, Lang D J, von Wehrden H. 2013. A systematic review of guiding principles for sustainable urban neighborhood development[J]. Landscape and Urban Planning, 118: 40-52.

Ma S, Duggan J M, Eichelberger B A, et al. 2016. Valuation of ecosystem services to inform management of multiple-use landscapes[J]. Ecosystem Services, 19: 6-18.

Maas J, Verheij R A, Groenewegen P P, et al. 2006. Green space, urbanity, and health: how strong is the relation?[J]. Journal of Epidemiology and Community Health, 60 (7): 587-592.

Maes J, Paracchini M L, Zulian G, et al. 2012. Synergies and trade-offs between ecosystem service supply, biodiversity, and habitat conservation status in Europe[J]. Biological Conservation, 155: 1-12.

Maetens W, Poesen J, Vanmaercke M. 2012. How effective are soil conservation techniques in reducing plot runoff and soil loss in Europe and the Mediterranean?[J]. Earth-Science Reviews, 115 (1-2): 21-36.

Martinez-Harms M J, Bryan B A, Figueroa E, et al. 2017. Scenarios for land use and ecosystem services under global change[J]. Ecosystem Services, 25: 56-68.

McBride M, Hession W C, Rizzo D M. 2008. Riparian reforestation and channel change: a case study of two small tributaries to Sleepers River, northeastern Vermont, USA[J]. Geomorphology, 102 (3-4): 445-459.

McKinney M L. 2002. Urbanization, biodiversity, and conservation: the impacts of urbanization on native species are poorly studied, but educating a highly urbanized human population about these impacts can greatly improve species conservation in all ecosystems[J]. BioScience, 52: 883-890.

McKinney M L. 2008. Effects of urbanization on species richness: a review of plants and animals[J]. Urban Ecosystems, 11 (2): 161-176.

Melo M T. 1999. Statistical analysis of metal scrap generation: the case of aluminium in Germany[J]. Resources, Conservation and Recycling, 26 (2): 91-113.

Monfreda C, Wackernagel M, Deumling D. 2004. Establishing national natural capital accounts based on detailed ecological footprint and biological capacity assessments[J]. Land Use Policy, 21 (3): 231-246.

Mörtberg U, Haas J, Zetterberg A, et al. 2013. Urban ecosystems and sustainable urban development—analysing and assessing interacting systems in the Stockholm region[J]. Urban Ecosystems, 16 (4): 763-782.

Mostafa H, Fujimoto N. 2014. Water saving scenarios for effective irrigation management in Egyptian rice cultivation[J]. Ecological Engineering, 70: 11-15.

Müller D B. 2006. Stock dynamics for forecasting material flows-Case study for housing in The Netherlands[J]. Ecological Economics, 59 (1): 142-156.

Müller E, Hilty L M, Widmer R, et al. 2014. Modeling metal stocks and flows: a review of dynamic material flow analysis methods[J]. Environmental Science & Technology, 48 (4): 2102-2113.

Nedkov S, Burkhard B. 2012. Flood regulating ecosystem services—mapping supply and demand, in the Etropole municipality, Bulgaria[J]. Ecological Indicators, 21: 67-79.

Ni J. 2004. Forage yield-based carbon storage in grasslands of China[J]. Climatic Change, 67 (2-3): 237-246.

Ni P F. 2013. The goal, path, and policy responses of China's new urbanization[J]. China Finance and Economic Review, 1 (2): 2.

Noorhosseini S A, Allahyari M S, Damalas C A, et al. 2017. RETRACTED: Public environmental awareness of water pollution from urban growth: the case of Zarjub and Goharrud Rivers in Rasht, Iran[J]. Science of The Total Environment, 599: 2019-2025.

O'Lenick C R, Winquist A, Chang H H, et al. 2017. Evaluation of individual and area-level factors as modifiers of the association between warm-season temperature and pediatric asthma morbidity in Atlanta, GA[J]. Environmental Research, 156: 132-144.

Ochoa V, Urbina-Cardona N. 2017. Tools for spatially modeling ecosystem services: publication trends, conceptual reflections and future challenges[J]. Ecosystem Services, 26: 155-169.

Ouyang Z Y, Zheng H, Xiao Y, et al. 2016. Improvements in ecosystem services from investments in natural capital[J]. Science, 352 (6292): 1455-1459.

Pacheco F A L, Varandas S G P, Sanches Fernandes L F, et al. 2014. Soil losses in rural watersheds with environmental land use conflicts[J]. Science of The Total Environment, 485-486: 110-120.

Palacios-Agundez I, Onaindia M, Barraqueta P, et al. 2015. Provisioning ecosystem services supply and demand: the role of landscape management to reinforce supply and promote synergies with other ecosystem services[J]. Land Use Policy, 47: 145-155.

Pan F, Tian C Y, Shao F, et al. 2012. Evaluation of ecological sensitivity in Karamay, Xinjiang, China[J]. Journal of Geographical Sciences, 22 (2): 329-345.

Pan Y, Xu Z R, Wu J X. 2013. Spatial differences of the supply of multiple ecosystem services and the environmental and land use factors affecting them[J]. Ecosystem Services, 5: 4-10.

Paracchini M L, Zulian G, Kopperoinen L, et al. 2014. Mapping cultural ecosystem services: a framework to assess the potential for outdoor recreation across the EU[J]. Ecological Indicators, 45: 371-385.

Pärn J, Pinay G, Mander Ü. 2012. Indicators of nutrients transport from agricultural catchments under temperate climate: a review[J]. Ecological Indicators, 22: 4-15.

Pearce J A, Robbins D K. 1994. Retrenchment remains the foundation of business turnaround[J]. Strategic Management Journal, 15 (5): 407-417.

Peng J, Tian L, Liu Y X, et al. 2017. Ecosystem services response to urbanization in metropolitan areas: thresholds identification[J]. Science of The Total Environment, 607-608: 706-714.

Perk J, Chiesura A, Groot R. 1998. Towards a conceptual framework to identify and operationalise critical natural capital. Working Paper of CRIINC-Project[M]. The Netherlands: Department of Environmental Sciences, Wageningen University: 4-30.

Pharo E, Daily G C. 1999. Nature's services: societal dependence on natural ecosystems[J]. The Bryologist, 101 (3): 475.

Polasky S, Nelson E, Pennington D, et al. 2011. The impact of land-use change on ecosystem services, biodiversity and returns to landowners: a case study in the state of Minnesota[J]. Environmental and Resource Economics, 48 (2): 219-242.

Prosdocimi M, Tarolli P, Cerdà A. 2016. Mulching practices for reducing soil water erosion: a review[J]. Earth-Science Reviews, 161: 191-203.

Pullanikkatil D, Palamuleni L G, Ruhiiga T M. 2016. Land use/land cover change and implications for ecosystems services in the Likangala River Catchment, Malawi[J]. Physics and Chemistry of the Earth, Parts A/B/C, 93: 96-103.

Qi Y L, Li Q, Karimian H, et al. 2019. A hybrid model for spatiotemporal forecasting of $PM_{2.5}$ based on graph convolutional neural network and long short-term memory[J]. Science of The Total Environment, 664: 1-10.

Radford K G, James P. 2013. Changes in the value of ecosystem services along a rural-urban gradient: a case study of Greater Manchester, UK[J]. Landscape and Urban Planning, 109 (1): 117-127.

Rana M M P. 2011. Urbanization and sustainability: challenges and strategies for sustainable urban development in Bangladesh[J]. Environment, Development and Sustainability, 13 (1): 237-256.

Rees W E. 1995. Reducing our ecological footprints[J]. Siemens Review, 62 (2): 30-35.

Repetti A, Desthieux G. 2006. A relational indicatorset model for urban land-use planning and management: methodological approach and application in two case studies[J]. Landscape and Urban Planning, 77 (1-2): 196-215.

Ribeiro L, Barão T. 2006. Greenways for recreation and maintenance of landscape quality: five case studies in Portugal[J]. Landscape and Urban Planning, 76 (1-4): 79-97.

Riley J. 2001. The indicator explosion: local needs and international challenges[J]. Agriculture, Ecosystems & Environment, 87 (2): 119-120.

Rollan C D, Li R, San Juan J L, et al. 2018. A planning tool for tree species selection and planting schedule in forestation projects considering environmental and socioeconomic benefits[J]. Journal of Environmental Management, 206: 319-329.

Rugani B, Roviani D, Hild P, et al. 2014. Ecological deficit and use of natural capital in Luxembourg from 1995 to 2009[J]. Science of The Total Environment, 468-469: 292-301.

Santé I, García A M, Miranda D, et al. 2010. Cellular automata models for the simulation of real-world urban processes: a review and analysis[J]. Landscape and Urban Planning, 96 (2): 108-122.

Scalenghe R, Marsan F A. 2009. The anthropogenic sealing of soils in urban areas[J]. Landscape and Urban Planning, 90 (1-2): 1-10.

Scullion J, Thomas C W, Vogt K A, et al. 2011. Evaluating the environmental impact of payments for ecosystem services in Coatepec (Mexico) using remote sensing and on-site interviews[J]. Environmental Conservation, 38 (4): 426-434.

Seilheimer T S, Wei A H, Chow-Fraser P, et al. 2007. Impact of urbanization on the water quality, fish habitat, and fish community of a Lake Ontario marsh, Frenchman's Bay[J]. Urban Ecosystems, 10 (3): 299-319.

Seppelt R, Lautenbach S, Volk M. 2013. Identifying trade-offs between ecosystem services, land use, and biodiversity: a plea for combining scenario analysis and optimization on different spatial scales[J]. Current Opinion in Environmental Sustainability, 5 (5): 458-463.

Seto K C, Güneralp B, Hutyra L R. 2012. Global forecasts of urban expansion to 2030 and direct impacts on biodiversity and carbon pools[J]. Proceedings of National Academy Sciences of the United States of America, 109 (40): 16083-16088.

Sharp R, Tallis H T, Ricketts T, et al. 2018. InVEST + VERSION + User's Guide[J]. 2018 International Conference on Computing Sciences and Engineering, ICCSE 2018 – Proceedings, 16 (3): 1-6.

Shen L Y, Jorge Ochoa J, Shah M N, et al. 2011. The application of urban sustainability indicators — a comparison between various practices[J]. Habitat International, 35 (1): 17-29.

Sherrouse B C, Semmens D J, Ancona Z H, et al. 2017. Analyzing land-use change scenarios for trade-offs among cultural ecosystem services in the Southern Rocky Mountains[J]. Ecosystem Services, 26: 431-444.

Singh R K, Murty H R, Gupta S K, et al. 2012. An overview of sustainability assessment methodologies[J]. Ecological Indicators, 15 (1): 281-299.

Spangenberg J H, Pfahl S, Deller K. 2002. Towards indicators for institutional sustainability: lessons from an analysis of Agenda 21[J]. Ecological Indicators, 2 (1): 61-77.

Specht K, Sanyé-Mengual E. 2017. Risks in urban rooftop agriculture: assessing stakeholders' perceptions to ensure efficient policymaking[J]. Environmental Science & Policy, 69: 13-21.

Stec A, Kordana S, Słyś D. 2017. Analysing the financial efficiency of use of water and energy saving systems in single-family homes[J]. Journal of Cleaner Production, 151: 193-205.

Su S L, Xiao R, Mi X Y, et al. 2013. Spatial determinants of hazardous chemicals in surface water of Qiantang River, China[J]. Ecological Indicators, 24: 375-381.

Sun P J, Song W, Xiu C L, et al. 2013. Non-coordination in China's urbanization: assessment and affecting factors[J]. Chinese Geographical Science, 23 (6): 729-739.

Sun X, Li F. 2017. Spatiotemporal assessment and trade-offs of multiple ecosystem services based on land use changes in Zengcheng, China[J]. Science of The Total Environment, 609: 1569-1581.

Sun X, Liu X S, Li F, et al. 2017. Comprehensive evaluation of different scale cities' sustainable development for economy, society, and ecological infrastructure in China[J]. Journal of Cleaner Production, 163: S329-S337.

Sun Y, Chen Z, Wu G X, et al. 2016. Characteristics of water quality of municipal wastewater treatment plants in China: implications for resources utilization and management[J]. Journal of Cleaner Production, 131: 1-9.

Sunohara M D, Topp E, Wilkes G, et al. 2012. Impact of riparian zone protection from cattle on nutrient, bacteria, F-coliphage, *Cryptosporidium*, and *Giardia* loading of an intermittent stream[J]. Journal of Environmental Quality, 41 (4): 1301-1314.

Sutherland W J, Gardner T, Bogich T L, et al. 2014. Solution scanning as a key policy tool: identifying management interventions to help maintain and enhance regulating ecosystem services[J]. Ecology and Society, 19 (2): 3.

Syrbe R U, Walz U. 2012. Spatial indicators for the assessment of ecosystem services: providing, benefiting and connecting areas and landscape metrics[J]. Ecological Indicators, 21: 80-88.

Talvitie J, Mikola A, Koistinen A, et al. 2017. Solutions to microplastic pollution — removal of microplastics from wastewater effluent with advanced wastewater treatment technologies[J]. Water Research, 123: 401-407.

Tarekul Islam G M, Islam A K M S, Shopan A A, et al. 2015. Implications of agricultural land use change to ecosystem services in the Ganges delta[J]. Journal of Environmental Management, 161: 443-452.

Terrado M, Sabater S, Chaplin-Kramer B, et al. 2016. Model development for the assessment of terrestrial and aquatic habitat quality in conservation planning[J]. Science of The Total Environment, 540: 63-70.

Tian G J, Qiao Z. 2014. Assessing the impact of the urbanization process on net primary productivity in China in 1989-2000[J]. Environment Polluton, 184: 320-326.

Tian Y C, Wang S J, Bai X Y, et al. 2016. Trade-offs among ecosystem services in a typical Karst watershed, SW China[J]. Science of The Total Environment, 566-567: 1297-1308.

Timilsina N, Escobedo F J, Cropper W P Jr, et al. 2013. A framework for identifying carbon hotspots and forest management drivers[J]. Journal of Environmental Management, 114: 293-302.

Tolessa T, Senbeta F, Kidane M. 2017. The impact of land use/land cover change on ecosystem services in the central Highlands of Ethiopia[J]. Ecosystem Services, 23: 47-54.

Tone K. 2001. A slacks-based measure of efficiency in data envelopment analysis[J]. European Journal of Operational Research, 130 (3): 498-509.

Tratalos J, Fuller R A, Warren P H, et al. 2007. Urban form, biodiversity potential and ecosystem services[J]. Landscape and Urban Planning, 83 (4): 308-317.

Troupin D, Carmel Y. 2016. Landscape patterns of development under two alternative scenarios: implications for conservation[J]. Land Use Policy, 54: 221-234.

Tzoulas K, Korpela K, Venn S, et al. 2007. Promoting ecosystem and human health in urban areas using Green Infrastructure: a literature review[J]. Landscape and Urban Planning, 81 (3): 167-178.

USCB. 1999. Metropolitan and Micropolitan[EB/OL]. https://www.census.gov/programs-surveys/metro-micro.html[2024-01-22].

van Rompaey A J J, Govers G, Puttemans C. 2002. Modelling land use changes and their impact on soil erosion and sediment supply to rivers[J]. Earth Surface Processes and Landforms, 27 (5): 481-494.

Villa F, Bagstad K, Johnson G, et al. 2011. Scientific instruments for climate change adaptation: estimating and optimizing the efficiency of ecosystem services provision[J]. Economia Agraria y Recursos Naturales, 11 (1): 83-98.

Vimal R, Geniaux G, Pluvinet P, et al. 2012. Detecting threatened biodiversity by urbanization at regional and local scales using an urban sprawl simulation approach: application on the French Mediterranean region[J]. Landscape and Urban Planning, 104 (3-4): 343-355.

Vogt W. 1948. Road to Survial[M]. New York: William Sloane Associates.

von Haaren C, Albert C, Barkmann J, et al. 2014. From explanation to application: introducing a practice-oriented ecosystem services evaluation (PRESET) model adapted to the context of landscape planning and management[J]. Landscape Ecology, 29 (8): 1335-1346.

Vu H L, Ng K T W, Richter A, et al. 2021. Modeling of municipal waste disposal rates during COVID-19 using separated waste fraction models[J]. The Science of The Total Environment, 789: 148024.

Wackernagel M, Rees W E. 1997. Perceptual and structural barriers to investing in natural capital: economics from an ecological footprint perspective[J]. Ecological Economics, 20 (1): 3-24.

Wang C H, Hou Y L, Xue Y J. 2017. Water resources carrying capacity of wetlands in Beijing: analysis of policy optimization for urban wetland water resources management[J]. Journal of Cleaner Production, 161: 1180-1191.

Wang F, Huisman J, Stevels A, et al. 2013. Enhancing e-waste estimates: improving data quality by multivariate input–output analysis[J]. Waste Management, 33 (11): 2397-2407.

Wang H, Li X B, Long H L, et al. 2009. Monitoring the effects of land use and cover changes on net primary production: a case study in China's Yongding River basin[J]. Forest Ecology and Management, 258 (12): 2654-2665.

Wang J Y, He D Q. 2015. Sustainable urban development in China: challenges and achievements[J]. Mitigation and Adaptation Strategies for Global Change, 20 (5): 665-682.

Wang R S, Li F, Hu D, et al. 2011. Understanding eco-complexity: social-economic-natural complex ecosystem approach[J]. Ecological Complexity, 8 (1): 15-29.

Wang W J, Guo H C, Chuai X W, et al. 2014. The impact of land use change on the temporospatial variations of ecosystems services value in China and an optimized land use solution[J]. Environmental Science & Policy, 44: 62-72.

Wang X, Zhao X L, Zhang Z X, et al. 2016. Assessment of soil erosion change and its relationships with land use/cover change in China from the end of the 1980s to

2010[J]. CATENA, 137: 256-268.

Wang Y H, Deng X M, Marcucci D J, et al. 2013. Sustainable development planning of protected areas near cities: case study in China[J]. Journal of Urban Planning and Development, 139 (2): 133-143.

Wang Y Y, Atallah S, Shao G F. 2017. Spatially explicit return on investment to private forest conservation for water purification in Indiana, USA[J]. Ecosystem Services, 26: 45-57.

Wang Z H, Yang Y T. 2016. Features and influencing factors of carbon emissions indicators in the perspective of residential consumption: evidence from Beijing, China[J]. Ecological Indicators, 61: 634-645.

Wang Z H, Bao Y H, Wen Z G, et al. 2016. Analysis of relationship between Beijing's environment and development based on Environmental Kuznets Curve[J]. Ecological Indicators, 67: 474-483.

Wang Z J, Jiao J Y, Rayburg S, et al. 2016. Soil erosion resistance of "Grain for Green" vegetation types under extreme rainfall conditions on the Loess Plateau, China[J]. CATENA, 141: 109-116.

Wei W, Chen L D, Fu B J, et al. 2009. Responses of water erosion to rainfall extremes and vegetation types in a loess semiarid hilly area, NW China[J]. Hydrological Processes, 23 (12): 1780-1791.

Wei Y D, Ye X Y. 2014. Urbanization, land use, and sustainable development in China[J]. Stochastic Environmental Research and Risk Assessment, 28 (4): 755-765.

Westman W E. 1997. How much are nature's services worth?[J]. Science, 197 (4307): 960-964.

White C, Halpern B S, Kappel C V. 2012. Ecosystem service tradeoff analysis reveals the value of marine spatial planning for multiple ocean uses[J]. Proceedings of the National Academy of Sciences of the United States of America, 109 (12): 4696-4701.

Williams J R, Renard K G, Dyke P T. 1983. EPIC: a new model for assessing erosion's effect on soil productivity[J]. Journal of Soil and Water Conservation, 38 (5): 381-383.

Wrbka T, Erb K H, Schulz N B, et al. 2004. Linking pattern and process in cultural landscapes. An empirical study based on spatially explicit indicators[J]. Land Use Policy, 21 (3): 289-306.

Wu H Y, Wang J Y, Duan H B, et al. 2016. An innovative approach to managing demolition waste via GIS (geographic information system): a case study in Shenzhen city, China[J]. Journal of Cleaner Production, 112: 494-503.

Wu J G. 2013. Landscape sustainability science: ecosystem services and human well-being in changing landscapes[J]. Landscape Ecology, 28 (6): 999-1023.

Wu J S, Feng Z, Gao Y, et al. 2013. Hotspot and relationship identification in multiple landscape services: a case study on an area with intensive human activities[J]. Ecological Indicators, 29: 529-537.

Xia H B, Han J, Milisavljevic-Syed J. 2023. Predictive modeling for the quantity of recycled end-of-life products using optimized ensemble learners[J]. Resources, Conservation and Recycling, 197: 107073.

Xia T Y, Wang J Y, Song K, et al. 2014. Variations in air quality during rapid urbanization in Shanghai, China[J]. Landscape and Ecological Engineering, 10 (1): 181-190.

Xie W X, Huang Q X, He C Y, et al. 2018. Projecting the impacts of urban expansion on simultaneous losses of ecosystem services: a case study in Beijing, China[J]. Ecological Indicators, 84: 183-193.

Xu Q, Yang R, Dong Y X, et al. 2016. The influence of rapid urbanization and land use changes on terrestrial carbon sources/sinks in Guangzhou, China[J]. Ecological Indicators, 70: 304-316.

Xu Y J, Huang K, Yu Y J, et al. 2015. Changes in water footprint of crop production in Beijing from 1978 to 2012: a logarithmic mean Divisia index decomposition analysis[J]. Journal of Cleaner Production, 87: 180-187.

Yang D W, Kanae S, Oki T, et al. 2003. Global potential soil erosion with reference to land use and climate changes[J]. Hydrological Processes, 17 (14): 2913-2928.

Yang W R, Li F, Wang R S, et al. 2011. Ecological benefits assessment and spatial modeling of urban ecosystem for controlling urban sprawl in Eastern Beijing, China[J]. Ecological Complexity, 8 (2): 153-160.

Yao X L, Yu J S, Jiang H, et al. 2016. Roles of soil erodibility, rainfall erosivity and land use in affecting soil erosion at the basin scale[J]. Agricultural Water Management, 174: 82-92.

Yu W J, Zhou W Q, Qian Y G, et al. 2016. A new approach for land cover classification and change analysis: integrating backdating and an object-based method[J]. Remote Sensing of Environment, 177: 37-47.

Zeng X L, Ali S H, Tian J P, et al. 2020. Mapping anthropogenic mineral generation in China and its implications for a circular economy[J]. Nature Communications, 11 (1): 1544.

Zeng X L, Gong R Y, Chen W Q, et al. 2016. Uncovering the recycling potential of "new" WEEE in China[J]. Environmental Science & Technology, 50 (3): 1347-1358.

Zeng X L, Mathews J A, Li J H. 2018. Urban mining of e-waste is becoming more cost-effective than virgin mining[J]. Environmental Science & Technology, 52 (8): 4835-4841.

Zhang B, Shi Y T, Liu J H, et al. 2017. Economic values and dominant providers of key ecosystem services of wetlands in Beijing, China[J]. Ecological Indicators, 77: 48-58.

Zhang B A, Li W H, Xie G D, et al. 2010. Water conservation of forest ecosystem in Beijing and its value[J]. Ecological Economics, 69 (7): 1416-1426.

Zhang L, Yuan Z W, Bi J. 2011. Predicting future quantities of obsolete household appliances in Nanjing by a stock-based model[J]. Resources, Conservation and Recycling, 55 (11): 1087-1094.

Zhang Q F, Justice C O. 2001. Carbon emissions and sequestration potential of central African ecosystems[J]. Ambio: A Journal of the Human Enviroment, 30 (6): 351-355.

Zhang S H, Fan W W, Li Y Q, et al. 2017. The influence of changes in land use and landscape patterns on soil erosion in a watershed[J]. Science of The Total Environment, 574: 34-45.

Zhang X, Bol R, Rahn C, et al. 2017. Agricultural sustainable intensification improved nitrogen use efficiency and maintained high crop yield during 1980-2014 in Northern China[J]. Science of The Total Environment, 596-597: 61-68.

Zhang X L, Hes D, Wu Y Z, et al. 2016. Catalyzing sustainable urban transformations towards smarter, healthier cities through urban ecological infrastructure, regenerative development, eco towns and regional prosperity[J]. Journal of Cleaner Production, 122: 2-4.

Zhang Y, Yang Z F, Yu X Y. 2006. Measurement and evaluation of interactions in complex urban ecosystem[J]. Ecological Modelling, 196 (1-2): 77-89.

Zhang Y J, Liu Z, Zhang H, et al. 2014. The impact of economic growth, industrial structure and urbanization on carbon emission intensity in China[J]. Natural

Hazards, 73 (2): 579-595.

Zhao R, Min N, Geng Y, et al. 2017. Allocation of carbon emissions among industries/sectors: an emissions intensity reduction constrained approach[J]. Journal of Cleaner Production, 142: 3083-3094.

Zheng H, Li Y F, Robinson B E, et al. 2016. Using ecosystem service trade-offs to inform water conservation policies and management practices[J]. Frontiers in Ecology and the Environment, 14 (10): 527-532.

Zhou W Q, Troy A, Grove M. 2008. Object-based land cover classification and change analysis in the Baltimore metropolitan area using multitemporal high resolution remote sensing data[J]. Sensors, 8 (3): 1613-1636.

Zuo L S, Wang C, Corder G D, et al. 2019. Future trends and strategies of recycling high-tech metals from urban mines in China: 2015-2050[J]. Resources, Conservation and Recycling, 149: 261-274.